科学出版社"十三五"普通高等教育本科规划教材

仪器分析

（第四版）

陈　浩　汪圣尧　主编

科学出版社

北　京

内 容 简 介

本书在保持第三版教材注重基础、强调理论与实践相结合、突出实际应用特点的基础上,结合仪器分析的发展趋势和新时期人才培养的要求进行了修订:在分子光谱、核磁共振波谱、极谱分析等章节增加了仪器分析方法新应用;在"材料表征常用分析方法简介"一章增加了仪器使用的新案例;对全书有关章节及各章思考题与习题进行了修订,删除了一些陈旧的知识;重要章节增加了教学内容讲课视频,每章增加了有关仪器科学发展史和科学家故事等阅读材料。本书在保留原有特色和风格的基础上,进一步强化了仪器分析在现代农业、生态环境、材料科学、生命科学和人体健康等领域中的地位与作用。

本书为陈浩教授主持的中国大学 MOOC 仪器分析课程的配套教材,可作为农林类院校相关专业本科生及农科研究生的教学用书,也可供其他专业师生、科研和技术人员参考。

图书在版编目(CIP)数据

仪器分析/陈浩,汪圣尧主编. —4 版. —北京:科学出版社,2022.1
科学出版社"十三五"普通高等教育本科规划教材
ISBN 978-7-03-064125-0

Ⅰ.①仪… Ⅱ.①陈… ②汪… Ⅲ.①仪器分析-高等学校-教材
Ⅳ.①O657

中国版本图书馆 CIP 数据核字(2019)第 296060 号

责任编辑:赵晓霞 / 责任校对:杨　赛
责任印制:赵　博 / 封面设计:迷底书装

科　学　出　版　社 出版
北京东黄城根北街 16 号
邮政编码:100717
http://www.sciencep.com

三河市骏杰印刷有限公司印刷
科学出版社发行　各地新华书店经销

*

2003 年 8 月第　一　版　　开本:787×1092　1/16
2010 年 11 月第　二　版　　印张:20 3/4
2016 年 1 月第　三　版　　字数:490 000
2022 年 1 月第　四　版　　2025 年 1 月第二十三次印刷

定价:79.00 元
(如有印装质量问题,我社负责调换)

《仪器分析》(第四版)
编写委员会

第四版前言

仪器分析课程在高等农林院校相关专业本科生和研究生的教育中对提高学生分析问题、解决问题的能力,培养新时期有社会责任担当的复合型、创新型人才有着十分重要的作用。

本书第三版于2016年出版,近几年又开展了仪器分析线上线下混合式教学,受到了广大师生的欢迎与好评。为进一步展示仪器分析发展的新成果、新技术与新应用,适应新时期人才培养的要求,扩大本书的使用范围和社会影响力,编者对本书第三版进行了修订。

此次修订增加了一位主编和四位编委,主要修订内容如下:

(1)在分子光谱、核磁共振波谱、极谱分析等章节增加了仪器分析方法的新应用。

(2)在材料表征常用分析方法简介一章增加了仪器使用的新案例。

(3)对全书有关章节及各章思考题与习题进行了修订,删除了一些陈旧的知识。

(4)重要章节增加了教学内容的讲解视频,每章增加了有关仪器科学发展史和科学家故事等阅读材料。读者可扫描二维码查看。

参加此次修订的有华中农业大学陈浩和汪圣尧(第一、十六章)、刘晓宇(第二、九章)、贺立源(第三、四、六章)、梁建功(第三章第五节、第五章第二节)、杨子欣(第五章)、李小定(第十章)、孙智达(第十一章)、陆冬莲(第十三、十四章及全书思考题与习题)、赵竹青(第十五章)、罗艳珠(第十五章第四节);西北农林科技大学赵晓农和华中农业大学李胜清(第七章);中国农业科学院王静和华中农业大学项勇刚(第八、十二章及全书阅读材料);南京农业大学蒋红梅、吴梅笙和华中农业大学杨子欣、罗艳珠和丁星(第十七章)。全书由陈浩教授、汪圣尧教授负责整理、定稿。

华中农业大学吴谋成教授对本书进行了审阅,提出了许多宝贵的意见和建议,在此表示衷心的感谢。

编者在修订过程中参阅了有关期刊文献和教材等,在此谨向有关作者表示感谢。

由于编者水平有限,书中疏漏及不妥之处在所难免,敬请读者批评指正。

编 者

2021年10月

第三版前言

仪器分析课程在高等农林院校有关专业中对培养学生分析问题、解决问题能力和科技创新精神,掌握现代分析方法和技术手段有着重要作用。

本书第二版从 2010 年出版以来,受到广大师生的欢迎与好评,为反映仪器分析发展的新成果,特别是突出仪器分析在当前材料科学和生命科学中的地位与作用,进一步扩大本书的使用范围和影响力,编者对本书第二版进行修订。

此次修订的主要工作如下:

(1) 吸收部分仪器分析课程教学和科研一线专家、教授参与修订,扩大了编写队伍。

(2) 在保留原有特色和风格的基础上,对部分章节前后顺序进行了调整。

(3) 增加了激光拉曼光谱法、分子发光分析法和材料表征其他分析方法简介等章节内容,并对全书其余章节进行了相关修订。

参加此次修订的有华中农业大学陈浩(第一、十六章)、刘晓宇(第二、九章)、贺立源(第三、四、六章)、杨子欣(第五章)、李小定(第十章)、孙智达(第十一章)、陆冬莲(第十三、十四章)、赵竹青(第十五章);西北农林科技大学赵晓农和华中农业大学李胜清(第七章);哈尔滨工业大学王静和华中农业大学项勇刚(第八、十二章);南京农业大学蒋红梅、吴梅笙(第十七章)。全书由陈浩教授负责整理、定稿。

华中农业大学吴谋成教授对本书进行了审阅,汪超老师绘制了部分新增加内容的插图,在此表示衷心的感谢!

修订过程中参阅了部分期刊文献和参考书,在此谨向有关作者表示感谢。

由于编者水平有限,书中疏漏及不妥之处在所难免,敬请读者批评指正。

编 者

2015 年 11 月

第二版前言

分析化学已发展成为一门综合性很强的学科。作为其核心内容的仪器分析,不仅为其他学科的发展提供重要的研究方法和手段,而且对培养相关专业学生综合素质和能力也极为重要。

本书第一版从 2003 年出版以来,受到了广大师生的欢迎和好评。为反映仪器分析发展的新成果,适应新时期人才培养的需要和实际,并扩大本书的使用范围,有必要对本书第一版进行修订再版。

此次修订再版主要进行了以下几方面工作:

1) 根据第一版主编吴谋成教授的推荐和建议,对编写队伍进行了调整和加强。

2) 编写人员对本书编写大纲的制订、内容的撰写、体例以及适用对象等进行了讨论,保留了第一版原有的特色、风格和编排体系。

3) 为了使本书更加完善,适用性和针对性更强,同时考虑到农林院校学生的实际以及进一步拓展教材的使用范围,对第一版内容进行了适当的修改和增减。例如,删掉了裂解气相色谱、超临界流体色谱和毛细管电色谱等相关章节;在气相色谱法和高效液相色谱法两章中补充了气相色谱法及高效液相色谱法的应用等相关内容;增加了电化学分析法导论、电位分析和库仑分析法、伏安法和极谱分析法三章电分析内容;章末增加了思考题与习题,并对重要仪器分析术语的英文标注进行了补充等。

参加此次修订的有华中农业大学陈浩(第一、六、八章以及全书各章思考题与习题),刘晓宇(第二、九章),贺立源(第三~五章),李小定(第十章),孙智达(第十一章),陆冬莲(第十三、十四章),赵竹青(第十五章)和哈尔滨工业大学王静(第七、十二章)。全书由陈浩教授负责整理、定稿。

华中农业大学吴谋成教授和武汉大学曾昭睿教授对本书进行了审阅,提出了许多宝贵的意见和建议,在此表示衷心的感谢!

编写过程中参阅了部分文献和参考书,在此谨向有关作者表示感谢!

由于编者水平有限,书中错误及欠妥之处在所难免,敬请读者批评指正。

编　者
2010 年 7 月

第一版前言

近年来,仪器分析学科的发展极为迅速,应用范围越来越广泛,在科学技术的许多领域中发挥着重要作用。仪器分析已成为现代实验化学的重要支柱。仪器分析课程在农林类院校中已普遍为本科生和研究生所开设。为了适应教学改革的要求,我们根据二十多年来开设此门课程的体会,对原教材进行了全面的修订。在内容上,本书尽量体现基本理论、仪器的基本结构和应用技术有机结合的特点,并增补了在仪器分析领域最近发展起来的新型仪器分析法。本书可作为农林类院校的教学用书和有关科技人员的参考用书。

仪器分析是以化学和物理信息学为基础,交叉和融合了许多相关学科的一门庞大学科。它需要较广且扎实的基础理论知识,同时它又是一门实验技术性很强的课程。为了适应农林院校学生的实际水平和今后工作的需要,本教材定位于一门分析技术基础课程。由于本课程通常是在修完物理、物理化学等课程后开设的,因此在涉及有关物理、物理化学的基础知识时,本书将不再赘述或只做简要提示。同时,本教材不强调过多的数学推导和记忆具体的分析方法,而是深入浅出,着重于基本理论和基本技术的阐述,使学生对仪器分析的各种方法有一个较基本的理解,并培养学生的基本技术和思维方法,提高分析能力,做到学以致用。

按照仪器分析的主要内容和层次,本教材分为三个部分:

(1) 绪论部分

以涉及的物理和化学知识为基础,以信息学为线索,概括地介绍仪器分析学科的体系、分类、分析流程、分析信息的传递、分析仪器的基本结构和仪器分析的发展趋势。

(2) 光谱分析和色谱分析导论

在大学已学过的经典物理学、化学、量子力学和热力学的基本概念、理论和方法的基础上,概括这两类方法的基本理论、分析信息的基本特征、分析仪器基本结构的异同点,使学生对这两类分析方法有一个较系统的、全面的理解。

(3) 各论部分

主要介绍紫外-可见吸收光谱、原子吸收光谱、红外吸收光谱、原子发射光谱、分子荧光光谱、原子荧光光谱、核磁共振波谱、质谱分析、填充柱气相色谱、毛细管柱气相色谱、裂解气相色谱、顶空气相色谱、高效液相色谱、超临界流体色谱、高效毛细管电泳、毛细管电色谱的基本理论和分析仪器的基本结构,以及它们在农业、生物学及其他学科中的应用。

值得注意的是,仪器分析是一门分析技术基础课程,除了课堂讲授外,实验课要占足够多的比重,要着重培养学生的基本操作技巧、动手能力和思维能力。

参加本书编写的有华中农业大学的吴谋成(第一、二、九、十二章),贺立源(第三至五章),陈浩(第六、八章),李小定(第十章),孙智达(第十一章)和哈尔滨工业大学的王静(第七、十三、十四章)。

本书在编写过程中得到华中农业大学、哈尔滨工业大学教务处的领导和教师的大力支持并提出了许多宝贵意见。承蒙本教材的主审武汉大学化学系主任达世禄教授对本书的总体与许多章节提出了建议和指导,在此一并致谢!

由于我们的水平有限,本书的缺点和错误在所难免,希望广大师生和读者批评和指正。

编 者
2003 年 1 月

目　　录

第一章 绪 论

第一节 仪器分析学科的性质和分类

一、分析化学与仪器分析

分析是指对物质和事进行研究,取得信息,以确定物质的组成、结构或事物的变化特征和规律。它有两种不同类型的分析:对事物的分析称为事物分析(matter analysis);对物质的分析称为物质分析(substance analysis)。前者属于社会科学范畴,后者属于自然科学范畴。对事物分析的研究方法可归纳为:对事物进行深入调查研究→对调查研究结果进行思考和归纳→初步找出事物的变化特征和变化规律→在实践中验证→上升为理论。

对物质分析的研究方法称为分析化学(analytical chemistry),它可归纳为:物质→获取物质的化学、物理或物理化学性质的信息→进行数学统计和处理→得到物质的组成和结构信息。

分析化学是一门历史悠久的学科,传统的定义是研究物质的分离、鉴定与测定原理和方法的一门学科,其研究对象是物质的化学组成和结构。现代科学技术的发展,特别是生命科学、环境科学、材料科学等学科的飞速发展,对分析化学提出了更高的要求。另外,计算机、系统论、信息论和控制论等学科的交叉和融合,使分析化学的定义也有了极大的不同。它的定义更深更广,分析化学学科的范围也不断扩大。现代分析化学的定义是利用自然科学的方法,获得有关物质系统的信息,并对其进行解释、研究和应用的学科。

根据分析所依据信息的不同,分析化学分为化学分析(chemical analysis)和仪器分析(instrumental analysis)。化学分析是以物质的化学反应为基础的分析方法。它以四大化学平衡为基础,在理论和技术上比较成熟,目前大量的常规分析工作还是由化学分析完成。仪器分析是以物质的物理和物理化学性质为基础的分析方法。这类分析方法一般要依靠仪器来完成。

二、仪器分析学科的性质

仪器分析依据的是物质的物理和物理化学性质,是用分析仪器探测物质的物理和物理化学性质信息,然后用计算机处理信息,获得物质的化学组成和结构信息。要将物质的物理和物理化学性质信息转化为分析信号,然后采集、传送、处理和最大限度地利用这些信息,对其进行解释、研究和应用,必须具备化学、物理学、数学、信息学和生命科学、环境科学等自然科学的基础理论知识。从这个意义上说,仪器分析是一门综合性学科,是多学科的交叉与融合。它不仅在制造分析仪器的硬件和计算处理的软件上需要多学科的交叉和融合,对操作分析仪器的人员也提出了更高的要求,特别是对一些天然产物的复杂结构、微量生物活性样品、反应过程中痕量物质的变化等的分析与解释。它不再只是提供分析测定的定性与定量结果,还要研究和解释这些数据的内在变化,以发现可能隐藏在分析数据中的信息,做出新的解释和找出它的规律性。因此,如没有掌握多学科的基础知识,是难以胜任仪器分析任务的。

综上所述,仪器分析不再主要以定性定量作为特征,而是在分析的基础上进一步综合和深化,是多学科的交叉与融合的一门学科。仪器分析的迅猛发展和广泛应用为生命科学、环境科学等自然学科的发展提供了重要条件。

三、仪器分析的分类

仪器分析可以简单地理解为获取物质的物理、物理化学性质中的某一特征信息,并将其转变为分析信号,根据分析信号的特性做定性和结构分析,根据分析信号的强度做定量分析。依据物质采集的特征信息和分析信号的不同,将仪器分析分成四大类(表1.1)。

1) 光学分析

光学分析(spectroscopic analysis)是以物质的光学性质为特征信息,以光的辐射为分析信号的仪器分析方法。根据光信号谱区的不同,分为紫外、可见、红外分析等;根据光与物质相互作用的方式所获得的光信号的不同,分为吸收、发射、散射、衍射、旋转等光学分析。进一步细分,根据光与物质中的分子或原子相互作用的不同,光学分析又可分为分子吸收或原子吸收、分子发射或原子发射分析等。

2) 电分析

电分析(electrical analysis)是以物质的电化学性质为特征信息,以电信号为分析信号的仪器分析方法。根据电信号的不同,电分析可分为电流分析、电位分析、电导分析、电重量分析、库仑法、伏安法等。

3) 分离分析

分离分析(separable analysis)是以物质的热力学性质为特征信息,以热性质、组分在固定相与流动相中分配比等为分析信号的仪器分析方法,如热导法、色谱法、电泳法等。

4) 其他分析

其他分析如电子显微镜、放射性技术等。

表 1.1　分析化学基本分类

分析化学	分析信息	分析信号	分析技术
化学分析	化学性质	质量 容量	重量分析、离心分析 滴定分析
仪器分析	光学性质	辐射的吸收	分子吸收光谱法(紫外、可见、红外) 原子吸收光谱法 核磁共振波谱法 电子自旋共振波谱法
		辐射的发射	分子发射光谱法(分子荧光、磷光) 原子发射光谱法(X射线、原子荧光) 放射化学法
		辐射的散射	浊度法、散射浊度法、拉曼光谱法
		辐射的折射	折射法
		辐射的衍射	X射线衍射法、电子衍射法
		辐射的旋转	偏振法、旋光色散和圆二色谱法
	电化学性质	电位 电导 电流 电量	电位法、电位滴定 电导法 极谱法、溶出伏安法、电流滴定 库仑法(恒电位、恒电流)
	热力学性质	热性质 组分在固定相与流动相中分配比 电场中的迁移率	热导法、热熔法 气相色谱法、液相色谱法、薄层色谱法、纸色谱法 电泳法

第二节　仪器分析的分析过程

仪器分析中要区分分析技术(analytical technique)和分析方法(analytical method)两个概念。分析技术是指采用何种手段达到分析的目的,如采用光谱分析或色谱分析等手段。分析方法是指利用某种分析技术,解决某一分析问题的方法和过程。仪器分析的分析技术是通过分析方法实现的。分析方法可通过下列分析过程描述:

样品→取得物质物理或物理化学性质信息→

[分析仪器(硬件)]

进行数学处理→得到物质的组成和结构并进行研究和解释

[计算机(软件)]

首先,要了解样品性质和分析目的,根据分析信息,选取合理的分析手段并建立适当的分析方法,按照分析方法的要求对样品进行预处理。然后根据分析手段所选用的分析仪器进行测定,取得被测物的分析信息,对分析信号进行数学处理。从分析数据中获取有用的信息,将其表达为分析工作者所需要的形式,如物质的组成、含量、结构等信息,并对此有用信息进一步进行研究、解释和利用,以达到分析的目的。

一个完整的分析方法应包括取样、样品的预处理(溶样、分离、提纯和制备)、仪器测定、数据处理、结果表达、提供分析报告、对结果进行研究和解释等过程。缺少或忽略任何过程,都可能对分析结果的准确度产生严重的影响。

第三节　分析仪器

分析仪器(analytical instrument)是实现产生分析信号、获取分析信号和处理分析信号、提供分析报告的基础,是仪器分析的主要组件。

一、分析仪器的基本结构

分析仪器的基本结构见图1.1。

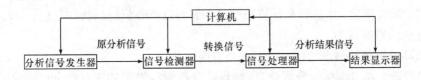

图1.1　分析仪器的基本结构

分析仪器的基本结构一般包含四个部分:分析信号发生器、信号检测器、信号处理器和结果显示器。分析信号发生器的作用在于将待测样品中的某种物理或物理化学特征信息产生和转变为原分析信号,原分析信号在信号检测器中被检测并转变为转换信号(一般转变为电信号),信号处理器将转换信号处理,获取有用信息,成为分析结果信号,输出到起信号表达作用的结果显示器,以图形、数据等形式显示或打印出来。现代的分析仪器一般都配备计算机,具有控制整机的操作、数据处理、储存、检索和显示等功能。

以紫外-可见分光光度计为例：分析信号发生器为光源和单色器，产生的单色光透过被测样品溶液时，单色光的波长和被衰减的强度作为原分析信号被信号检测器（光电倍增管、二极管阵列检测器等）检测，并转换成电信号，在信号处理器中被放大并通过模数转换，对数据进行处理（计算机），再经过数模转换在结果显示器（显示器和打印机等）上表达出来。

二、分析仪器对测定结果的影响

仪器分析测定误差是影响分析结果准确度和精确度的主要因素，误差来源于两个方面：分析技术和分析方法。

选择合理、正确的分析技术是减少误差的前提。采用光学分析技术还是色谱法或其他技术，要根据样品性质、分析目的、测定对象在样品中的含量高低等综合考虑。如果选用技术不得当，往往会造成系统误差或甚至根本无法测定。

分析技术确定后，分析方法是影响测定结果的主要因素。分析方法带来的误差与预处理、分析仪器的特性和分析仪器使用是否得当三个方面有关。预处理和分析仪器的使用是否得当是人为的因素，细心、熟练的操作可避免或减少测定误差。分析仪器带来的误差来源于各部件的性能好坏，而性能的好坏决定分析仪器在实现信息传递链时，产生的信息是否失真。信息失真有的会使测量时产生系统误差，影响结果的准确度；有的会产生随机误差，影响结果的精密度与检出限。

三、仪器分析的应用与学科的发展趋势

仪器分析正进入一个在各领域中广泛应用的新时期。它不仅在传统的工业、农业、食品、轻工业等领域中的应用越来越广泛，而且现代生命科学、环境科学等飞速发展的学科也越来越离不开仪器分析。仪器分析不但为它们提供了物质组成的信息，还提供了精细的结构与功能之间的关系，探索了事物的本质。例如，在遗传学的研究中，只有用分析仪器确定了DNA双螺旋结构，才能对其本质有更透彻的了解；在生命科学研究中，只有用核磁共振波谱、质谱等确定蛋白质等大分子的结构，才有可能探索生命的本质等。仪器分析在各个领域中的应用将更广泛、更深入，学习仪器分析对从事工农业生产和自然科学研究的人员具有重要意义。

随着仪器分析向当前最活跃的生命科学、环境科学等许多重要学科的渗透，一些现代基础自然学科、系统科学、信息学和计算机等又不断为仪器分析提供新的思想、手段和技术，促进了仪器分析的发展。

目前仪器分析研究热点大体有以下几个方面：

（1）研究增大和多维捕捉分析信息，特别是分析信号极弱的瞬时即逝的信息。这就要求分析仪器具有高灵敏度、多维快速采集、传递和处理信号的能力，以实现现代生命科学等学科对复杂大分子的结构、功能和机理的研究。

（2）开创多种信息的综合处理和数据融合（data fusion）技术，以获取更大的信息量，更深刻地认知物质的多维结构与内在本质。

（3）发展多种分析仪器的联用技术，如 HPLC-MS、GC-MS、ICP-MS 等。

（4）研制智能化分析仪器和各种为特定分析目标设计的专家系统及应用软件将获得重大突破。

扫一扫 近十年问鼎诺贝尔化学奖的检测技术

思考题与习题

1. 仪器分析主要包含哪些分析方法？请分别叙述。
2. 简述仪器分析的一般定量分析过程。
3. 试比较化学分析与仪器分析的特点，说明分析仪器与仪器分析的区别与联系。
4. 什么是仪器分析的联用技术？有何显著优点？
5. 试说明分析化学的发展规律及其学科内涵随学科发展的变化。
6. 试说明仪器分析微型化、仿生化、智能化和自动化的发展状况。

第二章 光谱分析导论

第一节 概　　述

利用待测物质受到光的作用后产生光信号（或光信号的变化），或待测物质受到光的作用后产生某些分析信号（如光声光谱分析中的声波），检测和处理这些信号，从而获得待测物质的定性和定量信息的分析方法称为光学分析方法。光学分析方法可以分为光谱分析方法和非光谱分析方法。

光谱分析方法通过测定待测物质的某种光谱，根据光谱中的特征波长和强度进行定性和定量分析；非光谱分析方法是通过光的其他性质（如反射、折射、衍射、干涉等）的变化作为分析信息的分析方法，如旋光分析法、折射率分析法等。

光谱分析是现代仪器分析中应用最为广泛的一类分析方法。在组分的定量或定性分析中，有的已成为常规的分析方法。在物质结构分析的四大谱（紫外-可见光谱、红外光谱、核磁共振的 ^1H 谱和 ^{13}C 谱及质谱分析）中光谱分析法占了三大谱，是结构分析中不可缺少的分析工具。

光谱分析可以按不同的方式分类。

（1）按光谱区不同分类：按作用光和分析光谱区可分为紫外、可见、近红外、中红外等光谱分析法。

（2）按光与物质相互作用方式不同分类：可分为吸收光谱法、发射光谱法、散射光谱法、干涉分析法、衍射分析法、偏振分析法等。

（3）按受到光作用的微观粒子不同分类：可分为原子光谱分析和分子光谱分析。

（4）按受到光作用的微观粒子的运动层次不同分类：可分为电子光谱分析、振动光谱分析、转动光谱分析等。

本章作为光谱分析的导论，首先了解与光谱分析有关的光的性质和描述光的一些参数，然后从微观的角度讨论光与待测物质的作用和宏观的角度解释各种光谱及光谱仪的共同点，为深入学习各类光谱分析方法打下必要的基础。

第二节 光　与　光　谱

光谱分析中，分析待测样品信息的基础是光。光的特征参数用于表征分析信息的特征。因此，学习光谱分析首先要了解光的性质和表征光特征的各种参数。

一、光的波动性

由物理学知道，光是一种电磁波，是振动的电场和磁场强度在空间的传播。它在真空中的传播速度 c 是恒定的，约为 $3 \times 10^{10} \, \text{cm/s}$。光具有波动性和微粒性。描述波动性的最基本参数有光速（c）、波长（λ）、波数（$\sigma, \sigma = 1/\lambda$）和频率（$\nu$）。$\lambda$ 和 σ 是光在空间传播时，描述振动状态在空间上的重复性特征参数，简称光的空间参数；ν 是光在空间传播时，描述振动状态在时间上

的重复性特征参数,简称光的时间参数。两组参数与光在真空中的传播速度 c 联系起来,关系式为

$$\nu = c/\lambda = c\sigma \tag{2.1}$$

光的时间参数 ν 只取决于光源,与光的传播介质无关。光的空间参数 λ、σ 不但取决于光源,也与传播光的介质有关。光在介质中传播时,其速度总是小于真空中的传播速度 c,这与介质的本性(用介质的绝对折射率 n 表示)有关。当光由真空射向介质时,介质折射率 n 的表达式为

$$n = \sin i/\sin r = c/v \tag{2.2}$$

式中:i 为光的入射角;r 为光的折射角;v 为光在介质中的传播速度。

由于光的时间参数 ν 只取决于光源,与光的传播介质无关,当光从一种介质进入另一种介质时,传播速度的变化只能是空间参数 λ、σ 的变化。例如,真空中波长 λ 为 600nm 的红光(真空的折射率为 1)进入折射率为 1.5 的玻璃中时,光速 v 的变化为真空中光速的 1/1.5,因此光的波长变为真空中的波长的 1/1.5,即 400nm。

当一束白光(含有多波长的复合光)通过一个介质(如一片有色玻璃或一杯化学溶液)时,它将吸收一定波长的光,而反射或透过另一部分波长的光,由于仅仅是反射或透过这部分波长的光到达我们的眼睛,所以我们"看到"的物质是这部分波长光的颜色,习惯上称为互补色(表 2.1)。

表 2.1　可见光谱和互补颜色

波长/nm	颜色	互补色
400~435	紫	黄-绿
435~480	蓝	黄
480~490	绿-蓝	橙
490~500	蓝-绿	红
500~560	绿	紫红
560~580	黄-绿	紫
580~595	黄	蓝
595~610	橙	绿-蓝
610~750	红	蓝-绿

在光谱分析中,常将只含一种频率或波长的光称为单色光(monochromatic light);将含有多种频率或波长的光称为复合光(multichromatic light);将指定波长外的光称为杂散光(scatting light)。通常,单色光或复合光作为分析光,负载分析信息,杂散光为干扰光,干扰负载信息的测定。

二、光的微粒性

光还具有微粒性,即把一束光看成一束微粒流(光子流),其微粒性的参数为能量(E)。光的波动性参数和微粒性参数可用普朗克常量(Planck's constant)h 联系起来。其关系式为

$$E = h\nu = hc/\lambda \tag{2.3}$$

式中:$h = 4.14 \times 10^{-15} \text{eV} \cdot \text{s} = 6.626 \times 10^{-27} \text{erg} \cdot \text{s} = 6.626 \times 10^{-34} \text{J} \cdot \text{s}$。

因此,对于波长为 λ(λ 的单位为 nm)的光,每个光子的能量为

$$E = 1240/\lambda \ (\text{eV}) \tag{2.4}$$

三、电磁波谱

按波动性参数波长和微粒性参数能量 E 的大小，光可分成不同的波谱区。表 2.2 给出用于分析的电磁波谱区及各谱区光与物质相互作用时对应的量子跃迁类型。图 2.1 是电磁波谱。

表 2.2　波谱区中波动性参数波长和相应的微粒性参数能量值

	光谱分析类型	波长范围	常用单位	E/eV	对应的量子跃迁类型
能谱分析	γ射线发射吸收(穆斯堡尔谱)	0.005~1.4Å	Å	$>1\times10^2$	原子核
	X射线吸收、发射、荧光与衍射	0.1~100Å	Å		原子的内部电子
光谱分析	远紫外发射、吸收	10~200nm	Å 或 nm	124~6.2	价电子
	紫外-可见发射、吸收、荧光	200~780nm	Å 或 nm	6.2~1.59	价电子
	近红外吸收	780~2500nm	Å 或 nm	1.59~0.50	
	中红外吸收	2.5~50μm	μm 或 σ	0.50~0.025	分子振动和转动
	远红外吸收	50~300μm	μm 或 σ	0.025~0.004	转动能级
波谱分析	毫米微波吸收	0.3~3mm	mm, cm, m	$<1\times10^{-3}$	分子的转动
	在 1×10^{-3}T 磁场中:电子自旋共振	~3cm	cm		磁场中电子自旋磁能级
	在 1×10^{-3}T 磁场中:核磁共振	0.6~10m			磁场中核自旋磁能级

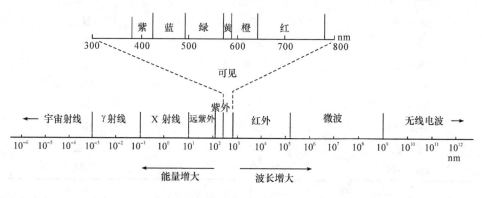

图 2.1　电磁波谱

波长很短(小于 10nm)的光，光子的能量很高(大于 1×10^2eV)，微粒性比较明显，光谱区称为能谱区，其分析技术称为能谱分析，如 γ 射线、X 射线分析。能谱分析的仪器主要是射线仪器。

波长大于 1mm 的光，光子的能量很低(小于 1×10^{-3}eV)，光的波动性较明显，光谱区称为波谱区。该谱区的光包括微波和无线电波，其相应的分析技术称为波谱分析。波谱的产生与检测主要是利用电子元件。

能谱与波谱之间的谱区称为光学光谱区，其分析技术称为光谱分析。光谱分析仪器的元件主要是光学器件，如棱镜、光栅、透镜、光电倍增管等。此谱区是最常用、最广泛使用的谱区。该谱区包括人的视觉能感应的波长为 420~780nm 的可见光谱区。可见光谱区的波长从短波到长波的光分别能产生蓝紫、青、绿、黄、橙、红的视觉。人眼对可见光谱区中不同波长光的感应灵敏度不同,正常人眼对555nm的绿光感应灵敏度最高,而对580nm附近的黄色光分辨颜色的能力最强。

波长比可见光更短的谱区为紫外谱区。180nm以下的短紫外光能被空气中的氧分子所吸收,因此仪器必须在真空条件下才能利用此谱区。习惯上利用的紫外光谱区为200～400nm,以石英为材料的光学元件能透过紫外光,因此也称为石英紫外区。

波长比可见光更长的谱区为红外谱区。800～2500nm的光称为近红外光,分子中的近红外光谱常用于植物(特别是植物种子)的品质测定,如种子中水分、蛋白质、纤维、淀粉等含量测定。波长2.5～25μm的谱区称为中红外区,分子的中红外光谱可以得到分子振动的信息,是用于结构分析的重要谱区。

第三节　原子与分子的能级及电子在能级间的跃迁

一、原子能级及电子在能级间的跃迁

从经典物理学可知,原子能级较为简单,电子在原子能级间的跃迁有两种类型,第一种是原子外层价电子的跃迁,基于这种跃迁而建立原子吸收、原子发射和原子荧光等光谱分析;第二种是电子在原子内层跃迁,基于这种跃迁而建立荧光分析。

当原子未受外界能量作用的情况下,原子外层价电子一般都处于能级中最低的能量状态,称为原子基态。对应的能级称为原子基态能级。按一定的量子规则,当原子接受能量(如接受一束光的照射)后,电子跃迁到更高能态上,此能态称为原子激发态。对应的能级称为原子激发态能级。原子基态与原子激发态的能量差 $\Delta E = 1 \sim 20 \text{eV}$,与紫外-可见光的光子能量相适应。

原子对光的吸收和发射过程实际上是量子化过程。当原子接受光子的相应能量后,电子由原子基态跃迁到原子激发态。这个光子的能量 $E(\text{光})$ 等于电子跃迁前处于某能级能量 E_1 与跃迁后所处能级能量 E_2 的差值 ΔE;吸收光谱分析时,$E_2 > E_1$,发射光谱分析时 $E_2 < E_1$。因此,在光谱分析中,负载分析信息的分析光(原子吸收或原子发射)光子的能量 E 负载了原子中这两个能级的能量间距的特征信息。

$$E(\text{光},\text{原子}) = \Delta E = |E_2 - E_1| = h\nu \tag{2.5}$$

跃迁是在符合选择定则的某两个能级间才能发生,它与原子的本性有关,由原子的性质特征所决定,因此,原子光谱有可能作为元素定性分析的依据。

将原子对光吸收或发射的量子化能级间跃迁过程中分析光能量强度和相应波长进行测量和记录就可得到原子的吸收或发射光谱。由于能级是分裂的、不连续的、量子化的,因此,理论上光谱中各波长成分也是不连续的,每种波长成分只占据一个位置,形成一条谱带。每条谱带对应一种波长或一种能量的光子。对应于原子从一个能级跃迁至另一能级。原子基态与不同激发态之间的能量间距相差较大,远远大于宽度约 $1 \times 10^{-3} \text{nm}$ 数量级的谱线,因此原子光谱的特征是线状光谱(图2.2)。

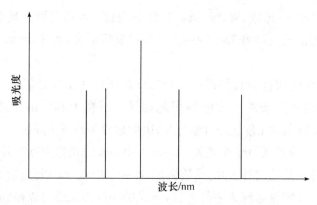

图 2.2　原子光谱示意图

二、分子能级及电子在能级间的跃迁

从经典物理学可知,分子能级较为复杂,它由电子能级、振动能级和转动能级组成,能级结构具有层次性。不同分子能级结构的特征主要表现在能级结构层次的能量间距。若以 E_e、E_v 和 E_r 分别表示电子、振动和转动能级的能量值,价电子相邻电子能级间的能量差值较大,$\Delta E_e = 1 \sim 20\text{eV}$,与紫外-可见光的光子能量相适应。相邻振动能级间的能量差值比电子能级间的能量差值小,$\Delta E_v = 0.05 \sim 1\text{eV}$,与中红外区的光子能量相适应。相邻转动能级间的能量差值最小,$\Delta E_r < 0.05\text{eV}$,与远红外区的光子能量相适应。分子在每个电子能级上叠加了许多的振动能级,在振动能级上又叠加了许多转动能级。不同的分子,其电子、振动和转动能级的数量和能量值都是不相同的,与其本身的特征有关(图 2.3)。

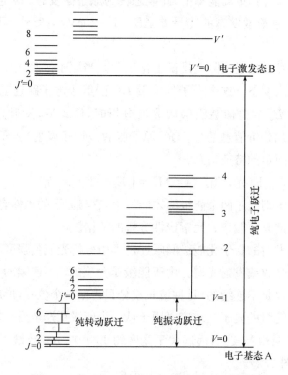

图 2.3　分子中三种层次运动的能级结构示意图

　　当分子未受外界能量作用的情况下,分子外层价电子一般都处于能级中最低的能量状态,称为分子基态。按一定的量子规则,当分子接受能量(如接受一束光的照射)后,电子跃迁到更高能态上,此能态称为分子激发态。对应的能级称为分子激发态能级。

　　与原子对光的吸收和发射过程一样,分子对光的吸收和发射过程实际上是量子化过程。当分子接收到光子的相应能量后,电子由分子基态跃迁到分子激发态。这个光子的能量 E(光)等于电子跃迁前处于某能级能量 E_1 与跃迁后所处能级能量 E_2 的差值 ΔE;吸收光谱分析时,$E_2 > E_1$,发射光谱分析时 $E_2 < E_1$。因此,在光谱分析中,负载分析信息的分析光(分子吸收或分子发射)光子的能量 E,负载了分子中这两个能级的能量间距的特征信息。

$$E(\text{光,分子}) = \Delta E = |E_2 - E_1| = h\nu \tag{2.6}$$

　　同样,跃迁是在符合选择定则的某两个分子能级间才能发生,它与分子的本性有关,由分子的性质特征所决定,因此,分子光谱有可能作为定性分析的依据。

　　将分子对光吸收或发射量子化跃迁过程中分析光能量强度和相应波长进行测量和记录就可得到分子的吸收或发射光谱。由于分子基态、激发态比原子基态、激发态复杂得多,分子电子能级上叠加了许多的振动能级,在振动能级上又叠加了许多转动能级。在特定条件下,紫外-可见光谱能反映振动能级的精细结构,红外光谱能反映转动能级的精细结构(图 2.4)。理论上分子光谱也是由一条条不连续的谱线组成,但由于各种原因,实际光谱仪获得的光谱中谱线的波长宽度大大扩展,以至于形成的分子光谱是带状光谱。

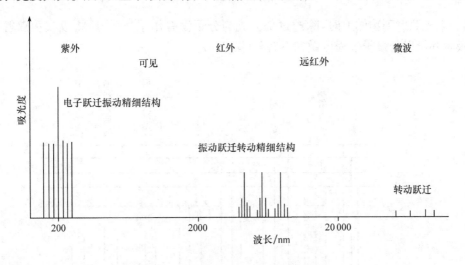

图 2.4　理想的分子吸收光谱示意图

　　分子实际光谱中谱线扩展的原因主要有两个。一个原因是跃迁产生的光子的能量总有一定的能量离散,导致谱线宽度扩展。造成能量离散的原因有:测不准原理、相对论效应以及各能级之间的能量间距相差非常小,导致在跃迁过程中产生的谱带非常多,间距非常小,易于重叠等。另一个原因是仪器条件造成的,如目前色散元件还难以将分子光谱中的谱带完全分开和真实地记录下来。因此,谱线的扩展使分子谱线形成的特征是带状光谱,如苯蒸气和苯的乙醇溶液光谱(图 2.5)。

　　在分子各能级中跃迁所获得的光谱,反映的信息是各不相同的。电子光谱在紫外-可见波区,故也称为紫外-可见光谱。紫外-可见光谱反映了价电子能量状况等信息,可给出物质的化学性质的信息,主要用于定量测定,也可作为定性的佐证。振动光谱在红外波区,故也称红外

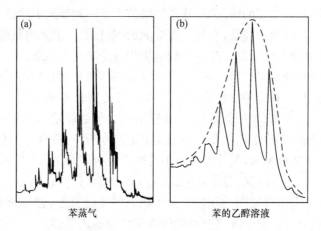

图 2.5　苯蒸气(a)和苯的乙醇溶液(b)光谱图

光谱。红外光谱反映了分子中价键特性等结构信息,主要用于定性分析,特别是分子特征基团的定性。定量结果的准确度和精度往往不如紫外-可见光谱分析。转动光谱在远红外波区。远红外光谱反映了分子大小、键长度、折合质量等分子特性的信息。

三、物质发光的量子解释

当一束光照射到物体上时,除透过部分光与分子没有作用外,物质将吸收和散射一部分光,其吸收和散射的量子过程可做如下解释(图 2.6)。

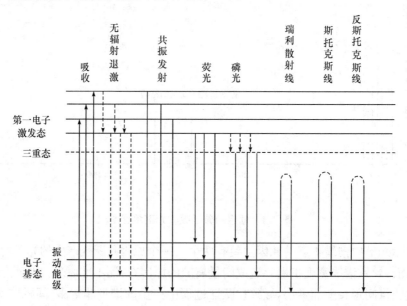

图 2.6　光与物质相互作用的几种主要方式

1. 物质吸收光的过程

物质吸收光能,吸收时间极短,只有 1×10^{-15} s,电子由基态跃迁到较高能态的激发态。

$$X + h\nu \longrightarrow X^*$$

激发态的寿命很短,约为 1×10^{-8} s。被激发了的分子或原子,进一步发生光物理和光化学反应后,以下列形式发出辐射能后,回到基态。

(1) 激发分子与其他分子相碰,损失能量产生热能后回到基态,称无辐射退激。

$$X^* \longrightarrow X + 热能$$

(2) 激发分子发射光子直接回到基态。

$$X^* \longrightarrow X + h\nu$$

如果发射光的波长等于入射光的波长,这种发射称为共振发射,其谱线称为共振谱线。对分子来说,这种可能性很少,对原子来说,可能性较大。

(3) 激发分子与其他分子相碰撞,将一部分能量转化为热能损失后,下降到第一激发态的最低振动能级,然后再回到基态的其他振动能级并发射光子,这种发射光称为荧光。

$$X^* \longrightarrow X + h\nu + 热能$$

荧光的发射波长比入射光的波长长。

(4) 激发分子与其他分子相碰撞,一部分能量转化为热能损失后,下降到第一激发态的最低振动能级,它不直接跃迁回到基态,而是转入亚稳的三重态,分子在三重态的寿命较长($1 \times 10^{-4} \sim 10$s),然后再回到基态的其他振动能级并发射光子,这种发射光称为磷光。磷光的发射波长比荧光的发射波长长,比入射光的波长更长。

2. 物质散射光的过程:拉曼散射

入射光与分子碰撞后,可发生弹性散射或非弹性散射。弹性散射时,光子与分子无能量交换,仅光子方向改变,这种散射称瑞利散射。非弹性散射不仅光子方向改变,而且光子与分子有能量交换。非弹性散射有两种情况:

(1) 斯托克斯散射。入射光的光子与基态分子碰撞后,将一部分能量给了分子,于是散射光的能量比入射光的能量下降,即波长变长。散射光谱中的谱线称为斯托克斯谱线。

(2) 反斯托克斯散射。入射光的光子与振动能级处于较高能态的分子发生非弹性碰撞后,被碰撞分子由较高的振动能级跃回较低能级,其能量的差值给了光子,于是,散射光的光子能量增加,产生的谱线波长比入射光的波长更短,此谱线称为反斯托克斯线。

由于常温时多数分子处于低能态,故斯托克斯谱线比反斯托克斯谱线强得多。从散射光谱的入射光和散射光的光子能量差可以得到分子振动能级的信息。

第四节　光　谱　仪

光谱仪的作用是通过分析过程的信息传递链和信息处理,取得样品的真实光谱。

光谱仪按工作原理分成两类,一类是色散型光谱仪;另一类是傅里叶变换光谱仪(简称FT光谱仪)。色散型光谱仪是利用色散元件把复合光(作用光或分析光)转变为具有一定带宽的单色光,由检测器测定它们的强度,或连续扫描得到分析光的光谱,并对负载信息的光谱进行解析的仪器。傅里叶变换光谱仪是利用迈克尔逊干涉仪将复合光转变为干涉光,通过计算机对含有全部波长成分信息的分析干涉光,经过傅里叶变换数字变换,成为频率域中表达的样品光谱和进行解释的仪器。本节主要介绍色散型光谱仪,傅里叶变换光谱仪将在红外光谱中介绍。

色散型光谱仪的基本构成由光源、单色器、样品池(或原子化器)、检测器、信号转换和处理器、显示器等六部分组成。光谱仪的几种基本模式见图2.7。

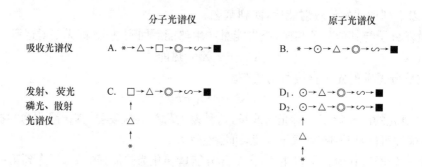

图 2.7　光谱仪的几种基本模式

* 光源；△ 单色器；□ 样品池；⊙ 原子化器；◎ 检测器；∽ 信号转换和处理器；■ 显示器
A. 分子吸收光谱仪；B. 原子吸收光谱仪；C. 分子发射光谱仪，荧光、磷光和拉曼散射光谱仪；
D₁. 原子发射光谱仪；D₂. 原子荧光光谱仪

　　从图 2.7 中可见，色散型吸收光谱仪与发射光谱仪结构的主要差异在于光路。六大部件可分成四大系统：分析信号发生系统、信号检测系统、信号处理系统和信号显示系统。分析信号发生系统包括光源、单色器和样品，其作用是产生负载样品结构和组成信息的分析光。光源提供作用光。单色器将作用光或分析光转变为单色光。信号检测系统主要是光电检测器，将光信号转变为电信号，以便信号处理系统将结构和组成信息处理后，在显示系统中显示出样品的结构和组成信息。不同类型光谱仪的部件的主要差别在于信号发生系统。

　　通过光谱仪获得的光谱含有样品的定性和定量信息。根据样品光谱某些特征区的光谱图形、峰的波长位置等进行定性分析和结构分析。根据样品光谱某些特征区的强度进行定量分析。各种光谱分析技术将在有关章节中介绍。

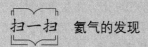　扫一扫　　氦气的发现　　　　　　　　　　　　　　　

思考题与习题

1. 什么是单色光？光的单色性如何衡量和评价？
2. 计算下列辐射的频率(Hz)和波数(cm^{-1})：
   (1) 0.25cm 的微波束；(2) 324.7nm Cu 的发射线。
3. 下面四个电磁波谱区：A. X 射线；B. 红外区；C. 无线电波；D. 紫外和可见光区。
   请指出：(1) 能量最小者；(2) 频率最小者；(3) 波数最大者；(4) 波长最短者。
4. 简述下列术语的含义：
   (1) 电磁波谱；(2) 发射光谱；(3) 吸收光谱；(4) 荧光光谱。
5. 为什么原子光谱是线状光谱而分子光谱总是带状光谱？
6. 简述分子实际光谱中谱线扩展的原因。
7. 光谱仪一般由哪几部分组成？各部分有什么作用？
8. 根据什么原则构建一个分析仪器？
9. 简述光谱分析定性、定量的依据。

第三章 紫外-可见吸收光谱法

第一节 概 述

紫外-可见吸收光谱法[ultraviolet-visible(UV-Vis) absorption spectrometry]也称紫外-可见分光光度法(UV-Vis spectrophotometry),是一种以有机分子检测为主的仪器分析方法,在元素测定方面,虽然它的灵敏度不如原子发射和原子吸收光谱法等方法高,但由于具有较高的精密度、仪器简单、方法快速可靠、适用范围较广等优点,已成为仪器分析中采用最广泛的方法之一。在现代分析仪器中,紫外-可见吸收光谱仪常作为检测器使用,如用于液相色谱、离子色谱等分析。

近年来,人们对提高分光光度法的灵敏度做了深入的研究,如寻求高灵敏度试剂,利用动力学反应,应用共沉淀、萃取、色谱、离子交换等分离方法进行预浓缩、富集等前处理手段,尤其是应用离子缔合络合物,常可使摩尔吸收系数 ε 提高到 $1 \times 10^5 \mathrm{L/(mol \cdot cm)}$ (以下单位省略)以上。通过寻求高选择试剂,使用掩蔽剂消除干扰,可使分光光度法的选择性进一步提高。在仪器方面,采用双波长分光光度法,可以在某些干扰因素存在下,不经分离而对某一组分进行测定。采用双闪耀光栅技术,提高了仪器分辨率及测量精度,方法更加简便可靠。正是由于紫外-可见分光光度法具有上述优点,使得它在高纯物质测试、环境监测、生物化学、农业化学、食品分析等领域具有重要地位。

第二节 紫外-可见吸收光谱法的原理

分子对紫外-可见辐射的吸收与其分子结构有关,而分子结构除了与组成分子的原子种类有关外,还与维持分子空间构型所具有的能量状况有关。因此,了解它们之间的关系,就可以利用分子吸收光谱的特征进行定性分析,利用既定波长处的吸收强度变化进行定量分析。

一、分子能级

原子光谱(atomic spectrum)是由原子中电子能级跃迁产生的,由于电子在不同能级间的跃迁形成多条分立的明锐谱线,即线状光谱,其中每一条光谱线具有对应的波长。

分子是由原子组成的,分子光谱(molecular spectrum)自然比原子光谱要复杂得多。为了维持分子的特定空间构型,在分子中除了有电子的运动以外,还有组成分子的各原子间的平面振动以及分子作为整体的转动,这些运动均涉及能量的平衡与变化。如果不考虑这三种运动形式之间的相互作用,则分子的总能量可认为是这三种运动能量之和,即

$$E_{分子} = E_{电子} + E_{振动} + E_{转动} \tag{3.1}$$

分子中这三种不同的运动状态都对应有一定的能级,即分子除了有电子能级外还有振动能级和转动能级,这三种能级与原子能级一样都是量子化的。不同分子具有不同的元素组成和各自的空间构型,因此像原子有原子能级图一样,分子也有其特征的分子能级图。图 3.1 是双原子分子的能级示意图。

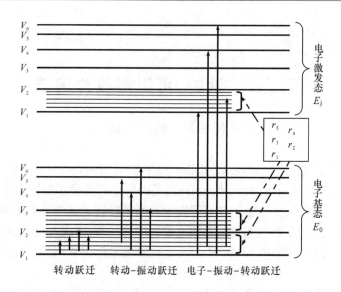

图 3.1　双原子分子能级示意图

图 3.1 中,振动能级 $V=0,1,2,3,\cdots$ 表示,转动能级 $r=0,1,2,3,\cdots$ 表示。转动能级的间距最小,其次是振动能级,电子能级的间距最大。在每一电子能级上有许多间隔较小的振动能级,在每一振动能级上又有许多间隔更小的转动能级。

当用电磁辐射照射分子时,如果其能量正等于分子较低能级 E 与较高能级 E' 的差值（ΔE,任两个能级之差）,则该分子便会吸收辐射能,形成分子吸收光谱。

电子能级的能量差一般为 $1\sim20\mathrm{eV}(0.06\sim1.2\mu\mathrm{m})$,相当于紫外和可见光的能量,因此电子能级跃迁产生的光谱称为紫外-可见光谱,又称电子光谱。振动能级间的能量差比电子能级差要小 10 倍左右,为 $0.05\sim1\mathrm{eV}(25\sim1.25\mu\mathrm{m})$,相当于红外光的能量,因此振动能级间跃迁产生的光谱称为振动光谱,又称红外光谱。转动能级间的能量差最小,为 $0.005\sim0.05\mathrm{eV}(25\sim250\mu\mathrm{m})$,比振动能级差要小 $10\sim100$ 倍之多,相当于远红外光甚至微波的能量,因此转动能级跃迁产生的光谱称为转动光谱或远红外光谱。表 3.1 是分子光谱的类型。

表 3.1　分子光谱的类型

辐射区域	真空紫外	紫外	可见	红外	微波
波长	$10\sim200\mathrm{nm}$	$200\sim400\mathrm{nm}$	$400\sim750\mathrm{nm}$	$0.75\sim1000\mu\mathrm{m}$	厘米级
光谱类型	电子光谱	电子光谱	电子光谱	振动-转动光谱	转动光谱

实际上,当分子受到紫外-可见光照射时,除了发生电子能级的能量变化外,不可避免地会导致振动和转动能级的变化,与电子能级叠加的结果,使可观察到的分子电子光谱呈疏密不等的谱线带,称为带光谱。当用能量较高的红外光照射分子时,可引起振动能级的变化,由于分子中同一振动能级上还有许多间隔很小的转动能级,所以在振动能级发生变化时,必然同时又有转动能级的改变。在振动能级发生变化时,不会产生纯粹的对应于振动能级差的一条谱线,而是由一组很密集的(其间隔与转动能级间距相当)谱线组成的光谱带。可见,红外光谱不是纯粹的振动光谱,实际上是振动-转动光谱。当用远红外光或微波照射分子时,才能得到纯粹的转动光谱。

由此可见,常说的电子光谱实际上是电子-振动-转动光谱,呈复杂的带状光谱。如果用高分辨的仪器进行测定,则双原子以及某些比较简单的气态多原子分子的分子吸收光谱可以观测到它的振动和转动精细结构。然而在一般分析测定中,很少能得到它的精细结构,这是因为绝大多数的分子光谱分析都是用液体样品(溶解于水或有机溶剂中),相同和不相同分子间的相互作用、多普勒变宽和压力变宽等效应,使得光谱的精细结构变得模糊而消失了,只能在一定的波长范围内观察到随波长改变而变化的吸收曲线,如图 3.2 中四氮杂苯在不同化学环境中可观察到的吸收光谱精细程度特征就不一样。水的极性最强,只能看到一个粗略的轮廓。此外,还应当注意,仪器单色器的性能对于观察分子吸收特征的影响极大,在高档仪器中单色器的带宽是可调的,在应用紫外-可见吸收光谱法进行定性或定量分析时必须考虑其影响。

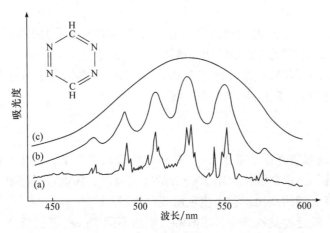

图 3.2 四氮杂苯的吸收光谱

(a)四氮杂苯;(b)四氮杂苯溶于环己烷中;(c)四氮杂苯溶于水中

二、紫外-可见吸收光谱的电子跃迁

电子光谱是指分子的外层电子或价电子(成键电子、非键电子和反键电子)的跃迁所得到的光谱。各类分子轨道的能量有很大的差别,通常反键大于成键,非键电子的能级位于成键和反键轨道的能级之间。当分子吸收一定能量的辐射时,就发生相应的能级间的电子跃迁。

在紫外-可见光区域内,有机物经常发生的跃迁有 σ-σ^*、n-σ^*、n-π^*、π-π^* 四种类型。图 3.3 显示了这四类跃迁以及它们的相对能级。

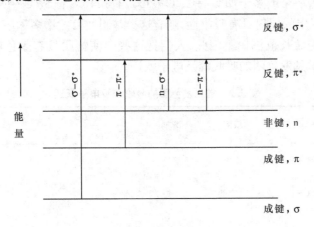

图 3.3 分子电子的能级和跃迁

1. σ-σ^*

这是分子中成键 σ 轨道上的电子吸收辐射后被激发到相应的反键 σ^* 轨道上,与其他可能的跃迁相比较,引起 σ-σ^* 跃迁所需的能量很大,吸收光谱一般处于低于 200nm 的区域,由于空气强烈吸收 200nm 以下的紫外光,只有在真空条件下才能观测,故称为真空紫外区。一般 σ-σ^* 跃迁发生在饱和烃中,如甲烷的最大吸收峰在 125nm 处,而乙烷则在 135nm 处有一个吸收峰。

2. n-σ^*

一般含有非键电子(n电子,非键轨道中的电子,又称为孤对电子)的杂原子的饱和烃衍生物都可发生 n-σ^* 跃迁。这类跃迁所需的能量通常要比 σ-σ^* 跃迁小,可由 150~250nm 区域的辐射引起,并且大多数的吸收峰出现在低于 200nm 区域内。因此,在紫外区仍不易观察到这类跃迁,而且这类跃迁的 ε 一般较小,为100~300。

3. n-π^* 和 π-π^*

有机物的最有用的吸收光谱是基于 n-π^* 和 π-π^* 跃迁所产生的。n电子和 π 电子比较容易激发,产生的吸收峰都出现在波长大于 200nm 的区域内。这两类跃迁都要求有机分子中含有不饱和官能团,含有 π 键的基团就称为生色团或发色团。

n-π^* 跃迁和 π-π^* 跃迁的差别首先是吸收峰强度的不同。n-π^* 跃迁所产生的吸收峰,其 ε 很低,仅为 10~100,比 n-σ^* 跃迁的还要低,而 π-π^* 跃迁产生的吸收峰 ε 则较大,一般要比 n-π^* 大 100~1000 倍。对含单个不饱和基团的化合物,ε 大约为 10^4。其次是溶剂的极性对这两类跃迁所产生的吸收峰位置的影响不同。当溶剂的极性增加时,n-σ^* 跃迁所产生的吸收峰通常向短波方向移动[称为蓝移(blue shift)],而 π-π^* 跃迁则常(但并非总是)观察到相反的趋势,即吸收峰向长波方向移动[称为红移(red shift)]。

4. **生色团或助色团**

生色团又称为发色团(chromophore)。在有机化合物中含有 π 键基团的数量很多,这些物质的分子内存在着一个或多个如 C═C、C═O、N═N、C═S、C═N 等含有 π 电子的基团,它们对 200nm 以上的辐射具有吸收性,随着这类基团数目的增多和溶剂极性的增强,还会发生红移进入可见光波长范围内。因此,人们把这些会使物质具有颜色的基团称为发色团。表 3.2 列出了几种常见发色团的吸收峰及电子跃迁。

表 3.2　常见发色团的吸收峰及电子跃迁

发色团	化合物类型	示例	溶剂	吸收峰		电子跃迁
				$\lambda_{最大}$/nm	$\varepsilon_{最大}$	
烯烃	RCH═CHR	乙烯	蒸气	165	15 000	π-π^*
				193	10 000	π-π^*
炔烃	RC≡CR	2-辛炔	庚烷	195	2 100	π-π^*
				223	160	π-π^*
羰基(酮)	$\begin{matrix} R \\ \diagdown \\ C═O \\ \diagup \\ R \end{matrix}$	丙酮	己烷	188	900	π-π^*
				279	15	n-π^*

续表

发色团	化合物类型	示例	溶剂	吸收峰		电子跃迁
				$\lambda_{最大}$/nm	$\varepsilon_{最大}$	
羰基（醛）	RC⟨O,H⟩	乙醛	蒸气	180	10 000	$\pi-\pi^*$
			己烷	290	17	$n-\pi^*$
羧基	RC⟨O,OH⟩	乙酸	95%乙醇	208	32	$n-\pi^*$
酰胺	RC⟨O,NH_2⟩	乙酰胺	水	220	63	$n-\pi^*$
硝基	RNO_2	硝基甲烷	异辛烷	280	22	$n-\pi^*$

如果一个化合物的分子含有数个发色团，但它们彼此并不相连接，也就是说不发生共轭作用，那么该化合物的吸收光谱将包含有这些个别发色团原有的吸收带，这些吸收带的位置及强度相互影响不大；如果两个发色团彼此相邻，形成了一个共轭基团，那么原来各自发色团的吸收带就消失了，而产生了新的吸收带，新吸收带的位置一般比原来的吸收带处在较长的波长处，而吸收带的强度也显著增大。这是由于共轭的 π 电子在整个共轭体系内流动，属于共轭基链上全部原子所有，而不是专属于某两个原子所有。所以它们受到的束缚力小得多，只要受到能量较低的辐射即可被激发，因而使得吸收光谱的波长较长，发生红移，同时颜色加深，吸收系数增大。

有些基团本身虽然不会使物质具有颜色，但它们却会增大某一发色团的发色能力，这样的基团称为助色团（auxochrome）。助色团通常是一些含有未共享 n 电子对的氧原子、卤素、烷氧基、烷硫基、羟基、巯基等基团，即非共价键基团如—OH、—NH₂、—Br 等，它们本身在大于 200nm 范围没有吸收，当它们与发色团相连接时，形成非键电子与 π 电子的共轭，使电子活动范围增大，吸收向长波方向位移，吸收强度增加，把这种现象也称助色效应。例如，乙烯与下列助色团相连时的红移情况为—OR（＋30nm）、—NR₂（＋40nm）、—SR（＋45nm）、—Cl（＋5nm）、—CH₃（＋5nm）等。

三、化合物分子中的跃迁形式与吸收光谱的形成

1. 有机物的特征吸收

有机化合物的紫外-可见吸收光谱是与它们的电子跃迁有关的，即取决于分子的结构（分子中电子的结合情况）。一般来说，有机化合物分子中含有某种基团，在它的吸收光谱中就会呈现某种标志性的特征吸收带。在利用紫外-可见吸收光谱分析分子结构时，由峰位可以推测化合物的结构。根据电子及分子轨道的种类可将吸收光谱按下述形式划分：

（1）当发色团与助色团形成共轭基团时，如 ⟩C=O、—NO、—NO₂、—N=N—、—C=S 等，发生跃迁可产生吸收峰，而这类吸收带的特点是所需能量小，吸收带一般位于 $\lambda=300$nm 左右，但是跃迁概率小，一般 $\varepsilon<100$（表 3.3）。

表 3.3 含有羰基、氮氧键类化合物的 n-π* 跃迁吸收特征

化合物	$\lambda_{最大}$/nm	$\varepsilon_{最大}$	溶剂	化合物	$\lambda_{最大}$/nm	$\varepsilon_{最大}$	溶剂
丙酮	279	13	异辛烷	硝基甲烷	275	15	庚烷
甲乙酮	279	16	异辛烷	硝酸辛酯	270	15	戊烷
二异丁酮	288	24	异辛烷	乙醛	293	11.8	己烷
环戊酮	299	20	己烷	乙酸	204	41	乙醇
环己酮	285	14	己烷	乙酸乙酯	207	69	石油醚
乙醛	290	17	异辛烷	乙醚氯	235	53	己烷
丙醛	292	21	异辛烷	乙酸酐	225	47	异辛烷
异丁醛	290	16	己烷	丙酮	279	15	己烷

羰基有 n-π* 引起的吸收和 π-π* 引起的吸收,前者为弱吸收,后者与结构关系密切。不同取代的共轭羰基体系,其 π-π* 跃迁可用伍德沃德–菲泽(Woodward-Fieser)规则(Ⅱ)估算(表 3.4)。

表 3.4 伍德沃德–菲泽规则(Ⅱ)

对于结构 $-\overset{\delta}{C}=\overset{\gamma}{C}-\overset{\beta}{C}=\overset{\alpha}{C}-\underset{X}{C}=O$,$\lambda_{最大}$/nm

母体基值——				
α,β 不饱和六元环酮		215	α,β 不饱和醛	207
α,β 不饱和五元环酮		202	α,β 不饱和酸或酯	193
增加值——				
加一个共轭双键		30	烷氧基取代	α 位	35
每个环外双键		5		β 位	30
同环共轭双烯		39		γ 位	17
烷基取代	α 位	10		δ 位	31
	β 位	12	烷硫基取代	β 位	85
	γ 位以上	18	Cl 取代	α 位	15
羟基取代	α 位	35		β 位	12
	β 位	30	Br 取代	α 位	25
	γ 位	30		β 位	30
	δ 位	50	叔胺基取代	β 位	95
酯基取代	均加	6			

注:数据均以乙醇作为溶剂,若改变溶剂应考虑溶剂的影响,按照下表进行溶剂校正。

溶剂	甲醇	氯仿	二氧六环	乙醚	己烷	环己烷	水
校正/nm	0	1	5	7	11	11	−8

(2)当化合物含有共轭体系时,发生 π-π* 跃迁,这一吸收带的特点是随着共轭体系增大,吸收带向长波方向移动,吸收强度增大,一般 $\varepsilon > 1 \times 10^4$(表 3.5)。

表 3.5 几种共轭多烯化合物的吸收特性

化合物	共轭双键数	$\lambda_{最大}$/nm	$\varepsilon_{最大}$	颜色
乙烯	1	195	～5000	无
丁二烯	2	217	21 000	无
己三烯	3	258	35 000	无
二甲基辛四烯	4	296	52 000	淡黄
癸五烯	5	335	118 000	淡黄
二氢 δ 胡萝卜素	8	415	210 000	橙黄
番茄红素	11	470	185 000	红
去氢番茄红素	5	504	150 000	紫

对于取代的共轭烯烃 $\lambda_{最大}$ 的估算,可利用伍德沃德-菲泽经验规则。该规则以丁二烯作为基值,不同的取代情况,则在基值上增加相应的波长值,具体见表 3.6。

表 3.6 伍德沃德-菲泽规则(Ⅰ)

(共轭二烯母体基值217nm)

取代情况	增加值/nm	取代情况	增加值/nm
环内双烯(共轭)	36	烷氧基(—OR)取代	6
每个取代烷基(或环残余)	5	烷硫基(—SR)取代	30
延长一个共轭双键	30	氯或溴取代	5
醚基(—OCOR)取代	0	胺基(—NR$_2$)取代	60
环外双键(指直接与环相连的双键,如 ⬡— 等)			5

(3) 芳香族化合物包括芳杂环族的特征吸收是苯环自身 π-π* 跃迁引起的,这个谱带在 230～270nm 出现精细结构[图 3.2(b)],通常在 254nm 处有一弱吸收,ε 约为 200;在 203nm 有一个比较强的吸收,ε 约为 7000;在 184nm 处有一个强吸收,ε 约为 50 000。

当苯环被取代后,这些弱峰即行消失,如被助色团—OH、—Cl 等取代时,吸收带红移。一般出现在 210nm 左右,当取代基团与苯环共轭时,吸收峰向更长波段移动,如表 3.7 为苯单取代吸收待性。由于稠环芳香烃具有两个或两个以上共轭的苯环,引起 π-π* 跃迁所需要的能量较小,因而在更长的波长处呈现吸收。共轭的苯环数目越多,共轭体系就越大,吸收波长值也越大。

表 3.7 某些苯单取代的吸收特性

取代基	203.5nm 谱带	$\varepsilon_{最大}$(203.5nm)	254nm 谱带	$\varepsilon_{最大}$(254nm)	溶剂
—NH$_2$	203	7 500	254	169	2%甲醇
—CH$_3$	206.5	7 000	261	225	2%甲醇
—Br	210	7 900	261	192	2%甲醇
—OH	210.5	6 200	270	1 450	2%甲醇

续表

取代基	203.5nm 谱带	$\varepsilon_{最大}$(203.5nm)	254nm 谱带	$\varepsilon_{最大}$(254nm)	溶剂
—OCH$_3$	217	6 400	269	1 480	2%甲醇
—SO$_2$NH$_2$	217.5	9 700	264.5	740	2%甲醇
—CN	224	13 000	271	1 000	2%甲醇
—COOH	230	11 600	273	970	2%甲醇
—NH$_2$	230	8 600	280	1 430	2%甲醇
—C≡CH	236	15 500	278	650	庚烷
—NHCOCH$_3$	238	10 500	—	—	水
—CH=CH$_2$	244	12 000	282	450	乙醇
—COCH$_3$	240	13 000	278	1 500	乙醇
—CHO	244	15 000	280	1 500	乙醇

二元取代苯衍生物,一般难于估算 $\lambda_{最大}$,但有这样几条定性规律可供参考:对位有一吸电子基团和一给电子基团时,产生红移;吸电子基团与给电子基团互为邻位或间位时,光谱与一元取代衍生物差不多;两吸电子基团或两给电子基团互为对位时,光谱基本上同一元取代衍生物。

此外,斯科特(Scott)规则可用来计算某些多元取代苯(芳香族羰基衍生物)在乙醇中的 $\lambda_{最大}$,规则见表3.8。

表3.8　斯科特规则

对于结构	R—〈benzene〉—R′，$\lambda_{最大}$/nm			
母体基值——				
R= —C(=O)—烷基或环残余	246		R= —C(=O)—H	250
R= —C(=O)—羟基、烷氧基	230		R= —CN	244
增加值—				
R′=烷基或环	邻或间位	3,对位	10	
—OH,—OR	邻或间位	7,对位	25	
—Br	邻或间位	2,对位	15	
—Cl	邻或间位	0,对位	10	
—NH$_2$	邻或间位	13,对位	58	
—NHCOCH$_3$	邻或间位	20,对位	45	
—NHCH$_3$	邻或间位	0,对位	73	
—N(CH$_3$)$_2$	邻或间位	20,对位	85	

2. 电荷转移和配位场吸收

除了电子在有机化合物的不同分子轨道之间跃迁会产生紫外-可见吸收谱带之外,还有两种情况会引起紫外-可见吸收谱带,即电荷转移引起的吸收谱带和配位场吸收谱带。这两种情况也很多见,十分重要。

电荷转移吸收谱带指的是某些无机物(如碱金属卤化物)和由两类有机化合物反应而得的分子络合物,它们在外来辐射激发下会强烈地吸收紫外光或可见光,从而获得紫外或可见吸收光谱。在这一吸收过程中,实际上是发生了一个电子从体系的一部分(称为电子给予体)转移到体系的另一部分(称为电子接受体)的过程,因此这样获得的吸收光谱称为电荷转移吸收谱带。例如,水合的 Fe^{2+} 在外来辐射作用下可以将一个电子转移给 H_2O 分子,从而可以获得紫外吸收光谱,过程为

$$Fe^{2+} + (H_2O)_n \xrightarrow{h\nu} Fe^{3+} + (H_2O)_n^-$$

其中 Fe^{2+} 为电子给予体,H_2O 分子为电子接受体。又如,在乙醇介质中,将醌与氢醌混合,就可以获得美丽的醌氢醌暗绿色结晶,它的吸收峰在可见光区内。

配位场吸收谱带指的是过渡金属水合离子或过渡金属离子与显色剂(通常是有机化合物)所形成的络合物在外来辐射作用下,由于吸收了适当波长的可见光(有时是紫外光)从而获得相应的吸收光谱。根据晶体场理论,过渡金属离子(又称中心离子)具有简并的(能量相等的)d 轨道,而 H_2O、NH_3 之类的偶极分子或 Cl^-、CN^- 等的阴离子(又称配位体)按一定的几何形状排列(配位)在过渡金属离子的周围时,将使这些原来简并的 d 轨道分裂为能量不同的能级。如果 d 轨道是未充满的,则受外来辐射能的作用会引起电子在这些不同的能级之间跃迁,由于它们的基态与激发态之间的能量差别不大,因此只要波长较长、能量较小的可见光就可以实现这一跃迁,即它们的吸收峰多在可见光区内。

当过渡金属离子与显色剂(配位体)形成络合物时,既存在电荷转移吸收,又存在配位体吸收。电荷转移吸收谱带发生在紫外区,有时也延伸到可见区。配位场吸收谱带常发生在可见光区。

过渡金属水合离子或过渡金属离子与一些配位体形成的络合物往往会呈现某种特征颜色。它们的颜色一般都与配位场吸收谱带有关。

过渡金属离子都具有未填满的 d 电子壳层,d 电子壳层中电子的总数因过渡金属离子种类而异。各种过渡金属水合离子所呈现的颜色与其 d 电子壳层中 d 电子的总数有密切的关系。d 电子壳层中没有 d 电子或者含有 10 个 d 电子的金属离子,或者说 d 电子壳层中不成对 d 电子数目等于零的金属离子,都是无色的,如 K^+、Ca^{2+}、Sc^{3+}、Cu^+、Zn^{2+} 和 Ga^{3+} 等;具有半满的 d 壳层的过渡金属离子,或者说 d 电子壳层中不成对 d 电子数目等于 5 的过渡金属离子,它们的颜色都很浅,如 Mn^{2+} 和 Fe^{3+},而含有 1~4 和 6~9 个 d 电子的过渡金属离子则都呈现特征的颜色。

3. 其他影响紫外-可见光谱的因素

不同的有机分子对紫外-可见光的吸收除了受到前面提到的电子跃迁、电荷转移和配位场不同、溶剂极性等因素影响外,还受溶剂的 pH 的影响。由于在不同 pH 的溶剂中,对于酸性或碱性被测物质,有不同的存在形式,分子中的共轭效应发生变化,从而影响对光谱的吸收,产

生红移或蓝移。例如,苯胺水溶液的 $\lambda_{最大}(\varepsilon)$ 为 230nm(8600),280nm(1430);酸性苯胺水溶液的 $\lambda_{最大}(\varepsilon)$ 为 203nm(7500),254nm(1160)。在酸性溶液中产生蓝移,显然这是因为形成了铵盐,使未成盐时的 n-π* 共轭不复存在。

　　除了注意溶剂的 pH 影响以外,还应注意溶剂的"极限波长",即在此波长以下,被测物吸收峰将被掩蔽,而在此波长以上溶剂是透明的(不吸收紫外光),如常用溶剂 95% 乙醇的极限波长 204nm(无水乙醇不能用作溶剂,因含有痕量苯),环己烷 210nm,四氯化碳 257nm 等。

四、吸收定律

　　分子对辐射的吸收,可以看成是分子或分子中某一部分对光子的俘获过程。因此,只有当光子和吸收辐射的物质分子相碰撞时,才有可能发生吸收。当光子的能量与分子由低能级(或基态能级)跃迁到更高能级(或激发态能级)所需的能量相等时,该分子就可能俘获具有这种能量的光子。由此可见,物质分子对辐射的吸收既和分子对该波长辐射的吸收本领有关,又和分子同光子的碰撞概率有关。朗伯-比尔(Lambert-Beer)定律对此关系进行了数学表述,形式如下:

$$A = Kcl \quad 或 \quad A = \varepsilon cl \tag{3.2}$$

式中:吸收系数 K 和入射辐射的波长 λ 以及吸收物质的性质有关,K 的单位为 L/(g·cm),若浓度的单位为 mol/L,则 K 称为摩尔吸收系数,通常用符号 ε 表示。

　　朗伯-比尔定律是分光光度定量测定的基础。摩尔吸收系数表示物质对某波长辐射的吸收特性。ε 越大,表示物质对某波长辐射的吸收能力越强,因而分光光度测定的灵敏度就越高。

　　对于某一特定的物质来说,吸收不同波长辐射的摩尔吸收系数是不同的,即 $\varepsilon = f(\lambda)$。若固定物质的浓度和吸收池的厚度,以吸光度 A(或透射率 T)对辐射波长作图,就得到物质的吸收光谱曲线(图 3.4)。吸收光谱曲线体现了物质的特性,不同的物质具有不同的特征吸收曲线,因此吸收光谱可用做物质的定性鉴定。

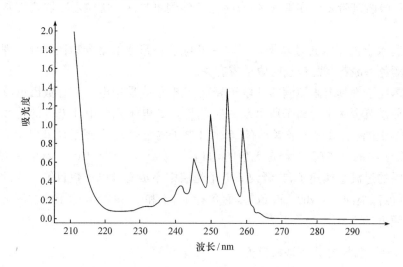

图 3.4　苯的紫外吸收光谱

第三节 紫外-可见分光光度计

一、紫外-可见分光光度计的组成

测量物质对紫外-可见区域辐射的吸收,使用的是紫外-可见分光光度计(UV-Vis spectrophotometer)。它一般由五个主要部分组成,即辐射光源、单色器(分光系统)、样品室(吸收池)、检测器和测量信号显示系统,如图 3.5 所示。

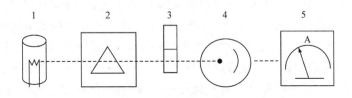

图 3.5 紫外-可见分光光度计组成示意图
1. 光源;2. 单色器;3. 吸收池;4. 检测器;5. 显示系统

1. 辐射光源

仪器对光源的基本要求是,在广泛的光谱区内能稳定发射连续光谱、有足够辐射强度而且辐射能量随波长无明显变化。一般在可见区测量,常用的光源是钨丝灯和卤素灯,在紫外区测量用氢灯或氘灯作为辐射光源。前者适用波长区域为 320~2500nm,这类光源的辐射能量与施加的外加电压有关,在可见光区,辐射的能量与工作电压 4 次方成正比。光电流与灯丝电压的 $n(n>1)$ 次方成正比。因此必须严格控制灯丝电压,仪器必须配有稳压装置。后者适用波长区域为 180~375nm,氘灯的灯管内充有氢的同位素氘,它是紫外光区应用最广泛的一种光源,其光谱分布与氢灯类似,但光强度比相同功率的氢灯要大 3~5 倍。

2. 单色器

单色器是能从光源波长连续的复合光中分出单色光的光学装置,其主要功能为产生光谱纯度高的波长且波长在紫外-可见区域内任意可调。单色器一般由入射狭缝、准光器(透镜或凹面反射镜使入射光成平行光)、色散元件、聚焦元件和出射狭缝等几部分组成。其核心部分是色散元件,起分光的作用。单色器起分光作用的色散元件主要是棱镜和光栅。单色器的性能直接影响光谱通带的宽度,从而影响测定灵敏度、选择性。

用棱镜和光栅为色散元件,分光性能好,能分出很窄的光谱通带,辐射纯度高,使用方便。缺点是棱镜色散率随波长而改变。采用反射光栅作色散元件,可用于紫外、可见及近红外辐射区。在整个波长区具有几乎一致的分辨能力,而且成本比棱镜低,但不同的衍射级造成的光谱重叠,须用适当的吸收滤光器滤除。

现代高档分光光度计往往采用双单色器,包括四个光栅或两个棱镜或一个光栅与一个棱镜,这样可以明显减少杂散光,提高分辨力。

3. 吸收池

吸收池用于装分析试样,一般有石英和玻璃材料两种。对于紫外和可见光区,都可以采用石英吸收池,而且它对 $3\mu m$ 以内的近红外光区也是透明的。玻璃池则只能用于可见光区,其价格便宜。为了减少反射损失,吸收池光学面必须完全垂直于光束。在高精度的分析测定中(紫外区尤其重要),吸收池要挑选配对。因为吸收池材料本身吸光特征以及吸收池光程长度的精度等都对分析结果有影响。

为了避免吸收池透光度不同引起测量误差,简化测定操作,加快测定进程,吸收池可以采用流动吸收池。如果再配合恒流泵,则可以构成流动比色系统。

4. 检测器

检测器是将光信号转变成电信号的部件,要求其灵敏度高,响应时间快,对辐射能量的响应线性关系好等。当前应用最广泛的检测器是硅光电池、光电管和光电倍增管。目前,在有些仪器中还广泛使用了光电二极管阵列检测器(DAD),如液相色谱就有可选择二极管阵列作为检测器的紫外-可见检测器。二极管阵列检测器与普通紫外分光检测器相比较,在光路系统安排上有着重要的区别,DAD 是令光束先通过样品流动池,然后由分光技术使所有波长的光在二极管阵列接收器上同时被检测。二极管阵列接收器上的光信号用电子学的方法快速扫描分析,扫描速度非常快,远远超出色谱出峰的速度,因此可用来观察气相色谱或液相色谱柱流出物的每个瞬间的动态光谱吸收图。

5. 测量信号显示系统

将检测器输出的信号进一步放大,然后用记录仪记录下来。不同型号的仪器,记录装置有所不同。高档仪器还配备有计算机控制系统,可以全面接管对仪器的操作和数据处理。

二、紫外-可见分光光度计的分类及特点

1. 单光束分光光度计

单光束分光光度计的结构示意图如图 3.6 所示。图中,虚线为光源发出的复合光,实线为经过分光后的单色光。工作原理是,由氘灯 D_2 或钨丝灯 W 发出的连续光谱,经反射镜 M_1 和 M_2 反射进入单色器,经过棱镜 P 或光栅分光将单色光通过狭缝 S 射入样品池 S_a,分别通过参比溶液和样品溶液,进行光强度(吸收)的测量。由于采用单光束,光路系统简单,光源能量损失小,机械振动小,因此噪声小,信噪比高。如果采用稳定性很好的光源系统,其重现性比双光束要好。

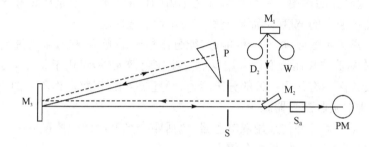

图 3.6　单光束分光光度计的结构示意图

2. 双光束分光光度计

双光束分光光度计的结构示意图如图 3.7 所示。由光源发出的光通过单色器分光,将一

束单色光从狭缝送出,经旋转镜 S_{c1} 分成强度相等的两束光,一束通过参比池,另一束通过样品池。仪器能自动比较两束光的强度,此比值即为试样的透射比,经对数变换将它转换成吸光度并作为波长的函数记录下来,双光束分光光度计一般都能自动记录吸收光谱曲线。

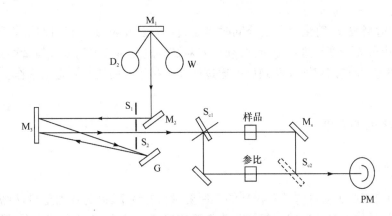

图 3.7　双光束分光光度计的结构示意图

由于一次测量可同时得到样品溶液相对空白溶液的透光度,即使光源强度在测定时发生变化,也不会影响两者的相对比值,因此,双光束仪器可消除光源强度波动可能引起的误差。

3. 双波长分光光度计

同一光源发出的光被分为两束,分别经过两个单色器后获得两束不同波长的单色光,利用切光器使两束光以一定的频率交替照射同一吸收池,根据朗伯-比尔定律,样品溶液在两个波长为 λ_1 和 λ_2 的吸光度的差值与溶液中待测物质的浓度成正比。双波长分光光度法可选择使用待测组分吸收光谱的任意波长为零点,测定它与任意其他波长间的吸光度差值,见图 3.8。

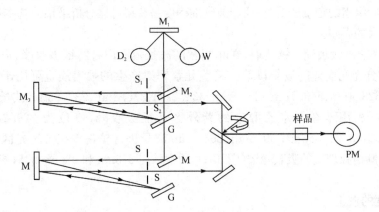

图 3.8　双波长分光光度计的结构示意图

对于多组分混合物、混浊试样(如生物组织液)分析及存在背景干扰或共存组分吸收干扰的情况,利用双波长分光光度法往往能提高方法的灵敏度和选择性。利用双波长分光光度计,能获得导数光谱。通过光学系统转换,双波长分光光度计也能很方便地转化为单波长工作方式。如果在 λ_1 和 λ_2 处分别记录吸光度随时间变化的曲线,还能进行化学反应动力学研究。

双波长分光光度法具有下列优点:

（1）因为仅用一个样品池进行测量，不需要用参比吸收池，故可消除参比池与样品池的不匹配而引起的误差。

（2）对混浊样品进行测定时，可自动消除不同混浊度所引起的背景吸收，即基线的变化几乎完全被消除。

（3）选择适当波长，简化混合组分同时测定过程。当试液中含有两种组分且光谱互相重叠时，用单光束分光光度计进行分析，必须预先对试样进行萃取分离或加掩蔽剂消除干扰组分后才能进行测定，而使用双波长法则可以通过选择干扰组分的波长测定结果作参比，自动扣除其影响。

三、仪器测量条件与误差

1. 光源的调节

仪器长期使用或更换灯泡后对仪器的光源要做很好调节，因为在测定时，所需要的单色光越纯越好，也就是狭缝能开得越小越好。若希望狭缝开得较小，则必须充分发挥光源的强度，因此要仔细地调整，使单色器获得最大光强度。

2. 分光光度计的校正

即使是一台性能良好的分光光度计，在正式使用之前，也需要对仪器的重要性能指标（如波长的准确度、吸光度的精度及吸收池的光学性能等）进行检查或校正。

1）波长的校正

仪器波长准确度主要取决于分光系统制造时的精密度，但是温度变化、仪器机械部件的磨损和经长期使用均可引起误差，因此要经常校对。一般来讲，有机化合物在紫外区的吸收峰大都比较平，波长若有稍许误差，尚不致严重影响测定的吸光度。但在有些情况下，如应用公式计算法进行叶绿素的定量分析时，仪器波长准确度是获得可靠分析结果的基本保证，波长略有不同即引起很大的误差。

稀土玻璃（如镨钕玻璃、钬玻璃）在相当宽的波长范围内有特征吸收峰，可以很方便地用来检查和校正分光光度计的波长读数。某些元素辐射产生的强谱线也可用于检查和校正波长，如汞灯的 623.4nm、546.1nm、435.8nm、334.2nm、275.3nm、237.83nm 波长进行校正。再如，无汞灯还可利用苯在无水乙醇中的紫外区特征吸收峰，峰位为 229.2nm、233.9nm、238.9nm、243.3nm、248.5nm、260.6nm、268.4nm 波长进行校正。在可见光区校正波长的最简便方法是绘制镨钕玻璃的吸收光谱（图 3.9），通常采用 573nm 和 586nm 的双峰谱线进行波长校正。

2）吸光度的校正

某些物质如硫酸铜、硫酸钴铵、铬酸钾的标准溶液，可用来检查或校正分光光度计的吸光度标度。其中以铬酸钾溶液应用最普遍。在 25℃ 时，把 0.040g 铬酸钾溶解在 1L 0.05mol/L KOH 溶液中，将该溶液盛放在 1cm 厚的吸收池内，测定其在不同波长下的吸光度，结果列于表 3.9。注意若溶液中含有杂质，则对吸光度有影响。这种校正方法适用于紫外-可见光区。当测量具有十分尖锐吸收峰的化合物时，对分光光度计的波长和吸光度进行校正是很必要的。

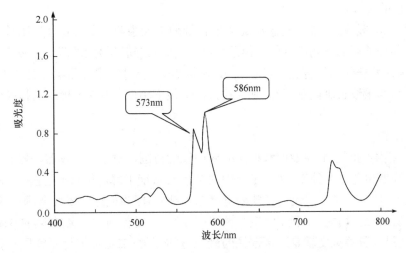

图 3.9　镨钕玻璃滤光片的吸收光谱图

表 3.9　铬酸钾溶液的吸光度

波长/nm	吸光度	波长/nm	吸光度	波长/nm	吸光度	波长/nm	吸光度
220	0.455	300	0.151	380	0.928	460	0.017
230	0.167	310	0.045	390	0.684	470	0.008
240	0.293	320	0.062	400	0.387	480	0.003
250	0.496	330	0.145	410	0.197	490	0.000
260	0.634	340	0.314	420	0.126	500	0.000
270	0.744	350	0.552	430	0.084		
280	0.723	360	0.829	440	0.053		
290	0.429	370	0.991	450	0.032		

3）吸收池的校正

在测定溶液的吸光度时,除了待测物质吸收使透过光减弱外,吸收池中的反射、散射等也会影响透过光的强度,因此吸收池的折射和散射影响必须相等,才可以消除测定中可能由吸收池引入的误差。因而,进行定量分析前,人们一般都比较重视吸收池的配对和校正。校正方法如下:在吸收池 A 内装入试样溶液,在吸收池 B 内装入参比溶液,测量试液的吸光度,然后倒出吸收池内的溶液,洗净吸收池。再分别在吸收池 A 内装入参比液,往吸收池 B 内装入试样溶液,测量吸光度。要求前后两次测得的吸光度差值应小于 0.005。在校正吸收池时,应多选择几个波长测量吸光度,得到的校正值可供以后实验中使用。

也可以简化以上操作,在参比吸收池和样品吸收池中分别加入相同溶剂测定,在大部分的波长范围内,所测出的透光率应相等或相差很小,如透光率小于±1%,一般认为误差不大。

3. 测量条件的选择

紫外-可见分光光度计使用范围广,操作相对比较简单,但是为了使测量结果具有较高的灵敏度和准确度,获得可靠的实验数据,选择合适的测量条件仍然是比较重要的。一般应注意以下几点。

1) 测量波长的选择

根据待测组分的吸收光谱,一般选择最强吸收带的最大吸收波长($\lambda_{最大}$)为测量波长。因为在该波长处,同样浓度的待测组分能获得最大吸光度,可以得到最大的测量灵敏度。但是实际工作中这样选择波长并非是合适的,如$\lambda_{最大}$受到共存杂质干扰,或待测组分的浓度太高,或吸收光谱太尖锐,测量波长难以重复时,则往往选用灵敏度稍低、不受干扰的次强吸收峰或宽峰、肩峰等。

2) 狭缝的调节

狭缝宽度直接影响测定的灵敏度和校正曲线的线性范围。对于既定仪器,增加狭缝宽度,就是增大带宽,降低单色光的纯度,在一定范围内会使灵敏度下降,并且使校正曲线的线性变坏,以致偏离朗伯-比尔定律。但也不是狭缝宽度越小越好,因为狭缝宽度太小,则入射光强度太弱,仪器噪声所占比例增大,不利于测定。调节的原则:一是依据测定灵敏度,能保证吸光度不明显降低时的最大狭缝宽度就是应该选择的最合适的宽度;二是依据待测物质在拟选择波长附近吸收光谱的斜率变化,如果斜率变化较大,应适当调小狭缝宽度,对于狭缝不可调的仪器,尤其要注意。

3) 测量误差与适宜吸光度范围选择

仪器光源的不稳定性、读数的不确定性和杂散光的影响都会给测定带来误差。当分析高浓度的样品时,误差更大。由朗伯-比尔定律,可以导出仪器测量误差对浓度测量误差的影响。

$$c = \frac{A}{\varepsilon l} = -\frac{\lg T}{\varepsilon l} \tag{3.3}$$

对式(3.3)微分,得

$$\frac{\mathrm{d}c}{\mathrm{d}T} = -\frac{0.434}{T\varepsilon l} \tag{3.4}$$

将式(3.4)代入式(3.3),得

$$\frac{\Delta c}{c} = \frac{0.434\Delta T}{T\lg T} \tag{3.5}$$

当相对误差$\Delta c/c$最小时,求得$T=0.368$或$A=0.434$,即当$A=0.434$时,吸光度读数误差所导致的浓度测定误差最小。由此可见,吸光度测定应控制在0.434左右较好,对于普通仪器,ΔT一般为0.5%,由式(3.5)可计算出A的读数为0.115~0.70时,浓度测定误差小于2%。因此,通过调节待测溶液浓度或改变光程l使测定吸光度范围控制在0.115~0.70,能有效降低测定误差。

第四节　定性与定量分析应用

紫外-可见吸收光谱法可以利用物质在紫外-可见光区内具有特征吸收峰来进行定性鉴定与结构分析,其理论依据主要源于化合物分子结构中的发色团和助色团。因此不同化合物分子中具有相同发色团和助色团时,往往会具有相似的紫外吸收光谱特性(峰位、峰数、峰形、峰强),如甲苯和乙苯的紫外吸收光谱基本是相同的。由此可知,物质的紫外-可见吸收光谱主要是分子中发色团和助色团的特性,而不是整个分子的特性。此外还有些有机化合物在紫外光区,特别是在近紫外区不产生吸收带,或仅有几个较宽的吸收带,因此紫外-可见光谱法的分子特征远不如红外吸收光谱。

然而紫外-可见光谱也有一些重要特点,如它能够提供分子中具有助色团、发色团和共轭程度的一些信息,这对于有机化合物的结构推断往往是很重要的。同时,由于具有 π 电子和共轭双键的化合物在紫外光区产生强烈的吸收,其 ε 可达 $1 \times 10^4 \sim 1 \times 10^6$,因此,紫外-可见吸收光谱的定量分析具有很高的灵敏度和准确度,其相对灵敏度一般可达百万分之一数量级以下,相对误差一般可达 2% 以下。

紫外-可见分子吸收光谱除了用于定性、定量和结构分析外,还可用于氢键强度及相对分子质量的测定、化学反应动力学的研究等方面。因此它在各行各业许多部门得到广泛应用。

一、定性分析

1. 化合物纯度的鉴定

如果某一化合物在紫外区无吸收峰,而杂质有较强的吸收峰,则可用紫外吸收光谱法检出该化合物中的痕量杂质,如要检查甲醇或乙醇中的杂质苯,可利用苯在 256nm 处的吸收带来检出,而甲醇或乙醇在该波长处几乎无吸收。又如要检出四氯化碳中有无二硫化碳杂质,只要观察在 318nm 处有无二硫化碳的吸收峰即可。

如果某一化合物在紫外区有较强的吸收带,有时可用它的吸收系数来检查其纯度,如菲的氯仿溶液在 296nm 处有强吸收(lgε = 4.10)。采用某种方法精制的菲,熔点 100℃,沸点 340℃,似乎已很纯,但用紫外光谱检查,测得的 lgε 值比标准菲低 10%,则表明其实际含量只有 90%,其余很可能是蒽等杂质。检查乙醇中有无杂质醛时,可用蒸馏水为参比,测定乙醇在 270~290nm 的紫外吸收光谱,如在 280nm 左右有吸收峰,则表明有杂质醛存在,若无吸收峰出现或吸光度小于 0.02(药典规定),则为无醛乙醇。

2. 未知物的定性鉴定

在用紫外光谱定性分析时,通常是把在同样条件下测得的试样光谱与标样光谱(或标准图谱)进行比较,当浓度和溶剂相同时,两者谱图也相同,则两者可能为同一化合物,再换一种溶剂后分别测绘其光谱图,若两者光谱图仍相同,则可以认为它们是同一物质。例如,合成维生素 A_2 与天然产物的吸收光谱相同,因而可鉴定合成的试样是维生素 A_2。

但应注意,具有相同发色团的不同分子结构往往有相同的紫外吸收光谱,即具有相同的紫外吸收光谱不一定是同一种化合物,但是不同结构的化合物,它们的吸收系数是有一定差别的。所以在紫外光谱定性分析时,不但要比较特征吸收光谱带 $\lambda_{最大}$ 的一致性,还要比较 $\varepsilon_{最大}$ 等特征常数的一致性。例如,甲基睾丸酮和丙酸睾丸素,它们在无水乙醇中最大吸收波长约为 240nm,但甲基睾丸酮的百分吸收系数与丙酸睾丸素的百分吸收系数不同,因此,根据这些标准特征常数可鉴定未知物。

当被鉴定物质的紫外吸收峰较多时,可规定几个吸收峰处的吸光度比值 A_i/A_j 或摩尔吸收系数比值 $\varepsilon_{\lambda_i}/\varepsilon_{\lambda_j}$ 作为定性鉴定的标准。例如,维生素 B_2 在稀乙酸中有 267nm、375nm 和 444nm 三个吸收峰,它们相同浓度时的吸光度比为

$$A_{375nm}/A_{267nm} = 0.314 \sim 0.333$$
$$A_{444nm}/A_{267nm} = 0.364 \sim 0.338$$

根据以上标准特征吸收波长及其吸光度比值,可以鉴定未知物,即被鉴定物质在相同波长处,其吸收系数比值处于规定范围内时,就可认为是同一物质。

3. 分子结构的推断

根据化合物的紫外-可见光区的吸收光谱,可以推测化合物所含的官能团。例如,某一化合物在 220~400nm 无吸收峰,则它不含双键或不含环状共轭体系(无共轭链烯,α,β 不饱和醛、酮,苯环及其相连的发色团,如醛、酮基等),因此,它是饱和化合物(如脂肪族碳氢化合物、胺、腈、醇、羧酸、氯代烃和氟代烃等)。如果在 270~350nm 仅出现很弱的吸收峰($\varepsilon=10~100$)而无其他强吸收峰,则说明它只含有非共轭的、具有 n 电子的生色团。若在 250~300nm 有中强吸收带,且有一定的精细结构,则表示存在苯环的特征吸收。若在 210~250nm 有强吸收带,则可能含有两个双键的共轭单位。若在 260~350nm 有强吸收带,表示有 3~5 个共轭单位。如果在 200~400nm 有许多吸收峰,有些吸收峰甚至出现在可见光区,则该化合物一定具有长链共轭体系或稠环芳香发色团。

紫外吸收光谱除用于推测化合物所含官能团外,还用于鉴别某些同分异构体、测定氢键强度和同系物的相对分子质量。

二、定量分析

1. 校正曲线法

配制一系列不同含量的标准试样溶液,以不含试样的空白溶液作为参比,测定标准试液的吸光度,并绘制吸光度-浓度曲线。未知试样和标准试样均要加入相同的试剂空白,在相同的操作条件下进行测定,然后根据校正曲线求出未知试样的含量。该方法属于常规分析方法,不适宜用于试样组成复杂、对分析结果要求较高的情况。

2. 标准对比法

标准对比法是标准曲线法的简化,即只配制一个浓度为 c_s 的标准溶液,并测量其吸光度,求出吸收系数 K,然后由 $A_x=Kc_x$ 求出 c_x。该法只有在测定浓度处于线性范围且 c_x 与 c_s 大致相当时,才可得到准确结果。

3. 标准加入法(增量法)

用校正曲线法时,要求标准试样和未知试样的组成保持一致,这在实际工作中难以做到。如果对分析结果的准确度要求较高时,可以选用增量法。采用增量法做定量分析,除被测组分的含量不同外,试样的其他成分都相同。因此,其他成分对测定的影响都能互相抵消,而不会干扰吸光度的测定。具体做法参见原子吸收分光光度法。

4. 吸收光谱重叠测定法

由于吸光度具有加和性,因此同一试样溶液内两个化合物都有吸收可能会发生吸收光谱重叠干扰。若设试样中这两组分分别是 A 和 B,会出现三种干扰情况:一是 A、B 组分的最大吸收波长不重叠,相互不干扰,可以按两个单一组分处理;二是 A、B 相互干扰,此时可通过解联立方程组求得 A 和 B 的浓度;三是单向干扰,A 干扰 B 或 B 干扰 A,此时也可以通过解联立方程组分离干扰,实现对 A 和 B 的测定。

因此,可以根据吸光度具有加和性的特点,对同一试样中两种或两种以上的组分进行分析测定。

5. 提高测定准确度的方法——高吸光度法

高吸光度法又称为示差分光光度法(differential spectrophotometry)。

一般的分光光度法测定,为了降低浓度测定误差,吸光度读数应控制在0.115~0.70。当待测组分含量高时,吸光度就会超出准确测量的读数范围,导致浓度测定误差加大。若采用高吸光度法,可以弥补这一缺点。

示差分光光度法是使用吸光度小于待测试样的已知浓度的标准溶液作为参比溶液,来测定待测溶液吸光度的方法。具体做法是以浓度为 c_s 的标准溶液调 $T=100\%$ 或 $A=0$(调零),所测得的试样吸光度实际就是下式中的 ΔA,然后求出 Δc,则试样中该组分的浓度为($c_s+\Delta c$)。数学表达式如下:

$$A_x = \varepsilon l c_x \qquad \text{(待测样品溶液)} \tag{3.6}$$

$$A_s = \varepsilon l c_s \qquad \text{(用于作为参比的标准溶液)} \tag{3.7}$$

$$\Delta A = A_x - A_s = \varepsilon l(c_x - c_s) = \varepsilon l \Delta c \tag{3.8}$$

使用高吸光度法,仪器测得的吸光度不是试样溶液的真实吸光度,而是表观吸光度,两者之间的关系如图3.10所示。可见,高吸光度法相当于将原本吸光度绝对值较大,但相互间差异不大的待测样品测定,转化为在吸光度绝对值适宜、差异扩大的尺度上去比较,利用仪器的灵敏度提高了测定的准确度。

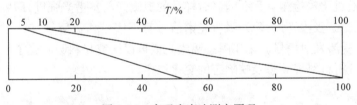

图 3.10 高吸光度法测定原理

用已知浓度的标准溶液作为参比,如果该参比溶液的透射比为10%,现调至100%,就意味着将仪器透射比标尺扩展了10倍。如待测试液的透射比原是5%,用示差光度法测量时将是50%。另外,在示差光度法中 Δc(样品与参比浓度差)很小,如果测量误差为 dc,虽然 $dc/\Delta c$ 看起来会增大,但最后测定结果的相对误差是 $\dfrac{dc}{\Delta c + c_s}$,$c_s$ 相当大,所以测量误差 dc 所占比例反而减少,测定结果的准确度比常规测定将高得多。

第五节 紫外-可见吸收光谱法研究新进展

随着科学技术的不断进步,紫外-可见吸收光谱法得到了越来越广泛的应用。与此同时,也发展了一些新的基于紫外-可见吸收光谱的仪器和方法,如紫外-可见漫反射光谱技术、纳米比色传感器及飞秒瞬态吸收光谱技术。

一、紫外-可见漫反射光谱技术

采用紫外-可见吸收光谱技术来测定粉体材料的吸收光谱时,由于粉体材料具有强烈的光散射,通常要通过可收集反射通量的漫反射装置(积分球仪)来实现。通过紫外-可见漫反射光谱技术,可获得有关材料的电子能带结构、杂质缺陷态及原子振动等多方面的信息。漫反射光谱中,试样产生的漫反射符合 Kublka-Munk 方程式：

$$F(R_\infty)=K/S=(1-R_\infty)^2/2R_\infty$$

式中：$F(R_\infty)$ 为 K-M 函数；K 为吸收系数；S 为散射系数；R_∞ 为无限厚度样品的反射系数 R 的极限值。

二、纳米比色传感器

金属纳米材料具有局域表面等离子体共振效应,其特征吸收峰会随着粒子的尺寸、形貌及粒子间距等的变化而发生变化。例如,金纳米粒子的紫外-可见吸收光谱会随着尺寸的增大而产生红移,当金纳米粒子发生聚集后,其溶液的颜色会由红色变为蓝色,基于这一原理,可构建有机小分子、生物大分子等生物光学传感器,如有的学者将有机磷农药核酸适体修饰到金纳米粒子表面,建立了甲拌磷、氧化乐果、丙溴磷、水胺硫磷等四种有机磷农药的快速检测新方法。有的文献报道 Cu^{2+} 可诱导精氨酸修饰的金纳米粒子产生团聚,当向体系中加入 I^- 后,由于 I^- 可将 Cu^{2+} 还原成 Cu^+,从而抑制了金纳米粒子的团聚作用,基于这一原理,建立了 I^- 检测新方法,方法的检出限可以达到 10nmol/L。

三、飞秒瞬态吸收光谱技术

飞秒瞬态吸收光谱技术也称为"泵浦-探测"技术。由泵浦光激发少量样品,利用连续光照射样品同一点,通过比较检测有无泵浦光时样品的探测光与参考光强度,即可获得样品的差分吸收谱。不同于稳态吸收光谱,瞬态吸收光谱信号有正信号和负信号,包括激发态吸收信号、基态漂白信号及受激发射信号。采用瞬态吸收光谱可以研究材料吸收光子后的能量转移及电荷转移等过程,分析材料表面态及缺陷态的变化规律。

　扫一扫　　朗伯-比尔定律的奠基人——皮埃尔·布格　　　

思考题与习题

1. 有机化合物分子的电子跃迁有哪几种类型？哪些类型的跃迁能在紫外-可见光区吸收光谱中反映出来？

2. 何谓生色团及助色团？试举例说明。

3. 有机化合物的紫外吸收有几种类型的吸收带？它们产生的原因是什么？有什么特点？

4. 举例说明紫外吸收光谱在分析上有哪些应用。

5. 试估计下列化合物中,哪一种化合物的 $\lambda_{最大}$ 最大,哪一种化合物的 $\lambda_{最大}$ 最小。为什么？

   (1) OH—⬡=O　(2) CH₃—⬡=O　(3) CH₃—⬡=O

6. 紫外-可见分光光度计与可见分光光度计比较,有什么不同之处？为什么？

7. 紫外分光光度计对检测器有何要求？光电二极管阵列检测器有何突出优点？

8. 某化合物浓度为 2×10^{-4} mol/L 时,用 $b=2.0$ cm 吸收池测得其透射率为 20%；若浓度稀释 1 倍,用 $b=1.0$ cm 吸收池,其吸光度 A 和摩尔吸收系数 ε 分别为多少？

9. 分光光度法的绝对误差 $\Delta T=0.010$,则浓度的最小相对误差为多少？

10. 普通光度法分别测定 0.5×10^{-4} mol/L、1.0×10^{-4} mol/L Zn^{2+} 标准溶液和试液的吸光度分别为 0.600、

1.200 和 0.800。

(1) 若以 0.5×10^{-4} mol/L Zn^{2+} 标准溶液作参比溶液,调节 $T \rightarrow 100\%$,用示差法测定第二个标准溶液和试液的吸光度各为多少。

(2) 两种方法中标准溶液和试液的透射率各为多少?

(3) 根据(1)中所得数据,用示差法计算试液中 Zn 的含量(mg/L)。

第四章　红外光谱法与激光拉曼光谱法

第一节　概　　述

一、红外光谱的形成

与电子光谱类似,分子的振动能量比转动能量大,当发生振动能级跃迁时,不可避免地伴随有转动能级的跃迁,所以无法测量纯粹的振动光谱,而只能得到分子的振动-转动光谱,这种光谱称为红外光谱(infrared spectroscopy, IR)。由于各种物质分子内部结构的不同,分子的振动-转动光谱能级也各不相同,它们只对红外波长辐射的选择吸收,能反映它们在振动-转动光谱区域内吸收能力的分布情况,分子的振动-转动能级特征就像指纹那样,可以从红外光谱的波形、波峰的强度和位置及其数目,研究物质的内部结构。

二、红外光区的划分

红外光谱在可见光区和微波光区之间,波长范围为 $0.75\sim1000\mu m$,根据仪器技术和应用不同,习惯上又将红外光区分为三个区,即近红外光区($0.75\sim2.5\mu m$)、中红外光区($2.5\sim25\mu m$)、远红外光区($25\sim1000\ \mu m$)。

1. 近红外光区的吸收带

近红外光区的吸收带主要是由低能电子跃迁、含氢原子团(如 O—H、N—H、C—H)伸缩振动的倍频吸收产生。该区的光谱可用来研究稀土和其他过渡金属离子的化合物,并适用于水、醇、某些高分子化合物以及含氢原子团化合物的定量分析。

2. 中红外光区吸收带

中红外光区吸收带是绝大多数有机化合物和无机离子的基频吸收带,即由基态振动能级($\nu=0$)跃迁至第一振动激发态($\nu=1$)时所产生的吸收峰称为基频峰。基频振动是红外光谱中吸收最强的振动,故该区最适于进行红外光谱的定性和定量分析。同时,由于中红外光谱仪最为成熟、简单,而且目前已积累了该区大量的数据资料,因此它是应用极为广泛的光谱区。通常,中红外光谱法又简称为红外光谱法。

3. 远红外光区吸收带

远红外光区吸收带是由气体分子中的纯转动跃迁、振动-转动跃迁、液体和固体中重原子的伸缩振动、某些变角振动、骨架振动以及晶体中的晶格振动所引起的。由于低频骨架振动能灵敏地反映出结构变化,所以对异构体的研究特别方便。此外,还能用于金属有机化合物(包括络合物)、氢键、吸附现象的研究。但由于该光区能量弱,除非其他波长区间内没有合适的分析谱带,一般不在此范围内进行分析。

红外吸收光谱一般用 T-λ 曲线或 T-σ(波数)曲线表示。纵坐标为百分透射比 $T\%$,因而吸收峰向下,向上则为谷;横坐标是波长 λ(单位为 μm)或 σ(波数)(单位为 cm^{-1})。

波长 λ 与 σ 波数之间的关系为

$$\sigma(\text{波数})/\text{cm}^{-1} = 10^4/(\lambda/\mu\text{m}) \qquad (4.1)$$

如 $\lambda=5\mu\text{m}$ 的红外线,波数为 2000cm^{-1}。

中红外区的 σ 波数范围是 $4000\sim400\text{cm}^{-1}$。

三、红外光谱法的特点

红外光谱法主要研究在振动中伴随有偶极矩变化的化合物(没有偶极矩变化的振动在拉曼光谱中出现)。因此,除了单原子和同核双原子分子(如 Ne、He、O_2、H_2 等)之外,几乎所有的有机化合物在红外光谱区均有吸收。除光学异构体,某些相对分子质量高的高聚物以及在相对分子质量上仅有微小差异的化合物外,凡是具有结构不同的两个化合物,一定会有不同的红外光谱。

红外吸收带的波数位置、波峰的数目及吸收谱带的强度反映了分子结构上的特点,可以用来鉴定未知物的结构组成或确定其化学基团,而吸收谱带的吸收强度与分子组成或化学基团的含量有关,可用以进行定量分析和纯度鉴定。

红外光谱分析特征性强,气体、液体、固体样品都可测定,并具有用量少,分析速度快,不破坏样品的特点。因此,红外光谱法不仅与其他许多分析方法一样,能进行定性和定量分析,而且是鉴定化合物和测定分子结构的有效方法之一。

第二节 红外吸收产生原理与条件

一、红外光谱产生的两个条件

物质对电磁辐射的吸收必须满足两个基本条件:一是辐射刚好具有能满足分子跃迁所需要的能量;二是辐射与分子之间有耦合(coupling)作用发生。

1. 辐射光子具有的能量与发生振动跃迁所需的跃迁能量相等

红外光谱是分子振动能级跃迁产生的。因为分子振动能级差为 $0.05\sim1.0\text{eV}$,比转动能级差($0.0001\sim0.05\text{eV}$)大,因此分子发生振动能级跃迁时,不可避免地伴随转动能级的跃迁,因而无法测得纯振动光谱,但为讨论方便,以双原子分子振动光谱为例,说明红外光谱产生的这一条件。

若把双原子分子(A—B)的两个原子看成两个小球,把连接它们的化学键看成质量可以忽略不计的弹簧,则两个原子间的伸缩振动,可近似地看成沿键轴方向的简谐振动。在室温时,分子处于基态($\nu=0$),此时伸缩振动的频率很小。当有红外辐射照射到分子时,若红外辐射的光子(ν_L)所具有的能量(E_L)恰好等于分子振动能级的能量差(ΔE_ν)时,则分子将吸收红外辐射而跃迁至激发态,导致振幅增大。实际上处于基态的分子振动能级差不止一个,因而可能激发到不同振动能级,产生不同的吸收光谱特征,有必要加以区别。

分子吸收红外辐射后,由基态振动能级($\nu=0$)跃迁至第一振动激发态($\nu=1$)时,所产生的吸收峰称为基频峰。因为 $\Delta\nu=1$ 时,$\nu_L=\nu$,所以基频峰的位置(ν_L)等于分子的振动频率。

在红外光谱上除基频峰外,还有振动能级由基态($\nu=0$)跃迁至第二激发态($\nu=2$)、第三激发态($\nu=3$)、……所产生的吸收峰称为倍频峰。

由 $\nu=0$ 跃迁至 $\nu=2$ 时,振动量子数的差值 $\Delta\nu=2$,则 $\nu_L=2\nu$,即吸收的红外线谱线(ν_L)是

分子振动频率的两倍,产生的吸收峰称为二倍频峰。

由 $\nu=0$ 跃迁至 $\nu=3$ 时,振动量子数的差值 $\Delta\nu=3$,则 $\nu_L=3\nu$,即吸收的红外线谱线(ν_L)是分子振动频率的三倍,产生的吸收峰称为三倍频峰,其他类推。在倍频峰中,二倍频峰还比较强;三倍频峰及以上,因跃迁概率很小,一般都很弱,常常不能测到。

由于分子非谐振性质,各倍频峰并非正好是基频峰的整数倍,而是略小一些。以 HCl 为例:

基频峰　（$\nu_0 \rightarrow \nu_1$）	2885.9cm^{-1}	最强
二倍频峰（$\nu_0 \rightarrow \nu_2$）	5668.0cm^{-1}	较弱
三倍频峰（$\nu_0 \rightarrow \nu_3$）	8346.9cm^{-1}	很弱
四倍频峰（$\nu_0 \rightarrow \nu_4$）	10 923.1cm^{-1}	极弱
五倍频峰（$\nu_0 \rightarrow \nu_5$）	13 396.5cm^{-1}	极弱

除此之外,还有合频峰($\nu_1+\nu_2$,$2\nu_1+\nu_2$,…),差频峰($\nu_1-\nu_2$,$2\nu_1-\nu_2$,…)等,这些峰多数很弱,一般不容易辨认。倍频峰、合频峰和差频峰统称为泛频峰。

以上分析表明,只有当红外辐射频率等于振动量子数的差值与分子振动频率的乘积时,分子才能吸收红外辐射,产生红外吸收光谱。

2. 辐射与物质之间有耦合作用

为满足产生红外光谱条件,分子振动必须伴随偶极矩的变化。红外跃迁是偶极矩诱导的,即能量转移的机理是通过振动过程所导致的偶极矩的变化和交变的电磁场(红外线)相互作用发生的。

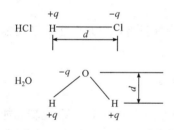

图 4.1　H_2O、HCl 的偶极矩

从整体来看,分子是呈电中性的,但是由于构成分子的各原子的电负性(价电子得失的难易不同)的不同,会显示不同的极性,称为偶极子。由此,当分子与外界物质作用时也会显现出极性。通常用分子的偶极矩(μ)来描述分子极性的大小(图 4.1)。设正负电荷中心的电荷分别为 $+q$ 和 $-q$,正负电荷中心距离为 d,则

$$\mu = qd$$

由于分子内原子处于在其平衡位置不断振动状态,故任意时刻 d 的值也会不断变化,μ 的值也会相应变化。

当偶极子处在电磁辐射电场时,该电场做周期性反转,偶极子将经受交替的作用力而使偶极矩增加或减少。由于偶极子具有一定的原有振动频率,显然,只有当辐射频率与偶极子频率相匹配时,分子才与辐射相互作用(振动耦合)而增加它的振动能,使振幅增大,即分子由原来的基态振动跃迁到较高振动能级。

因此,并非所有的振动都会产生红外吸收,只有发生偶极矩变化($\Delta\mu \neq 0$)的振动才能引起可观测的红外光谱,该分子称为红外活性的分子;$\Delta\mu=0$ 的分子振动不能产生红外振动吸收,称为非红外活性的分子。当一定频率的红外光照射分子时,如果分子中某个基团的振动频率和它一致,二者就会产生共振。此时,光的能量通过分子偶极矩的变化而传递给分子,这个基团就吸收一定频率的红外光,产生振动跃迁。如果用连续改变频率的红外光照射某样品,由于试样对不同频率的红外光吸收程度不同,使通过试样后的红外光在一些波数范围减弱,在另一些波数范围内仍然较强,用仪器记录下该试样的红外光谱,就可以进行样品的定性和定量分

析。如 1-癸烯的红外光谱图见图 4.2 所示。

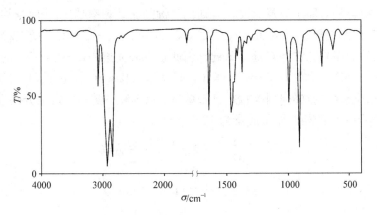

图 4.2　1-癸烯的红外光谱图

二、双原子分子振动方程式

分子中的原子以平衡点为中心，以非常小的振幅（与原子核之间的距离相比）做周期性的
振动，可近似地看成简谐振动。这种分子振动的模型，以经典力学的方法可把两个质量为 m_1 和 m_2 的原子看成钢体小球，连接两原子的化学键看成无质量的弹簧，弹簧的长度 r 即为分子化学键的长度，如图 4.3 所示。由经典力学（虎克定律）可导出该体系的基本振动频率计算公式：

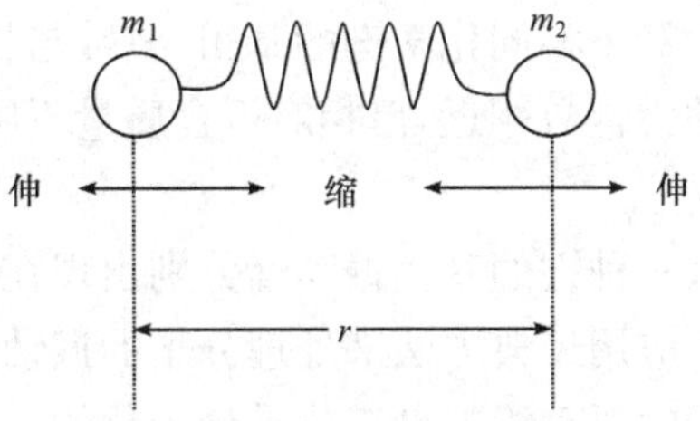

图 4.3　谐振子振动示意图

$$\nu = \frac{1}{2\pi} \sqrt{\frac{k}{\mu}} \qquad (4.2)$$

或

$$\sigma = \frac{1}{2\pi c} \sqrt{\frac{k}{\mu}} （波数） \qquad (4.3)$$

式中：k 为化学键的力常数，定义为将两原子由平衡位置伸长至单位长度时的恢复力，单位为 N/cm，单键、双键和三键的力常数分别近似为 5N/cm、10N/cm 和 15N/cm；c 为光速（2.998 $\times 10^{10}$ cm/s）；μ 为折合质量，单位为 g，表示为

$$\mu = \frac{m_1 \times m_2}{m_1 + m_2} \qquad (4.4)$$

根据小球的质量和相对原子质量之间的关系，式（4.3）可写成

$$\sigma = \frac{N_A^{1/2}}{2\pi c} \sqrt{\frac{k}{A_r'}} \qquad (4.5)$$

式中：N_A 为阿伏伽德罗常量，值为 6.022$\times 10^{23}$，则式（4.5）为

$$\sigma = 1302 \sqrt{\frac{k}{A_r'}} \qquad (4.6)$$

式中：A_r' 为两原子折合相对原子质量，表示为

$$A_r' = \frac{M_1 \times M_2}{M_1 + M_2} \qquad (4.7)$$

由此可见,影响基本振动频率的直接原因是相对原子质量和化学键的力常数。化学键的力常数 k 越大,折合相对原子质量 A'_r 越小,则化学键的振动频率越高,吸收峰将出现在高波数区;反之,则出现在低波数区。例如,$\equiv C—C\equiv$、$=C=C=$、$—C\equiv C—$ 等三种碳碳键的质量相同,键力常数的顺序是三键>双键>单键。因此在红外光谱中,$—C\equiv C—$ 的吸收峰出现在 $2222cm^{-1}$,而 $=C=C=$ 约在 $1667cm^{-1}$,$\equiv C—C\equiv$ 在 $1429cm^{-1}$。由式(4.6)和式(4.7)可以从理论上计算相应基团的红外吸收波数,已知单键、双键和三键的力常数分别近似为 5N/cm、10N/cm 和 15N/cm;C 的相对原子质量为 12。

$$A'_r = \frac{M_1 \times M_2}{M_1 + M_2} = \frac{12 \times 12}{12 + 12} = 6$$

对于 $\equiv C—C\equiv$ $\sigma = 1302\sqrt{\frac{5}{6}} = 1188.6(cm^{-1})$

对于 $=C=C=$ $\sigma = 1302\sqrt{\frac{10}{6}} = 1680.9(cm^{-1})$

对于 $—C\equiv C—$ $\sigma = 1302\sqrt{\frac{15}{6}} = 2058.6(cm^{-1})$

显然计算结果与实际情况还是比较接近的。

对于相同化学键的基团,波数与相对原子质量平方根成反比。例如,C—C、C—O、C—N 键的力常数相近,但相对折合质量不同,其大小顺序为

$$C—C < C—N < C—O$$

故这三种键的基频振动峰分别出现在 $1430cm^{-1}$、$1330cm^{-1}$、$1280cm^{-1}$ 附近。

应用经典方法来处理分子的振动是一种宏观处理方法,或是近似的处理方法,但一个真实分子的振动级能量变化是量子化的。另外,分子中基团与基团之间,基团中的化学键之间都相互有影响,基本振动频率除了受化学键两端的相对原子质量、化学键的力常数影响外,还与内部因素(结构因素)和外部因素(化学环境)有关。

三、多原子分子振动的形式

多原子分子由于原子数目增多,组成分子的键或基团不同,空间结构不同,其振动光谱比双原子分子要复杂得多,如在双原子分子中只有一种振动形式,即两个原子的相对伸缩振动。但是在多原子分子中,随着原子数目的增加,振动形式则更为复杂。不过,可以把它们的振动分解成许多简单的基本振动,即简正振动。

1. 简正振动

简正振动的振动状态是分子质心保持不变,整体不转动,每个原子都在其平衡位置附近做简谐振动,其振动频率和相位都相同,即每个原子都在同一瞬间通过其平衡位置,而且同时达到其最大位移值。分子中任何一个复杂振动都可以看成这些简正振动的线性组合。

一般将简正振动的基本形式分成两类,即伸缩振动和变形振动。

1) 伸缩振动

原子沿键轴方向伸缩,键长发生变化而键角不变的振动称为伸缩振动,用符号 ν 表示。它又可以分为对称伸缩振动(ν_s)和不对称伸缩振动(ν_{as})。对同一基团,不对称伸缩振动的频率要稍高于对称伸缩振动。

2）变形振动（又称弯曲振动或变角振动）

基团键角发生周期变化而键长不变的振动称为变形振动，用符号 δ 表示。变形振动又分为面内变形和面外变形振动。面内变形振动又分为剪式（以 δ 表示）和平面摇摆振动（以 ρ 表示）。面外变形振动又分为非平面摇摆（以 ω 表示）和扭曲振动（以 τ 表示）。

图 4.4 表示亚甲基的各种振动形式。由于变形振动的力常数比伸缩振动的小，因此同一基团的变形振动都在其伸缩振动的低频端出现。

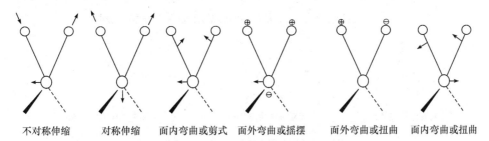

| 不对称伸缩 | 对称伸缩 | 面内弯曲或剪式 | 面外弯曲或摇摆 | 面外弯曲或扭曲 | 面内弯曲或扭曲 |

图 4.4 亚甲基的各种振动形式

2. 基本振动的理论数

简正振动的数目称为振动自由度，每个振动自由度相当于红外光谱图上一个基频吸收带。

设分子由 n 个原子组成，每个原子在空间都有 3 个自由度，原子在空间的位置可以用直角坐标中的 3 个坐标 x、y、z 表示，因此 n 个原子组成的分子总共应有 $3n$ 个自由度，即 $3n$ 种运动状态。但在这 $3n$ 种运动状态中，包括 3 个整个分子的质心沿 x、y、z 方向平移运动和 3 个整个分子绕 x、y、z 轴的转动运动（图 4.5 和图 4.6）。这 6 种运动都不是分子振动，因此，振动形式应有 $(3n-6)$ 种。但对于直线形分子，若贯穿所有原子的轴是在 x 方向，则整个分子只能绕 y、z 轴转动，因此，直线形分子的振动形式为 $(3n-5)$ 种。例如，非线形水分子，$3n-6=9-6=3$，其振动类型见图 4.7。又如，二氧化碳线形分子，$3n-5=9-5=4$，其振动类型及红外吸收特征见图 4.8。

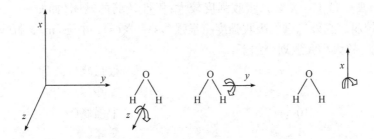

图 4.5 非线形分子（H_2O）绕 x、y 和 z 轴的转动示意（无分子振动吸收）

理论上，每种简正振动都有其特定的振动频率，似乎都应有相应的红外吸收带。实际上，绝大多数化合物在红外光谱图上出现的峰数远小于理论上计算的振动数，这是由如下原因引起的：①没有偶极矩变化的振动，不产生红外吸收；②相同频率的振动吸收重叠，即简并；③仪器不能区别频率十分接近的振动，或吸收带很弱，仪器无法检测；④有些吸收带落在仪器检测范围之外。

例如，线形分子二氧化碳理论计算的基本振动数为 4，共有 4 个振动形式，在红外图谱上

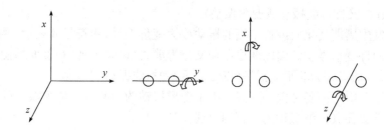

图 4.6　线形分子绕 x、y 和 z 轴的转动示意(无分子振动吸收)

对称伸缩, 3652cm⁻¹　　　反对称伸缩, 3756cm⁻¹　　　弯曲(变形)伸缩, 1595cm⁻¹

图 4.7　水分子的振动形式与红外吸收

O＝C＝O　　　　O＝C＝O　　　　O＝C＝O　　　　O＝C＝O

对称伸缩(无吸收峰)　反对称伸缩(2349cm⁻¹)　面内变形(667cm⁻¹)　面外变形(667cm⁻¹)

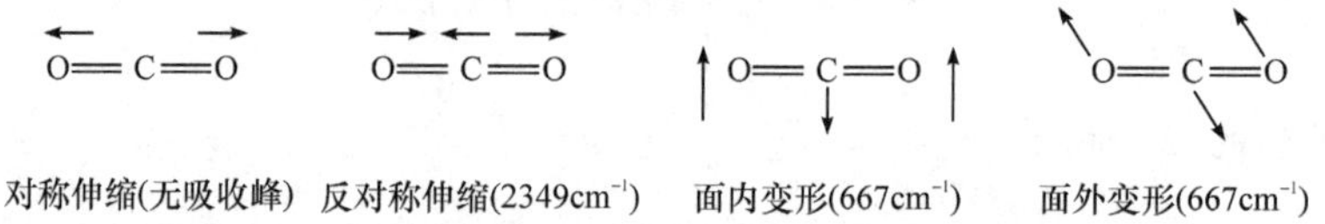

图 4.8　二氧化碳线形分子的振动形式与红外吸收

有 4 个吸收峰。但在实际红外图谱中,只出现 $667cm^{-1}$ 和 $2349cm^{-1}$ 两个基频吸收峰。这是因为对称伸缩振动偶极矩变化为零,不产生吸收,而面内变形和面外变形振动的吸收频率完全一样,发生简并。

四、吸收谱带的强度

红外吸收谱带的强度取决于分子振动时偶极矩的变化,而偶极矩与分子结构的对称性有关。振动的对称性越高,振动中分子偶极矩变化越小,谱带强度也就越弱。一般地,极性较强的基团振动(如 C＝O,C—X 等),吸收强度较大;极性较弱的基团(如 C＝C, C—C, N＝N 等)振动,吸收较弱。红外光谱的吸收强度用很强(vs)、强(s)、中强(m)、弱(w)和很弱(vw)等表示,相应的 ε 的大小大致划分如下:

$$\varepsilon > 100 \qquad 很强峰(vs)$$
$$20 < \varepsilon < 100 \qquad 强峰(s)$$
$$10 < \varepsilon < 20 \qquad 中强峰(m)$$
$$1 < \varepsilon < 10 \qquad 弱峰(w)$$

物质的红外光谱是其分子结构的反映,谱图中的吸收峰与分子中各基团的振动形式相对应。多原子分子的红外光谱与其结构的关系,一般是通过实验手段获得,即通过比较大量已知化合物的红外光谱,从中总结出各种基团的吸收规律。实验表明,组成分子的各种基团,如 O—H、N—H、C—H、C＝C、C＝O 和C≡C等,都有自己的特定的红外吸收区域,分子的其他部分对其吸收位置影响较小。通常把这种能代表基团存在,并有较高强度的吸收谱带称为基团频率(group frequency),其所在的位置一般又称为特征吸收峰。

五、基团频率区和指纹区

1. 基团频率区

中红外光谱区可分成 $4000\sim1300(1800)cm^{-1}$ 和 $1800\,(1300)\sim600cm^{-1}$ 两个区域。最有分析价值的基团频率在 $4000\sim1300cm^{-1}$，这一区域称为基团频率区（group frequency region）、官能团区或特征区。区内的峰是由伸缩振动产生的吸收带，比较稀疏，容易辨认，常用于鉴定官能团。

在 $1800(1300)\sim600cm^{-1}$ 区域内，除单键的伸缩振动外，还有因变形振动产生的谱带。这种振动与整个分子的结构有关。当分子结构稍有不同时，该区的吸收就有细微的差异，并显示出分子特征。这种情况就像人的指纹一样，因此称为指纹区（fingerprint region）。指纹区对于指认结构类似的化合物很有帮助，而且可以作为化合物存在某种基团的旁证。基团频率区可分为三个区域。

1）$4000\sim2500cm^{-1}$ X—H 伸缩振动区（X 可以是 O、N、C 或 S 等原子）

O—H 伸缩振动出现在 $3650\sim3200cm^{-1}$，它可以作为判断有无醇类、酚类和有机酸类的重要依据。当醇和酚溶于非极性溶剂（如 CCl_4），浓度为 $0.01mol/L$ 时，在 $3650\sim3580cm^{-1}$ 处出现游离 O—H 伸缩振动吸收，峰形尖锐，且没有其他吸收峰干扰，易于识别。当试样浓度增加时，羟基化合物产生缔合现象，O—H 伸缩振动吸收峰向低波数方向位移，在 $3400\sim3200cm^{-1}$ 出现一个宽而强的吸收峰。

胺和酰胺的 N—H 伸缩振动也出现在 $3500\sim3100cm^{-1}$，因此，可能会对 O—H 伸缩振动有干扰。

C—H 的伸缩振动可分为饱和和不饱和两种。饱和的 C—H 伸缩振动出现在 $3000cm^{-1}$ 以下，为 $3000\sim2800cm^{-1}$，取代基对它们影响很小，如—CH_3 基的伸缩吸收出现在 $2960cm^{-1}$ 和 $2876cm^{-1}$ 附近；R_2CH_2 基的吸收在 $2930cm^{-1}$ 和 $2850cm^{-1}$ 附近；R_3CH 基的吸收峰出现在 $2890cm^{-1}$ 附近，但强度很弱。不饱和的 C—H 伸缩振动出现在 $3000cm^{-1}$ 以上，以此来判别化合物中是否含有不饱和的 C—H 键。苯环的 C—H 键伸缩振动出现在 $3030cm^{-1}$ 附近，它的特征是强度比饱和的 C—H 键稍弱，但谱带比较尖锐。不饱和的双键=C—H 的吸收出现在 $3010\sim3040cm^{-1}$，末端=CH_2 的吸收出现在 $3085cm^{-1}$ 附近。≡CH 三键上的 C—H 伸缩振动出现在更高的区域（$3300cm^{-1}$）附近。

2）$2500\sim1900cm^{-1}$ 为三键和累积双键区

主要包括—C≡C、—C≡N 等三键的伸缩振动及—C=C=C、—C=C=O 等累积双键的不对称性伸缩振动。对于炔烃类化合物，可以分成 R—C≡CH 和 R′—C≡C—R 两种类型。R—C≡CH 伸缩振动出现在 $2100\sim2140cm^{-1}$ 附近，R′—C≡C—R 出现在 $2190\sim2260cm^{-1}$ 附近，若 R—C≡C—R 分子对称，则为非红外活性。

—C≡N 的伸缩振动在非共轭的情况下出现在 $2240\sim2260cm^{-1}$ 附近。当与不饱和键或芳环共轭时，该峰位移到 $2220\sim2230cm^{-1}$ 附近。若分子中含有 C、H、N 原子，—C≡N 基吸收比较强而尖锐。若分子中含有 O 原子，且 O 原子离 —C≡N 基越近，—C≡N 基的吸收越弱，甚至观察不到。

3）$1900\sim1200cm^{-1}$ 为双键伸缩振动区

该区域主要包括三种伸缩振动：①C=O 伸缩振动，出现在 $1900\sim1650cm^{-1}$，是红外光谱中最特征的且往往是最强的吸收峰,以此很容易判断酮类、醛类、酸类、酯类及酸酐等有机化合物,酸酐的羰基吸收带由于振动耦合而呈现双峰;②C＝C伸缩振动,烯烃的C＝C伸缩振动出现在 1680～1620cm^{-1},一般很弱,单环芳烃的C＝C伸缩振动出现在 1600cm^{-1} 和 1500cm^{-1}附近,有两个峰,这是芳环的骨架结构,用于确认有无芳环的存在;③苯的衍生物的泛频谱带,出现在 2000～1650cm^{-1},是 C—H 面外和 C＝C 面内变形振动的泛频吸收,虽然强度很弱,但它们的吸收概貌在表征芳核取代类型上有一定的作用。

　　2. 指纹区

　　(1) 1800(1300)～900cm^{-1}区域是 C—O、C—N、C—F、C—P、C—S、P—O、Si—O 等单键的伸缩振动和C＝S、S＝O、P＝O 等双键的伸缩振动吸收。其中约为 1375cm^{-1}的谱带为甲基的 δ_{C-H}对称弯曲振动,对识别甲基十分有用,C—O 的伸缩振动在 1300～1000cm^{-1},是该区域最强的峰,也较易识别。

　　(2) 900～650cm^{-1}区域的某些吸收峰可用来确认化合物的顺反构型。利用以上区域中苯环的 C—H 面外变形振动吸收峰和 2000～1667cm^{-1}区域苯的倍频或组合频吸收峰,可以共同配合确定苯环的取代类型。图 4.9 为不同的苯环取代类型在 2000～1667cm^{-1} 和 900～600cm^{-1}区域的光谱。

　　以上谱区与各种基团结构的划分不是绝对的,但是大同小异,也有按照以下红外吸收区域进行划分的。

4000～2500cm^{-1}	X—H 伸缩振动区	1500～1300cm^{-1}	C—H 弯曲振动区
2500～2000cm^{-1}	三键伸缩振动区	1300～910cm^{-1}	单键伸缩振动区
2000～1500cm^{-1}	双键伸缩振动区	910cm^{-1}以下	苯环取代区

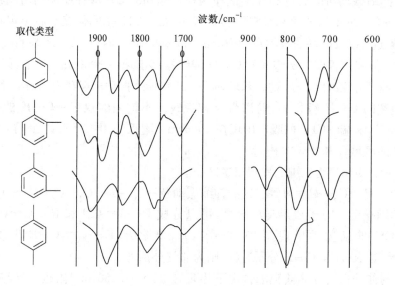

图 4.9　苯取代类型在两个波段内的特征

六、影响基团频率的因素

　　基团频率主要是由基团中原子的质量和原子间的化学键力常数决定。分子内部结构和外部环境的改变对它都有影响,因而同样的基团在不同的分子和不同的外界环境中,基团频率可能会有一个较大的范围。因此了解影响基团频率的因素,对解析红外光谱和推断分子结构都十分有用。影响基团频率位移的因素大致可分为内部因素和外部因素。

1. 内部因素

1) 电子效应

电子效应(electrical effects)包括诱导效应、共轭效应和中介效应,它们都是由于化学键的电子分布不均匀引起的。

诱导效应(inductive effects,I 效应)的产生是由于取代基具有不同的电负性,通过静电诱导作用,引起分子中电子分布的变化,从而改变了键力常数,使基团的特征频率发生了位移,如一般电负性大的基团或原子吸电子能力较强。与烷基酮羰基上的碳原子相连时,由于诱导效应就会发生电子云由氧原子转向双键的中间,增加了 C=O 键的力常数,使 C=O 的振动频率升高,吸收峰向高波数移动(表 4.1)。随着取代原子电负性的增大或取代数目的增加,诱导效应越强,吸收峰向高波数移动的程度越显著。

表 4.1 诱导效应导致 C=O 吸收峰向高波数移动情况

$\nu_{C=O}/cm^{-1}$	1715	1800	1828	1928
化合物	$\overset{\delta^-}{\underset{\delta^+}{R-\overset{\displaystyle O}{\overset{\|}{C}}-R'}}$	$R-\overset{\displaystyle O}{\overset{\|}{C}}\to Cl$	$Cl\leftarrow \overset{\displaystyle O}{\overset{\|}{C}}\to Cl$	$F\leftarrow \overset{\displaystyle O}{\overset{\|}{C}}\to F$

共轭效应(C 效应)使共轭体系中的电子云密度平均化,结果使原来的双键略有伸长,即电子云密度降低,力常数减小,使其吸收频率向低波数方向移动,如酮的 C=O,因与苯环共轭而使 C=O 的力常数减小,振动频率降低。当含有孤对电子的原子(O、S、N 等)与具有多重键的原子相连时,也可起类似的共轭作用,称为中介效应(M 效应)。例如,酰胺中的 C=O 因氮原子的共轭作用,使 C=O 上的电子云更移向氧原子,C=O 双键的电子云密度平均化,造成 C=O 键的力常数下降,使吸收频率向低波数位移。

对同一基团,若诱导效应和中介效应同时存在,则振动频率最后位移的方向和程度,取决于这两种效应的结果。当诱导效应大于中介效应时,振动频率向高波数移动,反之,振动频率向低波数移动。

2) 氢键的影响

氢键的形成使电子云密度平均化,从而使伸缩振动频率降低,如羧酸中的羰基和羟基之间易形成氢键,使羰基的基团频率降低。游离羧酸的 C=O 键频率出现在 $1760cm^{-1}$ 左右,在固体或液体中,由于羧酸形成二聚体,C=O 键频率出现在 $1700cm^{-1}$。

一般分子内氢键不受浓度影响,分子间氢键受浓度影响较大。

3) 振动耦合

当两个振动频率相同或相近的基团相邻具有一公共原子时,由于一个键的振动通过公共原子使另一个键的长度发生改变,产生一个“微扰”,从而形成了强烈的振动相互作用。其结果是使振动频率发生变化,一个向高频移动,另一个向低频移动,谱带分裂。振动耦合常出现在一些二羰基化合物中,如羧酸酐中,两个羰基的振动耦合,使 $\nu_{C=O}$ 吸收峰分裂成两个峰,波数分别为 $1820cm^{-1}$(反对称耦合)和 $1760cm^{-1}$(对称耦合)。

4) 费米共振

当一振动的倍频与另一振动的基频接近时,由于发生相互作用而产生很强的吸收峰或发生裂分,这种现象称为费米(Fermi)共振。

其他的结构因素还有空间效应、环的张力等。

2. 外部因素

外部因素主要指测定时物质的状态以及溶剂效应等因素。同一物质的不同状态,由于分子间相互作用力不同,所得到光谱往往不同。

分子在气态时,其相互作用力很弱,此时可以观察到伴随振动光谱的转动精细结构。液态和固态分子间作用力较强,在有极性基团存在时,可能发生分子间的缔合或形成氢键,导致特征吸收带频率、强度和形状有较大的改变,如丙酮在气态时的 ν_{C-H} 为 $1742\mathrm{cm}^{-1}$,而在液态时为 $1718\mathrm{cm}^{-1}$。

在溶液中测定光谱时,由于溶剂的种类、溶剂的浓度和测定时的温度不同,同一种物质所测得的光谱也不同。通常在极性溶剂中,溶质分子的极性基团的伸缩振动频率随溶剂极性的增加而向低波数方向移动,并且强度增大。因此,在红外光谱测定中,应尽量采用非极性的溶剂。

第三节　红外光谱仪

目前主要有两类红外光谱仪,色散型红外光谱仪和傅里叶(Fourier)变换红外光谱仪。

一、色散型红外光谱仪

色散型红外光谱仪的组成部件与紫外-可见分光光度计相似,但对每一个部件的结构、所用的材料及性能与紫外-可见分光光度计不同,组成部件的排列顺序也略有不同。红外光谱仪的样品是放在光源和单色器之间,而紫外-可见分光光度计是放在单色器之后。色散型红外光谱仪原理示意图如图 4.10。

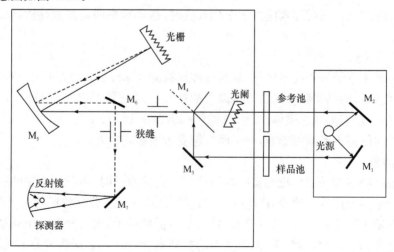

图 4.10　色散型红外光谱仪工作原理示意图

1. 光源

红外光谱仪中所用的光源通常是一种惰性固体,用电加热使之发射高强度的连续红外辐射。常用的是 Nernst 灯或硅碳棒。Nernst 灯是用氧化锆、氧化钇和氧化钍烧结而成的中空棒和实心棒,直径 1～3mm,长度 20～50mm。工作温度约为 1700℃,在此高温下导电并发射红外线,但在室温下是非导体。因此,在工作之前要预热,它的特点是发射强度高,使用寿命约半年至一年,稳定性较好。缺点是价格比硅碳棒贵,机械强度差,操作不如硅碳棒方便。硅碳棒是由碳化硅烧结而成,坚固、发光面积大,在室温下是导体,工作前不需要预热,工作温度在 1200～1500℃,使用寿命长。

2. 吸收池

因玻璃、石英等材料不能透过红外光,红外吸收池要用可透过红外光的 NaCl、KBr、CsI、KRS-5(TlI 58％,TlBr 42％)等材料制成窗片。用 NaCl、KBr、CsI 等材料制成的窗片需注意防潮。固体试样常与纯 KBr 混匀压片,然后直接进行测定。除了固体压片外,红外仪器的吸收池还有液体(图 4.11)和气体形式(图 4.12)。

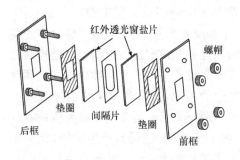

图 4.11 可拆式液体槽

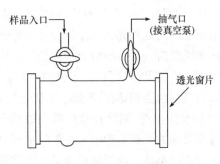

图 4.12 气体样品槽

3. 单色器

单色器由色散元件、准直镜和狭缝构成。色散元件常用光栅作为分光元件。由于闪耀光栅存在次级光谱的干扰,因此需要将滤光片分离次级光谱。在红外仪器中一般不使用透镜,以避免产生色差。

4. 检测器

在紫外-可见仪器中使用的光电管或光电倍增管不适用于红外检测仪器,因为红外线的能量不足以让光电敏感材料发射电子。红外光谱检测器要求具有既能响应入射光的强度,又能响应入射光的频率,常用的红外检测器有热释电检测器和汞镉碲检测器。

1) 热释电检测器

此检测器是由无色、无臭材料硫酸三甘肽(TGS)制成,化学式为 $(NH_2CH_2COOH)_3H_2SO_4$。它利用热释电方式检测信号,即当它吸收辐射后温度升高,偶极矩也随之发生变化,但硫酸三甘肽材料表面产生的电荷分布是比较稳定的,它不能对内偶极矩的突然变化迅速发生响应,这样一些杂散电荷和极化引起的表面电荷不能相互抵消,产生一个明显的外电场,利用上述特性可探测光辐射能量。常温下硫酸三甘肽易潮解,通常是密封在一小舱中使用。

2) 汞镉碲(MCT)检测器

汞镉碲检测器是用半导体碲化镉和化合物碲化汞混合制成,这种检测器可以利用入射光的光能与检测材料中的电子能态作用产生载流子的特性或利用由于不均匀的半导体受光照时,在某一位置产生电位差输出信号的特性,对光波的响应速度极快,因此它的灵敏度很高,比硫酸三甘肽要大 10 倍。该检测器在液氮下工作。

二、傅里叶变换红外光谱仪

傅里叶变换红外光谱仪(Fourier transform infrared spectrophotometer,FT-IR)没有色散元件,主要由光源(硅碳棒、高压汞灯)、迈克尔逊干涉仪、检测器、计算机和记录仪组成。其核心部分为迈克尔逊干涉仪,它将光源来的信号以干涉图的形式送往计算机进行傅里叶变换的数学处理,最后将干涉图还原成光谱图。它与色散型红外光度计的主要区别在于干涉仪和电子计算机两部分。

图 4.13 为傅里叶变换红外光谱仪工作原理示意图。仪器中多数采用迈克尔逊干涉仪,它由光源、互相垂直排列的定镜与动镜,以及与动镜、定镜成 45°的光束分裂器(在 KBr 等透光基片上镀膜,Ge、Si 等材料构成的半透半反射膜)、检测器等部件组成。其工作原理如下:由光源发出的红外光进入干涉仪后,被分束器分成透射光Ⅰ和反射光Ⅱ,其中光束Ⅰ穿过半透膜被动镜反射,沿原光路回到半透膜上再被反射到检测器,而光束Ⅱ被定镜反射沿原光路返回并通过半透膜到达检测器。这样在检测器上得到的光束Ⅰ和光束Ⅱ是相干光。即由同一光源发出的光辐射当到达检测器时具有光程差,则它们会产生光的相干作用,当两束光的光程差为 1/2 的偶数倍时,则落在检测器上的相干光相互叠加,产生明线,其相干光强度有极大值;相反,当两束光的光程差为 1/2 的奇数倍时,则落在检测器上的相干光相互抵消,产生暗线,相干光强度有极小值。由于多色光的干涉图等于所有各单色光干涉图的加合,故得到的是具有中心极大,并向两边迅速衰减的对称干涉图。如在此光路中放置样品,则可得到带有样品信息的干涉图。

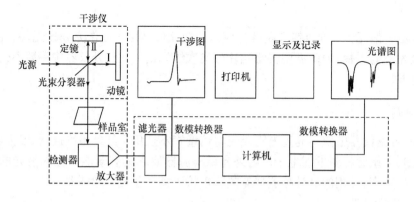

图 4.13　FT-IR 仪工作原理示意图

干涉图包含光源的全部频率和与该频率相对应的强度信息,所以如一个有红外吸收的样品放在干涉仪的光路中,由于样品能吸收特征波数的能量,结果所得到的干涉图强度曲线就会相应地产生一些变化,包括每个频率强度信息的干涉图。采用数学上的傅里叶变换技术对每个频率的光强进行计算,从而得到吸收强度或透过率和波数变化的普通光谱图。

傅里叶变换红外光谱仪具有以下特点：

1) 扫描速度极快

傅里叶变换仪器是在整个扫描时间内同时测定所有频率的信息，一般只要 1s 左右即可，因此它可用于测定不稳定物质的红外光谱。色散型红外光谱仪，在任何一瞬间只能观测一个很窄的频率范围，一次完整扫描通常需要 8s、15s、30s 等。

2) 具有很高的分辨率

通常傅里叶变换红外光谱仪分辨率达 $0.1\sim0.005\text{cm}^{-1}$，而光栅型红外光谱仪分辨率只有 0.2cm^{-1}。

3) 灵敏度高

因傅里叶变换红外光谱仪不用狭缝和单色器，反射镜面又大，故能量损失小，到达检测器的能量大，可检测 $1\times10^{-8}\text{g}$ 数量级的样品。

除此之外，还有光谱范围宽（$10000\sim10\text{cm}^{-1}$）；测量精度高，重复性可达 0.1%；杂散光干扰小；样品不受因红外聚焦而产生热效应的影响等优点。

第四节　定性与定量分析

红外光谱法广泛用于有机化合物的定性鉴定和结构分析。要获得一张高质量红外光谱图，除了仪器本身的因素外，还必须有合适的样品制备方法。

一、制样方法

1. 对试样的要求

红外光谱的试样可以是液体、固体或气体，一般对试样的要求如下：

(1) 试样应该是单一组分的纯物质，纯度应大于 98% 或符合商业规格，才便于与纯物质的标准光谱进行对照。多组分试样应在测定前尽量预先用分馏、萃取、重结晶或色谱法进行分离提纯，否则各组分光谱相互重叠，难以判断。

(2) 试样中不应含有游离水。水本身有红外吸收，会严重干扰样品的谱图，而且会侵蚀吸收池的盐窗。

(3) 试样的浓度和测试厚度应选择适当，以使光谱图中的大多数吸收峰的透射比为 $10\%\sim80\%$。

2. 制样的方法

1) 气体样品

可在玻璃气槽内进行测定，它的两端粘有红外透光的 NaCl 或 KBr 窗片。先将气槽抽真空，再将试样注入。

2) 液体和溶液试样

对于沸点较低，挥发性较大的试样，可注入封闭液体池中，液层厚度一般为 $0.01\sim1\text{mm}$，称为液体池法；沸点较高的试样，直接滴在两片盐片之间，使之形成液膜，称为液膜法；对于一些吸收很强的液体，当用调整厚度的方法仍然得不到满意的谱图时，可用适当的溶剂配成稀溶液进行测定。一些固体也可以溶液的形式进行测定。常用的红外光谱溶剂应在所测光谱区内本身没有强烈的吸收，不侵蚀盐窗，对试样没有强烈的溶剂化效应等。

3）固体试样

对于固体试样可选择使用三种方法。一是压片法，该方法将 $1\sim2mg$ 试样与 200mg 纯 KBr 研细均匀，置于模具中，用 $5\times10^7\sim10\times10^7Pa$ 压力在油压机上压成透明薄片，即可用于测定，试样和 KBr 都应经干燥处理，研磨到粒度小于 $2\mu m$，以免散射光影响。二是石蜡糊法，将干燥处理后的试样研细，与液状石蜡混合，调成糊状，夹在盐片中测定，液状石蜡是一种精制的长链烷烃，适宜的测谱范围为 $1360\sim400cm^{-1}$，不能用来研究饱和 C—H 键的伸缩振动吸收。此时可选择另外的糊剂，氟化煤油在 $4000\sim1400cm^{-1}$ 无吸收，六氯丁二烯在 $4000\sim1700cm^{-1}$ 及 $1500\sim1200cm^{-1}$ 无吸收，配合使用以上三种糊剂，又称悬浮剂，可以得到样品在整个中红外区的完整的红外光谱资料，采用氟化煤油为糊剂时，盐片的清洗需用三氯乙烷，或先用三氯甲烷再用变性酒精清洗。三是薄膜法，主要用于高分子化合物的测定，可将它们直接加热熔融后涂制或压制成膜，也可将试样溶解在低沸点的易挥发溶剂中，涂在盐片上，待溶剂挥发后成膜测定。

二、定性分析

1. 已知物的鉴定

将试样的谱图与标准的谱图进行对照，或者与文献上的谱图进行对照。如果两张谱图各吸收峰的位置和形状完全相同，峰的相对强度一样，就可以认为样品是该种标准物。如果两张谱图不一样，或峰位不一致，则说明两者不为同一化合物，或样品有杂质。如用计算机谱图检索，则采用相似度来判别。使用文献上的谱图应当注意试样的物态、结晶状态、溶剂、测定条件及所用仪器类型均应与标准谱图相同。

2. 未知物结构的测定

测定未知物的结构，是红外光谱法定性分析的一个重要用途。如果未知物不是新化合物，可以通过两种方式利用标准谱图进行查对。

（1）查阅标准谱图的谱带索引，寻找试样光谱吸收带相同的标准谱图。

（2）进行光谱解析，判断试样的可能结构，然后在由化学分类索引查找标准谱图对照核实。在定性分析过程中，除了要获得清晰可靠的图谱外，最重要的是对谱图做出正确的解析。

谱图的解析是根据实验所测绘的红外光谱图的吸收峰位置、强度和形状，利用基团振动频率与分子结构的关系，确定吸收带的归属，确认分子中所含的基团或键，进而推定分子的结构。简单地说，就是根据红外光谱所提供的信息，正确地把化合物的结构"翻译"出来。往往还需结合其他实验资料，如相对分子质量、物理常数、紫外光谱、核磁共振波谱及质谱等数据才能正确判断其结构。

3. 谱图解析步骤

1）准备工作

在进行未知物光谱解析之前，必须对样品有透彻的了解，如样品的来源、外观、颜色、气味等，它们往往是判断未知物结构的基本佐证。还应注意样品的纯度以及样品的元素分析及其他物理常数的测定结果。元素分析是推断未知样品结构的另一依据。样品的相对分子质量、沸点、熔点、折射率、旋光率等物理常数，可做光谱解释的旁证，并有助于缩小化合物的范围。根据样品存在的形态，选择适当的制样方法。

2) 确定未知物的不饱和度

由元素分析的结果可求出化合物的经验式,由相对分子质量可求出其化学式,并求出不饱和度。从不饱和度可推出化合物可能的范围。

不饱和度是表示有机分子中碳原子的不饱和程度。计算不饱和度 f 的经验公式为

$$f = 1 + n_4 + \frac{n_3 - n_1}{2} \tag{4.8}$$

式中:n_4、n_3、n_1 分别为分子中所含的四价、三价和一价元素原子的数目。二价原子如 S、O 等不参加计算。当计算时得:

$f=0$,表示是链状饱和化合物,应为链状烃及其不含双键的衍生物;

$f=1$,表示分子中有一个双键,或一个饱和环;

$f=2$,表示分子中有两个双键,或一个三键,或一个双键和一个饱和环等;

$f=3$,表示分子中有三个双键,或一个双键和一个三键,或两个双键和一个饱和环等;

$f=4$,表示分子中有一个苯环(三个双键和一个饱和环),或两个双键和一个三键等。

例如,C_2H_4O 的不饱和度为

$$f = 1 + n_4 + \frac{n_3 - n_1}{2} = 1 + 2 + \frac{-4}{2} = 1$$

3) 官能团分析

根据官能团的初步分析可以排除一部分结构的可能性,肯定某些可能存在的结构,并初步可以推测化合物的类别。

在红外光谱官能团初审中首先应依据基团频率区和指纹区的信息粗略估计可能存在的基团,并推测其可能的化合物类别(或查阅官能团特征谱图),然后进行红外的图谱解析。

4) 图谱解析

图谱的解析主要是靠长期的实践、经验的积累,至今仍没有一个特定的办法。一般程序是先官能团区,后指纹区,先强峰后弱峰,先否定后肯定。

首先在官能团区($4000 \sim 1300 \text{cm}^{-1}$)搜寻官能团的特征伸缩振动,再根据指纹区的吸收情况,进一步确认该基团的存在及与其他基团的结合方式。如果是芳香族化合物,应定出苯环取代位置。最后再结合样品的其他分析资料,综合判断分析结果,提出最可能的结构式,然后用已知样品或标准图谱对照,核对判断的结果是否正确。如果样品为新化合物,则需要结合紫外、质谱、核磁等数据,才能决定所提的结构是否正确。

三、定量分析

红外光谱定量分析是通过对特征吸收谱带强度的测量来求出组分含量。其理论依据是朗伯-比尔定律。应用红外光谱仪进行定量分析的主要优点是,由于红外光谱的谱带较多,选择的余地大,所以能方便地对单一组分和多组分进行定量分析。此外,该法不受样品状态的限制,能定量测定气体、液体和固体样品,因此红外光谱定量分析应用广泛。但红外光谱法定量的不足主要表现在灵敏度较低,尚不适用于微量组分的测定。

1. 吸收的测量

1）选择吸收带的原则

选择吸收带的原则包括，必须是被测物质的特征吸收带，如分析酸、酯、醛、酮时，必须选择与 $C{=}O$ 基团振动有关的特征吸收带；所选择的吸收带的吸收强度应与被测物质的浓度有线性关系；所选择的吸收带应有较大的吸收系数且周围尽可能没有其他吸收带存在，以免干扰。

2）吸光度的测定

可以采用一点法或基线法。一点法不考虑背景吸收，直接从谱图中欲分析波数处读取谱图纵坐标的透射率，再由公式 $A=\lg\dfrac{I_0}{I}=\lg\dfrac{1}{T}$ 计算吸光度。

基线法测定参见图 4.14，先通过谱带两翼透射率最大点做光谱吸收的切线，作为该谱线的基线，则分析波数处的垂线与基线的交点，与最高吸收峰顶点的距离为峰

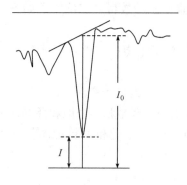

图 4.14　基线画法示意图

高，其吸光度 $A=\lg\dfrac{I_0}{I}$。

2. 定量分析方法

可以参照紫外-可见光谱法，选择标准曲线法、求解联立方程法等方法进行定量分析。

第五节　红外分析技术的应用

一、在有机分析方面的应用

1. 确定化合物中各原子团组合排列情况

例如，溴化四氯化对位甲酚的结构，过去实验认为它有三种可能的结构，但未能鉴别确定，现经过红外光谱证实只有一种结构。又如，两分子醛缩合醇酮，应为 I 式。若 I 式 R 换成吡啶基，则化学性质和 I 却不相同了，它具有烯二醇式的反应如 II 式。可是在极稀的溶液中，看不到自由羟基的 3700cm^{-1} 谱带，却在 2750cm^{-1} 有缔合氢键出现。可知它已形成了分子内氢键。

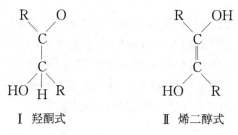

I 羟酮式　　　　　　　　II 烯二醇式

2. 鉴定立体异构体和同分异构体

1）顺式异构体的测定

顺式异构体原子团排列顺序因无对称中心，故 C＝C 双键在 $1630cm^{-1}$、$724cm^{-1}$，而反式的 C＝C 在较高频率。

2）同分异构体的鉴定

红外光谱 $900\sim660cm^{-1}$ 区内可看到苯环取代位置不同的同分异构体，如二甲苯三个异构体的吸收谱带很不相同。邻位在 $742cm^{-1}$，间位在 $770cm^{-1}$，对位在 $800cm^{-1}$，且因对二甲苯对称性强，它的 C＝C 键（苯骨架）在 $1500cm^{-1}$ 变小，并且 $600cm^{-1}$ 谱带消失。

又如，正丙基、异丙基、叔丁基由红外光谱中的甲基弯曲振动可以看出。在 $1375cm^{-1}$ 只出现一个吸收带，则表示为正丙基；若在 $1375cm^{-1}$ 出现相等强度的双峰，则为异丙基；若在 $1390cm^{-1}$ 及 $1365cm^{-1}$ 出现一强一弱谱带，则为叔丁基。

乙醇和甲醚的分子式完全相同 C_2H_6O，乙醇有羟基吸收带在 $3500cm^{-1}$，C—O 伸缩振动在 $1050\sim1250cm^{-1}$，羟基弯曲振动在 $950cm^{-1}$。甲醚在 $3500cm^{-1}$ 无羟基吸收。它的第一强吸收带位于 $1150\sim1250cm^{-1}$，这两个同分异构体很容易区别。

3）化学反应的检查

某一化学反应是否已进行完全，可用红外光谱检查，这是因原料和预期的产品都有其特征吸收带。

例如，氧化仲醇为酮时，原料仲醇的羟基吸收应消失，酮的羰基 $1710cm^{-1}$ 应在产物中出现才表明反应进行完全。

4）未知物剖析

可先将未知物分离提纯，做元素分析，写出分子式，计算不饱和度。从红外光谱可得到此未知物主要官能团的信息，确定它是属于哪种化合物。结合紫外、核磁等可鉴定此化合物的结构。

二、在无机分析方面的应用

红外分析技术在无机化合物方面应用的特点如下：

（1）无机化合物和溴化钾、氯化钠之间会发生离子交换作用。因此无机化合物样品制备和有机化合物不同。用溴化钾压片或直接涂于氯化钠盐片上都不合适，最好用石蜡油法。

（2）由单原子构成的离子型固体，如氯化钠，溴化钾等，多出现在 $300cm^{-1}$ 左右，但多离子化合物却在 $600\sim4000cm^{-1}$ 有吸收带。无机分析一般还是看它的阴离子，如碳酸根在 $1450\sim1410cm^{-1}$ 及 $880\sim800cm^{-1}$；磷酸根则在 $1100\sim950cm^{-1}$；硫酸根在 $1110\sim1090cm^{-1}$ 及 $680\sim610cm^{-1}$；高氯酸根在 $980\sim930cm^{-1}$；硝酸根在 1550 及 $1350cm^{-1}$；氰基在 $2200\sim200cm^{-1}$。

（3）无机化合物分子，往往具有极性或呈离子状态存在，它们之间有不同程度的相互作用，可以形成氢键、缔合物、配合物等。这些作用在红外光谱就有反映，可引起谱带位移，谱带的形状、强度及偏振度都会有改变，甚至可以出现新谱带。

无机应用实例，如红外光谱可研究多晶现象，即同质多晶体在固态时，测得的红外光谱不同。如方介石和纹石都是碳酸钙，前者属斜方晶系，后者属六方晶系，它们的红外光谱很不相同。在矿物分析方面，特别是硅酸盐，已有标准图可查对。

三、红外光谱研究配合物

当配位基和金属结合形成配合物后,原游离的配位基的谱带将发生位移。位移的大小与配位数及价键性质都有关系。配位可能使配位基的对称性减低,原来的简并振动消除,又出现了新谱带。金属和配位基之间的配位键的谱带,也是新出现的。

(1) 配合物的顺式异构体可用红外鉴定。

(2) 配合物的骨架振动频率和配合物的稳定性有密切关系。

四、在高分子化合物方面的应用

基团吸收带的位置决定分子能级的分布,它是定性的依据。吸收谱带的强度与跃迁概率有关,又与基团在样品中的含量有关,所以它具有定性、定量依据的两重性。偏振方向与跃迁偶极方向有关,可以用它来决定基团排列的方向和位置。所以红外光谱不仅可以测高聚物的结构,还可以测定它的结晶度,判断它的立体构型。利用红外偏振光还可测高分子键的取向度。

1. 研究高聚物结构和性能的关系

1) 丁二烯聚合时能产生三种不同构型:顺式、反式和1.2式

这三种构型的相对含量和橡胶的性能有密切关系,这些构型在═CH 面外弯曲振动区出现不同的吸收谱带,如顺式在 $724cm^{-1}$,反式在 $966cm^{-1}$,1.2 式在 $911cm^{-1}$,测定这些谱带的相对强度,就可计算出各个组分在聚丁二烯中的相对含量,为改进橡胶性能,提高它的质量提供依据。

2) 用红外光谱可推知纤维分子的构型

(1) 无规聚丙烯在 $974cm^{-1}$ 有强吸收带,在 $955cm^{-1}$ 只有肩峰。等规聚丙烯在 $955cm^{-1}$ 与 $974cm^{-1}$ 出现同样强度的双峰。故可用红外光谱测出聚丙烯分子的构型。

(2) 红外光谱可检测羊毛风蚀前后的变化。羊毛经风蚀可由红外光谱 $1080cm^{-1}$ 处出现—SO_3H 特征吸收带得到证实。羊毛脂有一定的抗风蚀作用,羊毛内脂含量高,抗风蚀作用就大。

3) 高分子化合物的结晶度也是影响其物理性能的重要因素

当高分子化合物结晶时,在红外光谱上出现非晶态高分子所没有的新谱带。晶粒熔化时,此谱带强度下降。这些吸收带称为晶带,化纤实际上是结晶区和非晶区共存的。正是这部分结晶,为化纤提了弹性模量。建立了结构中的网络点,使纤维具有弹性回复性,耐蠕变性、耐溶剂性和足够的耐疲劳性,弹性伸长和染色性等。因此结晶度与化纤性能及成形工艺有密切关系,故结晶度的测定有很重要的意义。如涤纶的结晶带 $1340cm^{-1}$ 和 $972cm^{-1}$,将随试样热处理条件不同而变化。特别是 $972cm^{-1}$ 带和结晶度相关。可用 $972cm^{-1}$ 带与另一不受热处理影响的谱带 $795cm^{-1}$ 强度比,可求出它的结晶度。

4) 取向的测定

表示纤维取向高低的结构参数叫取向度,它是大分子轴向与纤维轴向一致性的一种量度,利用偏振红外光谱辐射可测得试样纤维的二向性比。由于纤维分子的某些基团中原子的振动有方向性,对振动方向平行于长链分子轴向的红外辐射吸收的称为 π 二色性,对振动方向垂直于长链分子轴向的红外辐射的称为 σ 二色性。

2. 研究高聚物的老化问题

对于高聚物的老化原因可分为两种：一种是热老化；一种是光老化。R—CH＝CH$_2$是聚乙烯的端基，它的增强表示断链的增加。从红外光谱中可以看出R—CH＝CH$_2$谱带因光老化而增强，热老化并不能使此谱带加强。因此可知，断链主要是光老化作用造成的。

丙纶能否广泛应用的关键之一是防老化问题。聚丙烯纤维光老化后，分子结构中生成羰基和羟基。这可从红外光谱中 1720cm^{-1} 吸收带得到证实。采用防老剂 17111 后，防老化效果有很大提高，此防老剂不仅具有屏蔽作用，而且还有消能作用。红外光谱为防老化机理的探讨提供了依据。

五、近红外光谱在农业中的应用

近红外光谱（NIR）的波长范围规定为 700～2500nm，属于分子振动光谱的倍频和组合频的吸收光谱，主要是氢基团（C—H、O—H、N—H、S—H）的吸收，吸收系数小，谱带很宽，形状不规则，谱带之间重叠严重，使用传统光谱分析方法（比尔定律工作曲线）难以进行定量分析。现代近红外光谱分析技术基于：被测量的数据（如组成和各种物化性质）和近红外光谱都是取决于样品的组成和结构，因此通过组成和结构这一内因，在被测量数据和近红外光谱之间有着一定的函数关系。使用先进的数学模型和统计方法确定出这些重要的函数关系，然后，根据被测样品的近红外光谱，通过这些函数关系，快速计算出被测量的各种性质数据。常用的校正方法包括多元线性回归（MLR），主成分分析（PCA）、主成分回归（PCA）、偏最小二乘法（PLS），人工神经网络（ANN）和拓扑等方法。因而，现代近红外光谱分析技术实际上包括近红外光谱仪、化学计量学软件和应用模型三部分，只有三者有机结合才能满足快速分析的技术要求。

近红外分析技术的最早应用可追溯到 1939 年，但直到 1965 年，美国的 Karl Norris 发表了关于近红外光谱分析的应用论文，使用近红外光谱和多元回归分析进行测定水分、蛋白和脂肪含量取得的研究成果，激励人们对近红外光谱分析技术进行不断的研究。近年来，由于光学、计算机数据处理技术、化学光度理论和方法等各种科学技术的不断发展及新型近红外光谱仪（NIRS）的不断出现和软件版本的不断翻新，近红外分析技术从研究低谷走出，研究内容增多、范围拓宽，在谷物产品、食品、饲料、油脂工业等领域得到应用，测定的成分也越来越多。Dyer（1998）总结了近红外在常成分分析、能量含量、氨基酸含量、脂肪酸含量、矿物质含量、物理特性等方面的应用。段民孝等（2002）综述了近红外光谱分析技术在小麦品种的营养成分，如水分、粗蛋白、粗纤维、赖氨酸含量测定；大麦粗蛋白含量测定，饲料中的粗纤维含量测定；在农产品特征检测中，包括果实损伤检测、果实识别、植物生长信息测定等方面的应用。

由于近红外光谱具有显著提高分析效率的潜力，其在大幅度提高生产效率，降低人工和生产成本方面发挥了越来越大的作用。在国际上近红外光谱分析技术发展很快，如在美国、澳大利亚等工业发达国家的 NIRS 在农业、食品、医药、石化、纺织品、化妆品、高聚物等领域应用已相当普及。由于国内尚无国产商品化仪器进入市场，因此国外产品已经纷纷涌入我国市场，但价格相当昂贵（比如，Bruker 公司的傅里叶型，Perkin Elmer 公司的光栅型近红外分光光度计），只有少数科研单位和经济实力强的大中型企业有财力购买这类国外的 NIRS 产品。目前国家正大力实施"科技兴农"，加速推动农业高科技发展和产业化，已启动"农业种子工程"、"粮食仓储工程"等重点项目，这些项目都涉及装备用于农产品品质快速分析的测试仪器;其次,目前食品工业和饲料工业的迅速发展,为了保证饲料产品的质量,提高监控检测手段,对 NIRS 的需求也开始迅速"升温"。因此,如果仪器市场上能出现质量可靠、价格便宜、操作方便的国产近红外分析仪器,必将促进 NIRS 在农业上的广泛应用。

第六节　激光拉曼光谱法

拉曼光谱分析法是基于印度科学家 C. V. 拉曼(Raman)于 1928 年所发现的拉曼散射效应,对与入射光频率不同的散射光谱进行分析以得到物质分子振动、转动方面信息,并应用于分子结构研究的一种分析方法。由于拉曼散射非常弱,进行拉曼光谱研究的仪器技术发展滞后,在早期拉曼光谱法并未得到人们的关注。直到 20 世纪 60 年代,理想光源激光器的出现使拉曼光谱学技术发生了很大的变革,有力推动了拉曼散射的研究及其应用。目前拉曼光谱技术已广泛应用于化学、物理、生命和医学等各个领域,对于纯定性分析、定量分析和测定分子结构都有很大价值。

一、拉曼光谱的基本原理

1. 基本定义

研究拉曼散射线的频率与分子结构之间关系的方法,称为拉曼光谱法。

当用一定频率的激发光照射透明的样品时,一部分入射光与样品分子发生弹性碰撞,由此产生的散射光的频率和入射光的频率 ν_0 相等,这种散射称为瑞利(Rayleigh)散射;还有一部分入射光与样品分子发生非弹性碰撞,产生的散射光的频率和激发光的频率不等,这种散射称为拉曼散射,相应的谱线称为拉曼散射线(拉曼线)。拉曼线对称分布在频率 ν_0 的瑞利散射线两侧,其中频率较小的成分 $\nu_0 - \nu_1$ 称为斯托克斯(Stokes)线,频率较大的成分 $\nu_0 + \nu_1$ 称为反斯托克斯线,斯托克斯线和反斯托克斯线的跃迁频率相同,但是斯托克斯线比反斯托克斯线的强度高得多。靠近瑞利散射线两侧的谱线称为小拉曼光谱,远离瑞利线的两侧出现的谱线称为大拉曼光谱。瑞利散射强度只有入射光强度的 10^{-3},拉曼光谱强度大约只有瑞利散射强度的 10^{-3}。小拉曼光谱与分子的转动能级有关,大拉曼光谱与分子振动-转动能级有关。

2. 拉曼位移及拉曼光谱图

拉曼光谱测量的是相对入射光频率的位移,入射光频率与拉曼散射频率之间的差值称为拉曼位移。不同的化学键或基团具有不同的振动,拉曼位移反映的是分子结构的特征参数,它不随入射光频率的改变而改变,拉曼位移的数值正好相应于分子振动或转动能级跃迁的频率,这是拉曼光谱进行分子结构定性分析的理论基础。拉曼谱线的强度与入射光的强度和样品分子的浓度成正比,这是拉曼光谱定量分析的理论依据。

拉曼光谱图是以散射强度为纵坐标,拉曼位移(波数)为横坐标作图得到的图谱。通常拉曼光谱不记录瑞利散射和反斯托克斯线,将入射光频率作为零,只记录斯托克斯线。因此得到的拉曼光谱图类似于红外光谱图。

3. 拉曼光谱与红外光谱的比较

拉曼光谱与红外光谱都是研究分子振动的重要手段,同属于分子光谱。但二者的产生光谱的机理不同,所遵守的选择定则也不同。两种方法可以相互补充,这样对分子的基团结构可进行更周密的研究。

拉曼光谱是由于分子对激光的散射引起的,散射光强度由分子极化率决定,适用于研究分子对称性振动和同原子的非极性键振动。而红外吸收光谱是分子对红外光的吸收,强度由分子偶极矩变化决定,适用于研究分子的对称性振动和不同原子间的极性键振动。

对任何分子可用以下规则来粗略判断其是否具有拉曼或红外活性。

(1)互斥法则。若分子有对称中心,则不可能存在一种振动既是拉曼活性又是红外活性的,即凡是具有对称中心的分子其分子振动对拉曼和红外光谱之一有活性,则另一非活性。

(2)互允法则。若分子没有对称中心,则可能有一些振动对拉曼和红外光谱都是活性的。

(3)互阻法则。对于少数分子的振动,其拉曼和红外光谱都是非活性的。

例如,二氧化碳分子为线形分子,有对称中心,有4种振动模式,其中弯曲振动和非对称伸缩振动是既有拉曼活性,又有红外活性的;而对称伸缩振动是拉曼活性和红外非活性的。

又如,乙烯分子的扭曲振动,既不发生极化率的改变,也没有偶极矩的变化,在拉曼和红外光谱中,都得不到它的峰位。

4. 拉曼光谱的谱图特征

(1)同种分子的非极性键S—S,C=C,N=N和C≡C产生强的拉曼谱带,并按单键—双键—三键的顺序谱带强度增加。

(2)红外光谱中,由C≡N,C=S,S—H伸缩振动产生的谱带一般较弱或强度可变,而在拉曼光谱中它们则是强谱带。

(3)环状化合物在拉曼光谱中有一个很强的谱带,是环的全对称(呼吸)振动的特征,这个振动频率由环的大小决定。

(4)在拉曼光谱中,X=Y=Z,C=N=C,O=C=O这类键的对称伸缩振动是强谱带,红外光谱与此相反。

(5)C—C伸缩振动在拉曼光谱中是强谱带。

(6)醇和烷烃的拉曼光谱相似:①C—O键与C—C键的力常数或键强度没有很大差别;②羟基和甲基质量数仅相差2;③与C—H和N—H谱带比较,O—H拉曼谱带较弱。

二、激光拉曼光谱仪

1. 色散型激光拉曼光谱仪

色散型激光拉曼光谱仪主要由光源、样品池、单色器及检测器组成。

1)光源

它的功能是提供单色性好、功率大并且最好能多波长工作的入射光。在激光光源出现之前,使用最广泛的是汞灯,由于汞灯具有强度不高、汞线较宽及汞灯发散角大等缺点,目前拉曼光谱实验的光源已全部用激光器代替汞灯。主要使用的激光器有波长为633nm He-Ne激光器、波长为488nm及514nm的Ar^+激光器、波长为531nm及647nm的Kr^+激光器、波长为782nm及830nm的二极管激光器,其中波长488nm的Ar^+光源的拉曼线强度比He-Ne光源大约3倍,而二极管激光器荧光干扰非常低。

2)样品池

它的作用是使激光聚焦在样品上,从而对样品进行照射及收集拉曼散射。常用的样品池有毛细管液体池、气体池、旋转池、单晶平台架及压片样品架,其中旋转池可以防止激光长期照射引起样品的局部过热或光分解。此外,还有低温池,高温池和高压池。

3）单色器

单色器是拉曼光谱仪的核心部分,它的主要作用是把散射光分光并减弱杂散光,也称为分光系统,一般采用光栅分光。一个光栅不够理想,常采用双单色器。

4）检测器

它的作用是测量不同散射光频率(或光强)。通常采用光电倍增管作检测器,通过单色器光栅扫描,不同波长的光相继进入探测器。用光电倍增管检测所得到的是时间分布光谱。

2. 傅里叶变换激光拉曼光谱仪

色散型拉曼光谱仪大多采用可见光激发,容易产生荧光。在生物大分子分析时荧光常将拉曼光谱掩盖,造成高背景。同时可见光能量高,导致样品光解,热解。使用光栅分光和狭缝,光谱分辨率受到限制,光谱波数的重现性和精度差。用标准样品校正波数,狭缝限制了光通量,信噪比不高。采用逐点扫描,单道记录,为了得到一张高质量的谱图,花费时间较长。傅里叶变换激光拉曼光谱仪的出现,完全消除了色散型激光拉曼光谱仪的缺点。避免荧光干扰、样品的光解和热解,分辨率高,测量速度快,可消除瑞利谱线,可用于遥感检测,极大地拓宽了拉曼光谱的应用范围,主要应用于高分子材料、生物材料研究等方面。

傅里叶变换激光拉曼光谱仪与色散型拉曼光谱仪完全不同,它主要由激光光源、样品室、Michelson 干涉仪、光学过滤系统、信号检测及数据处理系统组成(图 4.15)。

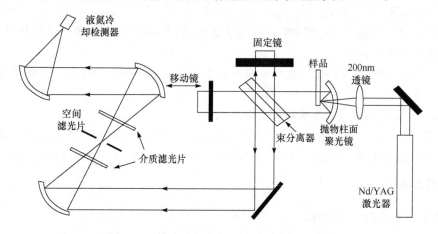

图 4.15　傅里叶变换激光拉曼光谱仪光路图

傅里叶变换拉曼光谱仪与色散型激光拉曼光谱仪的不同之处在于:

（1）采用 1064nm 的 Nd/YAG 激光代替了通常的可见激光,用以调整和校正仪器的使用。

（2）采用 Michelson 干涉仪代替通常的光栅单色器。采用介质膜滤光片来降低干涉仪内瑞利散射光相对水平,它可置于样品光路和干涉仪之间。

（3）探测器采用对近红外有灵敏效应的锗二极管和铟镓砷探测器。通过对检测信号进行傅里叶变换,获得拉曼位移及拉曼光强度。

三、拉曼光谱的应用

拉曼光谱技术已在工业领域中得到了越来越重要的应用,并在一些新的学科中得到了迅速的推广。

1. 拉曼光谱在有机化合物结构分析中的应用

拉曼光谱在有机化学方面主要是进行分子结构鉴定,拉曼位移的大小、强度及拉曼峰形状是鉴定化学键、官能团的重要依据。利用偏振特性,拉曼光谱还可以作为顺、反式结构判断的依据。

在有机化合物的分子结构研究方面,虽然拉曼光谱的应用不如红外光谱广泛,但是拉曼光谱具有其优越之处。

(1) 拉曼光谱分析一般不需要制备样品,所需样品量少。

(2) 拉曼光谱分析对于对称分子、非极性键和同核键有高灵敏度。

(3) 拉曼光谱分析可采用光纤可实现原位无损测量。

(4) 水和玻璃对拉曼光谱分析的影响小,可直接测量玻璃容器中的水溶液。

(5) 拉曼光谱可以在高温、低温及高压条件下进行测量。

(6) 如果入射的激光光束为偏振光,则可根据测定出的去偏振度值判断拉曼光谱带的振动类型。

(7) 激光拉曼光谱在可见光区研究分子振动频率,大大降低了对样品池、单色器和检测器等光学元件材料的要求。

2. 拉曼光谱在高聚物分析中的应用

拉曼光谱可以提供关于碳链或环的结构信息。在确定异构体(位置异构、几何异构和空间立体异构等)的研究中拉曼光谱可以发挥其独特作用。如在高聚物的工业生产方面,控制进厂和出厂产品质量,鉴定生产过程中的污染物质,实时监测聚合反应过程,利用化学计量学方法预测双折射、晶状性、结晶温度等物理特性。

3. 拉曼光谱用于生物大分子的研究

拉曼光谱是研究生物大分子的有力手段,由于水的拉曼光谱很弱、谱图又很简单,故拉曼光谱可以在接近自然状态、活性状态下来研究生物大分子的结构及其变化。近年来,激光拉曼光谱被逐渐用于研究各种生物高分子的结构及它们在水溶液中的构型随 pH、离子强度、极化温度的变化情况。

4. 拉曼光谱用于无机化合物及金属配合物的研究

拉曼光谱可测定某些在红外光谱中无吸收,而在拉曼光谱中出现强偏振线的无机原子团的结构。例如,利用拉曼光谱可以检测水溶液的汞离子及三价铬离子,应用拉曼光谱可以测定硫酸等强酸的解离常数。另外,利用拉曼光谱可以对纳米材料进行分子结构分析、价态分析和定性鉴定等。

在金属配合物中,金属与配体配位键的振动频率一般为 $100 \sim 700 cm^{-1}$,这些振动常有拉曼活性,由此可以应用拉曼光谱研究配合物的组成、结构和稳定性。

四、几种常见拉曼光谱技术

1. 表面增强拉曼光谱技术

1974 年,Fleischmann 等人在粗糙的银电极表面吸附的吡啶中观察到了极强的拉曼散射信号,这一现象称为表面增强拉曼效应(SERS)。表面增强拉曼克服了拉曼光谱灵敏度低的缺点,可以获得常规拉曼光谱所不易得到的结构信息,被广泛用于表面研究、吸附界面表面状态研究、生物大小分子的界面取向及构型、构象研究、结构分析等,可以有效分析化合物在界面的吸附取向、吸附态的变化、界面信息等。

2. 高温拉曼光谱技术

宏观高温拉曼光谱仪在原有拉曼光谱仪基础上配置上脉冲激光光源、时间分辨探测系统和高温炉,实现高温拉曼光谱测试。目前,高温激光拉曼技术已被用于冶金、玻璃、地质化学、晶体生长等领域,用它来研究固体的高温相变过程和熔体的键合结构,实现晶体生长边界层原位拉曼光谱测定。

3. 共振拉曼光谱技术

共振拉曼光谱(RRS)产生激光频率与待测分子的某个电子吸收峰接近或重合时,这一分子的某个或几个特征拉曼谱带强度可达到正常拉曼谱带的 $10^4 \sim 10^6$ 倍,并观察到正常拉曼效应中难以出现的、其强度可与基频相比拟的泛音及组合振动光谱。与正常拉曼光谱相比,共振拉曼光谱灵敏大大提高,可用于低浓度和微量样品检测,特别适用于生物大分子样品检测,可不加处理的得到人体体液的拉曼谱图。用共振拉曼偏振测量技术,还可得到有关分子对称性的信息。共振拉曼光谱在低浓度样品的检测和配合物结构表征中,发挥着重要作用。结合表面增强技术,灵敏度可达到单分子检测。

4. 共聚焦显微拉曼光谱技术

显微拉曼光谱技术是将拉曼光谱分析技术与显微分析技术结合起来的一种应用技术。共聚焦显微拉曼光谱将入射激光通过显微镜聚焦到样品上,可以在不受周围物质干扰情况下,实现逐点扫描,获得高分辨率的三维图像,精确获得所照样品微区的有关化学成分、晶体结构、分子相互作用以及分子取向等各种拉曼光谱信息。近年来共聚焦显微拉曼光谱被广泛应用于肿瘤检测、文物考古分析、公安与法医样品无损分析、鉴定参与界面过程的分子物种、研究界面物种的取向、确定表面膜组成和厚度。

5. 傅里叶变换拉曼光谱技术

傅里叶变换拉曼光谱是 20 世纪 90 年代发展起来的新技术,采用傅里叶变换技术对信号进行收集,多次累加来提高信噪比,采用近红外激光激发,避免荧光干扰,避免样品的光解和热解,拓宽了拉曼光谱的应用范围,使傅里叶变换拉曼光谱在高分子材料、生物学和生物医学样品的非破坏性结构分析方面显示出了巨大的生命力。

6. 拉曼光谱与其他仪器联用技术

最近几年,研究人员为提高拉曼光谱的检测灵敏度,发挥各种拉曼光谱技术的优势,设计了多种联用拉曼光谱技术，这些技术在近代科学研究中发挥了良好作用。

傅里叶变换表面增强共振拉曼光谱(FT-SERRS)将近红外傅里叶变换拉曼光谱与表面增强拉曼光谱结合起来，可有效避免样品荧光的干扰，扩大表面增强拉曼基体的应用范围。该技术在研究核脂两亲分子膜的分子识别等研究中可获得其他方法难以获得的拉曼信号。

光纤共振拉曼光谱利用液芯光纤的特殊性质，在光纤内产生共振拉曼效应，提高拉曼光谱强度 $10^9 \sim 10^{10}$ 倍，该技术是液体中少量分子结构、溶剂对分子结构影响、超痕量分析研究等的有效方法。

拉曼光谱也可与色谱、电泳等技术联用，充分发挥几部分技术功能，有利于定量分析、工业过程分析、质量控制等应用。

另外，拉曼光谱仪还可与其他多种微区分析测试仪器的联用，如拉曼光谱仪与扫描电镜联用(Raman-SEM)、拉曼光谱仪与原子力显微镜/近场光学显微镜联用(Raman-AFM/NSOM)、拉曼光谱仪与红外联用(Raman-IR)、拉曼与激光扫描共聚焦显微镜联用(Raman-CLSM)，这些联用的着眼点是微区的原位检测。通过联用可以获得更为丰富的样品信息，拓展拉曼光谱技术的应用范围。

 扫一扫　海水为什么是蓝色的

思考题与习题

1. 产生红外吸收的条件是什么？是否所有的分子振动都会产生红外吸收光谱？为什么？

2. 红外光谱定性的依据是什么？简要叙述红外定性分析的过程。

3. 将 800nm 的波长换算：(1) 波数；(2) 以 μm 为单位的波长。

4. 影响基团频率的因素有哪些？

5. 红外光谱区中官能团区和指纹区是如何划分的？有何实际意义？

6. 红外光谱仪与紫外-可见吸收光谱仪在结构上有什么区别？为什么？

7. 名词解释：

　(1) 拉曼效应；(2) 拉曼位移；(3) 斯托克斯线；(4) 反斯托克斯线；(5) 拉曼光谱。

8. 拉曼光谱法与红外光谱法相比，在化合物结构分析中有什么特点？

9. 试比较色散型激光拉曼光谱仪与傅里叶变换激光拉曼光谱仪的异同点。

10. 拉曼光谱定性和定量的依据是什么？

第五章 分子发光分析法

第一节 分子发光分析概述

一、分子发光的类型

　　与原子类似,当物质的分子受到一定波长的强光照射时,分子中的电子会吸收特征波长对应的能量,从基态跃迁到能级较高的激发态,随后,当处于激发态的分子以辐射跃迁形式将其能量释放返回基态时,便产生分子发光,据此建立起来的分析方法称为分子发光分析法。依据激发电子所需要的能量来源,分子发光常见的有光致发光、化学发光和生物发光等。如果分子通过吸收光能而被激发,所产生的发光称为光致发光,包括分子荧光和分子磷光。如果分子通过吸收化学反应释放出来的能量而被激发产生发光,则称为化学反光,其中依靠生物体内天然的酶促化学反应而产生的化学发光称为生物发光。本章将主要讨论光致发光与化学发光。

二、分子发光分析法的特点

　　分子发光分析法发展迅速,其主要特点如下:

　　1)灵敏度高,检出限低

　　与紫外-可见吸收光谱法相比,分子荧光分析法的检出限一般要低 2～3 个数量级,可达 ng/mL;而目前以激光诱导荧光的荧光相关光谱已经达到了单分子检测水平。化学发光分析法也具备极高的灵敏度,如利用荧光素酶和三磷酸腺苷(ATP)的化学发光反应,可测定含量低至 2×10^{-17} mol/L 的 ATP;利用鲁米诺化学发光体系测定 Cr^{3+}、Co^{2+} 等离子时,其检出限低至 10^{-12} g/mL。

　　2)选择性好,敏感性高

　　分子发光分析中,物质彼此之间在激发波长和发射波长方面往往有所差异,因而通过选择适当的激发波长和发射波长可达到选择性测定的目的;同时,发射光子的量子产率、寿命、偏振等其他特性参数的不同也可以进一步提高测定的选择性。而且,这些分子发光的特性参数往往对受激分子所处的局部微环境也有着较高的敏感性,常被用于设计分子探针与光化学传感器。对于化学发光,其光谱由具体的化学反应、受激分子所决定,因此化学发光分析也具有较好的选择性。

第二节 分子荧光与磷光分析

一、基本原理

1. 分子荧光的产生

　　荧光和磷光的产生涉及光子的吸收和去活化两个过程。室温下的分子大多数处于基态的最低振动能级,当具有一定波长的电磁波照射分子时,如果该电磁波对应的能量正好等于分子中的能级差,则分子吸收电磁波后,电子会从基态能级跃迁到激发态能级,同时伴随着振动能级和转动能级的跃迁。

根据泡利不相容原理,分子内在同一轨道上的两个电子的自旋方向是相反的,此时净自旋为零,也就是电子自旋角动量量子数的代数和 $s=\frac{1}{2}+\left(\frac{-1}{2}\right)=0$。对于这种电子都配对的分子电子能态的多重度,$M=2s+1=1$,称为单重态(singlet state),用符号 S 表示,具有抗磁性。大多数有机分子的基态均为单重态(S_0)。当分子吸收能量,电子能级从基态跃迁到激发态能级时,在此跃迁过程中如果不发生电子自旋方向的变化,这时分子处于激发的单重态,用 S_1 和 S_2 分别表示第一电子激发单重态和第二电子激发单重态。

如果在跃迁过程中还伴随着电子自旋方向的改变,这时分子便出现两个自旋不配对的电子,也就是电子自旋角动量量子数的代数和 $s=\frac{1}{2}+\frac{1}{2}=1$,分子电子能态的多重度也随之发生变化,$M=2s+1=3$,分子处于激发三重态(triplet state),具有顺磁性。其中,第一电子激发三重态和第二电子激发三重态分别用 T_1 和 T_2 表示。

处于激发态的分子是很不稳定的,它可能通过辐射跃迁或非辐射跃迁等多种途径返回基态,发生去活化过程。如图 5.1 所示,物质吸收光子,从基态跃迁到激发态后,经去活化过程返回基态。其中,辐射跃迁的去活化过程,产生光子的发射,即产生荧光和磷光;无辐射跃迁的去活化过程则是以热的形式失去其多余的能量,它包括振动弛豫、内转换、系间窜跃及外转换等过程。其中,用 $\nu=0,1,2,3,4$ 表示不同的振动能级;λ_1 和 λ_2 表示不同的激发光波长,λ_2' 和 λ_3 表示荧光和磷光的发射波长。下面分别说明去活化过程中的几种能量传递的方式与特点。

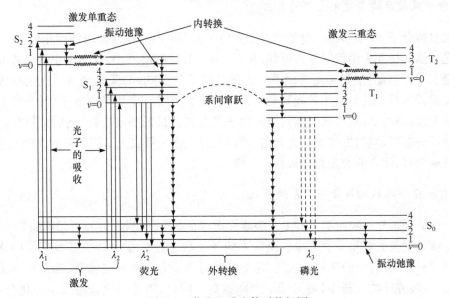

图 5.1　荧光和磷光体系能级图

1) 振动弛豫

在同一电子能级中,分子由较高振动能级向最低振动能级的非辐射跃迁。

2) 内转换

同一多重态的不同电子能级间发生的无辐射跃迁。

3) 分子荧光

处于第一电子激发单重态(S_1)最低振动能级的分子,以辐射跃迁(发射光子)的形式返回基态(S_0)各振动能级时,所产生的辐射光即为分子荧光。

4）斯托克斯位移

激发态中存在有振动弛豫和内转换现象，使荧光的光子能量比其分子受激发所吸收的光子能量低，即荧光发射波长（λ_2'）总比激发波长（λ_1 或 λ_2）要长，这种现象称为斯托克斯位移。

5）分子磷光

当受激分子降至第一电子激发单重态（S_1）的最低振动能级后，如果经系间窜跃（指不同多重态的两个电子态间的非辐射跃迁）至第一电子激发三重态（T_1），并经 T_1 态的最低振动能级以辐射跃迁（发射光子）的形式返回基态（S_0）的各振动能级，则此过程所产生的辐射光称为分子磷光。

2. 荧光寿命

一个物质的荧光寿命（τ）是当激发光切断后其荧光强度衰减至原强度的 $1/e$ 所需要的时间。它表示荧光分子的第一电子激发单重态（S_1）的平均寿命，或者受激分子在返回基态之前滞留在第一电子激发单重态（S_1）的平均时间。荧光寿命一般为 $10^{-9} \sim 10^{-7}$ s。

而一个物质的磷光寿命（τ）是当激发光切断后其磷光强度衰减至原强度的 $1/e$ 所需要的时间，表示受激分子在返回基态之前滞留在第一电子激发三重态（T_1）的平均时间。三重态 T_1 向基态 S_0 属自禁阻跃迁。跃迁速率小，使得三重态稳定性大，因而磷光比荧光的寿命长很多。磷光寿命大致为 $10^{-2} \sim 10$ s。

3. 分子吸收光谱与荧光光谱的关系

在大多数分子中，由于第一电子激发态和电子基态的各个振动能级结构相似，因此吸收光谱和荧光光谱往往互为镜像对称。例如，在 0.1mol/L 硫酸溶液中，硫酸奎宁的吸收光谱与其荧光光谱基本相似，但是荧光光谱比吸收光谱红移了约 200nm，荧光光谱要比它的吸收光谱少一些短波长的峰。这是由于荧光物质不管其被激发到哪一个更高的电子能级，它返回到基态时总是先以多种无辐射形式过渡到第一电子激发态的最低振动能级，然后才辐射跃迁到电子基态的任一能级，同时发射出荧光光谱，所以荧光光谱比吸收光谱简单一些。硫酸奎宁的吸收光谱有两个峰，而它的荧光光谱只有一个峰。

4. 有机化合物结构与分子荧光的关系

能产生分子荧光的物质都具有电子吸收光谱特征的分子结构，并具有较高的荧光效率（荧光效率 φ 指发射荧光的量子数与吸收激发光的量子数之比）。$\pi \rightarrow \pi^*$ 跃迁概率高的化合物能产生最强、对分析最有用的荧光。因此，几乎所有对分析有用的荧光物质，都含有一个以上的芳香基团，一般芳环数目越多，荧光量子产率越高。同时，当芳香化合物或杂环化合物，含有 —OH、—NH_2 等斥电子取代基团时往往也会增强荧光发射。而荧光物质是具有 $n \rightarrow \pi^*$ 跃迁的化合物时，其荧光效率低。因此，含有羧基、羰基、硝基和卤素等吸电子取代基团的化合物以及氧气、氰离子等，往往会抑制甚至破坏荧光的产生，这类物质称为荧光猝灭剂。在分子荧光分析中，利用荧光猝灭剂来测定荧光物质的方法，称为荧光猝灭法。它比直接荧光测定法往往具有更高的灵敏度与选择性。此外，荧光物质的芳环上被 F、Cl、Br、I 原子取代后，系间窜跃会加强，造成荧光物质的荧光强度随卤素相对原子质量的增加而减弱，磷光相应增强，这种效应称为重原子效应。

能产生分子荧光的无机化合物，主要有碱金属和碱土金属的某些卤化物，某些稀土元素的离子,铀酰化合物,铅和一价铊离子氯化物等。能与金属离子形成荧光配合物的有机配位体,其绝大多数也是芳香族化合物。而且最常见的是芳香环上含有两个可以和金属离子形成螯合物的官能团,如 $\diagdown$C=C、—OH、—N、—SH、—NH$_2$ 等。

5. 荧光物质的浓度与荧光强度的关系

荧光物质吸收光辐射能后发射荧光,因此溶液的荧光强度和该溶液的吸光程度及溶液中荧光物质的荧光效率有关。由于在产生荧光的过程中,涉及能量的无辐射跃迁过程,并非都能产生荧光,故使用了荧光量子产率,或称荧光效率或量子效率,来表示物质发射荧光的能力,通常用下式表示:

$$\varphi = 发射荧光分子数/激发分子总数$$

或

$$\varphi = 发射荧光量子数/吸收光量子数$$

荧光强度 I_f 正比于吸收的光量 I_a 与荧光量子产率 φ,即

$$I_f = \varphi I_a \tag{5.1}$$

根据朗伯-比尔定律

$$I_a = I_0 - I_t = (1 - I_0 e^{-\varepsilon lc}) \tag{5.2}$$

I_0 和 I_t 分别为入射光强度和透射光强度。代入式(5.2)得

$$I_f = \varphi I_0 (1 - 10^{-\varepsilon lc}) = \varphi I_0 (1 - e^{-2.3\varepsilon lc}) \tag{5.3}$$

当溶液浓度很小时,式(5.3)可简化为

$$I_f = 2.3 \varphi I_0 \varepsilon lc \tag{5.4}$$

当入射光强度和光程一定时,式(5.4)为

$$I_f = Kc \tag{5.5}$$

即荧光强度与荧光物质的浓度成正比,但这种线性关系只有在极稀的溶液中,当 εlc 小于或等于 0.05 时才成立。对于较浓溶液,由于荧光自猝灭现象等原因,荧光强度和浓度不成线性关系。

同时由式(5.4)可见,分子荧光强度与入射光的强度成正比,提高入射光强度可以提高测量的灵敏度。

二、影响荧光强度的因素

1. 溶剂对荧光强度的影响

溶剂的影响可分为一般溶剂效应和特殊溶剂效应。一般溶剂效应指的是溶剂的折射率和介电常数的影响。特殊溶剂效应指的是荧光物质和溶剂分子间的特殊化学作用,如氢键的生成和化合作用。

一般溶剂效应是普遍的,而特殊溶剂效应则取决于溶剂和荧光物质的化学结构。特殊溶剂效应所引起荧光光谱的移动值,往往大于一般溶剂效应的影响。由于荧光物质分子与溶剂分子间的作用,同一种荧光物质在不同的溶剂中的荧光光谱可能会有显著不同。在有的情况下,增大溶剂的极性,会导致荧光增强,荧光峰红移。但也有相反的情况,如苯胺萘磺酸类化合物在戊醇、丁醇、丙醇、乙醇和甲醇中,随着醇的极性增大,荧光强度减小,荧光峰蓝移。因此荧

光光谱的位置和强度与溶剂极性之间的关系并无统一规律,应根据荧光物质与溶剂的不同而异。

如果溶剂和荧光物质形成了化合物或溶剂使荧光物质的电离状态改变,则荧光峰位和强度都会发生较大的变化。

2. 温度对荧光强度的影响

温度上升使荧光强度下降,其中一个原因是分子的内部能量转化作用。当激发分子接受额外热能时,有可能使激发能转换为基态的振动能量,随后迅速振动以无辐射方式丧失振动能量。另一个原因是碰撞频率增加,使荧光转换的去活化概率增加。

3. 溶液 pH 对荧光强度的影响

带有酸性或碱性官能团的大多数芳香族化合物的荧光与溶液的 pH 有关。在不同 pH 条件下,化合物所处状态不同,不同的化合物或化合物的分子与其离子在电子构型上有所不同,因此,它们的荧光强度和荧光光谱就有一定的差别。

对于金属离子与有机试剂形成的发光螯合物,一方面 pH 会影响螯合物的形成;另一方面还会影响螯合物的组成,因而影响它们的荧光性质。

4. 内滤光作用和自吸收现象

溶液中若存在能吸收激发光或荧光物质所发射光能的其他物质,就会使荧光减弱,这种现象称为内滤光作用。荧光减弱的另一种情况是荧光物质的荧光发射光的短波长的一端与该物质的吸收光谱的长波长一端有重叠。在溶液浓度较大时,一部分荧光发射被自身吸收,产生"自吸收现象"而降低了溶液的荧光强度。

5. 溶液荧光猝灭

荧光物质分子与溶剂分子或其他溶质分子的相互作用引起荧光强度降低的现象称为荧光猝灭。能引起荧光强度降低的物质称为猝灭剂。荧光猝灭的主要类型如下:

(1) 动态猝灭(碰撞猝灭)。碰撞猝灭是指处于激发态的荧光物质分子与猝灭剂分子相碰撞,使激发态的荧光分子以无辐射跃迁的方式回到基态,产生猝灭作用,动态猝灭中,荧光物质分子的荧光寿命与荧光强度等比例同时减小。

(2) 静态猝灭(生成化合物的猝灭)。由于部分荧光物质分子与猝灭剂分子生成非荧光的配合物而产生的,在静态猝灭的情况下,荧光物质分子的荧光寿命并不改变。此过程往往还会引起溶液吸收光谱的改变。

(3) 发生电子转移反应的猝灭。某些猝灭剂分子与荧光物质分子相互作用时,发生了电子转移反应,因而引起荧光猝灭。

(4) 荧光物质的自猝灭。在浓度较高的荧光物质溶液中,激发态的分子在发生荧光之前和未激发的荧光物质分子碰撞而引起的自猝灭。有些荧光物质分子在溶液浓度较高时会形成其基态的二聚体或多聚体,使它们的吸收光谱发生变化,引起溶液荧光强度的降低或消失,也属于自猝灭。

三、荧光与磷光分析仪器

1. 荧光的测量

用于测量荧光的仪器称为荧光分析仪,它主要由光源系统、光路系统、检测系统、数据采集系统、数据分析系统等五部分组成。

1)稳态荧光测量

由光源发射的光经激发单色器得到所需波长的激发光,通过样品池后,一部分光能被荧光物质所吸收,使荧光物质被激发,发射荧光。为了消除入射光和散射光的影响,以及可能共存的其他光线的干扰(如由激发所产生的反射光、散射光、溶液中杂质的发光光),以获得所需的荧光,荧光的测量通常在与激发光成直角的方向上进行,并在样品池和检测器之间设置发射单色器。荧光信号经过发射单色器分光后,通过检测系统转换为电信号并放大,最终由数据采集、分析系统显示出来。

在荧光分析仪的主要组成部分中,由于光源、单色器、检测系统的不同形成了不同的仪器系列,如按照单色器的性能划分,荧光分析仪大致可以分为荧光光度计和荧光分光光度计。前者使用滤光片作为激发光和荧光的波长选择装置,使用光电管作为检测器,仪器价格便宜;后者的激发光和荧光都使用光栅单色器,使用光电倍增管作为检测器,灵敏度较高,价格较贵。还有一种激发光使用滤光片,荧光选用光栅型单色器,检测器使用光电倍增管的中间型产品,也称为荧光分光光度计。图 5.2 所示为一个典型的荧光分光光度计的组成结构。

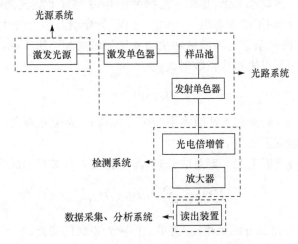

图 5.2　荧光分光光度计结构示意图

（1）激发光源。在紫外-可见光区范围,通常的光源是氙灯和高压汞灯。氙灯属于高强度连续光源,可以提供从紫外到可见光谱区的连续辐射,必须配合光栅单色器分光。由于能配合分子最大吸收波长选择,故可以充分提高荧光强度,增加仪器灵敏度。氙灯耗电功率大,一般为 500~1000W,由于发热严重,故稳定性较差。高压汞灯属于高强非连续光源,或较宽的线光谱,分析上主要应用激发波长有 365nm、405nm、436nm、546nm 等较宽的原子线。之所以称为较宽的线光谱是由于汞灯在高压(300~500V)大电流情况下,谱线同时受热变宽和自吸变宽的影响,谱线变宽。产生分子荧光的光子吸收过程为分子吸收,有一定吸光范围,故可以采用线光谱。采用高压汞灯的优点是光源稳定,缺点是不是连续光,灵敏度较低。由于激发光本身就是原子线,不存在分光问题,故可以简单地利用滤光片来选择激发波长。根据光源的特点,汞灯多用于单光束仪器中,是利用其稳定性;氙灯多用于双光束仪器,来克服光源不稳定的影响。

此外,利用激光单色性好、强度高的优点,各种激光器也被用作激发光源,如各种类型的气体、固体、半导体、准分子、染料激光器。

(2)样品池。荧光用的样品池必须用弱荧光吸收的材料制成,通常用石英,形状以方形和长方形为宜,与分子吸收光谱不同,测定荧光用的吸收池是四面透光的。

(3)单色器。以汞灯作为光源的单光束仪器,激发光单色器一般可用滤光片代替,滤光片的中心波长与发射线相吻合。发射光(荧光)单色器与普通分光光度计差不多,但是多使用光栅做分光元件。

(4)检测器。由光电管和光电倍增管作检测器,并与激发光成直角。一般光度计不带分光,用光电管或光电池,分光型用光电倍增管。

(5)读出装置。有模拟显示或数字显示两种。

2)时间分辨荧光测量

随着科学研究的不断深入以及各种技术的不断进步,传统的稳态荧光光谱分析已经无法提供足够的信息,尤其是当体系中含有多种荧光官能团时,稳态荧光光谱根本无法分辨。另一方面,不同的荧光团具有不同的荧光寿命,因此,通过荧光-时间衰减曲线的测量及分析可以实现对多种荧光物质的分辨,时间分辨光谱技术应运而生。

时间分辨光谱是一种瞬态光谱,是激发光脉冲停止后相对于激发光脉冲的不同延迟时刻测得的荧光发射强度,反映了激发态电子的运动过程(荧光动力学)。所以,时间分辨荧光测量的是荧光衰减谱,可以通过基于时域的脉冲法与基于频域的相移法实现,其获得的单一荧光物质体系的荧光衰减曲线可以表示成指数形式:

$$I(t) = I_0 \exp(-t/\tau) \tag{5.6}$$

式中:I_0、$I(t)$ 分别为 $t=0$ 时刻和 t 时刻体系的荧光强度;τ 为荧光寿命,表示当 $t=\tau$ 时,体系的荧光强度衰减为初始强度的 $1/e$。

当体系中包含两种及以上荧光寿命成分时,需要将荧光衰减表示成多指数形式:

$$I(t) = \sum_i \alpha_i \exp(-t/\tau_i) \tag{5.7}$$

式中:τ_i 为第 i 种荧光寿命成分的大小;α_i 为第 i 种荧光寿命的指前因子,通过对 i 种荧光寿命成分及各自所占比例的计算可以获知体系中荧光的多样性或某一种荧光物质所处微环境的多样性。

目前,时间相关单光子计数(time-correlated single photon counting,TCSPC)是最常见的时间分辨荧光光谱测量技术之一。TCSPC 装置的计数率已可以达到每秒记录几百万个光子,信号采集时间已经能够达到毫秒范围甚至更低。TCSPC 还是其他瞬态荧光测量设备的重要组成部分,如荧光寿命成像显微镜、单分子光谱、扩散光学层析以及荧光相关光谱等。

与稳态荧光光谱仪相似,时间分辨荧光光谱仪的示意图如图 5.3 所示,主要包含光源系统、光路系统、检测系统、数据采集系统和数据分析系统。

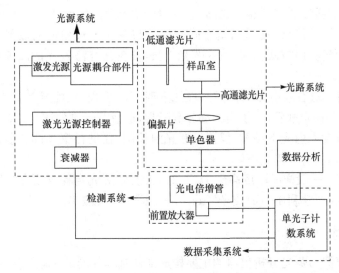

图 5.3　时间分辨荧光光谱仪结构示意图

（1）光源系统。光源系统主要包含激发光源，光源耦合部件和光源控制器。目前，常见的激发光源包括超连续白光皮秒脉冲激光、飞秒钛蓝宝石激光器、皮秒脉冲激光二极管、UV 发光二极管等种类。根据测试体系不同，选择不同的光源。

（2）光路系统。光路系统主要包括样品室、滤光片（或单色仪）、偏振片等。样品池主要用于测试样品或者其他附件的放置。选择合适的滤光片或者单色器可以有效地将噪声信号滤除，荧光信号透过率大，从而提高实验信噪比。偏振片的作用是改变光线的偏振角度，消除荧光的各向异性。

（3）检测系统。检测系统主要包含光电倍增管和前置放大器。

（4）数据采集系统。单光子计数法的基本原理是：在某一时间 t 检测到发射光子的概率，与该时间点的荧光强度成正比。令每一个激发脉冲最多只得到一个荧光发射光子，记录该光子出现的时间，并在坐标上记录频次，经过大量的累计，即可得到荧光衰减曲线。

（5）数据处理系统。在 TCSPC 中，所得到的实验数据并不能通过图像化的方式直接说明问题，而是需要根据研究角度的不同选择对应的分析方法，常用的有指数成分衰减拟合（exponential components decay fit）、衰减相关光谱（decay associated spectra，DAS）、时间分辨发射光谱（time-resolved emission spectra，TRES）以及尾部拟合（tail fitting）等。

3）荧光测量时应注意的问题

荧光分析的干扰因素较多，在测量过程中除了要注意上面提到的溶剂、温度和酸度的影响外，还要应当注意以下几个问题：

（1）杂质的影响。影响荧光物质发射荧光的杂质属于荧光猝灭剂，如溶解氧是主要的荧光猝灭剂之一（对有机化合物分析），为了消除溶解氧的影响，可以向试液中通入 N_2、CO_2 除氧。另外，要提高分析所用试剂和分析用水的纯度或等级，以保证荧光测定的稳定性。

（2）杂散光的影响。杂散光的影响可以分为两类。一是与激发光波长相同的光散射对测定的影响。由于入射光与散射光的波长相同，故称为弹性散射。其中包括丁铎尔效应（Tyndall effect，即试液中胶体颗粒和微小气泡对激发光的散射）；瑞利散射，比入射波长还要小的分子（主要是溶剂分子）对光的散射，该散射光的强度与波长的 4 次方成反比；吸收池表面的散射，由于表面粗糙导致的散射。二是与荧光发射波长可能相同的光散射对测定的影响。

主要是拉曼散射,拉曼散射属于振动光谱,它来自于溶剂分子吸收入射光后从基态的低振动能级激发到基态的高振动能级,在返回基态时产生的与荧光波长相近的散射光称为拉曼散射。散射光的影响有两种克服方法:一是改变荧光波长,使荧光与激发光的波长相差大一点;二是改变狭缝,使狭缝小一点。

（3）照射时间。随着入射光对样品溶液照射时间的延长,可能导致荧光强度的减弱。其原因是,荧光物质吸收能量后,分子内的部分键断裂,造成荧光物质减少,故又称光分解。为避免样品溶液在高强度入射光下照射,仪器设有光闸控制,在进行荧光读数前开启,获得读数后立即关闭,避免荧光发射大幅度下降。

（4）样品浓度。一般样品浓度高于 1g/L 时,常发生荧光自猝灭现象。因而,在测定高浓度试样或固体样品时,常利用表面荧光(front face)样品支架测定。

2. 磷光的测量

测量磷光的仪器与荧光分析仪器的主要构成部件基本相同。一般在荧光分析仪器上加装磷光分析的附件,便可以实现磷光的测量。磷光分析的附件主要包括液槽和磷光镜。

四、荧光与磷光分析的应用

1. 荧光分析的应用

1）定性分析

不同分子结构的各种荧光物质,具有不同的激发光谱(吸收光谱)和荧光发射光谱,这是分子荧光分析的定性依据。在定性分析中时,一般是在一定实验条件下,用荧光分光光度计做试样和标样的激发光谱和发射光谱,然后比较它们的光谱图,即可鉴定试样物质。有时需改变溶剂后再比较它们的光谱图,如二者一致,即为同一物质。有些样品往往吸收光谱结构相似,而发射光谱的结构却有所不同,作为定性分析用,上述样品的荧光发射光谱比单靠吸收光谱增加了判别样品的信息量,使得荧光定性分析特异性较好。例如,原油、各种燃料油等油类是海洋的主要污染物之一,及时准确地发现油污染事故并鉴别某油种,对海洋环境管理和海洋污染防治具有重要意义。海上溢油鉴别可以通过比较溢油样和可疑源油样的荧光光谱进行鉴别。如果溢油样的荧光光谱与某艘船底污油样的荧光光谱相重合,则溢油就是由该船所排放的。这对追查船舶违章排入含油污水是十分有用的。又如,纺织品上手印显现分析,利用邻苯二甲醛与汗液中氨基酸、多肽、蛋白质或氨基葡萄糖等含氨基的化合物,在碱性（pH＝9.5）和还原剂(如巯基乙醇)存在的条件下,醛基和氨基缩合成席夫碱,如果用 350nm 长波紫外线激发,该席夫碱能发出最大发射波长在 450nm 的可见荧光。根据荧光激发光谱和荧光发射光谱提供的数据,可显现本身无荧光的浅色府绸和部分涤棉上遗留的手印。采用类似的方法也可显现各种纸张上遗留的手印。

2）定量分析

因为本身能发荧光的物质相对较少,虽然有些非荧光物质能够通过加入某种试剂的方法将其转化为荧光物质进行分析,但其数量也不多,所以荧光分析法的应用范围较小,目前多数用于荧光物质的定量和半定量分析。荧光定量分析方法可分为:直接比较法、工作曲线法、差示荧光法和多组分混合物定量分析法等。具体采用哪种方法,要根据样品性质、定量精度等来决定。例如,食品中的 3,4-苯并芘的测定,3,4-苯并芘是多环芳烃中有代表性的强致癌物,煤焦油和沥青中含有大量的 3,4-苯并芘,煤炭、石油、天然气和木材等燃料的不完全燃烧是产生

3,4-苯并芘的主要来源,从而毒化了大气,污染了土壤和水源,使一些农作物、牲畜和水产品等直接或间接地受到了污染。食品在加工过程中由于加工工艺的不合理,也会产生 3,4-苯并芘,国际贸易中一些国家以 $1\mu g/L$ 限量作为 3,4-苯并芘的食品卫生标准。根据 3,4-苯并芘易溶于有机溶剂的性质,用适当的有机溶剂将 3,4-苯并芘从试样中提取出来,再用碱将提取液中的脂肪类物质皂化。然后提取液经过液-液分配、柱层析、纸层析等分离纯化。用工作曲线法计算出样品中 3,4-苯并芘的含量。该方法得到的灵敏度为 $0.1\ \mu g/L$,检出限为 $0.001\mu g/L$,回收率在 80% 以上。

又如,硒在动物、人体疾病和营养中的相互关系一直为人们所重视。富硒农产品被认为是保健食品,因此硒的测定在相关研究中处于重要地位。荧光分析法是测定硒的首选方法,该方法依据 DAN(2,3)-二胺基萘与硒在 pH 1.5~2.0 介质中,反应生成 4,5-苯并芘硒脑绿色荧光物质,可被有机溶剂(如环己烷等)萃取。有机相的荧光强度与硒的含量成比例,因此可作荧光法的定量测定。

3) 时间分辨荧光技术的应用

当体系中含有多种荧光物质时,利用时间分辨荧光技术,可以通过荧光寿命的检测,解析出体系中多种荧光物质的组成情况。另外,由于各物质的荧光发射光谱可能会出现重叠和干扰的情况,单独依靠通常的稳态的荧光发射光谱手段可能无法得到体系准确的信息,而通过时间分辨发射光谱还可以获得荧光衰变过程中不同时间窗口内体系的发射光谱。例如,在复杂体系石油沥青质的检测中,利用时间分辨荧光技术可以进行不同荧光组分的含量比例测定,并通过该寿命组分的荧光发射光谱解析不同组分分子结构的特点。此外,即便体系中只存在单一荧光物质,有时由于其所处微环境不同,其荧光寿命也可能有很大差别。因此,利用荧光时间分辨技术,可以辨别处于不同微环境的同种荧光物质,据此设计荧光探针研究其所处微环境的结构信息。

目前,基于荧光共振能量转移(FRET)原理,利用体系中某一荧光团的荧光寿命解析蛋白质或其他大分子的结构,是时间分辨荧光技术的重要应用领域之一。当体系中存在两种荧光团,其中一个荧光团(给体)的荧光发射光谱与另一个荧光团(受体)的荧光吸收光谱有足够的重叠,且两个荧光团的距离足够近、跃迁偶极方向近似平行时,就会发生由给体向受体的能量转移,导致两荧光团的荧光性质变化:给体的荧光寿命会有明显减小。这是由于荧光衰减的速率常数中,又多出了荧光共振能量转移,即 FRET 的贡献。例如,利用丹磺酰氯标记细胞色素 C,并利用其与亚铁血红素的 FRET,测量其荧光寿命的变化,可给出蛋白质的几种典型构型,并解析出蛋白质折叠过程中的结构变化过程。

4) 纳米荧光探针与荧光显微成像技术

与有机荧光染料相比,一些纳米材料具有独特的荧光发射特性,基于这一特性可构建无机离子、有机小分子及生物大分子的快速高灵敏检测新方法,也可将功能分子偶联到纳米荧光材料表面,发展细胞、病毒及活体成像分析方法。纳米荧光材料包括无机半导体量子点、金属发光团簇、碳点、石墨烯量子点及稀土掺杂转换纳米荧光材料等。目前,很多纳米荧光探针发光机理还不清楚,需要进一步研究。

荧光显微镜是以高强度点光源作为激发光,通过目镜和物镜系统放大观测样品荧光图像的一类光学仪器。荧光显微镜一般由光源、荧光镜组件、滤色板及光学系统组成。利用荧光显微镜可清晰观测细胞、组织等样品的形态及结构,可用于细胞中物质的吸收、运输、分布、定位等过程的研究。除普通荧光显微镜外,倒置荧光显微镜、激光共聚焦荧光显微镜、双光子荧光显微镜及荧光寿命成像显微镜都在荧光成像分析中具有广阔的应用前景。

5）三维荧光光谱技术与应用

三维荧光光谱是将荧光强度表示为"激发波长-发射波长"或"波长-时间"、"波长-相位"等一对变量的函数,从而表现荧光强度随该对变量同时变化时的信息。根据变量设定的不同,三维荧光光谱包括基于激发-发射矩阵（excitation emission matrix, EEM）的三维荧光光谱、三维同步荧光光谱、相分辨三维荧光光谱、时间分辨三维荧光光谱以及三维荧光偏振光谱、导数三维荧光光谱等。其中,最常见的是基于激发-发射矩阵的三维荧光光谱,即三个维度分为体系荧光的激发波长、发射波长和强度,原理是在不同的激发波长下分别扫描发射荧光谱线从而获得激发-发射矩阵。激发-发射矩阵数据包含了体系完整的稳态荧光信息,多以等角三维投影图或等高线图（指纹图）的方式形象地展现。

三维荧光光谱灵敏度高、选择性好且无损样品,同时还蕴含丰富的光谱信息而成为一种光谱指纹技术,从而可以对样品中荧光物质进行判定和识别,并通过峰值法或区域积分法进行定量分析。随着化学计量学理论与方法的发展,三维荧光技术结合数据的多维校正方法,如平行因子法（parallel factor analysis, PARAFAC）等,显示出独特的技术优势,能够免于组分分离,直接对某些复杂多组分体系中的各组分进行选择性定量分析,这大大推动了医药分析、生物样本分析、食品分析和环境分析等领域的发展。例如,利用 EEM 三维荧光结合二阶校正方法能对椰汁中吲哚乙酸进行快速简便的定量分析,或对大气颗粒物中的不同荧光团进行分辨与来源分析等。

2. 磷光分析的应用

磷光分析法已成为一种与荧光分析法相互补充的重要分析技术,适用于如核酸、氨基酸、石油产物、多环芳烃、农药、医药、生物碱、植物生长素等有机物或生物物质的痕量分析。例如,在临床分析方面,磷光分析法可以测定血液中普鲁卡因、可卡因、阿司匹林等药物的含量,检出限可达 $\mu g/mL$ 级。

另外,基于一些金属离子可以催化、抑制磷光缔合物的室温磷光,建立的固体基质室温磷光方法可以测量环境、生物样品中微量和痕量元素,表现出高的灵敏度与良好的选择性。

第三节　化学发光分析

化学发光分析是利用化学发光反应而建立,通过该反应在某一时刻的发光强度或总发光量来确定反应中相应组分含量的一种分析方法。目前,化学发光分析已成为一种高灵敏度的痕量分析方法（灵敏度高达 ng/mL）,广泛地应用于痕量元素分析、环境监测以及生物医学分析等领域。

一、基本原理

化学发光的激发能由化学反应所提供,在反应过程中,物质分子 R 接受反应能被激发,形成电子激发态 P^*,当它从激发态返回基态时以辐射的形式将能量释出来,这一过程为直接化学发光,见式（5.8）;另外一种情况,这个电子激发态 P^* 也可能把能量传递给另一受体分子 A,使 A 被激发,形成电子激发态 A^*,当后者从激发态返回基态时以辐射的形式将能量释出来,这一过程为间接化学发光,式（5.9）。

$$R \longrightarrow P^* \longrightarrow P + h\nu \tag{5.8}$$

$$R \longrightarrow P^* \xrightarrow{+A} A^* \longrightarrow A + h\nu \tag{5.9}$$

化学发光反应均包含激活和发光两个步骤,能够产生化学发光的反应必须具备下述条件:

(1) 化学发光反应必须能快速地释放出足够的能量,以引起电子激发。

(2) 反应历程有利于激发态产物的形成。

(3) 激发态分子能够以辐射跃迁的方式返回基态,或能够将其能量转移给其他可以产生辐射跃迁的分子,而不是以热的形式消耗能量。

化学发光效率 φ_{cl} 可以表示为

$$\varphi_{cl} = \frac{\text{发光的分子数}}{\text{参加反应的分子数}} = \varphi_r \varphi_f \tag{5.10}$$

式中: φ_r 为化学效率, φ_f 为激发态分子的发光效率。

$$\varphi_r = \frac{\text{激发态分子数}}{\text{参加反应的分子数}} \tag{5.11}$$

$$\varphi_f = \frac{\text{发光的分子数}}{\text{激发态分子数}} \tag{5.12}$$

化学效率 φ_r 主要取决于发光所依赖的化学反应本身;而激发态分子的发光效率 φ_f 的影响因素与荧光效率的影响因素相同,同时受到发光物质本身的结构和性质的影响,以及外部环境的影响。生物发光具有最高的化学发光效率,非生物体的化学发光效率很少超过 0.01,常用的鲁米诺反应其化学发光效率也仅为 0.01~0.5。

化学发光反应的发光强度 I_{cl} 以单位时间内发射的光子数来表示,它等于化学发光效率 φ_{cl} 与单位时间内起被测定的反应物分子浓度 c 的变化(以微分表示)的乘积,式(5.13)表示了化学发光反应在 t 时刻的发光强度 $I_{cl}(t)$:

$$I_{cl}(t) = \varphi_{cl} \cdot \frac{dc}{dt} \tag{5.13}$$

如果反应是符合一级动力学,化学反应发光强度的积分值与反应物浓度成正比,即

$$\int I_{cl} d_t = \varphi_{cl} \int \frac{dc}{dt} dt = \varphi_{cl} c \tag{5.14}$$

由式(5.14)可得,发光总量与分析物浓度成正比,根据已知时间内的发光总量可以进行对反应物的定量测定。

二、化学发光的测量仪器

由于化学发光不需要额外激发光源,所以不存在杂散光和散射光等引起的背景干扰,并且检测的是整个光谱范围内的发光总量,所以仪器装置比较简单,不需要复杂的分光和光强度测量装置,一般只需要干涉滤光片和光电倍增管即可进行光强度的测量。化学发光的测量仪器的组成主要包括试样室、检测系统(光检测器和放大器)、信号采集输出系统。试样与试剂在试样室中进样混合,并随即发生化学发光反应。目前,按照进样方式,可将化学发光分析仪分为分离取样式和流动注射式两类。

三、化学发光的类型与应用

化学发光反应可以分为直接发光和间接发光。若按照反应发生所在的体系状态,又可分

为气相化学发光和液相化学发光。

1. 液相化学发光与应用

鲁米诺(3-氨基苯二甲酰肼)是最常用的发光物质,它在碱性溶液中被 H_2O_2、I_2 等氧化剂氧化,可产生最大波长为 425nm(水溶液)的光辐射。

$$(5.15)$$

鲁米诺被 H_2O_2 氧化的反应速度很慢,许多金属离子在适当的反应条件下能催化这一发光反应的发生,且在一定的浓度范围内,发光强度与金属离子浓度呈良好的线性关系,故可用于痕量金属离子的测定,目前已建立了 Co^{2+}、Cr^{3+}、Cu^{2+}、Au^{3+}、Ag^+、Fe(Ⅱ、Ⅲ)、Ni^{2+}、Mn^{2+}、Os(Ⅲ、Ⅳ、Ⅴ)、Ru(Ⅳ)、Ir(Ⅳ)、Rh(Ⅴ)、V(Ⅴ)等金属离子的化学发光分析法,检出限均在 $0.01\mu g/mL$ 以下,其中 Cr^{3+}、Co^{2+} 的检出限低于 $10^{-12} g/mL$。此外,Hg^{2+}、Ce(Ⅳ)、Ti(Ⅳ)等金属离子和 CN^-、S^{2-} 等非金属离子对鲁米诺与 H_2O_2 体系的化学发光具有抑制作用,利用抑制作用也可对这些离子进行测定。同时,也正由于能影响鲁米诺氧化反应的金属离子过多,降低了该方法的选择性,限制了其实际应用。

鲁米诺及其衍生物的发光反应还可以应用于有机物、药物、生物体液中的低含量激素、新陈代谢物的测定,如甘氨酸、铁蛋白、血红蛋白、肌红蛋白等。例如,机体中的超氧阴离子·O_2^- 能直接与鲁米诺作用产生化学发光而被检测,且灵敏度高。机体中的超氧化物歧化酶(SOD)能促使 ·O_2^- 歧化为 O_2 和 H_2O_2,清除·O_2^-。利用 SOD 可以使鲁米诺与·O_2^- 之间化学反应发光受到抑制的特点,可间接测定 SOD 的含量。又如,鲁米诺与·O_2^- 之间化学反应与酶反应结合,可用于对葡萄糖的测定。

$$葡萄糖 \xrightarrow{葡萄糖氧化酶} 葡萄糖酸 + H_2O_2 \tag{5.16}$$

$$H_2O_2 + 鲁米诺 \xrightarrow{[Fe(CN)_6]^{3-}} h\nu \tag{5.17}$$

另外,光泽精、没食子酸和过氧草酸等也可作为发光物质被氧化剂氧化产生液相化学发光。

2. 气相化学发光与应用

在气相中,O_3 氧化 NO 或乙烯等的反应会产生化学发光;原子氧氧化 SO_2、NO 或 CO 等的反应也能产生化学发光。此外,某些物质如氮的氧化物、挥发性硫化物等可以从火焰的化学反应中吸收化学能而被激发,从而产生火焰化学发光,这也属于气相化学发光。

气相化学发光一般用于环境污染的监测,包括 O_3,NO,NO_2,H_2S,SO_2 和 CO_2 等气体的检测,如汽车尾气中的 NO_x 的测定,其检出限可达到 1ng/mL。

$$NO + O_3 \longrightarrow NO_2^* + O_2 \longrightarrow NO_2 + h\nu \tag{5.18}$$

扫一扫　　荧光的产生

思考题与习题

1. 简述荧光、磷光和化学发光的原理有何异同。
2. 与紫外-可见吸收光谱法比较,分子荧光分析法有哪些优点? 原因如何?
3. 荧光分析仪器的检测器为什么不放在光源与样品池的同一直线上? 其单色器有何作用?
4. 荧光光谱的形状为什么与激发光的波长无关?
5. 写出荧光强度与荧光物质浓度间的关系式,并分析什么情况下存在定量关系?
6. 简述静态猝灭、动态猝灭,并比较荧光强度、荧光寿命在两种猝灭过程中的变化特点。
7. 时间分辨荧光的测量是如何实现的?
8. 化学发光分析中对化学发光反应有哪些要求?

第六章　原子吸收光谱法与原子荧光光谱法

第一节　概　　述

原子吸收光谱法(atomic absorption spectroscopy, AAS)是基于试样中待测元素的基态原子蒸气对同种元素发射的特征谱线进行吸收,依据吸收程度来测定试样中该元素含量的一种方法。该方法是 20 世纪 50 年代后期才逐渐发展起来的一种仪器分析方法,自商品仪器面市以来,得到了迅速的发展,已经成为分析实验室测定金属元素的基本仪器之一。

早在 1802 年,伍朗斯顿(Wollaston)在研究太阳连续光谱时,就发现了太阳连续光谱中出现的暗线。1860 年,本生(Bunson)和克希荷夫(Kirchhoff)在研究碱金属和碱土金属的火焰光谱时,发现钠蒸气发出的光通过温度较低的钠蒸气时,会引起钠光的吸收,并根据钠发射线与暗线在光谱中位置相同这一事实,证明太阳连续光谱中的暗线正是太阳大气圈中的钠原子对太阳光谱中的钠辐射吸收的结果。但是,原子吸收分光光度法作为一种分析方法是从 1955年开始的。这一年,澳大利亚的瓦尔西(Walsh)发表了著名论文《原子吸收光谱在化学分析中的应用》,奠定了原子吸收分光光度法的理论基础。1965 年威尔斯(Willis)将氧化亚氮-乙炔火焰成功地用于火焰原子吸收分光光度法中,大大地扩大了这一方法所能测定元素的范围,使被测定的元素达到 70 种之多。尤其是 20 世纪 60 年代以来,无火焰原子化技术、背景扣除方法、氢化物发生、间接原子吸收分光光度法等技术的发展,又为原子吸收分光光度法开辟了新的广阔的应用领域。

原子吸收分光光度法具有许多优点,灵敏度高、选择性好、抗干扰能力强、测定元素范围广、仪器简单、操作方便、仪器价格便宜等。它很快被广泛应用于农业、冶金、地质、环境等各个领域。我国分析工作者对原子吸收分光光度法也十分重视,早在 1965 年,冶金部有色金属研究院就成功自制原子吸收分光光度计,促进了该方法的普及。目前,我国已有许多厂家能生产多种型号的原子吸收分光光度计商品仪器。

具体来讲,原子吸收光谱法的优点有以下几点:

(1) 选择性强。不同元素只能吸收同种元素发射的特征谱线,与其他元素不相混淆。

(2) 分析速度快。一般测定时间长则几分钟,短则仅需几十秒钟。

(3) 分析灵敏度高,准确度好。因被测样品和所用方法不同,最小检出量可达$1×10^{-8}$~$1×10^{-14}$ g,测定误差一般为 0.5%~2%。

(4) 背景影响比发射光谱法小。原子吸收光谱分析测定的是特征发射线因吸收而减弱的程度,不像发射光谱测定的是相对于背景的发射信号强度。

原子吸收分光光度法也有其局限性,如对某些元素的测定灵敏度还不太令人满意;测定每个元素都需要同种元素金属制作的空心阴极灯,不能做定性分析;对卤素等非金属元素不能直接测定,只能用间接法测定,如利用氯化物和硝酸银作用生成沉淀,再用原子吸收法测银来间接定量氯;不能同时对多种元素进行测定等。尽管如此,自原子吸收光谱法(AAS)诞生后,其发展仍然对传统的原子发射光谱法(AES)产生了强烈的冲击。直到后来,高频电感耦合等离子体光源(ICP)与光电光谱技术结合之后,AES 又获得了新的生命力,ICP-AES 很快被广泛应用于各个领域,发展速度已经超过 AAS。

目前用原子吸收法几乎可以测定所有金属元素和 B、Si、As、Se、Te 等共 70 多种元素。

第二节　基 本 原 理

一、原子吸收光谱与原子发射光谱

原子吸收和原子发射一样,光谱的波长特征取决于原子能级间的跃迁(图 6.1)。当基态原子蒸气从低能级获得能量被激发到高能级时,只会吸收对应于两能级之差 ΔE 的能量,而从高能级跃迁到低能级时则要放出相应的能量。在原子发射光谱中,为了能对多种元素同时测定,必须满足这些元素不同能级差的能量要求,有些元素能级差对应的能量要求很高,不得不使用各种形式的能量连续的高温光源,这样一来在它们从激发态返回基态时,就会发射出众多谱线。显然,这些元素是先吸收后发射的,但是在能量连续的高温光源中,要区别出是哪个元素吸收了多少能

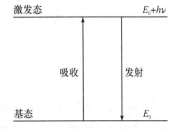

图 6.1　原子发射与吸收的关系

量,各占多少份额是不可能的。所以,要形成对定量分析有用的原子光谱,在以连续的能量形式提供激发能时,只能获得原子发射光谱,形成原子发射光谱分析方法。

在原子吸收分光光度法中,元素基态原子蒸气激发需要的激发能是以同种元素发射的特征谱线形式提供的,特征谱线的辐射强度能准确控制。当一定强度的特征谱线经过含有多元素的基态原子蒸气时,只有同种元素的待测基态原子才能吸收该特征谱线,因此该特征谱线强度的任何减弱几乎全部是由于待测元素的基态原子对其吸收所造成的。由此可见,原子吸收的光谱干扰比发射少,具有较好的选择性。

原子发射或原子吸收的能量与所对应的辐射波长关系为

$$\Delta E = E_h - E_0 = h\nu = \frac{hc}{\lambda} \tag{6.1}$$

$$\lambda = \frac{hc}{\Delta E} \tag{6.2}$$

式中:h 为普朗克常量,其值为 6.626×10^{-34} J·s;c 为光速(3×10^5 km/s);λ 为发射光的波长;E_h、E_0 分别为激发态、基态的能量。

原子受外界能量激发时,其最外层电子可能跃迁到不同能级,因此原子可能有不同的激发态。其中从基态吸收能量跃迁到最低激发态(第一激发态)所对应的吸收线称为共振吸收线,而当电子从最低激发态跃回基态时所产生的发射线,称为共振发射线。因为激发所需的能量最少,最容易满足,故该原子线对于大多数元素的原子而言,一般是最强线或最灵敏线。凡被选作原子吸收光谱分析用的吸收线或发射线,统称为分析线。

在原子吸收光谱中,为了获得足够的测定灵敏度,常采用元素的共振线作为分析线。对于有些发射谱线复杂的元素,如 Fe、Co、Ni 等,由于其本身谱线间相互干扰,使其共振线的灵敏度低于其他谱线,此时要选择灵敏度相对较高,且能避免谱线干扰的谱线作为分析线。

由于不同元素的原子结构不同或能级结构不同,它们只能按照自身的能级差吸收相关的谱线,与其他元素不可能相混淆,因此原子吸收光谱干扰小,具有良好的选择性。

二、原子吸收谱线的轮廓

原子吸收线是由吸收线的波长、形状、强度来表征的。中心波长 λ_0 取决于原子跃迁能级

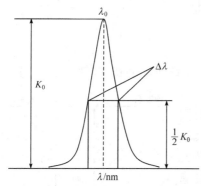

图 6.2　原子吸收线的轮廓示意图

间能量差；吸收线的形状（或轮廓）通常用吸收线的轮廓图表示（图 6.2），以吸收线的半宽度来表征。吸收线的半宽度 $\Delta\lambda$ 是指极大吸收系数 K_0 一半处吸收线轮廓上两点之间的波长差；吸收线的强度是由两能级之间的跃迁概率决定的。原子吸收分光光度法是通过测量基态原子蒸气对特征波长（或频率）的吸收强度来实现的。由于激发能只涉及原子外层电子的跃迁，与此能量对应的波长出现在可见区和紫外区。

一般来讲，原子吸收线与原子发射线的波长是相同的。但是由于共振吸收线的强度分布与原子共振发射线的强度分布不同，因此，共振吸收线与共振发射线的中心波长位置有时并不是一致的，而且最灵敏的发射线不一定是最灵敏的吸收线。在原子吸收中，为了保证原子发射线和原子吸收线的中心波长相同，发射线能充分被待测元素的原子吸收，采用专门制作的空心阴极灯来严格控制发射线宽度。经验表明，只有在发射线宽度小于吸收线宽度的 1/5 时，才能获得良好的线性。

一般可观测到的吸收线宽度约为 1×10^{-3} nm，比原子线的自然宽度约大 100 倍。原子线的自然宽度仅与原子发生能级间跃迁时的激发态原子寿命有关，激发态原子寿命越长，则吸收线的自然宽度越窄。激发态原子寿命约为 1×10^{-8} s，自然宽度为 1×10^{-5} nm。实际上能观察到的原子线宽度常受多种变宽因素的影响，如多普勒（Doppler）变宽，主要是由于原子在受热空间中做无规则热运动所引起的变宽；在高浓度原子蒸气环境中，原子核蒸气压力变大引起的变宽称为压力变宽（碰撞变宽），其中由同种元素原子碰撞导致的变宽称为赫尔兹马克（Holtzmank）变宽，不同元素原子相互碰撞导致的变宽称为洛伦兹（Lorentz）变宽。此外，基态原子对同种元素原子发射线的吸收会发生自吸现象，引起自吸变宽。对分析来讲，谱线变宽的影响主要是引起校正曲线弯曲，灵敏度下降。

在原子吸收分析中，对于原子化过程，主要防止热变宽和压力变宽，如控制待测溶液酸度和待测元素的浓度不要太高；对于产生特征谱线的空心阴极灯，主要防止热变宽和自吸变宽，如将灯管做大、稀释基态原子、使用较小灯电流等。

三、原子化方法与基态原子浓度

在原子吸收分析中，只有基态原子蒸气对特征发射线的吸收才能形成分析上有用的吸收光谱分析。原子吸收光谱法采用的原子化方法主要有火焰法、无火焰法（石墨炉法）和氢化物发生法。尽管原子化方法不同，但是基态原子和激发态原子浓度间的相互关系都符合玻尔兹曼（Boltzmann）分布。

$$\frac{N_j}{N_0} = \frac{P_j}{P_0} \cdot \exp\left(\frac{-E_j}{KT}\right) \tag{6.3}$$

式中：N_0，N_j 分别为基态原子数与激发态原子数目；P_j，P_0 分别为激发态能级和基态能级的统计权重；K 为玻尔兹曼常量，其值为 1.380×10^{-23} J/K；E_j 为激发电位；T 为热力学温度。

在原子吸收光谱中,对一定波长的谱线,P_j/P_0 和 E_j 都是已知值,因此只要温度 T 确定后,就可求得激发态与基态原子数之比 N_j/N_0 值,如表 6.1 所示。

表 6.1　某些元素共振激发态与基态原子数目的计算值

元素	波长/nm	激发能/eV	N_j/N_0		
			2000K	2500K	3000K
Na	589.0	2.104	0.99×10^{-5}	1.44×10^{-4}	5.83×10^{-4}
Sr	460.7	2.690	4.99×10^{-7}	11.32×10^{-6}	9.07×10^{-5}
Ca	422.7	2.932	1.22×10^{-7}	3.65×10^{-6}	3.55×10^{-5}
Fe	372.0	3.332	2.29×10^{-9}	1.04×10^{-7}	1.31×10^{-6}
Ag	328.1	3.778	6.03×10^{-10}	4.84×10^{-8}	8.99×10^{-7}
Cu	324.8	3.817	4.82×10^{-10}	4.04×10^{-8}	6.65×10^{-7}
Mg	285.2	4.346	3.35×10^{-11}	5.20×10^{-9}	1.50×10^{-7}
Pb	283.3	4.375	2.83×10^{-11}	4.55×10^{-9}	1.34×10^{-7}
Zn	213.0	5.795	7.45×10^{-15}	6.22×10^{-12}	5.50×10^{-10}

由表 6.1 可见,随着温度升高,激发态原子占总原子数的比例增加;在相同温度下,原子的激发能越高,激发态原子占总原子数的比例越低。

在原子吸收条件下,原子化温度一般低于 3000K,多数待测元素分析线波长都小于 600nm,E_j 小于 1.62eV,所以 $\dfrac{N_j}{N_0}$ 一般小于 1%。由此可以认为,原子吸收的原子化环境中,火焰中的基态原子数等于试样中的原子总数,N_j 可以忽略不计。

四、原子吸收的测量

如上所述,无论是原子吸收线还是原子发射线都非常窄,即使现在也没有办法制造出如此高分辨率的分光仪器,将连续光谱分出窄至 1×10^{-3} nm 宽的单色光,这也是 100 多年前就发现了原子吸收,但一直难以在分析中加以利用的原因。

直到 1955 年,沃尔什(Walsh)提出并证明了,在温度不太高且能保持稳定的条件下,如果满足发射线和吸收线中心波长相同(图 6.3),则待测元素对中心波长的吸收系数(峰值吸收)与该种元素的原子浓度成正比,从此解决了原子吸收的测量问题,为原子吸收的分析应用奠定了基础。然而由于只有同种元素的原子才能发射中心波长相同的发射线,原子吸收分光光度计不得不为每一种待测元素配备一个能发射较窄谱线的特制灯,这种特制的灯称为空心阴极灯(hollow cathode lamp,HCL)。

在通常原子化温度条件下,处于激发态的原子数与基态原子的浓度相比,可以忽略不计,实际上可将基态原子的浓度看成总原子数,这样基态原子蒸气对特征谱线的共振吸收 A 取决于吸收光程 L 内基态原子的浓度 N_0,即

$$A = \lg\frac{I_0}{I} = RN_0L \tag{6.4}$$

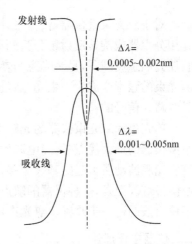

图 6.3　空心阴极灯发射线与原子吸收线

式中：I_0 为入射光强度；I 为透射光强度；L 为光程长度；R 为基态原子对波长为 λ 的光吸收系数；N_0 为基态原子的浓度。

不同元素的原子对光吸收具有选择性，在维持原子化条件稳定不变的情况下，不同元素对特征发射波长具有不同的光吸收系数，对于任一元素则为常数 K，由此式（6.4）可简化为原子吸收的定量分析公式：

$$A = KN_0L \tag{6.5}$$

第三节　原子吸收分光光度计

一、仪器基本结构

原子吸收分光光度计按光束形式可分为单光束型仪器与双光束型仪器。原子吸收分光光度计的基本结构见图 6.4。对于单光束型仪器，来自空心阴极灯的特征辐射通过原子化器内的基态原子蒸气时，一部分辐射被基态原子所吸收，透过基态原子蒸气的一部分辐射经过分光系统，将所需要的辐射送入检测器（光电倍增管），检测器将接收的光信号转换为电信号，再经过电子线路放大处理，最后用屏幕将信号显示出来，或用记录仪记录下来。单光束系统具有结构简单，价格低，能量高等特点，但不能消除光源波动所引起的基线漂移。使用时要使光源预热 30min，并在测量过程中注意校正零点，补偿基线漂移。此类仪器有助于获得较高的测定灵敏度和较宽的线性范围，仪器的造价也比较低。

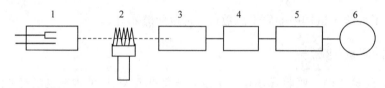

图 6.4　原子吸收分光光度计结构示意图

1. 空心阴极灯；2. 原子化系统；3. 单色器；4. 光电倍增管；5. 放大器；6. 显示读数系统

对于双光束型仪器，仪器设计要复杂一些。其工作原理如下：来自空心阴极灯的特征辐射先用分束器或旋转反射镜分为两束，其中之一为试样光束，通过原子化器，由于基态原子的吸收使光的强度减弱，另一光束为参比光束，不通过原子化器，强度不减弱，再用半透明反射镜将两光束的强度合成为一束光，通过分光系统后进入检测器，经过电子线路处理，最后指示出的是两路光信号的差。

单光束和双光束仪器的光路系统参见图 6.5(a)和图 6.5(b)。与单光束型仪器比较，双光束型仪器的最大优点是，当电源发生稍许变化时，参比和测量两束光同时变化，其比值不变，可克服光源波动所引起的基线漂移，仪器的稳定性可获得较大改善，不需要测定前预热仪器和空心阴极灯。但是，这种仪器的缺点是光能量损失大。光能量的损失造成信噪比变坏，往往限制了检出限的进一步改善。双光束仪器的结构复杂，造价也比较高。

二、仪器主要部件

1. 空心阴极灯

空心阴极灯的功能是发射可以被待测元素基态原子吸收的特征共振辐射。理想光源的要求是：发射的辐射波长半宽度要明显小于吸收线的半宽度、辐射强度足够大、稳定性好、使用

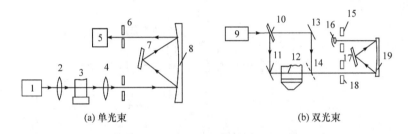

(a) 单光束　　　　　　　　　　　　(b) 双光束

图 6.5　单光束和双光束仪器的光路系统

1，9. 空心阴极灯；2，4. 透镜；3，12. 原子化器；5，16. 检测器；6，15. 出射狭缝；7，17. 光栅；
8，11，13，19. 反射镜；10. 旋转反射镜；14. 半反射镜；18. 入射狭缝

寿命长。空心阴极灯作为能满足这些要求的理想的锐线光源，在原子吸收中获得广泛应用。

空心阴极灯有一个由被测元素材料制成的空腔形阴极（空心阴极）和一个钨制阳极（图 6.6），阴极空腔内径约为几个毫米，放电集中在较小的腔体内，以便能集中向外发射更高强度的辐射。阴极和阳极密封在带有光学玻璃窗口的玻璃管内，管内先抽真空，再填充惰性气体，压力一般为 $3\sim6\text{mmHg}$[①]，以利于将放电限制在阴极空腔内。根据所需要透过的辐射波长，光学窗口在 370nm 以下用光学石英玻璃，在 370nm 以上用普通光学玻璃。

空心阴极灯放电是辉光放电的特殊形式，放电主要集中在阴极空腔内。当在两极上加上 300～500V 电压时，便开始辉光放电。电子在离开阴极飞向阳极的过程中，与载气的原子碰撞并使之电离。荷正电的载气离子从电位差获得动能，如果正离子的动能足以克服金属阴极表面的晶格能，当其撞击在阴极表面上时，就可以将原子由晶格中溅射出来。溅射出来的原子再与电子、原

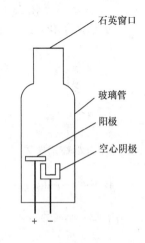

图 6.6　空心阴极灯结构

子、离子等碰撞而被激发，发出被测元素特征的共振线。在这个过程中，同时还有载气的谱线产生。空心阴极放电的光谱特性主要取决于阴极材料的性质、载气的种类和压力、供电方式、放电电流等。

阴极材料决定共振线的波长，载气的电离电位决定阴极材料发射共振线的效率与发射线的性质。He 的电离电位高，用 He 当载气，阴极材料发射的谱线主要是离子线，而用 Ne、Ar 当载气时，阴极材料发射的谱线主要是原子线。脉冲供电方式不仅可以使有用的信号和原子吸收池的直流发射便于区分开，而且放电特性也得到了改善。放电电流直接影响着放电特性，放电电流很小时，放电不稳定，但电流过大，溅射增强，灯内原子蒸气密度增加，谱线变宽，甚至产生自吸，引起测定灵敏度降低，而且灯寿命缩短。因此，在实际工作中应该选取一个最适宜的工作电流。

2. 原子化器

原子化器的功能是将试样化合物中的元素转化为测定所需的基态原子蒸气。被测元素由试样中转入气相，并解离为基态原子的过程称为原子化过程。试样中被测元素的原子化过程

---

① 　mmHg 为非法定单位，$1\text{mmHg}=1.333\,22\times10^2\text{Pa}$，下同。

大致可如图 6.7 所示。

M*(激发态原子)
MX(试样)
MX(气态)
M (基态原子)+X(气态)
M+(离子)+e−

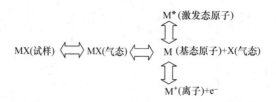

图 6.7　试样原子化基本过程示意图

原子化是原子吸收分光光度法的基础，实现原子化的方法可以分为三大类，火焰原子化法、无火焰原子化法和氢化物发生法。

1）火焰原子化法

火焰原子化(flame atomization)过程如图 6.8 所示。在这过程中，大致分为两个主要阶段：①从溶液雾化至蒸发为分子蒸气的过程，主要依赖于雾化器的性能、雾滴大小、溶液性质、火焰温度和溶液的浓度等；②从分子蒸气至解离成基态原子的过程，主要依赖于被测物形成分子的键能，同时还与火焰的温度及氧化还原气氛相关。火焰温度明显地影响着原子化过程。一般说来，火焰温度高是有利的，但是并不是在任何情况下都是如此。火焰温度提高之后，碱金属、碱土金属等低电离电位元素的电离度增加，火焰发射加强，背景增大，多普勒效应增强，气体膨胀因数增大，气相中基态原子浓度减小，所有这些效应都要导致测定灵敏度的降低。因此，对于特定的测定对象应寻求一个最适宜的温度。

试样
雾化为雾滴
雾滴蒸发成固体颗粒
固体颗粒蒸发产生分子
分子
原子
离子
激发分子

图 6.8　火焰原子化过程

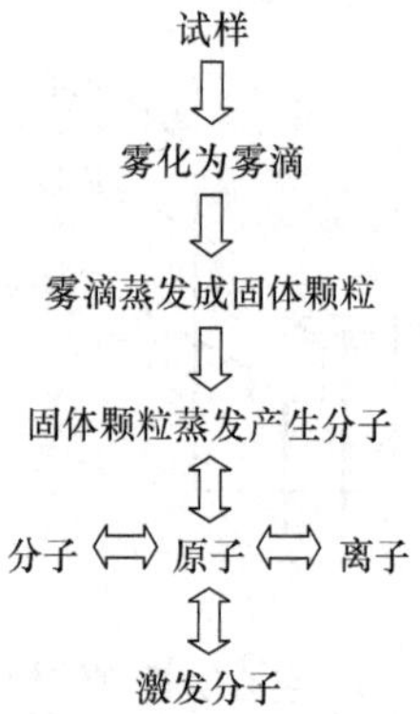

用火焰实现原子化的优点是操作简便，原子化的条件比较稳定，灵敏度较高，精度好，适用范围广。缺点是有些元素在火焰中易生成难离解氧化物，如 Al、Si、V、Th 等，使原子化效率下降。而且，试样在原子化过程中，伴随有一系列化学反应，有些反应比较复杂，难以控制。

几种火焰的燃烧速度与温度见表 6.2。

表 6.2　几种火焰的燃烧速度与温度

气体混合物	燃烧速度/(cm/s)	温度/℃
空气-丙烷	82	1925
空气-氢气		2045
空气-乙炔	160	2300
氧化亚氮-乙炔	180	2955

可以看出，对于测定难熔元素 Al、Si、V 等，选用氧化亚氮-乙炔火焰是合适的。因为这种火焰的温度比相应的空气-乙炔火焰高，而且氧是由氧化亚氮分解反应产生的。火焰组成还决定火焰的氧化还原特性，直接影响到被测元素化合物的分解与难离解化合物的形成，从而影响被测元素的原子化效率和基态原子在火焰区中的有效寿命。不同火焰，其氧化还原特性不同，即使同一类型火焰，由于燃气与助燃气比例不同，火焰特性也会不一样。

　　按照火焰的燃气与助燃气比例,可以将火焰分为化学计量火焰、富燃火焰、贫燃火焰等三类。化学计量火焰是指燃气与助燃气之比与化学计量反应关系相近的火焰,又称为中性火焰,这类火焰温度高、稳定、干扰小、背景低,适合于许多元素的测定;富燃火焰指燃气大于化学计量的火焰,其特点是燃烧不完全,温度略低于化学计量火焰,具有还原性,适合于易形成难解离氧化物的元素测定,干扰较多,背景高;贫燃火焰指助燃气大于化学计量的火焰,它的温度较低,有较强的氧化性,有利于测定易解离,易电离元素,如碱金属。在燃气与助燃气比值保持不变的情况下,由于燃气、助燃气流量增加,也会导致火焰中原子浓度的降低和原子在火焰中有效停留时间的缩短,从而降低测定灵敏度。燃气、助燃气流量太小,试样进样量过小,测定灵敏度也会下降。为了获得最佳灵敏度,既要保持合适的燃气与助燃气之比值,又要保持合适的燃气和助燃气的最小流量。有机溶剂的引入作为附加的热源不仅提高了火焰温度,而且随着有机溶剂中碳与氧的比例不同也会改变火焰的氧化还原特性。此外,火焰内不同的区域温度不同,因此基态原子的浓度也会不同,这就要求在进行原子吸收测定时必须调节发射光束通过火焰区的位置,以使得来自空心阴极灯的光由原子浓度最大的区域通过,从而获得最高的灵敏度。

　　火焰原子化器实际上就是一个喷雾燃烧器。最有效的原子化器就是在单位时间内能使喷入的试样尽可能产生最大数量的微细气溶胶,并将进入火焰的气溶胶最大限度地原子化。实现火焰原子化的原子化器可分为两大类,全消耗型原子化器和预混合型原子化器。其中全消耗型原子化器将来自喷雾器的全部试液直接导入火焰,对火焰有强烈的冷却效应,且因助燃气与燃气直接在火焰中混合,使火焰不稳定,因此目前很少使用。

　　预混合型原子化器是用助燃气将试液喷入雾化室,在室内必须先与燃气混合,同时让较大的雾滴沉降,作为废液排除,只允许细微的气溶胶进入火焰燃烧,因此对火焰干扰较小,能获得较高精密度和准确度,获得了广泛应用。预混合型原子化器由喷雾器、雾化室和燃烧器三部分组成,其结构参见图 6.9。其中雾化器将试液从容器中提升起来并喷成雾珠,有的原子化器在喷雾器末端还设置有碰撞球,使雾珠进一步碰撞细微化,形成直径约为 $10\,\mu m$ 的气溶胶。

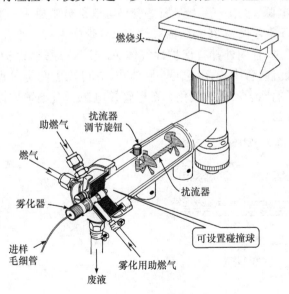

图 6.9　火焰原子化器的结构(预混合型)

雾化室是试液溶胶与燃气和助燃气充分混合的场所,有的仪器在雾化室中设置有扰流器(挡板),截留较大的雾滴,只让细微、均匀的气溶胶随着混合气体进入火焰;燃烧器的作用是形成火焰,使试样气溶胶在火焰中原子化。

常用的燃烧器是单缝燃烧器,缝长有 10cm 和 5cm 两种,前者供空气-乙炔火焰使用,氧化亚氮-乙炔火焰用缝长为 5cm 的燃烧器。喷雾器的主要技术指标是提升率,指单位时间将试液导入雾化室的体积,一般每分钟只有几毫升;雾化室的指标是雾化率,一般在 15% 以下,即喷雾进入的试液只有 15% 能进入燃烧器。另外,火焰原子化器形成气溶胶的速率除了取决于喷雾器自身的设计外,也依赖于喷雾试液的气体压力和温度、喷雾器和进样毛细管的孔径大小与相对位置及试液的黏度、表面张力等物理性质。

单缝燃烧器产生的火焰较窄,可能会使部分光束在火焰周围通过而未能被吸收,从而使测量灵敏度降低。采用三缝燃烧器,由于缝宽较大,产生的原子蒸气能将光源发出的光束完全包围,外侧缝隙还可以起到屏蔽火焰作用,并避免来自大气的污染物,因此三缝燃烧器比单缝燃烧器稳定。燃烧器多为不锈钢制造。燃烧器的高度应能上下调节,以便选取适宜的火焰部位测量,满足不同元素对温度的要求。为了改变吸收光程,扩大测量浓度范围,燃烧器可旋转一定角度。

火焰原子化器的主要缺点是:原子化效率低,只能进液体样品。

2) 无火焰原子化法

在无火焰原子化法中,应用最广泛的是石墨炉原子化器(graphite furnace atomization)。石墨炉原子化器本质上就是一个电加热器,样品置于石墨管内,用可调功率的石墨炉电源控制通过石墨管的电流大小,使试样经过干燥、炭化、灰化并达到原子化所需高温(3000℃以下)。为了防止石墨管在高温氧化,在石墨管内、外部用惰性气体保护,同时利用流水冷却石墨炉体,实现快速冷却,保证分析的连续进行。图 6.10 是管式石墨炉原子化器的结构与工作原理示意图,可见石墨炉由电源、保护气系统、石墨管炉等三部分组成。一般电源电压 10~25V,电流高达 300~500A。石墨管长约 28mm,内径约 8mm,管中央有一小孔用以加入试样。光源发出的光由石墨管中通过,管内外都有保护性气体 Ar 或 N_2 通过,保护石墨管不被氧化、烧蚀。管内保护气由两端流向管中心,由中心小孔流出,它可除去测定过程中产生的基体蒸气,同时保护已经原子化了的原子不再被氧化。石墨管接电源。石墨炉炉体四周通有冷却水,以保护炉体并使其快速冷却。

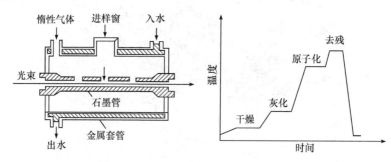

图 6.10　管式石墨炉原子化器的结构与工作原理示意图

石墨炉电热原子化法,其过程分四个阶段,即干燥、灰化、原子化和净化去残。干燥温度一般稍高于溶剂沸点,其主要目的是去除溶剂,以免溶剂存在导致灰化和原子化过程飞溅。灰化是为了尽可能除掉易挥发的基体和有机物。干燥与灰化时间 20~60s。原子化温度随元素而异,时间 3~10s,原子化过程应通过实验选择出最佳温度与时间,温度可达 2500~3000℃。在原子化过程中,应停止保护气通过,可延长原子在石墨炉中的停留时间。去残是一个样品测定结束后,用比原子化阶段稍高的温度加热,以除去样品残渣,净化石墨炉。石墨炉的升温过程由专门的石墨炉电源控制,原子化各个阶段的温度和升温速率均可在测试工作前进行设置并程序化,进样后,原子化过程按程序自动进行。

石墨炉原子化法的主要优点是绝对灵敏度高,试样原子化是在惰性气体中和强还原性介质内进行的,有利于难熔氧化物的原子化;自由原子在石墨炉吸收区内停留时间长,约可达火焰法的 1×10^3 倍;不像火焰原子化器必须提升雾化率,不需要与大量的燃气和助燃气混合,稀释效应小,原子化效率高,其绝对检出限可达到 $1 \times 10^{-12} \sim 1 \times 10^{-14}$ g;取样量少,液体试样量仅需 1~50μL,固体试样为 0.1~10mg,液体、固体均可直接进样。主要缺点是存在基体效应、化学干扰较大、有较强的背景、测量的重现性比火焰法差。

3)氢化物发生法

在酸性介质中,汞、锗、锡、铅、砷、锑、铋、硒和碲等十余种元素(表 6.3)能被还原剂还原生成共价分子型氢化物的气体,其中汞可以直接生成基态原子蒸气。然后用载气将氢化物气体引入石英管,石英管接入光路中。由于汞已经还原成基态原子蒸气,可以直接测定;其他元素的氢化物只要用低温火焰加热或电加热石英管(低于 1000℃),即可实现原子化。例如,As 测定,采用以硼氢化钾(KBH$_4$)作为还原剂,反应式为

$$AsCl_3 + 4KBH_4 + HCl + 8H_2O \Longrightarrow AsH_3 \uparrow + 4KCl + 4HBO_2 + 13H_2 \uparrow$$

表 6.3　氢化物原子化法与火焰原子化法测定灵敏度的比较

元素	As	Bi	Sb	Se	Te	Pb	Ge	Sn	Hg
吸收线/nm	193.7	223.1	217.6	196.0	214.3	217.0	265.1	286.3	253.7
氢化物法/(ng/mL)	0.2	0.4	0.2	0.6	0.5	0.6	50	0.2	1.0
火焰法/(μg/mL)	0.9	0.32	0.4	0.8	0.3	0.15	1.0	0.4	3.7

氢化物发生器是原子吸收主机的选配件,氢化物发生器气体导入示意图如图 6.11 所示。

由于汞利用氢化物发生法可以直接获得汞的基态原子蒸气,不需要加热,如果配上汞灯,用载气将汞蒸气导入气体流动吸收池就可以进行定量分析,因而可以大大简化原子吸收仪器。目前,已经有专门的商品仪器——测汞仪出售。基于氢化物发生的汞测定方法以及

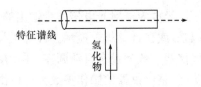

图 6.11　氢化物发生器气体导入示意图

测定特征,又称冷原子吸收法(cold vapour atomic absorption spectroscopy)。

氢化物原子化(hydride atomization)的优点是:氢化物产生的过程本身就是一个分离过程,可以克服样品其他组分的干扰,并且灵敏度比火焰原子化法约高 3 个数量级。该法的局限性在于:能够形成挥发性氢化物气体的元素很少,到目前为止,报道的仅十余种。因而,它的广泛应用受到限制。另外,这种方法的测量精密度不如火焰原子化法高,分析元素的浓度线性范围较窄。

3. 单色仪

同其他光学分光系统一样,原子吸收光度计中的分光系统也包括出射和入射狭缝、反射镜和色散原件(多用光栅)。在原子吸收中,光源是锐线,单色器不存在分光问题,而且在出射狭缝内只有原子谱线,因此单色器狭缝只用于选出有用的谱线,避免空心阴极灯阴极材料的杂质发出的谱线、惰性气体发出的谱线及分析线的邻近线干扰谱线进入检测器。故引用了通带概念,即单色器出光狭缝允许通过的波长范围。

原子吸收单色器的光谱通带按式(6.6)计算

$$W = DS \tag{6.6}$$

式中:W 为单色器的通带宽度,nm;S 为狭缝宽度,mm;D 为倒线色散率,nm/mm,表达式为

$$D = \mathrm{d}\lambda / \mathrm{d}l$$

在分析中,如果被测元素共振吸收线附近有光谱干扰,则选用较小通带,反之可用较大的通带。由于既定仪器的分光元件色散率一定,故仅调狭缝确定通带。

4. 检测系统

元素灯发出的光谱线被待测元素的基态原子吸收后,经单色器分选出特征谱线,送入光电倍增管中,将光信号转变为电信号,此信号经前置放大和交流放大后,进入解调器进行同步检波,得到一个和输入信号成正比的直流信号。再把直流信号进行对数转换、标尺扩展,最后用读数器读数或记录。

在原子吸收分光光度计中,光电倍增管使用的负高压最大可以达到 $-1000\mathrm{V}$ 以上,通过电阻分压,使倍增级(打拿级,可达 10 个以上)逐步向正电压方向增加,通过电场加速电子多次倍增,产生较大电流。负高压的调节方式与显示依仪器不同,有的仪器直接调节并显示负高压的具体数值;有的仪器则通过显示增益间接获得经光电倍增管放大后的相对数值,无论哪种方式都要注意从小调起,关机时要将负高压调节至最小位置,以免损坏仪器。一般地,在满足测定灵敏度的情况下,尽量使用较小的负高压,使测定稳定并可以延长光电倍增管的使用寿命。

5. 数据处理

经放大器对光电倍增管输出的直流信号进一步放大,最后用检流计指示出来,或用记录仪记录,或在计算机上显示。计算机技术的发展为仪器的操作和数据处理提供了极大的方便,现代仪器一般还设有自动调零、自动曲线校直、背景校正、数据统计处理及数据库保存等多种功能,整个仪器的操作参数都可以由计算机控制与管理。

第四节　干扰及其消除

原子吸收光谱分析的干扰通常有物理干扰、化学干扰、电离干扰、光谱干扰和背景干扰等五种类型。

一、物理干扰与控制

物理干扰是指试液与标准溶液的物理性质有差异而产生的干扰,如黏度、表面张力或溶液的密度等的变化,影响样品的提升率、雾化率,使得气溶胶到达燃烧头的速率发生变化,引

起原子吸收强度变化而引起的干扰。

为了克服物理干扰,可以采用配制与被测试样组成相近的标准溶液或采用标准加入法,若试样溶液的浓度高,还可采用稀释试液方法。

二、化学干扰与排除

化学干扰是原子吸收光谱分析中经常遇到的干扰,产生化学干扰的主要原因是被测元素在原子化过程中形成稳定或难熔的化合物不能完全解离出基态原子所致。它又分为阳离子干扰和阴离子干扰。在阳离子干扰中,有很大一部分是属于被测元素与干扰离子形成的难熔混晶体,如铝、钛、硅对碱土金属的干扰;硼、铍、铬、铁、铝、硅、钛、铀、钒、钨和稀土元素等,易与被测元素形成不易挥发的混合氧化物,使吸收降低;也有增大吸收(增感效应)的,如锰、铁、钴、镍对铝、镍、铬的影响。

阴离子的干扰更为复杂,不同的阴离子与被测元素形成不同熔点、沸点的化合物而影响其原子化,如磷酸根和硫酸根会抑制碱土金属化合物原子化,使得吸收减弱,它们影响的次序为

$$PO_4^{3-} > SO_4^{2-} > Cl^- > NO_3^- > ClO_4^-$$

消除化学干扰最常用的方法如下:

1. 选择合适的原子化方法

提高原子化温度,减小化学干扰。使用高温火焰或提高石墨炉原子化温度,可使难解离的化合物分解。除了利用温度效应外,还可以利用火焰气氛,如在空气-乙炔火焰中测定钙时,PO_4^{3-} 和 SO_4^{2-} 对其有明显的干扰,但在一氧化二氮-乙炔火焰中可以消除。测定铬时,用富燃的空气-乙炔火焰可得到较高的灵敏度。

2. 加入释放剂

释放剂的作用是释放剂与干扰物质能生成比待测元素更稳定的化合物,使待测元素释放出来,如 PO_4^{3-} 对钙、镁的干扰,可在试液中加入镧或锶盐,镧、锶与磷酸根生成比钙、镁更稳定的化合物,就相当于把钙释放出来。

3. 加入保护络合剂

保护络合剂与被测元素或干扰元素形成稳定的络合物,防止被测元素与干扰组分生成难解离的化合物。保护剂一般是 EDTA、8-羟基喹啉等有机络合剂,如加入 EDTA 可以防止 PO_4^{3-} 对钙的干扰,8-羟基喹啉与铝形成络合物,可消除铝对镁的干扰。加入 F^- 可防止铝对铍的干扰。

4. 加入助熔剂或基体改进剂

如氯化铵对很多元素有提高灵敏度的作用,当有足够的氯化铵存在时,可以大大提高铬的灵敏度。对于石墨炉原子化法,在试样中加入基体改进剂,使其在干燥或灰化阶段与试样发生化学变化,其结果可以增加基体的挥发性或改变被测元素的挥发性,以消除干扰。

5. 改变溶液的性质或雾化器的性能

在高氯酸溶液中,铬、铝的灵敏度较高,在氨性溶液中,银、铜、镍等有较高的灵敏度。使

用有机溶液喷雾,不仅改变化合物的键型,而且改变火焰的气氛,有利于消除干扰,提高灵敏度。使用性能好的雾化器,雾滴更小,熔融蒸发加快,可降低干扰。

6. 预先分离干扰物

如采用有机溶剂萃取、离子交换、共沉淀等方法预先分离干扰物。

7. 采用标准加入法

标准加入法不但能补偿化学干扰,也能补偿物理干扰。但标准加入法不能补偿背景吸收和光谱干扰。

三、电离干扰与消除

当火焰温度足够高时,基态原子会失去电子而变成带正电的离子,使火焰中能吸收特征谱线的中性基态原子数目逐渐减小,导致吸光度下降,测定灵敏度降低,工作曲线向吸光度坐标方向弯曲,这种干扰称为电离干扰。这种现象主要发生在碱金属和碱土金属等电离电位较低的元素中。

消除电离干扰的方法,除了针对性地适当控制火焰的温度或采用富燃火焰外,主要通过加入过量的消电离剂来解决。消电离剂是指比被测元素电离电位还低的元素,相同条件下消电离剂首先电离,产生大量的电子,抑制被测元素的电离。例如,测钾时可加入铷或铯,以抑制钾的电离。又如,使用一氧化二氮-乙炔火焰测钙时,可加入过量的 KCl 溶液消除电离干扰。钙的电离电位为 6.1eV,钾的电离电位为 4.3eV。由于 K 电离产生大量电子,使钙离子得到电子而生成原子。

四、光谱干扰与消除

光谱干扰是指光源、样品或仪器设置不当使某些非测定波长的辐射光进入检测器所引起的干扰,其干扰能使灵敏度降低,工作曲线弯曲,也会引起测定结果偏高等。这种干扰可能存在两种情况,一是来自样品共存元素吸收线与被测元素分析线波长相互很接近而导致的干扰又称吸收线重叠或部分重叠干扰;二是来自空心阴极灯同一元素相邻发射线或基态原子相邻吸收线(共振线和非共振线),也可能是光源中杂质的谱线同时进入检测器而引起的干扰,属于光谱通带内存在的非吸收线干扰。一般通过减小狭缝宽度、增加灯电流、选择无干扰谱线等方法消除,或者预先分离干扰物等方法去消除。

原子化器内光源产生的直流发射也会对原子吸收产生干扰,这种干扰主要通过调制发射电源、放大器采用隔直放大、配合同步检波等电子技术可以消除。

五、背景干扰及其校正

背景干扰主要是指原子化环境中由于背景吸收引起的干扰,分子吸收与光散射所形成的光谱背景是主要干扰因素。分子吸收是指在原子化过程中产生的分子对发射线辐射的吸收,分子吸收是带状光谱,会在一定的波长范围内形成。分子吸收干扰是最难消除的背景吸收干扰,一般要采用仪器方法才能消除。

分子吸收有多种来源,试样中盐或酸在火焰气体的分子吸收干扰,在低温火焰中碱金属卤化物在 250nm 以下波长区的分子吸收干扰,在较高温火焰中 Ca、Sr、Mg 等元素的氧化物和氢氧化物分子形成的分子吸收干扰,这些影响一般随基体元素浓度的增加而增加,并与火焰条件有关,如碱金属卤化物在紫外区有吸收;不同的无机酸会产生不同的影响,在波长小于250nm时,H_2SO_4 和 H_3PO_4 有很强的吸收带,而 HNO_3 和 HCl 的吸收很小。因此,原子吸收光谱分析中多用 HNO_3 和 HCl 配制溶液。光散射是指原子化过程中产生的微小的固体颗粒使光发生散射,造成透过光减小,吸收值增加。在原子吸收分光光度法中,分子吸收和光散射的后果是相同的,产生表观上的虚假吸收,使测定结果偏高。

校正背景吸收的方法有邻近非共振线校正法、氘灯校正法、塞曼效应校正法等,后两种方法均属于仪器方法,其中应用塞曼效应校正背景的仪器价格昂贵,普及程度不高,本章不作进一步叙述。

1. 非共振线校正法

背景吸收属于宽带吸收。用于测量背景吸收的非吸收线,是不为被测元素的基态原子所吸收,而为背景吸收的吸收线。因此,从被测元素的吸光度减去非吸收线测得的吸光度,其差值就是真正的原子吸收部分,达到扣除背景吸收的目的。

选用非吸收线的原则:必须证实选用的是非吸收线,选用的非吸收线的波长应尽可能靠近吸收线,一般两者相差在10.0nm以内为宜,光源发射的非吸收线必须有足够的强度,以保证有较好的信噪比。

选用的非吸收线可以是被测元素本身的,也可以是其他元素的非吸收线,前者操作方便,不需更换光源,只要改变波长即可,但一般不易找到这种合适的非吸收线。所以往往采用其他元素的非吸收线。这样一来,测定一个试样必须进行换灯操作,进行两次测定,使其应用受到了限制。

用其他元素的吸收线扣除背景,首先必须证实被测试样溶液中没有那种元素,否则,结果将是不准确的,如用 Pb 217.0nm 测定铅时,当试样溶液中没有锑时,则可用 Sb 217.6nm 测定背景吸收,然后从铅的吸光度中减去锑测得的吸光度,即为铅的原子吸收。

2. 氘灯校正法

目前原子吸收分光光度计上一般都配有连续光源自动扣除背景装备,最常见的是氘灯校正装置。但是氘灯作为连续光源只能在紫外区扣除背景使用。如果要实现可见光范围内做校正,还要增加碘钨灯或氙灯,它们能在可见区提供连续光源。

氘灯校正法的原理是让氘灯和空心阴极灯发射光谱分别进入火焰,在空心阴极灯通过时,由于同时存在样品中待测元素基态原子对特征谱线的吸收和分子对特征谱线的吸收,测得的吸光度是总吸光度,即 A_T。在氘灯通过原子化器时,氘灯产生的连续光谱通常比原子吸收线宽度大 100 倍左右,图 6.12 中示意大致为 0.2nm 带宽。由于原子吸收线非常窄,因而由原子吸收对氘灯信号强度减弱的影响非常小,即使在 1×10^{-3} nm 以内全部吸收,氘灯信号的减弱程度也不到 0.5%,可以忽略不计。但原子化器中的分子对氘灯信号的宽带吸收却不可忽略。由此,可以认为氘灯测出的主要是背景吸收信号 A_B。仪器通过将两次测量的吸光度相减,所得吸光度值即为扣除背景后的原子吸收吸光度值 A。原理参见图 6.12。

$$A_T = A + A_B$$
$$A = A_T - A_B = Kc$$

图 6.12 上半部分示意了背景吸收引起的原子吸收干扰,空心阴极灯测的是原子吸收信号

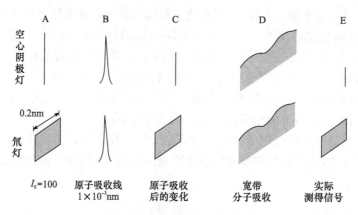

图 6.12　氘灯扣除背景示意图

和背景信号,导致吸光度增加;下半部分则说明氘灯测背景的情况,二者的差值即为实际的原子吸收值。目前氘灯校正法已广泛应用于商品原子吸收光谱仪器中。

　　除了以上各种干扰消除或校正方法外,在测定前,先用有机溶剂将干扰元素从试样中萃取分离出去,或把待测元素从试样中萃取而富集于有机相中的萃取分离方法,不但可以排除各种干扰,还能提高雾化效率,有助于难熔氧化物离解成基态原子,提高测量灵敏度。与此类似的各种分离技术,在实际工作中也值得考虑。

第五节　分 析 技 术

一、原子吸收工作条件的选择

1. 分析线

　　通常选择元素的共振线作为分析线。在分析被测元素浓度较高试样时,可选用灵敏度较低的非共振线作为分析线。

2. 狭缝宽度

　　狭缝宽度影响光谱通带与检测器接收辐射的能量。狭缝宽度的选择原则是,保证能使吸收线与邻近干扰线分开。当有干扰线进入光谱通带内时,吸光度值将立即减小。因此,确定适宜的狭缝原则是,在不会引起光谱干扰的情况下,狭缝宽度大一点比较好。

　　原子吸收分析中,谱线重叠的概率较小,因此可以使用较宽的狭缝,以增加光强与降低检出限。在实验中,也要考虑被测元素谱线复杂程度,碱金属、碱土金属谱线简单,可选择较大的狭缝宽度;过渡元素与稀土元素等谱线比较复杂,要选择较小的狭缝宽度。

3. 灯电流

　　空心阴极灯的发射特性取决于工作电流。灯电流过小,放电不稳定,光输出的强度小;灯电流过大,发射谱线变宽,导致灵敏度下降,灯寿命缩短。一般空心阴极灯的使用寿命约 5A·h。所以选择灯电流时,应在保持稳定和适宜灵敏度的情况下,尽量选用较低的工作电流。一般商品空心阴极灯都标有允许使用的最大电流与可使用的电流范围,通常选用最大电流的 1/2～2/3 为工作电流。不同元素适宜的灯电流也不同,实际工作中即使同一种元素灯,最合适的电流也应通过实验确定。空心阴极灯使用前一般需预热 10~30min。

4. 火焰原子化条件

火焰的选择与调节是影响原子化效率的重要因素。对适合于低温、中温火焰的元素可使用乙炔-空气火焰；在火焰中易生成难解离的化合物及难熔氧化物的元素,宜用一氧化二氮-乙炔高温火焰；分析线在 220nm 以下的元素,可选用氢气-空气火焰。

火焰类型选定以后,需调节燃气与助燃气比例,以得到适宜的火焰性质。易生成难离解氧化物或氢氧化物的元素,用富燃火焰,营造还原环境；过渡金属或氧化物不稳定的元素,宜用化学计量火焰或贫燃火焰,合适的燃气和助燃气比例应通过实验确定。

燃烧器高度可以调节原子发光光束通过火焰不同区域,由于在整个火焰区域内,自由原子的空间分布不均匀,且随火焰条件而变化,因此必须调节燃烧器的高度,使测量光束从自由原子浓度大的区域内通过,可以得到较高的灵敏度。为了适应高浓度测定,燃烧头的转角也是可调的,如果燃烧头调节到适宜高度,燃烧头的狭缝严格与发射光束平行,可以获得最高灵敏度,反之灵敏度降低。

5. 石墨炉原子化法条件选择

石墨炉原子化法要合理选择干燥、灰化、原子化及去残净化等阶段的温度和时间。水溶液的干燥一般在 105~125℃的条件下进行,对于有机溶剂,则要考虑沸点,稍高于沸点即可。在灰化时要选择既能除去试样中的有机物质或基体,又不至于造成被测元素损失的温度条件。原子化温度的选择原则是,选择可达到待测元素最大吸光度的最低温度。去残净化或清除阶段,温度应高于原子化温度,时间仅为 3~5s,以便消除石墨管中试样残留物,避免其产生记忆效应。

对于进样量要注意,进样量过小,信号太弱；进样量过大,会使去残产生困难。在实际工作中,应依据不同石墨炉原子化器配备的石墨管大小,通过实验测定吸光度与进样量的关系,选择合适的进样量。一般液体进样量为 1~50μL,固体进样量为 0.1~10mg。

石墨炉操作对进样位置要求较高,使用手工进样常会产生较大误差,用自动进样器进样可以获得较好重现性,提高分析精度。

二、定量分析方法

1. 工作曲线法

配制加有试剂空白的一组含有不同浓度被测元素的系列标准溶液,在与试样测定完全相同的条件下,按浓度由低到高的顺序测定吸光度值。绘制吸光度对浓度的校准曲线,依据测定试样的吸光度,在校准曲线上用内插法即可求出被测元素的含量。

使用标准曲线法时,应当注意适宜的浓度范围,标样和试样尽量具有基本相似的化学组成,同批测定时要尽量控制测定条件相同且时时进行浓度校正,对于低浓度标准系列不宜久存,最好每次都新鲜配制。

2. 内标法

在标准样品和待测样品中分别加入内标元素,测定分析线和内标线的强度比,并以吸光度之比值对所测元素含量绘制校正曲线。内标元素应与被测元素在原子化过程中具有相似的特性。内标法的优点是可以消除在原子化过程中由于实验条件,如气体流量、火焰状态、石墨炉温度、进样量、样品雾化率、溶液黏度及表面张力等因素的变化所引起的误差,提高了测定的精度。但内标法只适用于双通道或多通道型原子吸收分光光度计。

3. 标准加入法

标准加入法可以克服标样与试样基体不一致所引起的误差。在基体复杂时,标准加入法甚至是准确定量分析唯一可行的方法。

标准加入法操作是分取几份相同量的被测试液,其中一份不加被测元素的标准溶液,其他各份均加入不同量的被测元素的标准溶液,最后稀释至相同体积。形成标准加入的浓度系列:c_{0s}、c_{1s}、c_{2s}、c_{3s}、c_{4s}、…然后分别测定它们的吸光度,绘制吸光度对浓度的校准曲线,再将该曲线外推至与浓度轴相交处。交点至坐标原点的距离 c_x 即是被测元素经稀释后的浓度(图 6.13)。

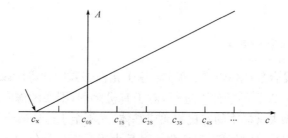

图 6.13　标准加入法测定示意图

使用标准加入法时要注意:尽管理论上在线性范围内可用两点直接计算,但是实际应用中至少安排四个点,且各点均在线性范围内。标准加入后形成的工作曲线应有适当的斜率,接近 1 最好,斜率太小会导致较大误差。

此外,要知道标准加入法只能消除基体干扰,不能消除分子吸收干扰。

三、分析方法评价

过去,在火焰原子吸收分光光度法中,将灵敏度定义为能产生 1% 光吸收或 0.0044 吸光度所需要的被测元素水溶液的浓度。在无火焰原子吸收分光光度法中,将灵敏度定义为能产生 1% 光吸收或 0.0044 吸光度所需要的被测元素的质量。根据 1975 年 IUPAC(国际纯粹与应用化学联合会)的规定,把能产生 1% 光吸收或 0.0044 吸光度所需要的被测元素溶液的浓度定义为特征浓度,而将灵敏度定义为校正曲线的斜率,它表示当被测元素浓度或含量改变一个单位时吸收值的变化量。显然,在定义特征浓度或灵敏度时,并没有考虑仪器测定时的噪声,而任何元素分析信号实际上能否被检测出来,则直接同噪声的大小密切相关。因此,特征浓度或灵敏度不能用来作为衡量一个元素能否被检出的最小量的尺度。表征一个元素能被检出的最小量的术语是检出限。

1. 灵敏度

灵敏度 S 的定义是分析标准函数 $x=f(c)$ 的一次导数 $S=\mathrm{d}x/\mathrm{d}c$。由于原子化方法不同,常使用特征浓度或特征质量来表征灵敏度。

1）特征浓度 c_0

在原子吸收光度法中，如果使用火焰原子化法，无法获取进入火焰原子化的具体质量，因而一般用 1% 吸收来衡量灵敏度。特征浓度的定义是，能产生 1% 吸收（吸光度值为 0.0044）信号时所对应的被测元素在水溶液中的浓度。

$$c_0 = c_x \times 0.0044/A \quad (\mu g/mL) \tag{6.7}$$

式中：c_x 为待测元素的浓度，$\mu g/mL$；A 为多次测量的吸光度值。

2）特征质量 m_0

石墨炉原子吸收法可以准确控制加入到原子化器中的待测物质的质量，因而常用绝对量来表示灵敏度，特征质量的计算公式为

$$m_0 = 0.0044 \times c_x \times V_x/A \quad (pg 或 ng) \tag{6.8}$$

式中：c_x 和 V_x 分别为试液的浓度和体积。

特征浓度或特征质量越小越好。

2. 检出限

检出限（D. L.）的定义为：以特定的分析方法，以适当的置信水平能被检出的元素最低浓度或最小量。在 IUPAC 的规定中，对各种光学分析法，可测量的最小分析信号 X_{min} 用式（6.9）表示为

$$X_{min} = X_{平均} + KS_0 \tag{6.9}$$

式中：$X_{平均}$ 为用空白溶液按同样分析方法多次测量（通常 10 次以上）的平均值；S_0 为空白溶液多次测量的标准偏差；K 为与置信水平有关的系数，一般取 3。

因此式（6.9）可理解为：试剂空白溶液多次测量的吸光度平均值与 3 倍试剂空白溶液测量的标准偏差之和，与此所对应的被测元素的浓度即为检出限。

对于火焰原子化法，使用相对检出限，以浓度单位表达为

$$D. L. = c_x \times 3S_0/A \quad (\mu g/mL) \tag{6.10}$$

对于石墨炉原子化方法，使用绝对检出限，以质量单位表达为

$$D. L. = c_x \times V_x \times 3S_0/A \quad (pg 或 ng) \tag{6.11}$$

式中：A 为平均吸光度；$K=2$，置信度为 98.5%；$K=3$，置信度为 99.7%。

可以看出，检出限不仅与灵敏度有关，而且还考虑到仪器噪声，因而检出限比灵敏度具有更明确的意义，更能反映仪器的性能。只有同时具有高灵敏度和高稳定性时，才有低的检出限。

第六节　原子吸收光谱法的应用

在农业生产和科学研究中，经常要对土壤、肥料、植株、饲料等进行化学分析。除一些常量元素钾、钠、钙、镁等以外，微量元素铜、锌、铁、锰、钼、硼等也是非常重要的。如果土壤中缺乏这些元素，将会导致生长停滞，最终导致减产。农产品和饲料中微量元素和重金属含量的多少也十分重要，因为它们直接关系到人体及动物的健康。

原子吸收分光光度法主要用于测定土壤、植株、肥料、谷粒和饲料等样品中的微量元素。与常规比色法相比，它具有方便快速、灵敏度高、准确度高、重现性好等优点。

保持良好的生态环境近年来日益受到社会关注，原子吸收在环境质量评价、农产品质量

检测等方面都获得了广泛的应用。

一、土壤中微量元素的测定

土壤中微量元素的测定主要用于测定土壤全量形态和有效态的微量元素。土壤全量分析首先要决定采用什么方法分解试样,使试样中待测元素最后都成为酸性溶液中的组分,然后可以方便地进行原子吸收测定。处理试样有两种方法:一种是碱熔融法,试样用适当的熔剂(碳酸钠或氢氧化钠)熔融,然后用水浸取熔块,再用酸中和并过量;另一种是酸溶解法,将试样用混酸(高氯酸和氢氯酸)分解,蒸干,再用稀酸溶解残渣。对于后一种方法,大量的硅在处理过程中已被除去。土壤有效态微量元素必须按照专业分析指导,应针对不同元素采用不同的浸提剂,如使用DTPA可以同时提取土壤有效铜、锌、铁、锰,原子吸收法非常适用于土壤提取液的测定,提取液可直接喷雾,干扰少、速度快,适合大批量样品的测定。

在一些情况下,需要将痕量待测元素从基体中分离出来,此时多使用溶剂萃取法。

土壤提取液中的铜、锌、铁、锰可以用空气-乙炔火焰法很方便地测定。铝是较难原子化的元素,需要用一氧化二氮-乙炔火焰原子化或使用石墨炉原子化法进行测定。原子吸收不适宜直接对硼进行测定,但用有机溶剂萃取的方法可以提高测定硼的灵敏度。硼也需要用一氧化二氮-乙炔火焰来测定,而用石墨炉法测硼的困难较大。

二、植株中微量元素的测定

植株样品的前处理可以采用干灰化法和硝酸-高氯酸湿消化法。干灰化的优点是,引入试剂少、空白低、精度好,而湿法方便、速度快。若采用干法,样品在灰化以前用硝酸预处理,可以加速样品灰化并增加灰分的溶解度。铜和铁以硝酸盐的形式存在不会形成硅酸盐,便于测定。不论采用干法或是湿法,样品处理后,试液可直接用火焰原子化法测定其中的微量元素。铜、锌、铁、锰用空气-乙炔火焰进行测定,无干扰,含量太低时需要富集,如用有机溶剂萃取钼、硒、硼。用石墨炉原子化法测定铝的结果与比色法有较好的相关性。

在分析植株样品时应注意:测硼的样品必须用干法进行前处理,若用湿法,硼会因挥发而损失。测铁时,叶片材料必须经过稀酸或去污剂洗涤,否则因铁污染会使得分析失去意义。

除适宜上述土壤和植株的微量元素测定外,原子吸收也适合于各种肥料、饲料和谷物中微量元素的分析,如铜、锌、铁、锰、钴、镍等。应当提到的是:近年来硒已被广泛地加以研究。因为硒不论是对人、动物还是植物都很重要,长期缺乏硒摄入,会患缺硒病。虽然土壤中的硒含量很低,但植物能富集硒,富集过多会对食用该种植物的家畜造成危害,自然也影响到动物和人。不过植物中含有适量的硒对动物和人又是有益的,人们把含适量硒的农产品叫做保健食品。硒是一种使用其他方法较难测定的元素,但是使用氢化物原子化方法或原子荧光法却是公认的好方法。

三、大气分析中的应用

由于对环境污染问题的关注日益增长,近年来原子吸收法在大气分析中应用不断增加。对于大气分析,通常所用的方法是将一定体积的空气过滤,然后分析过滤器上的残存物。由于在多数情况下,能收集到的物质很少($0.1\sim3mg$),故多采用无火焰原子吸收法进行分析,有时也可直接分析气态空气样品,如测定空气中的铅和汞,用火焰法分析时的检测限是$1\mu g/m^3$,用无火焰法分析时可达$0.1ng/m^3$。

为了收集空气中的粒子,可用聚合过氯乙烯滤膜或纤维素滤膜过滤。所需过滤的空气量依赖于大气粒子的成分。一般地,对于污染严重的大气过滤几立方米即可,而对于高空、海洋上空的空气则需要过滤数百立方米。

溶解滤膜的方法很多,可以在银坩埚中灰化后用氢氧化钠熔融,冷却后将浸出物溶于稀硝酸中,再定容到一定体积进行测定。这种方法可测定硅、铝、铁、钙和镁等。也可用酸溶法处理滤膜,即在铂坩埚中灰化后,用氢氟酸和硝酸处理,蒸干,将硅除去。用稀硝酸溶解残渣,稀释到一定体积,用原子吸收光谱法进行测定。这种方法可以测定痕量的铜、镍、锰、铅和锌等。

大气粒子的分析方法也适用于水及海水中悬浮沉积物的测定。用微孔过滤器过滤适量体积的水。过滤器经洗涤后用类似的方法处理。根据过滤器的性质确定溶样方法。大气分析的应用示例见表6.4。

表 6.4　原子吸收法在大气分析中的应用

元素	样品	波长/nm	浓度	原子化	样品制备
Pb	空气	217.0	0.5mg/m³	空气-C_2H_2	用 HNO_3-H_2SO_4 湿法分解残渣
Ca	飘尘	422.7	1~6μg/m³	空气-C_2H_2	收集在纤维滤膜上,在铂坩埚中燃烧,在550℃灰化,用碳酸钠熔融,溶于 HCl,测 Ca、Mg 时加 1% 的 La
Cu		324.7	0.16~1.5μg/m³		
Fe		248.3	0.9~4.5μg/m³		
Mg		285.2	0.6~2.4μg/m³		
Pb	空气		有机 Pb 0.1~4μg/m³ Pb 0.4~10μg/m³	空气-C_2H_2	用过滤器收集粒子,用酸浸取,用氯化碘溶液收有机 Pb,用 APDC-MIBK 萃取
Cd	飘尘	228.8	2.5ng/m³	空气-C_2H_2	用玻璃纤维滤膜过滤,HF 处理蒸发,溶于 HNO_3,稀释,过滤
痕量元素	飘尘		痕量	空气-C_2H_2	过滤,低温高频氧化处理,溶于酸,直接测定或用 DDTC-MIBK 萃取后测定
Pb	空气	283.3	大于 5pg	石墨炉	用石墨坩埚过滤,将坩埚置于石墨炉中
Cd、Pb	空气		0~100μg/m³	石墨炉	收集在 0.22μm 微孔过滤上,加 H_3PO_4 溶液
Hg	空气	253.7	0~20ng/m³	冷蒸气	收集在金膜上,在氮气流中 500℃ 原子化
Hg	空气	253.7	(15ng~10μg)/m³	冷蒸气	收集在银纤维上,在载气流中 400℃ 加热原子化
As	飘尘	193.7		氢化物	用玻璃过滤,溶于 HNO_3-H_2SO_4,加 $NaBH_4$,将生成的砷化氢通到加热石英管中
Be	空气粒子	234.8	2~20μg/m³	石墨炉	用多孔石墨杯过滤,在石墨管中原子化
Cd	空气粒子	228.8	大于 0.2ng/m³	石墨炉	用玻璃纤维滤膜过滤,用 HF 处理蒸发,溶于 HNO_3,注入石墨管中 95℃ 干燥,330℃ 灰化,900℃ 原子化
Hg	空气	253.7	50~1500ng/m³	冷蒸气	样品通过活性炭,在氮气流中加热通过石英棉和银棉,加热银棉释放 Hg 蒸气到 10cm 池中

原子吸收在生态环境中的应用,除了大气和水以外,其他分析对象,如农产品和食品、肥料、灌溉水、废水、底泥、城市垃圾等,主要用于分析其中的重金属含量,控制环境污染。测定的前处理方法与以上土壤、植物相似。

第七节　原子荧光光谱法

一、概述

原子荧光光谱法(atomic fluorescence spectrometry,AFS)是 1964 年以后发展起来的分析方法。原子荧光光谱法是根据待测元素的原子蒸气在一定波长辐射下发出的荧光强度而进行定量分析的方法。

原子荧光光谱和原子发射光谱都是激发态原子发射的线光谱,但激发的机理却不同。原子受热运动粒子非弹性碰撞而被激发,各能级激发态原子数遵守玻尔兹曼分布,辐射出原子发射光谱;而原子吸收光子被光致激发时,吸收具有选择性,各能级激发态原子数不遵守玻尔兹曼分布,再辐射的原子荧光光谱比较简单。

二、原子荧光光谱法特点

1. 原子荧光光谱法的优点

(1) 有较低的检出限,灵敏度高。特别 Cd、Zn 等元素有相当低的检出限,Cd 可达 0.001ng/mL、Zn 为 0.04ng/mL,现已有 20 多种元素低于原子吸收光谱法的检出限。由于原子荧光的辐射强度与激发光源成比例,采用新的高强度光源可进一步降低其检出限。

(2) 谱线比较简单,干扰较少。采用一些装置,可以制成非色散原子荧光分析仪,这种仪器结构简单,价格便宜。由于原子荧光的发射没有方向,比较容易制作多道仪器,能实现多元素同时测定。

(3) 分析校准曲线线性范围宽,可达 3～5 个数量级。方法精密度类似于 AAS,优于 AES。

2. 原子荧光光谱法的缺点

(1) 有些元素灵敏度差和线性范围窄,应用元素范围有限。

(2) 荧光强度较弱,存在荧光猝灭效应、散射光的干扰较大、用于复杂基体的样品测定比较困难等问题限制了原子荧光光谱法的应用。应用于 As、Se、Hg 等易挥发元素及其形态的测定。尽管如此,原子荧光光谱法的诸多优点仍然得到广泛认同。

三、原子荧光光谱法的基本原理

1. 原子荧光光谱的产生

气态自由原子吸收光源的特征辐射后,原子的外层电子跃迁到较高能级,约 10^{-8} s 后又跃迁返回基态或较低能级,同时发射出与原激发光波长相同或不同的光辐射即为原子荧光。原子荧光是光致发光或二次发光。当激发光源停止照射之后,再发射过程立即停止。

按照作为光源的原子发射光(激发光)波长和荧光(发射)波长之间的特征,原子荧光可分为共振荧光、非共振荧光和敏化荧光等三种类型。图 6.14 为不同类型原子荧光产生过程示意图。

1) 共振荧光

气态原子吸收共振线被激发后,再发射与原吸收线波长相同的荧光即是共振荧光。

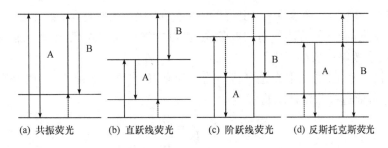

图 6.14　原子荧光产生过程示意图

它的特点是激发线与荧光线的高低能级相同,其产生过程见图 6.14(a)中的 A 线。如锌原子吸收 213.86nm 的光,它发射荧光的波长也为 213.86nm。若原子受热激发处于亚稳态,再吸收辐射进一步激发,然后再发射相同波长的共振荧光,此种原子荧光称为热助共振荧光,见图 6.14(a)中 B 线。

2) 非共振荧光

当荧光与激发光的波长不相同时,产生非共振荧光。非共振荧光又分为直跃线荧光(Stokes 荧光)和阶跃线荧光(anti-Stokes,反斯托克斯荧光)。

激发态原子跃迁至高于基态的亚稳态时所发射的荧光称为直跃线荧光,见图 6.14(b)。由于荧光的能级间隔小于激发线的能线间隔,所以荧光的波长大于激发线的波长。如铅原子吸收 283.31nm 的光,而发射 405.78nm 的荧光。它的激发线和荧光线具有相同的高能级,而低能级不同。如果荧光线激发能大于荧光能,即荧光线的波长大于激发线的波长称为直跃线荧光,反之称为阶跃线荧光。

阶跃线荧光有两种情况,正常阶跃荧光为被光照激发的原子以非辐射形式去激发返回到较低能级,再以辐射形式返回基态而发射的荧光,见图 6.14(c)。很显然,荧光波长大于激发线波长,如钠原子吸收 330.30nm 光,发射出 588.99nm 的荧光。非辐射形式是原子与其他粒子碰撞转移能量的去激发过程。热助阶跃线荧光为被光照激发的原子,跃迁至中间能级,又发生热激发至高能级,然后返回至低能级发射的荧光,如铬原子被 359.35nm 的光激发后,会产生很强的 357.87nm 荧光。

反斯托克斯荧光的形成原因是,当自由原子跃迁至某一能级,其获得的能量一部分是由光源激发能供给,另一部分是热能供给,然后返回低能级所发射的荧光为反斯托克斯荧光。由于产生荧光的能量来自两个部分,返回基态时释放的能量就会大于激发能,使得荧光波长小于激发线波长,见图 6.14(d)。

3) 敏化荧光

受光激发的原子与另一种原子碰撞时,把激发能传递给另一个原子使其激发,后者再以辐射形式退激发而发射荧光即为敏化荧光。火焰原子化器中观察不到敏化荧光,在无火焰原子化器中才能观察到。

在以上各种类型的原子荧光中,共振荧光强度最大,最为常用。

2. 荧光强度

共振荧光,荧光强度 I_f 正比于基态原子对某一频率激发光的吸收强度 I_a,则

$$I_f = \Phi I_a \tag{6.12}$$

式中:$\varPhi$ 为荧光量子效率,它表示原子发射荧光光量子数与吸收激发光量子数之比。

由于受光激发的原子,可能发射共振荧光,也可能发射非共振荧光,还可能无辐射跃迁至低能级,所以量子效率一般小于 1。

若激发光源是稳定的,入射光是平行而均匀的光束,自吸可忽略不计,则基态原子 N 对光的吸收强度 I_a 可通过吸收定律求得

$$A = \lg \frac{I_a}{I_0} = \varepsilon L N \tag{6.13}$$

$$I_a = I_0 A (1 - e^{-\varepsilon L N}) \tag{6.14}$$

将式(6.14)代入式(6.13),可得

$$I_f = \varPhi I_0 A (1 - e^{-\varepsilon L N}) \tag{6.15}$$

将式(6.15)展开,得

$$I_f = \varPhi I_0 A \left[\varepsilon L N - \frac{(\varepsilon L N)^2}{2!} + \frac{(\varepsilon L N)^3}{3!} - \frac{(\varepsilon L N)^4}{4!} + \cdots \right] \tag{6.16}$$

$$I_f = \varPhi I_0 A \varepsilon L N \left[1 - \frac{\varepsilon L N}{2} + \frac{(\varepsilon L N)^2}{6} - \cdots \right] \tag{6.17}$$

在低浓度原子蒸气的情况下,式(6.17)括弧中的数值约等于 1,可简化为

$$I_f = \varPhi I_0 A \varepsilon L N \tag{6.18}$$

如果待测元素已定,仪器操作条件维持不变时,式(6.14)中除了基态原子数外,其他均为常数,而基态原子数与试液中待测元素的浓度 c 成正比,故可得

$$I_f = K c \tag{6.19}$$

式中:K 为一常数。

式(6.19)就是原子荧光定量分析的基础。

3. 荧光猝灭

激发态原子和其他粒子碰撞,有一部分能量变成热运动或其他形式的能量,因而会发生无辐射的去激发过程,这种现象称为荧光猝灭。荧光的猝灭会使荧光的量子效率降低,荧光强度减弱,分析灵敏度降低。许多元素在烃类火焰中要比在用氩稀释的氢-氧火焰中荧光猝灭大得多,因此原子荧光光谱法,尽量不用烃类火焰,而用氩稀释的氢-氧火焰代替,或使用无火焰原子化法加以避免。

四、仪器装置

原子荧光光谱测量仪器按照单色器的不同分为色散型和非色散型两类,仪器基本结构与原子吸收十分相似,图 6.15 为二者的结构示意图。可见两者的主要区别是:在原子吸收中,空心阴极灯、原子化器、单色器、检测器逻辑上设置在一条水平线,检测器检测的是空心阴极灯(光源)发射谱线经由原子化器待测原子吸收而减弱的程度。在荧光光谱测量仪器中,提供基态原子激发的光源和原子化器与单色器和检测器设置成互为直角,这是为了避免激发光源发射的辐射对原子荧光检测信号的影响。同时,根据式(6.19)可见,提高激发光源强度有利于增加荧光发射强度,使仪器灵敏度提高。

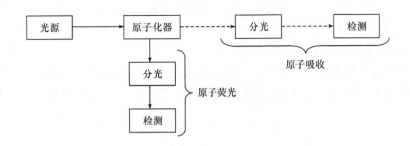

图 6.15　原子荧光与原子吸收仪器结构示意图

1. 激发光源

激发光源可用连续光源与锐线光源(空心阴极灯)。由于原子荧光是二次发光,而且产生的原子荧光谱线比较简单。因此,受吸收谱线分布和轮廓的影响并不显著,这样就可以采用连续光源而不必用高色散率的单色仪。

原子荧光分析对光源的要求:①足够的光强;②同种元素锐线光源有利于共振荧光的激发;③光谱纯度好,避免杂散光和其他干扰;④光强稳定,保证精确度;⑤耐用、寿命长等。

连续光源稳定,调谐简单,寿命长、能用于多元素同时分析,但检出限较差,连续光源常用氙弧灯。锐线光源多用高强度空心阴极灯、无极放电灯、激光等。锐线光源辐射强度高,稳定,检出限好。

在原子荧光光谱仪中广泛应用的是无极放电灯,通常它产生的辐射强度比空心阴极灯大1~2 个数量级。遗憾的是,目前对许多元素还不能获得这种类型的灯。从性能上讲,激光光源具有高强度、窄带宽等特点,是原子荧光分析极佳的激发光源,但因其价格昂贵而限制了它广泛用于常规分析中。

2. 原子化器和样品引入

使试样原子化的方法有火焰原子化器和石墨炉原子化器,常用的火焰原子化器有预混合型和萦流型两种,目前这两种方式的火焰原子化器都在使用。

原子荧光分析中使用的电热原子化器具有在 AAS 分析中相似的特点,如取样量少,绝对检出限低,瞬时信噪比高,原子化条件易选择等。

电感耦合等离子体作为既具有火焰特色,又具有更好蒸发、激发、原子化效率高和较少干扰特点的新型火炬原子化器,已被用作 AFS 的原子化器。由于氩炬火焰具有高的量子效率,有时不仅可应用原子,还可应用离子荧光。

应该指出的是,氢化物发生和流动注射进样及与各种色谱技术联用在成功地应用于 AES、AAS 之后,在 AFS 方法中也在日益广泛使用,尤其是对 As、Sb、Se、Te、Pb、Hg 等元素的分析,更体现出原子荧光法的特点和优越性。

3. 分光系统

分光系统有色散和非色散两种基本类型。色散型单色器使用的色散元件一般是光栅,非色散型使用滤光器来分离分析线和邻近谱线,降低背景影响。原子荧光的光谱简单、谱线少,故常常不需要高分辨能力的单色器。在选用无极放电灯或高强度空心阴极灯作为激发光源时,可以不要单色器,故称为非色散原子荧光光谱仪,仪器仅由光源、原子化器和检测器组成。其优点是:①仪器简单,价格低;②适宜分析多元素;③能量损失少,因而灵敏度高;④从多谱线中同时收集能量,也能增加灵敏度。

在原子荧光光谱仪器中,也可采用小型光栅单色器、干涉滤光片或宽带的光学滤光片。为了消除透射光对荧光测量的干扰,将激发光源置于与分光系统(或与检测系统)相互垂直的位置。

4. 检测

原子荧光微弱,比光吸收低万倍以上,因此,原子荧光分析须考虑弱信号检测和杂散光等干扰。一般地,色散型原子荧光分光光度计用光电倍增管检测。非色散型的多采用日盲型光电倍增管,对 $160\sim280\,\mathrm{nm}$ 波长的辐射有很高的灵敏度,但对大于 $320\,\mathrm{nm}$ 波长的辐射不灵敏。

原子荧光常用锁相放大电子学系统以降低噪声,提高信噪比。

五、多元素原子荧光分析仪

原子化器中的激发态原子发射的荧光光谱没有方向性,只要能避开光源激发光的影响,任何方向都可以检测,因此可以在不同方向设计多个检测器,共同使用一个光源、每种元素各自一个单色器,都有一个单独的电子通道,这样可以做成多道型仪器,实现多元素同时分析。多道型仪器也分为非色散型与色散型。

六、定量分析方法及应用

根据式(6.19)荧光强度与待测元素的浓度成正比关系,可采用标准曲线法进行定量分析,即作 $I_f\text{-}c$ 标准曲线,用内插法求算出元素的含量。在某些情况下,也可采用标准加入法进行定量分析。

原子荧光光谱法作为一种新的痕量分析方法,已广泛应用于冶金、地质、石化、环境、农业、医学等各个领域。近年来,随着激光技术的发展,各种激光光源应用于 AFS 分析中,进一步提高了原子荧光分析法的灵敏度,降低了元素的检出限。与其他分析方法比较,原子荧光光谱法的检出限见表 6.5。

表 6.5　原子荧光光谱法的检出限($\mathrm{ng/mL}$)

元素	AAS(火焰法)	AAS(电热法)	AES(ICP)	AFS(火焰法)
Al	30	0.005	2	5
As	100	0.02	40	100
Ca	1	0.02	0.02	0.001
Cd	1	0.0001	2	0.01
Cr	3	0.01	0.3	4
Cu	2	0.002	0.1	1
Fe	5	0.005	0.3	8
Hg	500	0.1	1	20
Mg	0.1	0.000 02	0.05	1
Mn	2	0.0002	0.06	2

续表

元素	AAS(火焰法)	AAS(电热法)	AES(ICP)	AFS(火焰法)
Mo	30	0.005	0.2	60
Na	2	0.0002	0.2	—
Ni	5	0.02	0.4	3
Pb	10	0.002	2	10
Sn	20	0.1	30	50
V	20	0.1	0.2	70
Zn	2	0.000 05	2	0.02

　　氢化物形成原子荧光分析法应用日益广泛,一些标准物质中的 As、Se、Hg 等痕量元素的定值都采用氢化物发生原子荧光光谱法。值得一提的是,HG-AFS 及 FIA-HG-AFS 技术目前我国处于国际领先地位,从 AFS 基本原理、技术发展、仪器生产、推广应用多方面,已形成有中国特色的 HG-AFS 分析方法。

 扫一扫　　原子吸收光谱分析法奠基人——艾伦·沃尔什

思考题与习题

1. 何谓锐线光源? 在原子吸收光谱分析中为什么要用锐线光源?
2. 原子吸收分析中,若产生下述情况而引致误差,应分别采取什么措施减免?
   (1) 光源强度变化引起基线漂移;
   (2) 火焰发射的辐射进入检测器(发射背景);
   (3) 待测元素吸收线和试样中共存元素的吸收线重叠。
3. 原子吸收光谱法存在哪些主要的干扰? 如何减少或消除这些干扰?
4. 石墨炉原子化法的工作原理是什么? 与火焰原子化法相比较,有什么优缺点? 为什么?
5. 要保证或提高原子吸收分析的灵敏度和准确度,应注意哪些问题? 怎样选择原子吸收光谱分析的最佳条件?
6. 以原子吸收光谱法分析尿液试样中铜的含量,分析线为 324.7nm。测得数据如下:

加入 Cu 的质量浓度 /(μg/mL)	吸光度	加入 Cu 的质量浓度 /(μg/mL)	吸光度
0(试样)	0.280	6.0	0.757
2.0	0.440	8.0	0.912
4.0	0.600		

计算试样中铜的质量浓度(μg/mL)。

7. 应用原子吸收光谱法进行定量分析的依据是什么? 进行定量分析有哪些方法? 试比较它们的优缺点。
8. 用原子吸收分光光度计测得 2.00μg/mL Fe^{2+} 标准溶液的透光率为 77.6%,求该仪器的灵敏度(μg/mL,1%)。

9. 用原子吸收光谱法测定试液中的 Pb,准确移取 50mL 试液 2 份。用铅空心阴极灯在波长 283.3nm 处,测得一份试液的吸光度为 0.325,在另一份试液中加入浓度为 50.0mg/L 铅标准溶液 300μL,测得吸光度为 0.670。计算试液中铅的浓度(mg/L)。

10. 已知 Mg 的灵敏度是 0.005μg/mL(1‰),球墨铸铁试样中 Mg 的含量均为 0.01%,其最适浓度测量范围为多少? 制备试液 25mL,应称取多少试样?

11. 原子荧光光谱法与原子吸收光谱法比较,其优缺点是什么?

12. 原子荧光光谱是怎样产生的? 有哪几种类型?

第七章　原子发射光谱法

第一节　原子发射光谱法原理

一、概述

原子的核外电子一般处在基态运动,当获取足够的能量后,就会从基态跃迁到激发态,处于激发态的原子不稳定(寿命约小于 1×10^{-8} s),会迅速返回到基态,这时就要释放出获得的能量,若此能量以辐射形式出现,即产生原子发射光谱。原子发射光谱法(atomic emission spectroscopy,AES)就是依据元素的原子或离子在热激发或电激发下,发射特征波长的电磁辐射来进行元素定性与定量分析的方法。原子发射光谱法是最早发展的一种光学分析法。1859年,德国学者 Kirchhoff 和 Bunsen 合作,制造了第一台用于光谱分析的分光镜,从而使光谱检测法得以实现。以后的 30 年中,逐渐确立了光谱定性分析方法,到 1930 年以后逐步建立了光谱定量分析法。原子发射光谱法对科学的发展起过重要的作用,在建立原子结构理论的过程中,提供了大量的、最直接的实验数据。科学家们通过观察和分析物质的发射光谱,逐渐认识了组成物质的原子结构。在元素周期表中,有不少元素是利用发射光谱发现或通过光谱法鉴定而被确认的。在近代各种材料的定性、定量分析中,原子发射光谱法也发挥了重要作用,特别是新型光源的研制与电子技术不断更新、计算机技术的应用,使原子发射光谱分析获得了新的发展,成为仪器分析中最重要的方法之一。

1. 原子发射光谱分析的优点

(1) 具有多元素同时检测能力。可同时测定一个样品中的多种元素。

(2) 分析试样一般可以不经化学处理,固体、液体样品都可直接测定,分析速度快,试样消耗少。若利用光电直读光谱仪,可在几分钟内同时对几十种元素进行定量分析。

(3) 检出限低。在一般光源情况下,用于 1‰以下含量的组分测定,检出限可达每升毫克级,线性范围约 2 个数量级,使用高频电感耦合等离子体光源(ICP)检出限可达每升微克级,线性范围宽可达 4~6 个数量级。

(4) 准确度较高。一般光源相对误差为 5%~10%,ICP-AES 相对误差可达 1%以下。

(5) 选择性好。每种元素因原子结构不同,各自发射不同的特征光谱。在分析化学上,这种性质上的差异,对于一些化学性质极相似的元素具有特别重要的意义。

2. 原子发射光谱分析的局限性

通常认为,原子发射光谱分析的准确度较差;常见的非金属元素(如氧、硫、氮、卤素等)谱线在远紫外区,一般的光谱仪尚无法检测;还有一些非金属元素,如 P、Se、Te 等,由于其激发电位高,灵敏度较低。不过,ICP 光源的推出正在逐步改变这一看法。

二、基本原理

1. 原子能级与能级图

在普通化学中,每个核外电子在原子中存在的运动状态,可以由四个量子数 n、l、m、m_s 来表示。主量子数 n 表示电子的能量和电子离核的远近,取值是 $n=1,2,3,\cdots,n$;角量子数 l 表示电子角动量的大小及电子轨道的形状,在多电子原子中它也影响电子的能量,$l=0,1,2,\cdots,(n-1)$,与其相适应的符号为 s,p,d,f,$\cdots$;磁量子数 m 表示磁场中电子轨道在空间伸展的方向不同时,电子运动角动量分量的大小,$m=0,\pm1,\pm2,\cdots,\pm m$;自旋量子数 m_s 表示电子自旋的方向,$m_s=\pm1/2$。

在光谱学中,为了说明与原子光谱产生有关的外层电子(或价电子)的能级差,可用光谱项符号来表示原子的能级,描述多个价电子的运动状态可用下列光谱项来表示

$$n^{2S+1}L_J \tag{7.1}$$

式中:n 为主量子数;L 为总角量子数,是 l 的矢量和:$L=l_i$,如对于含两个价电子的原子

$$L=(l_1+l_2),(l_1+l_2-1),(l_1+l_2-2),\cdots,\mid l_1-l_2 \mid$$

S 为总自旋量子数,是各个 m_s 的矢量和:$S=\sum m_s$ 其值可取:$0,\pm1/2,\pm1,\pm2/3,\pm2$;$J$ 为内量子数,轨道运动与自旋运动的相互作用,即轨道磁矩与自旋磁矩的相互作用而得出,即

$$J=L+S \tag{7.2}$$

J 的具体求法是:$J=(L+S),(L+S-1),(L+S-2),\cdots,\mid L-S\mid$

(a) 当 $L\geqslant S,J=L+S$ 到 $L-S$,有 $(2S+1)$ 个取值。

(b) 当 $L<S,J=S+L$ 到 $S-L$,有 $(2L+1)$ 个取值,其中 $2S+1$ 称为光谱的多重性(multiplet)。

把原子中所有可能存在的光谱项,能级及能级间可观察到的跃迁与光谱特征(波长)用图解的形式表示出来,称为能级图。通常用纵坐标表示能量 E,基态原子的能量 $E=0$,以横坐标表示实际存在的光谱项。钠原子和镁原子的能级图参见图 7.1。

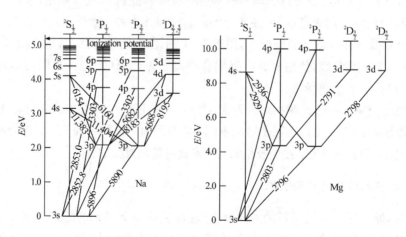

图 7.1　钠原子和镁原子的能级图

由于一条谱线是原子的外层电子在两个能级之间跃迁产生的,故原子的能级可用两个光谱项符号表示,如钠原子的双线可表示为

Na 589.0nm　　$3\ ^2S_{1/2} \rightarrow 3\ ^2P_{3/2}$

Na 589.6nm　　$3\ ^2S_{1/2} \rightarrow 3\ ^2P_{1/2}$

依据波长与能量的关系式

$$\Delta E = E_2 - E_1 = \frac{hc}{\lambda} \tag{7.3}$$

可以算得 $\Delta E_{589.0nm} = 2.107\text{eV}$, $\Delta E_{589.6nm} = 2.104\text{eV}$。

原子中某一外层电子由基态激发到高能级所需要的能量称为激发电位。原子光谱中每一条谱线的产生各有其相应的激发电位。由最低能级激发态向基态跃迁所发射的谱线称为共振线。共振线具有最小的激发电位,因此最容易被激发,为该元素最强的谱线。

如果基态原子获得的能量大于电离所需要的能量,则会失去外层电子,形成离子。由于离子和原子具有不同的能级,所以离子发射的光谱与原子发射的光谱不一样。每一条离子线都有其激发电位。这些离子线的激发电位大小与电离电位高低无关。

在原子谱线表中,罗马数 I 表示中性原子发射光谱的谱线,II 表示一次电离离子发射的谱线,III 表示二次电离离子发射的谱线,如 Mg I 285.21nm 为镁的原子线,Mg II 280.27nm 为镁的一次电离离子线。

2. 原子光谱的特性

1) 原子光谱的基本特征

原子光谱只涉及原子核外层电子的跃迁,与内层电子无关,相应的能量变化 ΔE 一般为 1~20eV,波长范围为 100~1000nm。原子光谱可观测到宽度约 1×10^{-3}nm,所以称其为锐线光谱或线光谱。一般只有基态原子蒸气的激发才能形成对分析有用的原子光谱,在发射光谱分析条件下,如果元素电离后形成的离子光谱具有足够的强度,也可以作为其定性或定量的依据。原子光谱具有多重性,即同时出现的谱线特征,一个价电子的谱线多重性为 2,如钠的 589.0nm 和 589.6nm 双线,这两条相邻的谱线同时出现;两个价电子的谱线多重性为 1、3,特征是同时至少出现四条谱线,它们分成波长相差较大的两组,一组只有一条谱线,一组有波长彼此邻近的三条谱线。过渡金属的谱线往往则更为复杂。

在激发光源高温条件下,激发光源中心与边缘的温度与原子浓度的分布是不均匀的,中间部位温度高,边缘低。其中心区域激发态原子多,边缘处基态与较低能级的原子较多。某元素的原子从中心发射某一波长的电磁辐射,必然要通过边缘到达检测器,这样所发射的电磁辐射就可能被处在边缘的同一元素基态或较低能级的原子吸收,检测器接收到的谱线强度就减弱了。这种原子在高温发射某一波长的辐射,被处在边缘低温状态的同种原子所吸收的现象称为自吸。自吸对谱线中心处强度的影响较大。当元素的含量很低时,不表现自吸,当含量增大时,自吸现象增加。当达到一定含量时,由于自吸严重,谱线中心处的强度都被吸收了,完全消失,好像分裂成两条谱线,这种现象称为自蚀。原子光谱的自吸和自蚀的情况参见图 7.2 示意。

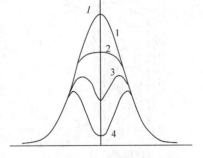

图 7.2　存在自吸时的谱线轮廓

1. 无自吸;2. 有自吸;3. 自蚀;4. 严重自蚀

一般基态原子对共振线的自吸较为严重,并且常产生自蚀。不同光源类型对自吸的影响不同,ICP 的自吸效应较小。使用直流电弧作为光源的原子发射光谱,由于蒸气云厚度较大,自吸现象比较明显。

由于自吸影响原子谱线的发射强度,在定量分析时应当重视。

2) 影响原子发射光谱强度的因素

(1) 统计权重。谱线强度与激发态和基态的统计权重之比成正比。

(2) 跃迁概率。谱线强度与跃迁概率成正比。跃迁概率是一个原子在单位时间内两个能级之间跃迁的概率,可通过实验数据计算。

(3) 激发温度。温度升高,谱线强度增大。但温度升高,电离的原子数目也会增多,而相应的原子数减少,致使原子谱线强度减弱,离子的谱线强度增大。

(4) 激发电位。不同元素的原子激发电位不同,是该元素发射谱线强度不同的内因,谱线强度与激发电位成负指数关系。在温度一定时,激发电位越高,处于该能量状态的原子数越少,谱线强度越小。激发电位最低的共振线通常是强度最大的线。

(5) 基态原子数。原子谱线强度与基态原子数成正比。在一定的条件下,基态原子数与试样中该元素浓度成正比。因此,在一定的条件下谱线强度与被测元素浓度成正比,这是光谱定量分析的依据。

三、发射光谱仪的基本结构

测定原子发射光谱的仪器大致包括四个部分。

1. 激发光源

激发光源的基本功能是提供能量,使试样中待测元素形成原子蒸气并使原子激发。对激发光源的基本要求是,具有高的灵敏度、发射光谱稳定、光谱背景小、结构简单、操作方便、安全。在光谱分析中,常用的激发光源有火焰、电弧、火花、等离子体炬等。本节主要介绍等离子体光源。

等离子体光源是发展比较快的一种光源技术,它主要有直流等离子体、微波等离子体、电容耦合等离子体与电感耦合等离子体(inductively coupled plasma,ICP)光源,其中发展最快的是 ICP 光源。

ICP 光源的焰炬装置见图 7.3,焰炬装置又称为炬管,由三个同心的石英管组成,在内、中、外三层分别通入不同流速的氩气,在外层管管口绕有数匝铜感应线圈。当有高频电流(一般为 27MHz 或 40MHz,数百至数千瓦功率)通过时,在线圈的周围产生高频电磁场。点火时,点火器放电释放出电子,等离子气减少和辅助气形成推进气,流量共为 26L/min,辅助推进气在电感线圈中心形成氩气气流。由于被电离气体在电磁场涡流中的高速运动,在炬口可形成温度高达 6000～10 000K 的等离子体。

被喷成雾状的试样溶液随氩载气一同进入石英内管,并穿透等离子体核心区,在此过程中被分解为原子或离子并获得激发能量。

在三个同心的石英管中最外层石英管形成等离子气

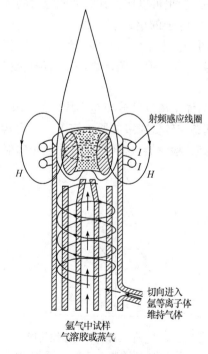

图 7.3　ICP 光源的焰炬装置

I. 高频电流；*H.* 高频电流产生的磁场

通道。等离子气同时还可防止炬管过热。中间层形成辅助气通道,辅助气在等离子体底部形成一个正压,使等离子体被抬高,防止等离子体与中间层石英管及注射管接触。最里层为注射管,将带有样品的载气导入等离子体。

ICP 光源是高频感应电流产生的类似火焰的激发光源。ICP 的工作原理是:当高频发生器接通电源后,高频电流通过线圈,即在炬管内产生交变磁场,炬管内若是导体就产生感应电流。这种电流的流线呈闭合的涡旋状即涡电流,它的电阻很小,电流很大(可达几百安培),释放出大量的热能。电源刚接通时,石英炬管内为 Ar 气不导电,用高压火花点燃后,炬管内气体电离。由于电磁感应和高频磁场,在时间变化上成比例的电场在石英管中随之产生。电子和离子被电场加速,同时和气体分子、原子等碰撞,使更多的气体电离,电子和离子各在相反方向上在炬管内沿闭合回路流动,形成涡流,在管口形成火炬状的稳定的等离子焰炬。

等离子焰炬外观像火焰,但它不是化学燃烧火焰而是气体放电。它分为焰心区、内焰区和尾焰区三个区域。焰心区在感应线圈区域内,呈白色不透明状,是高频电流形成的涡流区,温度最高达 10 000K,电子密度也很高。它发射很强的连续光谱,光谱分析应避开这个区域。试样气溶胶在此区域被预热、蒸发,又称预热区。内焰区在感应线圈上 10～20mm,可观察到淡蓝色半透明的炬焰,温度为 6000～8000K。试样在此原子化、激发,然后发射很强的原子线和离子线。这是光谱分析所利用的区域,称为观测区。观测时在感应线圈上的高度称为观测高度。尾焰区在内焰区上方,无色透明,温度低于 6000K,只能发射激发电位较低的谱线。

高频电流具有"趋肤效应",ICP 中高频感应电流绝大部分流经导体外围,越接近导体表面,电流密度越大。涡流主要集中在等离子体的表面层内,形成环状结构,造成一个环形加热区。环形的中心是一个进样的中心通道,气溶胶能顺利地进入到等离子体内,使得等离子体焰炬有很高的稳定性。试样气溶胶在高温焰心区经历较长时间加热,在观测区平均停留时间长,可达毫秒级,比其他光源停留时间(1×10^{-2}～1×10^{-3}ms)长得多,高温与较长的平均停留时间使样品充分原子化,并有效地消除了化学干扰。周围是加热区,用热传导与辐射方式间接加热,使组分的改变对 ICP 影响较小,加之溶液进样量又少,因此基体效应小,试样不会扩散到 ICP 焰炬周围而形成自吸的冷蒸气层。

通常 ICP 炬管光源都采用垂直安装方式(radial plasma),焰炬向上,径向观测等离子体,适用于各类样品分析,动态线性工作范围宽,但存在一些光谱干扰等因素,某些元素的痕量分析受到限制。目前也有水平安置炬管方式(axial plasma),焰炬水平,轴向观测等离子体的技术,进一步改善了痕量元素的检出灵敏度。水平安置炬管,采用压缩空气切去等离子体尾焰,以减少分子光谱干扰和保护外光路元件。这种端视式等离子体能获得比侧视式好 5～10 倍的最小检测量,特别适合于检测更低含量的痕量元素,尤其适合于高纯金属、高纯材料、化工、水质、环保等领域的样品分析。

2. 分光系统

分光系统的作用是将光源中待测样品发射的原子谱线按波长顺序分开并排列在检测器上或分离出待测元素的特征谱线。分光系统采用的分光元件有两种类型:一是以棱镜作为色散元件的分光系统;二是以光栅作为色散元件的分光系统。

1) 棱镜分光系统

棱镜可用来色散紫外、可见和红外辐射。用来制造棱镜的材料则随波长区域而不同。如果希望在紫外光范围内工作,一般采用石英作为棱镜材料。在原子发射光谱仪器中,使用棱镜分光系统记录原子发射谱线的仪器称为棱镜摄谱仪,其作用是把来自光源的复合光分解为不同波长彼此分离的光谱,并用感光板记录或光电管转换成供进一步处理的电流或电压信号。

棱镜摄谱仪由照明系统、准光系统、色散系统和投影系统(暗箱)四部分组成。图 7.4 是 Q-24 型摄谱仪的光路图。

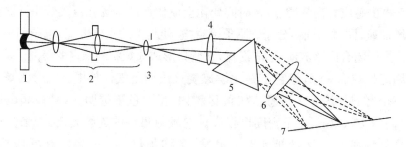

图 7.4　Q-24 型摄谱仪的光路图

1. 光源;2. 三透镜照明系统;3. 狭缝;4. 准光镜;5. 棱镜;6. 物镜;7. 感光板

由光源来的光经三透镜照明系统聚焦在入射狭缝上。狭缝的宽度可以调节。经狭缝入射的光由准光镜变成平行光束,然后投射到棱镜上。由于棱镜对不同波长的光折射率不同,波长短的光折射率大,波长长的光折射率小,因此,平行光经过棱镜色散之后,就按波长顺序被分解为不同波长的光,不同波长的光由物镜分别聚焦在焦面(感光板)上的不同部位,于是便得到按波长展开的光谱。在感光板上得到的每一条光谱线,都是狭缝的像。

棱镜摄谱仪的光学特性,可用色散率、分辨能力和集光本领三个指标来表征。色散率有角色散率和线色散率。角色散率是指两条波长相差 $d\lambda$ 的光线被分开的角度 $d\theta$,用 $d\theta/d\lambda$ 表示。线色散率是指在焦面上波长相差 $d\lambda$ 的两条光线被分开的距离 dl,以 $dl/d\lambda$ 表示。使用上常采用倒数线色散率($d\lambda/dl$,单位为 nm/mm),其意义是焦面上单位长度(mm)中包括的波长数。棱镜的色散率与制作棱镜的材料有关,玻璃棱镜有较大的色散率,石英棱镜对紫外光有较大的色散率。棱镜的线色散率随波长增加而减小,也与棱镜的顶角大小和暗箱物镜焦距有关。顶角越大,线色散率越大,通常棱镜顶角为 60°。暗箱物镜焦距越长,线色散率越大。

分辨率(R)是指能分辨出相邻两条谱线的能力。通常用相邻两条谱线的波长平均值与它们的波长差的比值来表示,即

$$R = \frac{\bar{\lambda}}{\Delta\lambda} \tag{7.4}$$

集光本领是指摄谱仪的光学系统传递辐射的能力,摄谱仪的集光本领强,灵敏度高。

2) 光栅分光系统

单色器中用的光栅,一般多为平面反射式光栅,它是在玻璃上镀铝或者直接在铝、铜等坯体上,刻出许多等宽度、等间距的平行线槽,这些刻线槽截面呈三角槽状(图 7.5),每个线槽中都有相同的反射面并与整块光栅的平面成一定角度 θ。由于光具有波动性,因此当一束复合光投射到光栅表面时,起狭缝作用的三角形槽,使入射光经线槽中各小反射面的反射后产生衍

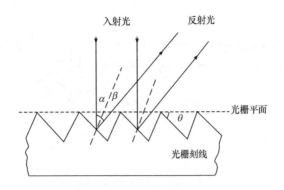

图 7.5 平面闪耀光栅剖面图

射作用,这样每个小反射面成了一个小光源,在反射时相同波长的光波相互作用产生加强干涉,即当波峰与波峰相遇或波谷与波谷相遇时得到加强而出现亮纹。不同波长的光会出现波峰与波谷相遇,相互抵消而出现暗纹。这样产生明暗相间的条纹,这些亮纹(为各级光谱)中的光波,由于波长相差整倍数的光波衍射方向相同,则会形成部分加强干涉,产生亮度较低的条纹,形成光谱级的重叠。其规律是波长为 λ 的第一级衍射光谱与 $\frac{1}{2}\lambda$ 的第二级衍射光谱或 $\frac{1}{3}\lambda$ 的第三级衍射光谱衍射方向相同,如 600nm 的第一级光谱与 300nm 第二级光谱和 200nm 的第三级光谱相互重叠,出现在焦面的相同部位。为了消除高级别光谱的影响,依据重叠光谱间波长相差很大的特征,使用普通滤光片即可消除。

经过光栅衍射,光波在传播时,波长较长的光波偏折角度(衍射角)大,而波长较短的光波偏折角度小,形成按一定波长顺序排列(在可见光区为从紫到红)的连续光谱。

反射式光栅表面刻有与光栅平面成一定角度的各个三角形槽面,其反射作用能使照射到光栅上的光强集中到某一角度的范围内,从而在某一角度可以观察到从光栅上射出的光特别明亮耀眼,因此反射式光栅也称闪耀光栅。

光栅平面与刻槽面的角度 θ 称为闪耀角,它决定了平面反射式光栅的闪耀方向和闪耀角相应的波长,即光栅中辐射能最强的波长,称为闪耀波长。

光栅刻线间的距离称为光栅常数。通常以单位长度内的刻线数表示。光栅常数越小,即单位长度的刻线数越多,线色散率就越高。但光栅常数不能比所要色散光线的波长小,否则光栅将起镜子作用(镜面反射)而不能使复合光产生色散。所以在不同光区需采用不同光栅常数的光栅。在可见光区采用光栅常数为每毫米 600 或 1200 条的光栅。

图 7.6 是光栅摄谱仪的光路示意图。光栅的线色散率和分辨率都比棱镜高得多,并且在同一级光谱中,不同波长光的线色散率几乎是相等的,因此光栅光谱是匀排光谱。光栅和棱镜的分光特征参见图 7.7。

3. 检测器

在原子发射光谱仪器中使用的检测器目前主要通过光电转换元件作为检测器,直接对原子发射光谱的波长和亮度进行检测。光电转换元件有多种,其中包括光电池、光电管、二极管阵列、光电倍增管检测器(PMT)、电荷耦合式检测器(CCD)、电荷注入式检测器(CID)、接触式感光器件(CIS)、分段式电荷耦合检测器(subsection charge-coupled detector,SCD)

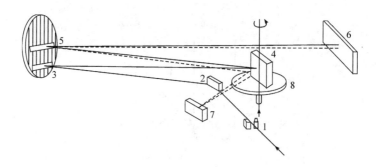

图 7.6　光栅摄谱仪的光路示意图

1. 狭缝；2. 平面反射镜；3. 准直镜；4. 光栅；5. 成像物镜；

6. 感光板；7. 二次衍射反射镜；8. 光栅转台

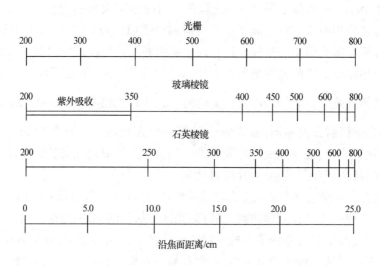

图 7.7　光栅和棱镜的分光特征

等。下面对 PMT 和 CCD 进行简略介绍。

1) 光电倍增管

光电倍增管实际上是一种电子管,感光材料主要是金属铯的氧化物及其他一些活性金属(主要是镧系金属)氧化物的混合物,用这种材料制成的光电阴极,在光线的照射下能够发射电子,经栅极加速放大后冲击阳极,形成电流。在各种感光器件中,光电倍增管是性能最好的一种,无论是灵敏度、噪声系数还是动态范围都遥遥领先于其他感光器件,更难能可贵的是它的输出信号在相当大范围上保持着高度的线性输出,使输出信号几乎不用做任何修正就可以获得准确的色彩还原。同时,光电倍增管的温度系数极低,可以忽略不计,因此它几乎不受周围环境温度的影响。不过光电倍增管在各种感光器件中是生产成本最高的,而且由于一个光电倍增管一次只能接受一个选定波长测定,因此要进行多元素快速测定,必须在分光系统的焦面上选择性设置多个狭缝和多个光电倍增管。这样就形成了单道和多道发射光谱分析仪,配合计算机处理从而实现光电直读。但是由于某单色器的出光狭缝通常是固定的,一台直读光谱仪只能测若干种(目前已多达四五十种)固定元素。

光电倍增管的结构包括光窗、光电阴极、电子光学系统、倍增系统和阳极等部分所组成:光窗分侧窗式和端窗式两种,它是入射光的通道。一般常用的光窗材料有钠钙玻璃、硼硅玻璃、紫外玻璃、熔凝石英和氟镁玻璃等。由于光窗对光的吸收与波长有关,波长越短吸收越多,所以倍增管光谱特性的短波阈值决定于光窗材料。光电阴极多是由半导体材料制作,它接收入射光,向外发射光电子。所以倍增管光谱特性的长波阈值决定于光电阴极材料,同时对整管灵敏度也起着决定性作用。电子光学系统是适当设计的电极结构,使前一级发射出来的电子尽可能没有散失地落到下一个倍增极上,也就是使下一级的收集率接近于1,并使前一级各部分发射出来的电子,落到后一级上所经历的时间尽可能相同,即渡越时间最小。倍增管各电极要求直流供电,从阴极开始至各级的电压要依次升高,多采用电阻链分压办法来供电。一般情况下,各级电压均相等,为80~100V,总电压为1000~1300V;倍增系统是由许多倍增极组成的综合体,每个倍增极都是由二次电子倍增材料构成,具有使一次电子倍增的能力。因此倍增系统是决定整管灵敏度最关键的部分;阳极是采用金属网做的栅网状结构,把它置于靠近最末一级倍增极附近,用来收集最末一级倍增极发射出来的电子。

图7.8(a)和图7.8(b)是此种器件的结构示意图和工作原理示意图。光电倍增管是结构特殊的光电管,阴极表面组成与光电管类似。对于低辐射功率的测量,光电倍增管要比普通的光电管好。其工作原理是:当有辐射照射在阴极上时,即有电子发射出来。该管子中还有一些称为倍增极(或打拿极)的附加电极(图7.8中有9个)。倍增极1的电位保持在比阴极正90V,因此电子都被加速朝它移动。打到倍增极上后,每个光电子又会引起几个附加电子的发射;这些电子又顺次被加速朝倍增极2飞去,倍增极2比倍增极1又要更正90V。当打到表面上时,每个电子又会再使另外几个电子发射出来。当这一过程经过九次之后,每个光子已可形成$1 \times 10^6 \sim 1 \times 10^7$个电子;这些最后都被阳极收集,产生的电流随后用电子学方法加以放大和测量。

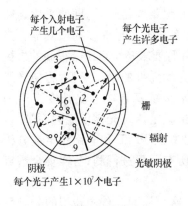

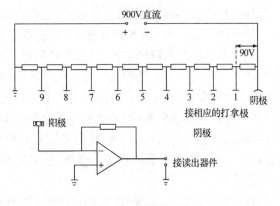

（a）光电倍增管结构　　　　　　　　　　（b）光电倍增管电路

图7.8　光电倍增管示意图

2) 电荷耦合器

CCD是20世纪70年代发展起来的新型半导体器件。CCD与我们日常使用的半导体集成电路相似,它在一片硅单晶上集成了几千到几万个光电三极管CCD。一个完整的CCD器件由光敏单元、转移栅、移位寄存器及一些辅助输入、输出电路组成。CCD工作时,在设定的积分时间内由光敏单元对光信号进行取样,将光的强弱转换为各光敏单元的电荷多少。取样结束后各光敏元件电荷由转移栅转移到移位寄存器的相应单元中。移位寄存器在驱动时钟的作用下,将信号电荷顺次转移到输出端。如果将输出信号接到存储、处理设备中,就可对信号再现或进行存储处理。由于CCD光敏元可做得很小(约$10 \mu m$),所以它的图像分辨率很高。

CCD具有集成度高、功耗小、结构简单、寿命长、性能稳定等优点,作为图像传感器能实现信息的获取、转换和视觉功能的扩展,能给出直观、真实、多层次的内容丰富的可视图像信息,被广泛应用于军事、天文、医疗、广播、电视、传真通信以及工业检测和自动控制系统。在原子发射光谱仪中,使用具有足够表面积和分辨率的CCD,放置在焦面上可以同时接受不同波长的原子发射线,配合计算机处理,可以实现全谱直读。

4. 数据处理

数据处理方法与使用的检测方式有关。现代原子发射光谱仪普遍使用光电检测系统,把光能转变为电能。既直观又可即时显示出来。尤其是计算机技术的应用,实现仪器的自动控制及信息处理是一个越来越突出的发展方向。分析仪器上使用的数字显示和数字计算,并将微处理与分析仪器合二为一,做成一个整体,利用计算机强大的数据处理优势,使分析仪器的功能发生了质的飞跃,大大强化了实验的手段,这对分析仪器的在线式实时数据采集、实时控制和数据处理,实验的速度和精度及实验的自动化程度都是一个极大地提高。现在大部分进口分析仪器都带有微机系统或专用工作站,能实行半自动或全自动化操作控制。

第二节　原子发射光谱仪

一、全谱直读等离子体发射光谱仪

传统的发射光谱直读仪器是采用衍射光栅,将不同波长的光色散并成像在焦平面上各个出射狭缝上,光电倍增管(PMT)则安装于出射狭缝后面。为了使光谱仪能装上尽可能多的检测器,仪器的分光系统必须将谱线尽量分开,也就是说单色器的焦距要足够长,即使采用高密度刻线光栅,也需$0.5\sim1.0m$长的焦距,才能获得满意的分辨率并装上足够多的检测器。当然所有这些光学器件均需精确定位,误差不得超过几个微米,并且要求整个系统有很高的机械稳定性和热稳定性。由于振动和温湿度变化等环境因素导致光学元件的微小形变,将使光路偏离定位,造成测量结果波动。为减少这类影响,通常将光学系统安置在一块长度至少为$0.5m$以上的刚性合金基座上,整个单色系统必须恒温恒湿。这就是传统光谱仪庞大而笨重,使用条件要求高的原因,而且由于传统的光谱仪是使用多个独立的PMT和电路测定被分析元素,分析一个元素至少要预先设置一个通道,要想对样品中所有元素进行测定,实现全谱直读是十分困难的。

随着科技进步,新型分光系统和固体检测器的出现改变了这一局面。首先新型的分光系统将中阶梯光栅与棱镜组合起来产生二维光谱,即棱镜产生的一维线状光谱又被中阶梯光栅分光一次,在焦平面上形成二维的点状光谱。

20世纪70年代后陆续推出的CID、SCD、CCD等固体检测器为实现二维光谱测定提供了条件,如CCD二维检测器,每个CCD检测器包含数以千计的像素。如果将多个CCD检测器环形排列于罗兰圆上(Rowland发现在曲率半径为R的凹面反射光栅上存在一个直径为R的圆,光栅G的中心点与圆相切,入射狭缝S在圆上,则不同波长的光都成像在这个圆上,即光谱在这个圆上,这个圆称为罗兰圆。这样凹面光栅既起色散作用,又起聚焦作用,能将色散后的光聚焦),总像素可达上百万之巨,能同时分析波长范围为$120\sim800nm$的谱线。而且固体检测器,作为光电元件具有暗电流小、灵敏度高、信噪比较高的特点,具有很高的量子效率,接近理想器件的理论极限值。由于它们都是超小型的、大规模集成的元件,可以制成线阵式和面阵式的检测器,能同时记录成千上万条谱线,并大大缩短了分光系统的焦距,焦距可缩短到 0.4m 以下,使仪器体积大为缩小,正在逐步成为 PMT 器件的换代产品。

中阶梯光栅与棱镜组合的色散系统,加上采用 CCD、CID 等面阵式检测器,就组成了全谱(可以覆盖全波长范围)直读光谱仪,兼具光电法与摄谱法的优点,能更大限度地获取光谱信息,结合计算机技术,便于进行光谱干扰和谱线强度空间分布同时测量,有利于多谱图校正技术的采用,有效地消除光谱干扰,提高选择性和灵敏度。目前,以 ICP 作为光源的全谱直读光谱仪,已经成为现代原子发射光谱仪的主流。

1. 基本操作

全谱直读等离子体发射光谱仪除了仪器主机外,还必须配备气源、水源和计算机等辅助设备。气源用于光源等离子发射,一般采用液态或气态氩气,如瓦里安推荐使用液态氩气,因液态氩气纯度高,使用更为方便。为了冷却电感线圈、检测器等温度敏感器件,多采用循环冷却水系统作为水源。计算机则用于安装原子发射光谱数据处理工作站。仪器的一般操作步骤如下:

检查所有管路、炬管、雾化室和雾化器均已正确安装。启动系统前,关闭炬室门,确认锁紧杆完全到位。然后开计算机、显示器、循环水开关和氩气气源阀,再将仪器电源开关置于"开"位置,将仪器上射频电源开关打开。

将连接在样品蠕动泵管上的取样毛细管插入清洗液中,将废液管放入废液容器。点燃等离子体,此时蠕动泵将自动启动,等离子点火需要 10～30s,等离子体火焰稳定 30min 后即可进行分析。

分析完成后,要用高纯水对雾化室清洗数分钟。如果运行有机样品,有必要将雾化室拆卸下来清洗之,并使其晾干。然后关闭等离子体光源。

注意:气体控制单元连续不断地对检测器进行吹扫,以防止检测器表面产生潮气。建议除非长时间不用仪器,应始终将气源打开。为延长蠕动泵管的使用寿命,仪器关闭后应将泵管从蠕动泵上放松,并将蠕动泵压臂松开。最后关闭循环水、实验室排风系统及其他附件,退出数据处理软件,关闭计算机、打印机等。

2. 主要工作参数

在等离子体发射光谱仪中,对分析结果影响较大的仪器工作参数主要有:射频能量(RF功率)、炬管和进样系统。

1) 射频输出功率

在等离子炬中,增大射频功率,使等离子体温度增高,元素的发射强度增加,但同时等离子体中电子、离子密度增加,但是它们复合产生的连续背景会加深,如温度为 7000K、8000K、10 000K 时,背景强度为 1∶10∶1000,因此增大功率,会使背景信号增强,检测灵敏度下降。一般仪器射频功率输出最大可达 2.0kW。实际应用中,为了有效获取谱线信息,一般对于水溶液,仪器的推荐设置在 1.00～1.30kW,如果运行有机溶剂,建议设置在 1.20～1.50kW。高功率可能会导致炬管过热,因此加大功率运行,应相应增大等离子气体流量。在 1.5 kW 以上运行时,要经常观察炬管,防止将炬管熔化。

2）焰炬观测高度

等离子炬焰的温度沿高度方向不同,不同元素都有其合适的激发温度,尽管选取分析波长和谱线性质(原子线或离子线)与激发温度有关,但火焰的不同观测高度或位置信噪比差别较大。因此,无论仪器的 ICP 光源是轴向观测还是径向观测,都应当优化前置光路的水平和垂直位置,以便观察到等离子体最佳部分。有些较老型号仪器,调整焰炬高度要靠手工完成,焰炬的可调范围依仪器厂家和型号不同,如某径向观测仪器,允许范围是 0~40mm,推荐范围是 5~15mm。有的仪器可以通过软件进行设置,一般仪器操作手册会建议采用默认方法进行炬管准直扫描,仪器会自动寻找最佳位置。

3）等离子气流量

要想维持炬管中等离子体稳定,并可达到冷却保护炬管作用,要对等离子气(氩气)的流量进行适当控制,不同仪器对等离子流量的大小要求不同。通常点火时流量较大,如 15~22.5L/min,工作时气体流量可以小一点,如控制在 10~20 L/min,流量过高会造成不必要的浪费。

4）进样系统调节

全谱直读等离子发射光谱仪均采用液体进样系统,其作用是将样品与载气氩气混合形成雾状,经过雾状样品被导入预加热区,再向等离子体中均匀导入一定量的样品,使之被激发产生发射谱线。进样系统由蠕动泵、雾化器、雾化室、载气和雾化器气体控制等部分组成。

载气流量与等离子体温度及其稳定性有关,流量由小增大时,通过雾化器导入的样品气溶胶增多,发射强度也相应增加,但同时较大量的样品溶液导入又使等离子体温度下降,光谱强度减弱。此外载气流速还与暗电流对光学背景的比值有关,故分析时要控制其适宜的流量以获得较好效果,通常载气控制在 0.8~1.2 L/min。为了达到最佳检出限,还可以使用 Mn 标准溶液来测试、确定最佳载气流量。对短波长(低于 300nm),光学背景相对暗电流来说要低,在该条件下,可调节雾化器气体流量,使 Mn 257.610nm 的净强度信号最大,可得到最佳性能;对较长波长(大于 300nm),在该波长范围内,光学背景较高,要求雾化器气体流量相对高一些。

进入雾化器的液体流,由蠕动泵控制。泵的主要作用是为雾化器提供恒定样品流,并将雾化室中多余废液排出。雾化室的功能相当于一个样品过滤器,较小的细雾通过雾化室到达炬管,较大的样品滴被滤除流到废液容器中。

进样系统的常见问题是堵塞,或进样毛细管漏液,表现为进样量下降和灵敏度下降。此时要达到同样气体流量需要较高压力,即需较高雾化器气体压力来达到相同等离子体条件。为了防止堵塞,应在样品与样品测试之间用清洗剂冲洗雾化器可有效防止雾化器堵塞,如有必要,将溶液过滤后测定。样品入口漏液,可能意味着雾化器毛细管的堵塞。进样如不平稳或进样困难,还要考虑检查泵管的工作情况,可将入口端插入水中,再拿出来,再插入,反复数次,观察进样情况。防止泵管张力差,失去弹性对进样的影响。

3. 干扰

干扰是评价一种分析方法的重要指标之一。它决定了所选取分析方法的分析速度和分析质量。ICP 光源的干扰是比较少的,但仍存在一定干扰因素,如基体干扰和光谱干扰。

1）基体干扰

基体干扰是由于试样溶液的物理特性不同而引起的干扰,所以又称物性干扰。在 ICP 仪器中,主要用气动雾化器使试液雾化为气溶胶。气动雾化器的雾化率及气溶胶质点的大小与试液的物理性质,如试液黏度、表面张力及密度等直接相关。另外,样品与标准溶液基体组成的差异,如碱、酸种类和浓度,总离子含量的不同,同样会引起溶液吸进率及气溶胶输送量的变化,造成测量结果偏高或偏低。基体干扰程度取决于样品输送量所受影响的大小,为了消除这类干扰,仪器采用蠕动泵输送样品,对于维持稳定的样品输送量是行之有效的。同时还应采用基体匹配法,在配制溶液时保持标准样品及空白溶液的酸度一致,在标准与空白溶液中加入样品中含有的一些非测定成分,从而保证空白、标样和样品的总离子浓度及化学组成尽量保持一致。一般来说,将固体溶解物含量控制在 0.5% 以下时,基体干扰将大为减弱。

使标样、空白和样品的基体相匹配,对于得到好的分析结果是十分必要的。通常在样品中加入酸(典型地,对水溶液可用 1% HNO_3)可以保持其中的痕量元素的稳定。酸对于改善雾化室的性能方面也起到十分重要的作用。酸可使雾化室内表面得以充分润湿,从而能够均匀排液。在进行测试前,采用 0.1% 的 Triton-X 100(表面活性剂)溶液喷入雾化室使其充分润湿,对改善分析性能有很大帮助。

标准加入法是一种基体匹配技术,当怀疑样品存在严重基体干扰时,建议采用标准加入法。该技术需要在样品溶液中加入已知量的标准样品。根据对加标前后所测得强度值,绘出浓度与强度之间的关系曲线,该曲线向浓度坐标负方向延伸,所得浓度的截距,即为被分析样品的浓度值。

2)光谱干扰

在 ICP 光源中光谱干扰要严重一些,光谱干扰有:简单背景漂移,在分析线两侧背景强度一样;斜坡背景漂移,在分析线两侧背景强度不一致;直接谱线重叠干扰,分析线和一条或一条以上的干扰线重叠等几种类型。谱线重叠干扰在工作中经常会碰到,消除方式一般采用消除光谱背景,对试样进行化学分离及另选无干扰谱线。

现代仪器对消除光谱干扰有整套的软件方法。首先,在设置分析波长时,会提示可能存在的所有干扰谱线,同时还有建议使用的具体消除方法,如光谱校正模型技术,它是一种通过对被分析元素和干扰元素标准谱图的测试,来建立光谱校正模型的技术。使用该方法之前,首先要建立方法模型,其中包括建立一个空白模型(blank model)、一个基体模型(matrix model)、一个分析模型(analyte model)和干扰模型(interference model),建立的模型可以保存起来,使用时只要选择模型即可,光谱校正模型技术可以将被分析谱线从干扰谱线中分离出来。

当被分析谱线与其他元素存在谱线干扰时,比较常规的校正方法还是内标元素扣除法。现代仪器利用向导方式,帮助为被分析谱线建立干扰元素校正模型。举例来说,假设 As 是被分析谱线 Cd 228 的干扰物,为了获得 Cd 的真实强度,必须扣除 As 的发射强度。为了测出干扰物对被分析元素信号变化所做的贡献,先要建立以下干扰物校正因子方程

As 校正因子＝Cd 灵敏度 (228nm)×As 在 228 处的强度/As 浓度

具体操作步骤为,测量一个空白(blank)溶液、一个 Cd 228 (分析线)溶液和一个 As 188 (内参比谱线)溶液。仪器会自动确定并保存 As 在 228nm 处对 Cd 的干扰校正因子。显然,校正因子测的是干扰物对被分析元素信号变化所做的贡献,因此,用来测试校正因子的被测元素和干扰物浓度的高低并不重要,只要在线性动态范围之内。

在使用时,不需要向待测溶液中加入内标,此处为 As,只要选择使用其干扰校正因子。仪器即可自动扣除 As 的影响。

实际工作中,如果一种元素对另一种元素的干扰水平达 0.1% 时,就应当考虑采用内标元

素校正因子,因为样品中干扰元素的含量可能远远高于建立因子模型时所用干扰物的浓度,因而样品测量的结果可能会相差 100 倍以上。

4. 定量分析方法

发射光谱的定量分析方法是根据试样中被测元素发射的谱线强度与浓度之间函数关系,见式(7.5)。在现代全谱直读仪器中,由于采用了计算机技术,测定的所有数据信息均通过计算机进行采集、处理和保存。数据处理可采用内标法、外标法、最小二乘法等定量方法,计算结果按用户要求输出,十分方便。

二、ICP-MS 法

质谱法(MS)是一种在电场和磁场作用下对带电荷离子进行分离和分析的方法。带正电荷离子有分子离子和原子离子两种,用于有机质谱分析的质谱离子源是用电子束轰击等方式产生的,由于电子的轰击能量较低,只能把有限相对分子质量的有机分子打碎而形成用于分析的碎片离子。对无机物,由于其难于气化及电离能高等因素故不能用该方法进行分析。质谱法的优点是能记录少量物质的质谱信号,它可从 1×10^{-9} g 样品中得到有用的信息,因此人们不断地想把此方法应用于无机物的分析。ICP 光谱分析在无机物分析中虽然具有灵敏度高、线性范围宽、化学干扰和电离干扰少以及多元素同时测定等优点,但在分析超痕量物质方面,因其背景光谱增强,光谱干扰严重,使得 ICP 光谱法的分析灵敏度和准确度仍达不到要求。由于 ICP 光源,电离温度很高,可使被分析元素激发电离,离子线很多,利用这个丰富的离子线进行超痕量的无机元素质谱分析取得了很大进展。

Gray 自 20 世纪 70 年代中期首先报道了用等离子体做离子源的质谱分析法,最初是用直流等离子体(DCP)提供离子源,进样系统与 ICP-AES 类似,样品溶液通过雾化去溶后导入 DCP,形成的离子导入较简单的有机四极质谱仪进行分析检测。质谱仪所具有的优点使该法在无机元素分析中得到很高的灵敏度。此后,有关等离子体质谱分析方法的研究报道不断出现。进入 20 世纪 80 年代,Houk 和 Gray 分别独立报道了用电感耦合等离子体(ICP)做离子源的质谱分析法,由 ICP 可提供很好的无机物分析所需的离子源,在 ICP 与质谱仪相结合的接口问题解决之后,使 ICP-MS 法在无机元素超痕量分析上获得了巨大的成功,并且发展十分迅速。从 1983 年英国和加拿大两个公司同时推出商用 ICP 质谱仪起,目前,ICP 质谱仪已经遍布世界各地。ICP-MS 被公认为是最理想的元素分析方法。

1. ICP-MS 的基本装置

ICP-MS 基本装置示意图如图 7.9 所示,它是由等离子体、质谱仪及两者的接口三部分组成。工作过程是样品由蠕动泵送入雾室,气溶胶在常压和约 7000K 高温的 ICP 通道中被蒸发、原子化和电离,离子在加速电压作用下,经采样锥和分离锥,被加速、聚焦后进入质谱仪,不同质荷比离子选择性地通过四极质量分析器,用离子检测器检测。通常采用的是配置电子倍增管的脉冲计数检测器。

从等离子体中提取离子将其送入真空系统是 ICP-MS 的关键过程,其核心部件为等离子体与质谱相连接的接口。解决的办法是将一个采样孔径为 0.75~1mm,经冷却的采样锥靠近等离子炬管,它的锥间孔对准炬管的中心通道,锥顶与炬管口距离为 1cm 左右。在采样锥的后面有一分离锥,外形比采样锥小,锥体比采样锥大。分离锥与采样锥一样,在尖顶部有一小孔,两锥尖之

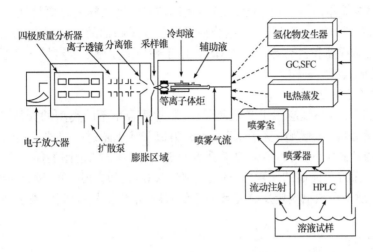

图 7.9　ICP-MS 基本装置示意图

虚线表示气体试样引入,实线表示液体试样引入

间的安装距离为6～7mm,并在同一轴心线上。由 ICP 产生的离子经采样孔进入真空系统,在这里形成超声速射流,其中心部分流入分离孔。由于被提取的含有离子的气体是以超声速进入真空室的,且到达分离锥的时间仅需几个微秒,所以样品离子的成分及特性基本没有变化。

常用的 ICP 质谱仪有两类:①四极质谱计,是 ICP 质谱仪中最先使用的;②双聚焦磁场高分辨率质谱仪,为 ICP 使用的新型质谱仪。四极质谱计是目前 ICP 质谱仪中用得最多的一种质谱计,其优点是结构简单、操作方便、价廉,缺点是分辨率较低,最大分辨率是 1000,对无机同质数离子及聚合离子不能很好地分离开。

2. ICP-MS 法的特点和应用

ICP-MS 的主要优点归纳为:①试样是在常压下引入,外部离子源,即离子并不处在真空中;②等离子体的温度很高(7000K),使试样完全蒸发和解离;③试样原子电离的百分比很高;④产生的主要是一价离子;⑤ 离子能量分散小;⑥ 离子源处于低电位,可配用简单的质量分析器。正因为 ICP-MS 有如此多的优点,使得 ICP-MS 具有优良的分析性能(表 7.1),成为元素分析中最重要的分析技术之一,称为当代分析技术最激动人心的发展。

表 7.1　无机分析技术性能比较

参数	GFAAS	ICP-AES	ICP-MS
检出限	ppt～ppb	ppb	ppq～ppt
线性动态范围(数量级)	2～3	4～6	8～9
干扰程度	中等	很多	最少
分析速度	很慢	快	最快
可测定的元素种类	少	60～70	几乎所有元素
多元素同时测定能力	无	有	有
需要样品量	μL	mL	μL 或 mL
仪器价格/万美元	5～10	10～15	15～30
运行费用	最少	较大	最大

注:ppb 为 10^{-9};ppt 为 10^{-12};ppq 为 10^{-15}。

ICP-MS 性能优异,尤其在测量极低浓度和同位素丰度的样品时更具优势,其应用领域很广,如半导体和陶瓷材料、环境样品、结合使用同位素示踪剂的生物材料、高纯试剂和金属、原子核材料、地质样品和食品等。ICP-MS 可用于物质的定性、半定量和定量分析以及同位素比测定,检测模式灵活多样。

1) 定性和半定量分析

ICP-MS 可以很容易地应用于多元素分析,非常适合于不同类型的天然和人造材料的快速鉴定和半定量分析,其检测限优于 ICP-AES,类似于甚至超过电热法 AAS。通过元素离子的质荷比进行指纹式定性分析,通常原子质谱的谱图比 AES 的谱图要简单和易于解释,对于分析一些含有复杂发射光谱的元素(如稀土元素、铁等)尤为方便。ICP-MS 半定量分析,可以在 2min 内通过质谱全扫描测定所有元素的近似浓度,不需要标准溶液,多数元素测定误差小于 20%。

2) 定量分析

ICP-MS 最常用的定量分析方法是用标准溶液做校正曲线进行定量分析。ICP-MS 在测定精密度、准确度、元素的数量和检出限、样品的允许分析量等方面都具有优势。但为了避免取样器的堵塞,一般把溶液盐的浓度限度在 0.1g/L。另外,为了克服仪器的漂移、不稳定性和基体效应,通常采用内标法,要求在试样中不存在内标元素且原子量和电离能与分析物相近,通常选用其质量在中间范围(115、113 和 103)并很少自然存在于试样中的铟与铑。

使用同位素稀释质谱法(IDMS)可使测定的精密度和准确度明显提高,它是将已知量的同位素示踪剂,通常是丰度较小的稳定同位素或长寿命的放射性同位素,加到样品中并充分混匀,然后测定最高丰度同位素对示踪同位素的比值。最关键问题是样品的制备。但是,IDMS 法的主要缺点是比较费时,且使用示踪同位素花费也比较高。

目前,一个新的发展趋势是将 ICP-MS 与各种分离方法结合起来,以提供有关元素化学形态的识别与定量方面的信息,尤其是对那些毒性由化学元素形态决定的元素,如 As、Se、Pb、Hg 等更是如此。

3) 同位素比测定

同位素比的测定在科学和医学领域极其重要,如用于地质年龄测定及同位素示踪等应用。以前,同位素比的测定都是采用热原子化和离子化,在一个或多个电热灯丝上将试样解离、原子化和离子化,生成的离子引入到双聚焦质谱仪,测定同位素比,相对标准偏差可达 0.01%,相当精确但非常费时。目前采用 ICP-MS 法,分析一个试样只需几分钟,相对标准偏差达到 0.1%~1%,满足多数分析要求,同时还可以进行多元素测定,大大扩展了同位素比测量的应用。

第三节　光谱定性与定量分析

一、发射光谱定性分析

1. 定性依据

原子内能是量子化的,具有相应的原子能级。当原子核外层电子在不同能级之间跃迁时就会吸收或释放出一定的能量,产生原子光谱。当元素的原子受到外界能源(热、电)激发时,会跃迁到高能级状态,处于激发态状态的原子极不稳定,在 $10^{-10} \sim 10^{-8}$ s 的时间就会跃迁到低能级状态,迅速释放出所吸收与元素的原子能级差相对应的能量。如果以光的形式释放时,则发出特定的按一定规则排列的光谱线组,即为该元素的特征谱线。如果样品的光谱图中有待测元素的多条特征谱线同时出现,就可确定该元素的存在,达到光谱定性分析的目的。

不同元素光谱图的复杂程度不同。当原子的核外电子以高能级激发态向基态跃迁时,其跃迁称为共振跃迁,所发射的谱线称为共振线。从最低激发态跃迁到基态所发射出的谱线称为第一共振线或主共振线。从仅高于最低激发态的第二激发态向基态跃迁产生的谱线称为第二共振线,依次类推产生第三、第四、……共振线。元素发射谱线信号强度高的几条谱线称为灵敏线。例如,Mg 285.21nm,就是第一共振线,也是灵敏线。一般而言,元素的灵敏线主要指的是第一共振线,也就是主共振线。

原子发射光谱常利用元素的灵敏线或最后线进行定性分析。最后线是指当元素的浓度逐渐降低时,仪器能检测到的该元素的唯一谱线。最后线一般是元素的灵敏线,但在元素的含量较高,原子蒸气的分布范围大时,谱线的自吸收效应则会降低谱线的灵敏度。

自吸收效应是光源中心的发光原子发射的辐射,在到达检测器之前,经过原子蒸气外层的温度低的区域时,会被一些处于较低能级的原子吸收,从而使光源发出的辐射到达检测器的强度降低。自吸收的程度受到元素性质、原子蒸气的状态和元素含量的影响。元素的含量越高,原子蒸气分布的空间越大,则自吸收现象越严重,谱线的中央强度就会下降,程度严重时会使谱线完全消失。元素自吸收最强的谱线称为自蚀线。

原子发射光谱定性分析的基本要求是要在试样的光谱中找到某元素的特征谱线。只要能确定到元素的几条特征谱线,就可以确定该元素是否存在。分析的灵敏度除了与元素的性质有关外,还和测量时所用仪器的结构、检测器和激发光源的特性有关。

原子发射光谱大约可以对 70 多种元素进行定性分析,分析过程快速、准确、可靠性高,可以同时分析多种元素。大多数情况下不需对样品的状态有特殊要求,对大多数元素有较高的灵敏度。缺点是,发射光谱分析主要针对金属元素,且只能确定元素的存在,而不能确定元素存在的状态,如氧化态等。

2. 定性方法

对于成分相对较少的样品,定性过程采用比较方式进行。即将试样的光谱与待测元素标准样品的光谱进行对比,根据指定元素的特征光谱(线)在样品光谱中是否呈现来确定该元素的存在与否。此方法操作简单,目标性强,称为标准比较法。

铁谱法是一种快速确定复杂组分样品中多种元素是否存在的常用定性方法。铁光谱在 210～660nm 波长范围大约有 4600 条谱线,这些谱线已经被精确地测定。因此,常用铁光谱作为波长的相对标尺,测定摄谱得到的样品光谱线,以定性多种元素的存在,此方法称为"铁谱法"。

铁谱法分析包括三方面的内容:①光谱工作者以铁光谱作为标尺,同时将其他各种元素的一条或数条特征分析线的特征谱线,按照相对于铁光谱的波长的相对位置标记出来,制成元素标准光谱板(图 7.10);②用户在进行分析时,将纯铁加入试样中(或利用试样自身含有的铁元素),然后进行摄谱,得到样品光谱;③解析时,将样品光谱中的铁谱线在显示装置上与元素标准光谱板上的铁谱线对准重合,观察其他元素的标准光谱线的位置是否出现样品成分的谱线,从而确定样品中的待测元素是否存在,即样品谱线与标准光谱图中的某元素谱线重合时,表明试样中可能存在该元素。通常可在标准铁谱中选择待测元素的两至三条特征谱线同时进行比较,以确定元素的存在。铁谱法定性分析一般可通过试样处理、摄谱和谱图解析三个步骤完成。

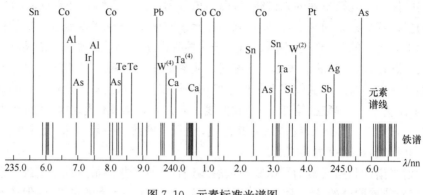

图 7.10　元素标准光谱图

二、发射光谱定量分析

1. 定量依据

原子发射光谱定量分析是依据试样中被测元素的浓度与谱线强度之间的关系来实现的。其函数关系可用 Schiebe-Lomakin 经验公式表示：

$$I = Ac^B \tag{7.5}$$

式中：I 为选定分析线的发射强度；c 为试样中被测元素的浓度（含量）；B 为自吸收系数；A 为发射系数。若对上式取对数变形，则有

$$\lg I = B\lg c + \lg A \tag{7.6}$$

在测量条件一定时，自吸收系数一定，当试样中元素的含量不高时，A 和 B 可以是常数，则 $\lg I$ 与 $\lg c$ 呈线性关系，可据此实现对元素含量的定量分析。当试样中待测元素浓度较高时，$\lg I$ 与 $\lg c$ 不呈线性关系，不适于定量分析。

2. 定量方法

1）标准曲线法

光谱定量分析中最基本和最常用的一种方法。依据关系式(7.6)，用已知准确浓度的待测元素的一系列标准溶液制作标准曲线。然后在相同条件下测定样品，通过该标准曲线得出分析结果。信号强度可由光电转换检测器直接给出，也可由摄谱仪感光胶板上目标谱线的黑度值转化而得。

2）标准加入法

当样品的基质组成复杂，不易配制与样品基质相同的标准样品，而且待测元素的浓度较低时，可采用标准加入法。标准加入法可有效避免标样与试样组成不一致造成的基质干扰，对小批量试样的痕量元素分析尤为适用。

在若干份样品溶液中加入不同的已知浓度的待测元素，然后在同一实验条件下测量分析线的强度。依据关系式(7.6)绘制标准曲线，利用外推法获得待测元素的含量（直线在浓度轴的截距）。使用标准加入法时，加入的含量应与待测元素的实际含量在同一数量级上。

3) 内标法

实验条件如样品基质、进样量、原子化温度、光源稳定性等诸多因素都会影响原子发射的信号强度和数据记录。为了提高定量分析的准确度,减小测量条件等因素产生的影响,常采用内标法进行发射光谱定量分析。

内标法是利用待测和内标两种元素的两条谱线的相对强度作为分析信号来进行定量的。即先选定待测元素的一条合适谱线为分析线,再选定基体元素或定量加入其他元素的一条谱线为内标线。两条谱线构成分析线对,以分析线和内标线的强度比(相对强度)的对数 $\lg \dfrac{I}{I_s}$ 为纵坐标,以待测元素浓度的对数为横坐标绘制标准曲线。再根据样品中两线强度比值的对数,从标准曲线中查得待测元素的含量。由于内标元素的含量是固定的,内标元素与待测元素在测试时受到相同实验条件变化的影响,其相对强度比值在同一试样中基本保持不变,在不同试样中只随待测元素含量变化而变化,从而消除了不稳定因素对测量的影响。

根据发射光谱定量关系(7.5),设内标元素的浓度为 c_s,内标线的强度为 I_s:

$$I_s = A_s c_s^{B_s} \tag{7.7}$$

内标元素可以是基体元素或定量加入的其他元素,其含量在标样和被测样品中是相同的。因此,内标元素相关的参数 I_s、A_s、c_s、B_s 都是常数。

这时,待测元素与内标元素的分析线对相对强度 R(先求比值,再取对数)可以表示为

$$\lg R = \lg \frac{I}{I_s} = B \lg c + \lg A' \tag{7.8}$$

在一定条件下,A' 是常数。

式(7.8)表明,可以 $\lg R$ 对 $\lg c$ 作图得到标准曲线,进行定量分析。

内标法可以消除标准样品与待测样品间由于实验条件变化引起的测量误差。所用内标元素及内标线应满足以下条件:

(1) 内标元素的内标线与待测元素的分析线的激发电位要相近。当原子的激发条件改变时,对内标元素的内标线和被测元素的分析线的影响相同,两谱线的相对强度保持不变。

(2) 内标元素在所有样品中的含量相同。

(3) 内标元素和待测元素的蒸发特性(原子化过程的特点)要相近。

(4) 内标线和分析线的波长要接近,强度要相近。

(5) 内标线和分析线的自吸收现象要很小或无自吸,而且不受其他元素的干扰。

在实际分析中常采用内标法和标准曲线法、标准加入法结合的方法进行定量分析。

第四节　原子发射光谱法的应用

原子发射光谱法应用广泛,如在农业方面的检测,不仅关系到农产品的产量,而且还关系到食品安全。为了开展这类研究工作,保证农作物生长和不断增产,首先需要对土壤、肥料、水和植物进行大量的多种元素的分析工作;至于食品安全则离不开与环境污染、农业生态相关的各项检测。在这类分析工作中,需要不同的分析方法,其中首屈一指的方法正是发射光谱分析方法。这是由于发射光谱分析能测定 70 多种元素,而且一次可以同时分析几种乃至二三十种元素,从而能够给出最多的信息。

一、土壤分析

土壤既含有和岩石矿物成分类似的无机物,也含有具有生物活性的有机物。因此,应用发射光谱方法分析土壤的一般步骤是取样、风干、粉碎团块、排除异物(如树根、蚯蚓、其他有机体或残骸等)、过筛、灰化或消解成样品溶液后再进行发射光谱分析。

在仪器方面,采用中型摄谱仪就可以直接测定灰分中大多数重要的微量元素,其中包括从农业角度来说较重要的微量元素硼、锰、铜以及钡、钛、锆、锶、铬、钒、铷、镍、锂,但是不能测定植物的必要元素锌,也不能测定钴、铅、锡、钪等微量元素。不过若采取一些措施改善检测限,则仍可用中型仪器测定其中的一些元素。一般来说,普通的直接分析方法用中型摄谱仪不能测定的微量元素,若用大型摄谱仪则都可以直接测定,这是由于用大型摄谱仪得到的光谱背景强度低,谱线重叠干扰少从而可以选用使用中型仪器时未能选用的更灵敏的分析线,所达到的检测限比中型摄谱仪改善了半个到一个数量级。普通的直接分析方法的主要缺点是土壤基体组成的波动常降低方法的精密度,以致不能达到土壤微量元素定量分析的要求。解决这种问题的方法常是向样品中加入缓冲剂,磨匀后再进行光谱分析,也可以通过对电极形状、进样方式、光源及其蒸发和激发条件、分析线对等的选择,来提高土壤的直接分析方法的精确度。

目前比较先进的方法是 ICP 发射光谱分析方法,用它可以同时分析土壤中的常量元素和微量元素。需要注意的是,必须选用适当的酸溶法或熔融法分解试样,以便制备成适于 ICP 光源分析的溶液。例如,用盐酸和氟氢酸分解土壤样品,两次蒸干后再用盐酸溶解,可以对土壤进行除硅以外的常量和微量的元素分析。如果只分析微量元素,也可用高氯酸-硝酸或王水等混酸浸煮土壤试样,然后定容并用 ICP 光源所附雾化器直接吸入上层清液进行分析。

为了进行植物营养的研究,还需要测定某些元素对植物有效的那一部分的含量。为此必须按照营养学的要求考虑所选择的浸提剂和植物的吸收是否有良好的相关性,选择适当的土壤浸提剂,常用的浸提剂有 0.1mol/L 和 1mol/L 盐酸或硝酸、有机酸稀溶液、铵盐稀溶液和胺羧络合剂稀溶液等,浸提后对浸提液进行光谱分析。若采用 ICP 光源,则常可对浸提液直接进行分析。为了控制基体干扰,标准溶液也要加入相应量的浸提剂,如用 1mol/L 乙酸铵溶液可以浸提土壤中的钙、镁、钾、钠、锰等很多元素的有效性部分,又如用沸水即可浸提有效性硼。

二、植物和食品分析

将根、茎、叶、果实等植物样品用适当方法清洗以后,风干或烘干,经过适当破碎,并用干法灰化或湿法消化的方法除去植物样品的有机物,即可进行发射光谱分析。此外,也可以将植物样品与少量无机盐和较大量碳粉混合磨匀,并用混匀的细粉末压制电极,然后用高压电火花光源直接进行分析。保证这种方法准确度的关键之一是适当解决标准系列的配制问题。

发射光谱分析是对食品中包括有害金属元素在内的各种金属元素及个别金属元素进行全面分析的最方便的方法。通过食品的中间品溶液的严格分析,可以了解各种材质的设备在一定的介质条件下,向食品中引入微量元素的情况,这不仅可以找到有害元素的一些来源,而且为设备材料的合理定型积累了第一手技术资料。由于多种植物和动物的各个部分都可能成为食品的组成部分,故食品的光谱分析的复杂性常表现在样品的预处理和消除系统误差等方面。

常用的预处理方法分为干法灰化和湿法消化两种方法。经过灰化或消化的处理以后,剩下完全是无机成分,再用发射光谱方法分析不仅没有什么有机物的干扰,而且微量金属元素实际上已经浓缩了很多倍。干法灰化就是将植物的根茎叶、动物的肉及脏腑和糕点面包等样品低温下烘干,然后于 $200\sim300\,^{\circ}\mathrm{C}$ 炭化,最后于 $450\sim500\,^{\circ}\mathrm{C}$ 进行灰化。湿法消化就是将这些样品用适当的混酸(如硝酸硫酸、硫酸和高氯酸、硝酸和高氯酸等)进行消煮,完全分解有机物,然后加热去除过量的酸。在用电弧光源进行光谱分析时,需要将干法灰化的灰分或湿法消化的干渣与缓冲剂混合研磨,然后放入电极孔中进行分析。加入缓冲剂是为尽可能降低由于灰分成分波动引起的误差,常用的缓冲剂有硫酸钾、碳粉、氧化铝等。在采用 ICP 光源时,对于酒类和各种饮料可以不用灰化或消化而直接进行分析。如果将某些食品配制成悬浮液体,例如将奶粉用乙酸和水调成乳化液体以后,可以用 ICP 光源进行直接分析。当然,在制定这些直接分析方法时,需要通过实验研究,也要适当解决标准溶液的配制问题,才能避免系统误差。

三、生态和环境保护分析

生态和环境保护中的研究对象主要是土壤、水、空气和动植物。其中水样加少量盐酸或硝酸以后即可用 ICP 光源进行直接分析。如果用电火花光源,则可在水样酸化并经亚沸蒸发浓缩以后,将转盘碳电极半浸于水样中直接进行分析。此外,也可用萃取、离子交换等方法分离富集痕量元素,然后进行光谱分析。又如,在地方病研究工作中,有时可以通过对发病地区和周围非发病地区的粮食、蔬菜、饮用水及土壤等进行系统的全面对比分析找到病因。在这类分析工作中,发射光谱方法常可以起到突出的普查作用。

四、同时测定主要成分和微量元素

通常的发射光谱分析方法不适于测定样品中含量高的元素;如果通过方法研究满足了准确测定高含量元素的要求,则常不能满足测定微量元素的需要。现在,采用电感耦合等离子体发射光谱分析方法成功地解决了这类问题。其分析步骤是首先选用适当的酸溶法或熔融分解试样,继而制备成适于用 ICP 方法分析的溶液,然后即可通过雾化器直接喷入等离子体进行分析,如采用 ICP 作为光源可以同时测定土壤或硅酸盐岩石中含量悬殊的 20 多个元素。使用偏硼酸锂或氢氧化钾(必要时加少量过氧化钠)熔融分解试样,冷后用硝酸处理,可以得到适于 ICP 分析的溶液。以适当元素作为内标,用化学试剂配制的、加有相当量溶剂的混合溶液作为标准溶液,SiO_2 的测量限可高达 80% 左右,并且测量范围在 $20\%\sim80\%$,相对标准偏差不超过 1.0%;同时测定的锶、铜、锌、钒、钇等十几个元素的检测限达到 $1\sim10\mathrm{mg/kg}$,定量分析下限是 $5\sim50\mathrm{mg/kg}$,相对标准偏差优于 10%;同时还可测定 CaO、MgO、Fe_2O_3、Al_2O_3、MnO、TiO_2 和 P_2O_5 的含量,它们的测量范围下限是 $0.005\%\sim1\%$,上限是 $1\%\sim30\%$,相对标准偏差优于 5%。这一应用对于农业样品测定具有重要价值。

 扫一扫　光谱分析的发现

思考题与习题

1. 原子发射光谱摄谱仪由哪几部分组成? 各部分的主要作用是什么?

2. 简述棱镜和光栅的分光原理,它们产生的光谱特性有何不同?

3. 简述 ICP 的形成原理及特点。

4. 光谱定量分析的依据是什么? 为什么要采用内标法? 简述内标法的原理。

5. 何谓分析线对? 选择内标元素及分析线对的基本条件是什么?

6. 某合金中 Pb 的光谱定量测定,以 Mg 作为内标,实验测得数据如下:

溶液编号	黑度计读数		Pb 的质量浓度/(mg/mL)
	Mg	Pb	
1	7.3	17.5	0.151
2	8.7	18.5	0.201
3	7.3	11.0	0.301
4	10.3	12.0	0.402
5	11.6	10.4	0.502
A	8.8	15.5	
B	9.2	12.5	
C	10.7	12.2	

根据上述数据(1)绘制 Pb 工作曲线;(2)求溶液 A、B、C 中 Pb 的质量浓度。

7. 查资料说明,ICP-MS 在生物医学与健康领域的典型应用实例。

第八章　核磁共振波谱分析

核磁共振(nuclear magnetic resonance,NMR)是指处于外磁场中的物质的原子核系统受到相应频率(兆赫数量级的射频)的电磁波作用时,在其磁能级之间发生的共振跃迁现象。检测电磁波吸收就可以得到核磁共振波谱。因此,就本质而言,核磁共振波谱与红外及紫外吸收光谱一样,是物质与电磁波相互作用而产生的,属吸收光谱(波谱)范畴。根据核磁共振波谱图上共振峰的位置、强度和精细结构可以研究分子结构。

核磁共振现象是 1946 年由美国斯坦福大学的 Bloch 等和哈佛大学的Purcell等各自独立发现的,Bloch 和 Purcell 因此获得了 1952 年诺贝尔物理学奖。60 多年来,核磁共振不仅成为一门有完整理论的新兴学科——核磁共振波谱学,而且,随着各种新的实验技术不断发展、仪器不断完善,NMR 在化学、生物学、医学、药物学等许多领域得到了广泛的应用。核磁共振波谱仪已成为研究分子结构和分子运动等不可缺少的工具。1991 年诺贝尔化学奖被授予瑞士苏黎世联邦理工学院的核磁共振专家 Ernst 教授,这不仅是对 Ernst 教授为核磁共振的发展所做出的杰出贡献的表彰,也是对核磁共振波谱学在化学领域所发挥重要作用的肯定。

发现核磁共振现象的实验设计是具有创造性的,但当时的实验装置比较简单,应用仅局限于物理学领域,主要用于测定原子核的磁矩等物理常数。1950 年前后,Proctor 等发现处在不同化学环境的同种原子核有不同的共振频率,即化学位移(chemical shift)。接着又发现因相邻自旋核而引起的多重谱线,即自旋-自旋耦合,这些发现开拓了 NMR 在化学领域中的应用和发展。1953 年第一台商品化连续波核磁共振波谱仪问世。20 世纪 60 年代末,由于快速傅里叶变换算法的出现及计算机的飞速发展,脉冲傅里叶变换核磁共振波谱仪应运而生。因其观测灵敏度高、测量速度快、功能多、操作方便,一跃成为 20 世纪 70 年代主要商品核磁共振波谱仪。此后,随着超导磁体的引入,计算机及电子技术的进一步发展,许多新技术的开发(如多维核磁共振、固体高分辨核磁共振、磁共振成像等),核磁共振波谱仪变得更完善、更多样化、也更复杂。与其他波谱分析方法(如质谱、红外光谱等)相比,核磁共振的灵敏度相对较低,但它所能提供的原子水平上的结构信息是其他方法所无法比拟的。

第一节　核磁共振波谱的基本原理

一、核磁共振现象的产生

1. 原子核的基本属性

1) 原子核的质量和所带电荷

原子核由质子和中子组成,质子带正电荷,中子不带电,因此原子核带正电荷,其电荷数等于质子数,与元素周期表中的原子序数相同。原子核的质量数为质子数与中子数之和。原子核的质量和所带电荷是原子核最基本的属性。通常将原子核表示为$^A X_Z$,其中,X 为元素的化学符号,A 是质量数,Z 是质子数(有时也标在元素符号左下角)。Z 相同,A 不同的核称为同位素,如$^1 H_1$,$^2 H_1$ 和 $^3 H_1$,$^{12} C_6$ 和 $^{13} C_6$ 等。原子核也可简化表示为$^A X$。

2）原子核的自旋和自旋角动量

实验表明,大多数原子核都在绕某轴做自旋运动,在量子力学中用自旋量子数 I 描述原子核的运动状态,而自旋量子数 I 的值又与核的质量数和所带电荷数有关,即与核中的质子数和中子数有关(表 8.1)。由表 8.1 中可以看出:

(1)自旋量子数 $I=0$ 的原子核,其原子核的中子数 N 和质子数 Z 均为偶数,故质量数 $A=N+Z=$ 偶数。这种核的自旋量子数为 0,即没有自旋现象,如 $^{12}C_6$、$^{16}O_8$、$^{32}S_{16}$ 等。凡是自旋量子数 $I=0$ 的核称为非磁性核,这种核不能用核磁共振法进行测定,$I\neq0$ 的核则称为磁性核。

(2)$I=$ 半整数(1/2、3/2、5/2、…)的原子核,核的中子数与质子数其一为偶数,另一为奇数,故 $A=N+Z=$ 奇数,如 $^{1}H_1$、$^{13}C_6$、$^{15}N_7$、$^{17}O_8$、$^{19}F_9$、$^{11}B_5$ 等核,自旋量子数不为 0,有核自旋现象。

(3)$I=$ 整数(1、2、3、…)的原子核,其核的中子数、质子数均为奇数,故 $A=N+Z=$ 偶数,如 $^{2}H_1$、$^{14}N_7$ 等核,自旋量子数不为 0,是磁性核。

表 8.1　各种核的自旋量子数

质量数	质子数	中子数	自旋量子数 I	典型核
偶数	偶数	偶数	0	$^{12}C_6$，$^{16}O_8$，$^{32}S_{16}$
偶数	奇数	奇数	$n/2(n=2,4,\cdots)$	$^{2}H_1$，$^{14}N_7$
	偶数	奇数		$^{13}C_6$，$^{17}O_8$
奇数			$n/2(n=1,3,5,\cdots)$	$^{1}H_1$，$^{19}F_9$，$^{31}P_{15}$，$^{15}N_7$，$^{11}B_5$
	奇数	偶数		$^{35}Cl_{17}$，$^{79}Br_{35}$，$^{81}Br_{35}$，$^{127}I_{53}$

(2)、(3)类原子核是核磁共振研究的对象。其中 $I=1/2$ 的原子核,核电荷呈球形均匀分布于核表面,其核磁共振的谱线窄,最宜于核磁共振检测。目前研究和应用最多的是 ^{1}H 和 ^{13}C 核磁共振谱。

与宏观物体旋转时产生角动量(或称为动力矩)一样,原子核在自旋时也产生角动量,角动量 $\boldsymbol{P}$ 的大小与自旋量子数 I 有以下关系:

$$\boldsymbol{P}=\frac{h}{2\pi}\sqrt{I(I+1)}=\hbar\sqrt{I(I+1)} \tag{8.1}$$

其中

$$\hbar=\frac{h}{2\pi}$$

式中:h 为普朗克常量,等于 6.624×10^{-34} J·s;I 为核的自旋量子数。

自旋角动量 $\boldsymbol{P}$ 是一个矢量,不仅有大小,而且有方向,它在直角坐标系 z 轴上的分量 P_z 由式(8.2)决定:

$$P_z=\frac{h}{2\pi}m=\hbar m \tag{8.2}$$

式中:m 为原子核的磁量子数。

磁量子数 m 的值取决于自旋量子数 I,可取 I、$I-1$、$I-2$、…、$-I$,共 $2I+1$ 个不连续的值。这说明 $\boldsymbol{P}$ 是空间方向量子化的。

3）原子核的磁性和磁矩

带正电荷的原子核做自旋运动,就好比是一个通电的线圈,可产生磁场,因此自旋核相当于一个小的磁体,其磁性可用核磁矩 μ 描述。μ 也是一个矢量,其方向与 $\boldsymbol{P}$ 的方向重合,大小由式(8.3)决定。

$$\mu = g_{\mathrm{N}} \frac{e\hbar}{2m_{\mathrm{p}}} \sqrt{I(I+1)} = g_{\mathrm{N}} \mu_{\mathrm{N}} \sqrt{I(I+1)} \tag{8.3}$$

式中:g_{N} 为 g 因子或朗德因子,是一个与核种类有关的因数,可由实验测得;e 为核所带的电荷数;m_{p} 为核的质量;μ_{N} 为核磁子,是一个物理常数,常作为核磁矩的单位,有

$$\mu_{\mathrm{N}} = e\hbar/2m_{\mathrm{p}}$$

和自旋角动量一样,核磁矩也是空间方向量子化的,它在 z 轴上的分量 μ_z 也只能取一些不连续的值:

$$\mu_z = g_{\mathrm{N}} \mu_{\mathrm{N}} m \tag{8.4}$$

从式(8.1)和式(8.3)可知自旋量子数 $I=0$ 的核,如 $^{12}\mathrm{C}$、$^{16}\mathrm{O}$、$^{32}\mathrm{S}$ 等,自旋角动量 $\boldsymbol{P}=0$,磁矩 $\mu=0$,是没有自旋也没有磁矩的核,它们不会产生核磁共振现象。$I \neq 0$ 的核,因为有自旋也有核磁矩,就能产生核磁共振信号。

4)原子核的磁旋比

根据式(8.1)和式(8.3),原子核磁矩 μ 和自旋角动量 $\boldsymbol{P}$ 之比为一常数,即

$$\gamma = \frac{\mu}{\boldsymbol{P}} = \frac{e g_{\mathrm{N}}}{2m_{\mathrm{p}}} = \frac{g_{\mathrm{N}} \mu_{\mathrm{N}}}{\hbar} \tag{8.5}$$

式中:γ 称为磁旋比,由式(8.5)可知 γ 与核的质量、所带电荷以及朗德因子有关。因此,γ 也是原子核的基本属性之一,它在核磁共振研究中特别有用。不同的原子核的 γ 值不同,如 $^{1}\mathrm{H}$ 的 $\gamma = 26.752 \times 10^7 /(\mathrm{T} \cdot \mathrm{s})$、$^{13}\mathrm{C}$ 的 $\gamma = 6.728 \times 10^7 /(\mathrm{T} \cdot \mathrm{s})$。表 8.2 列出了一些有机物中常见磁核的磁矩和磁旋比等性质。核的磁旋比 γ 越大,核的磁性越强,在核磁共振中越容易被检测。

表 8.2 有机物中常见磁核的性质

同位素	自旋量子数	天然丰度/%	磁矩核磁子	磁旋比/$(\mathrm{T} \cdot \mathrm{s})^{-1}$	绝对灵敏度	共振频率/MHz
$^{1}\mathrm{H}$	1/2	99.98	2.79	26.75×10^7	1.00	300
$^{2}\mathrm{H}$	1	1.5×10^{-2}	0.86		1.45×10^{-6}	46.05
$^{13}\mathrm{C}$	1/2	1.11	0.70	6.73×10^7	1.76×10^{-4}	75.43
$^{14}\mathrm{N}$	1	99.63	0.40		1.01×10^{-3}	21.67
$^{15}\mathrm{N}$	1/2	0.37	-0.28	-2.71×10^7	3.85×10^{-6}	30.40
$^{17}\mathrm{O}$	5/2	3.7×10^{-2}	-1.89		1.08×10^{-5}	40.67
$^{19}\mathrm{F}$	1/2	100	2.63	25.18×10^7	0.83	282.23
$^{31}\mathrm{P}$	1/2	100	1.13	10.84×10^7	6.63×10^{-2}	121.44

注:磁性强度为 7.0463T 时的共振频率。

2. 自旋核在外加磁场(B_0)作用下的行为

如果 $I \neq 0$ 的磁场核处于外磁场 B_0 中,B_0 作用于磁核将产生以下现象。

1)原子核的进动

原子核的进动是用经典力学方法对自旋核进行的形象描述。当磁核处于一个均匀的外磁

场 B_0 中,核因受到 B_0 产生的磁场力作用围绕着外磁场方向做旋转运动,同时仍然保持本身的自旋,这种运动方式称为进动或拉莫尔进动(Larmor process),它与陀螺在地球引力作用下的运动方式相似(图 8.1),原子核的进动频率由式(8.6)表示为

$$\omega = \gamma B_0 \tag{8.6}$$

式中:γ 为核的旋磁比;B_0 为外磁场强度;ω 为核进动的圆频率,有

$$\omega = 2\pi\nu$$

因此核进动频率也可表示为

$$\nu = \frac{r}{2\pi}B_0 \tag{8.7}$$

式中:ν 为线频。

对于指定核,磁旋比 γ 是固定值,其进动频率 ν 与外磁场强度 B_0 成正比;在同一外磁场下,不同核因 γ 值不同而有不同的进动频率(表 8.2)。

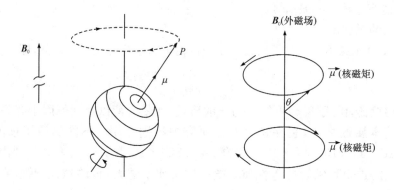

图 8.1　磁性核在外磁场中的进动

2) 原子核的取向和能级分裂

这是用量子力学方法对自旋核进行的严格描述。处于外磁场中的磁核具有一定的能量。设外磁场 $\boldsymbol{B}_0$ 的方向与 Z 轴重合,核磁矩 μ 与 $\boldsymbol{B}_0$ 间的夹角为 θ(图 8.1),则磁核的能量为

$$E = -\mu \cdot \boldsymbol{B}_0 = -\mu_z B_0\cos\theta = -\mu_z B_0 = -g_N\mu_N m B_0 \tag{8.8}$$

与小磁针在磁场中的定向排列类似,自旋核在外磁场中也会定向排列(取向)。只不过核的取向是空间方向量子化的,取决于磁量子数的取值。对于 ^{1}H、^{13}C 等 $I=1/2$ 的核,只有两种取向 $m=+1/2$ 和 $m=-1/2$;对于 $I=1$ 的核,有三种取向,即 m 等于 1、0、-1。现以 $I=1/2$ 的核为例说明。

取向为 $m=+1/2$ 的核,磁矩方向与 B_0 方向一致,根据式(8.8)和式(8.5),其能量为

$$E_{+1/2} = -\frac{1}{2}g_N\mu_N B_0 = -\frac{h}{4\pi}\gamma B_0$$

取向为 $m=-1/2$ 的核,磁矩方向与 B_0 相反,其能量为

$$E_{-1/2} = \frac{1}{2}g_N\mu_N B_0 = \frac{h}{4\pi}\gamma B_0$$

这就表明,磁核的两种不同取向代表了两个不同的能级,$m=+1/2$ 时,核处于低能级;$m=-1/2$ 时,核处于高能级。它们之间的能级差为

$$\Delta E = E_{-1/2} - E_{+1/2} = g_N\mu_N B_0 = \gamma\hbar B_0 \tag{8.9}$$

由式(8.8)和式(8.9)可知,E 和 ΔE 均与 B_0 的大小有关。图 8.2 是磁核能级与外磁场

B_0 的关系图。从图 8.2 中可以看到,当 $B_0=0$,即外磁场不存在时,能级是简并的,只有当磁核处于外磁场中,原来简并的能级才能分裂成 $(2I+1)$ 个不同能级,外磁场越大,不同能级间的间隔越大。

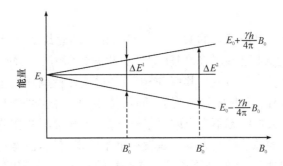

图 8.2 $I=1/2$ 磁核能级与外磁场 B_0 的关系图

不同取向的磁核,它们的进动方向相反,$m=+1/2$ 的核进动方向为逆时针,$m=-1/2$ 的核进动方向为顺时针(图 8.1)。

3. 核磁共振产生的条件

由上面的讨论得知,自旋量子数为 I 的磁核在外磁场外用下原来简并的能级分裂为 $(2I+1)$ 个能级,其能量大小可从式(8.8)得到。由于核磁能级跃迁的 $\Delta m=\pm 1$,所以相邻能级间的能量差为

$$\Delta E = g_N \mu_N B_0 = \gamma \hbar B_0 \tag{8.10}$$

当外界电磁波提供的能量正好等于相邻能级间的能量差时,即 $E_{外}=\Delta E$ 时,核就能吸收电磁波的能量从较低能级跃迁到较高能级,这种跃迁称为核磁共振,被吸收的电磁波频率为

$$h\nu = \Delta E = \gamma \hbar B_0$$
$$\nu = \frac{\Delta E}{h} = \frac{1}{2\pi}\gamma B_0 \tag{8.11}$$

利用式(8.11)可以计算出 $B_0=2.3500\text{T}$ 时,^1H 的吸收频率为

$$\nu = 26.753 \times 10^7/(\text{T}\cdot\text{s}) \times 2.35\text{T}/2\pi = 100\text{MHz}$$

^{13}C 的吸收频率为

$$\nu = 6.728 \times 10^7/(\text{T}\cdot\text{s}) \times 2.35\text{T}/2\pi = 25.2\text{MHz}$$

这个频率范围属于电磁波区域中的射频(无线电波)区。检测电磁波(射频)被吸收的情况就可得到核磁共振波(NMR)谱。最常用的核磁共振波谱是氢核磁共振(^1H NMR)谱和碳核磁共振(^{13}C NMR)谱,简称氢谱和碳谱。但必须记住,碳谱是 ^{13}C 核磁共振谱,因为 ^{12}C 的 $I=0$,是没有核磁共振现象的。

也可以用另一种方式来描述核磁共振产生的条件:磁核在外磁场中做拉莫尔进动,进动频率由式(8.7)所示,如果外界电磁波的频率正好等于核进动频率,那么核就能吸收这一频率电磁波的能量,产生核磁共振现象。

二、核磁共振谱线的特性

1. 化学位移

1) 化学位移的定义

由式(8.11)可知某一种原子核的共振频率只与该核的磁旋比 γ 及外磁场 B_0 有关,如当 $B_0 = 1.4092T$ 时,^1H 的共振频率为 60MHz,^{13}C 的共振频率为 15.1MHz。也就是说,在一定条件下,化合物中所有的 ^1H 同时发生共振,产生一条谱线,所有的 ^{13}C 也只产生一条谱线。可是,实践中发现同一种核由于处于分子中的不同部位,有不同的共振频率,谱图上可出现多个吸收峰,这种现象表明,共振频率不完全取决于核本身,还与被测核在分子中所处的化学环境有关。我们知道分子中的原子核其周围不是没有电子的裸露核,而是核外还有电子。在上一节讨论核磁共振基本原理时,我们把原子核当作孤立的粒子,即裸露的核,就是说没有考虑核外电子,没有考虑核在化合物分子中所处的具体环境等因素。当裸露核处于外磁场 B_0 中,它受到 B_0 所有的作用,而实际上,处在分子中的核并不是裸露的,核外有电子云存在。核外电子云受 B_0 的诱导产生一个方向与 B_0 相反,大小与 B_0 成正比的诱导磁场,它使原子核实际受

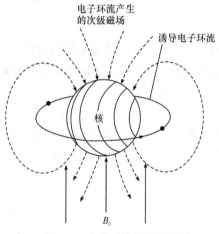

图 8.3 电子对核的屏蔽作用

到的外磁场强度减小。也就是说核外电子对原子核有屏蔽(shielding)作用(图 8.3)。如果用屏蔽常数 σ 表示屏蔽作用的大小,那么处于外磁场中的原子核受到的不再是外磁场 B_0 作用而是 $B_{0(1-\sigma)}$ 作用。所以,实际原子核在外磁场 B_0 中的共振频率不再由式(8.11)决定,而应该将其修正为如下形式:

$$\nu = \frac{1}{2\pi}\gamma B_0(1-\sigma) \tag{8.12}$$

同一种核由于处在分子中的部位不同,也就是化学环境不同,核外电子云密度有差异,则其核受到的屏蔽大小也就不同,由此引起共振频率有差异,在谱图上共振吸收峰出现的位置就不同。这种由于磁屏蔽作用引起吸收峰位置的变化称为化学位移(chemical shift)。根据这一点,可以把核磁共振谱与化学结构联系起来,如乙醇的质子核磁共振(^1H NMR)谱,见图 8.4。

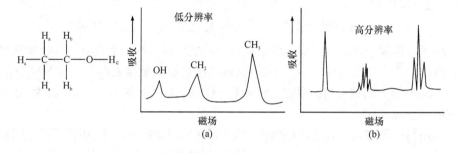

图 8.4 乙醇的结构与它的 ^1H NMR 谱

乙醇有 6 个质子,如果没有磁屏蔽作用,它应该只出现一个吸收峰,实际上谱图上出现三个吸收峰。如果把这三个吸收峰与乙醇分子结构中的—OH、—CH_2 和—CH_3 基团里的质子联系起来,就容易理解了。H_c 与电负性强的氧原子相连,由于氧原子吸电子强,使 H_c 的电子

云密度比 H_b、H_a 都小,其核受到的磁屏蔽作用也小,扫描时它首先在低场处出现共振吸收峰;C_b 由于离氧较近仍然受到电负性强的氧吸电子的影响,使 H_b 受到的磁屏蔽降低了些,使它的共振吸收峰出现在磁场稍强处。至于 H_a 远离氧原子,受到氧吸电子的影响最小,所以 H_a 的共振吸收峰出现在最高场。从低场到高场三个吸收峰的面积比或者强度比为 1∶2∶3,这与分子中—OH、—CH_2、—CH_3 三个基团中的质子数相应。由此可见,磁屏蔽效应能够反映出氢原子在分子中所处的部位,吸收峰的相对强度与对应的质子数成正比。显然,这些信息都能与分子的结构关联起来。

2) 化学位移的表示方法

处于不同化学环境的原子核,由于屏蔽作用不同而产生的共振条件差异很小,难以精确测定其绝对值。例如,在 100MHz 仪器(^{1}H 的共振频率为 100MHz)中,处于不同化学环境的 ^{1}H 因屏蔽作用引起的共振频率差别为 0~1500Hz,仅为其共振频率的百万分之十几,故实际操作时采用一标准物质作为基准,测定样品和标准物质的共振频率之差。另外,从式(8.12)共振方程式可以看出,共振频率与外磁场强度 B_0 成正比;磁场强度不同,同一种化学环境的核共振频率不同。若用磁场强度或频率表示化学位移,则使用不同型号(不同照射频率)的仪器所得的化学位移值不同,如 1,2,2-三氯丙烷($CH_3CCl_2CH_2Cl$)有两种化学环境不同的 ^{1}H,在氢谱中出现两个吸收峰。其中 CH_2 与电负性大的 Cl 原子直接相连,核外电子云密度较小,即受到的屏蔽作用较小,故 CH_2 吸收频率比 CH_3 大。在 60MHz 核磁共振仪上测得的谱图中 CH_2 与标准物质的吸收峰相距 134Hz,CH_2 与标准物质的吸收峰相距 240Hz,而在 100MHz 仪器测定其 NMR 谱图,对应的数据为 223Hz 和 400Hz(图 8.5)。

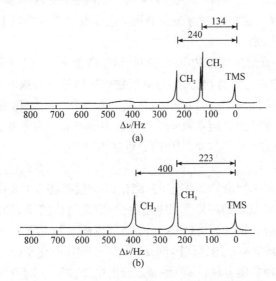

图 8.5　在(a)60MHz 和(b)100MHz 仪器测定的
1,2,2-三氯丙烷 ^{1}H NMR 谱

为了解决这个问题,采用位移常数 δ 表示化学位移,位移常数 δ 的定义如式(8.13)所示:

$$\delta = \frac{\nu_{样} - \nu_{标}}{\nu_{标}} \times 10^6 = \frac{\Delta\nu}{振荡器频率} \times 10^6 \qquad (8.13)$$

式中:$\nu_{样}$,$\nu_{标}$ 分别为样品中磁核与标准物中磁核的共振频率;$\Delta\nu$ 为样品分子中磁核与标准物中磁核的共振频率差,即样品峰与标准物峰之间的差值。

因为 $\Delta\nu$ 的数值相对于 $\nu_{标}$ 来说是很小的值,而 $\nu_{标}$ 与仪器的振荡器频率非常接近,故 $\nu_{标}$ 常可用振荡器频率代替。可以看出,位移常数 δ 是量纲为一的量。由于 $\nu_{样}$ 和 $\nu_{标}$ 的数值都很大(MHz 级),它们的差值却很小(通常不过几十至几千赫兹),因此位移常数 δ 的值非常小,一般在百万分之几的数量级,为了便于读、写,在式(8.13)中乘以 10^6。

式(8.13)的定义适合于固定磁场改变射频的扫频式仪器。对于固定射频频率改变外磁场强度的扫场式仪器,化学位移的定义为

$$\delta = \frac{B_{样} - B_{标}}{B_{标}} \times 10^6 \qquad (8.14)$$

式中:$B_{样}$ 和 $B_{标}$ 分别为样品中的磁核和标准物中的磁核产生共振吸收时的外磁场强度。1,2,2-三氯丙烷中 CH_3 的化学位移如用 δ 值表示,在 60MHz 和 100MHz 仪器上测定时分别为

60MHz 仪器 $\qquad\qquad \delta = \dfrac{134}{60 \times 10^6} \times 10^6 = 2.23$

100MHz 仪器 $\qquad\qquad \delta = \dfrac{223}{100 \times 10^6} \times 10^6 = 2.23$

同样可以计算出 CH_2 的化学位移值均为 4.00。由此可见,用 δ 值表示化学位移,同一个物质在不同规格型号的仪器上所测得的数值是相同的。

在化学位移测定时,常用的标准物是四甲基硅烷[tetramethylsilane,$(CH_3)_4Si$,TMS]。TMS 是一个对称结构,四个甲基有相同的化学环境,因此无论在氢谱还是在碳谱中都只有一个吸收峰,但 TMS 是非极性溶剂,不溶于水。对于那些强极性试样,必须用重水为溶剂测谱时要用其他标准物,如 2,2-二甲基-2-硅戊烷-5-磺酸钠[$(CH_3)_2SiCH_2CH_2CH_2SO_3Na$,又称 DSS]、叔丁醇、丙醇等。这些标准物在氢谱和碳谱中都出现一个以上的吸收峰,使用时应注意与试样的吸收峰加以区别。

在 ^1H 谱和 ^{13}C 谱中都规定标准物 TMS 的化学位移值 $\delta = 0$,位于图谱的右边。在它的左边 δ 为正值,在它的右边 δ 为负值,绝大部分有机物中的氢核或碳核的化学位移都是正值。当外磁场强度自左至右扫描逐渐增大时,δ 值却自左至右逐渐减小。凡是 δ 值较小的核,就说它处于高场。不同的同位素核因屏蔽常数 σ 变化幅度不等,δ 值变化的幅度也不同,如 ^1H 的 δ 值小于 20,^{13}C 的 δ 大部分在 0~250,而 ^{195}Pt 的 δ 可达 13 000。

3) 化学位移的测定

化学位移是相对于某一标准物而测定的,测定时一般都将 TMS 作为内标和样品一起溶解于合适的溶剂中。氢谱和碳谱测定所用的溶剂一般是氘代溶剂,即溶剂中的 ^1H 全部被 ^2D 所取代。常用的氘代溶剂有氘代氯仿($CDCl_3$)、氘代丙酮(CD_3COCD_3)、氘代甲醇(CD_3OD)、重水(D_2O)等。表 8.3 列出了常用氘代溶剂 ^1H 和 ^{13}C NMR 的化学位移值和峰形。

测定化学位移有两种实验方法:一种是固定照射电磁波频率,不断改变磁场强度 B_0,从低场(低磁场强度)向高场(高磁场强度)变化,当 B_0 正好与分子中某一种化学环境的核的共振频率 ν 满足式(8.12)的共振条件时,就产生吸收信号,在谱图上出现吸收峰,即扫场;另一种是采用固定磁场强度 B_0 而改变照射频率 ν 的方法,即扫频。这两种测定方法分别对应式(8.14)和式(8.13)化学位移的定义。一般仪器大多采用扫场的方法。

表 8.3　常用氘代溶剂核磁共振^{1}H 和^{13}C 信号

溶剂	分子式	^{1}H δ 值	峰的多重性	^{13}C δ 值	峰的多重性	备注
氘代丙酮	CD$_3$COCD$_3$	2.04	5	206 29.8	(13) 7	含微量水
氘代苯	C$_6$D$_6$	7.15	1(宽)	128.0	3	
氘代氯仿	CDCl$_3$	7.24	1	77.7	3	含微量水
重水	D$_2$O	4.60	1			
氘代二甲亚砜	CD$_3$SOCD$_3$	2.49	5	39.5	7	含微量水
氘代甲醇	CD$_3$OD	3.50 4.78	5 1	49.3	7	含微量水
氘代二氯甲烷	CD$_2$Cl$_2$	5.32	3	53.8	5	
氘代吡啶	C$_5$D$_5$N	8.71 7.55 7.19	1(宽) 1(宽) 1(宽)	149.9 135.5 123.3	3 3 3	

2. 弛豫过程

所有的吸收光谱(波谱)具有共性,即外界电磁波的能量 $h\nu$ 等于分子中某种能级的能量差 ΔE 时,分子吸收电磁波从较低能级跃迁到较高能级,相应频率的电磁波强度减弱。与此同时还存在另一个相反的过程,即在电磁波作用下,处于高能级的粒子回到低能级,发出频率为 ν 的电磁波,因此电磁波强度增强。如果高低能级上的粒子数相等,电磁波的吸收和发射正好相互抵消,观察不到净吸收信号。事实上玻尔兹曼分布表明,在平衡状态下,高低能级上的粒子数分布由式(8.15)决定

$$\frac{N_1}{N_h} = e^{\Delta E/kT} \tag{8.15}$$

式中:N_1,N_h 分别为处于低能级和高能级上的粒子数;ΔE 为高、低能级的能量差;T 为热力学温度;k 为常数,$k=1.380\,66\times10^{-23}$J/K。

为了持续接收到吸收信号,必须保持低能级上粒子数始终多于高能级。这在红外和紫外吸收光谱中并不成问题,因为其处于基态的原子或分子数目比处于激发态的数目大得多。但在核磁共振波谱中,低能态的核和高能态的核的数目之差仅为 1×10^{-7},且高、低能态跃迁的概率一致。因此,若要在一定的时间间隔内持续检测到核磁共振信号,必须有某种过程存在,它能使处于高能级的原子核回到低能级,以保持低能级上的粒子始终多于高能级。这种从激发状态回复到玻尔兹曼平衡的过程就是弛豫(relaxation)过程。

弛豫过程对于核磁共振信号的观察非常重要,因为根据玻尔兹曼分布,在核磁共振条件下,处于低能级的原子核数只占极微的优势。以 ^{1}H 核为例,将式(8.9)代入式(8.15),并设外磁场强度 B_0 为 1.4092T(相当于 60MHz 的核磁共振波谱仪),温度为 27℃(300K)时,两个能级上的氢核数目之比为

$$\frac{N_{+1/2}}{N_{-1/2}} = e^{\Delta E/kT} = e^{(\gamma\hbar B_0)/kT} = 1.000\,009\,9$$

上述结果说明,处于低能态的核仅比高能态的核多百万分之十左右。如果没有弛豫过程,在电磁波持续作用下,^{1}H 吸收能量不断由低能级跃迁到高能级,这个微弱的多数很快会消失,最后导致观察不到 NMR 信号,这种现象称为饱和。在核磁共振中若无有效的弛豫过程,

饱和现象是很容易发生的。

弛豫过程有两种。一种是自旋-晶格弛豫,也称为纵向弛豫,是自旋核与周围分子(固体的晶格,液体则是周围的同类分子或溶剂分子)交换能量的过程,即体系和环境的交换能量的过程。核周围的分子相当于许多小磁体,这些小磁体快速运动产生瞬息万变的小磁场——波动磁场。这是许多不同频率的交替磁场之和。若其中某个波动场的频率与核自旋产生的磁场的频率一致时,这个自旋核就会与波动场发生能量交换,把能量传给周围分子而跃迁到低能级。纵向弛豫的结果是高能级的核数目减少,就整个自旋体系来说,总能量下降。纵向弛豫过程所经历的时间越少、纵向弛豫过程的效率越高,越有利于核磁共振信号的测定。测定核磁共振波谱一般多采用液体试样。另一种是自旋-自旋弛豫,也称为横向弛豫,是核与核之间进行能量交换的过程。一个自旋核在外磁场作用下吸收能量从低能级跃迁到高能级,在一定距离内与另一个相邻的频率相同的核产生能量交换,高能级的核将能量交给另一个核后跃迁回到低能级,而接受能量的那个核被激发跃迁到高能级。交换能量后,两个核的取向交换,各能级的核数目不变,系统的总能量不变。自旋-自旋弛豫过程只是完成了同种磁核取向和进动方向的交换,对恢复玻尔兹曼平衡没有贡献。弛豫时间决定了核在高能级上的平均寿命,因而影响NMR谱线的宽度。常规的NMR测定,需将固体样品配制成溶液后进行。

3. 自旋耦合和自旋分裂

1) 自旋耦合和自旋分裂现象

在讨论化学位移时,考虑了磁核的电子环境,即核外电子云对核产生的屏蔽作用,但忽略了同一分子中磁核间的相互作用。这种磁核间的相互作用很小,对化学位移没有影响,而对谱峰的形状有着重要影响,如乙醇的^1H NMR,在较低分辨率时,只出现三个峰,分别代表—OH、—CH_2和—CH_3三种基团的^1H产生的吸收信号[图 8.4(a)];在高分辨率时,—CH_2和—CH_3的吸收峰分别分裂为四重峰和三重峰[图 8.4(b)]。这种峰的分裂是由于质子之间相互作用所引起的,这种作用称为自旋-自旋耦合(spin-spin coupling),简称自旋耦合。由自旋耦合产生的谱峰增多的现象称为自旋-自旋分裂,简称自旋分裂。耦合表示质子间的相互作用,是分裂的原因;分裂表示谱线增多的现象,是耦合的结果。

为什么会发生这种现象?以乙醇为例,若不考虑—OH的影响,乙醇分子中的质子可分为两组,即 H_a(结合在一个碳原子上,组成甲基)和 H_b(组合成亚甲基)。在进行核磁共振分析时,在甲基中的 H_a 除了受外界磁场的作用外,还受到相邻碳原子上 H_b 的影响。由于质子是在不断自旋的,自旋的质子产生一个小磁矩,对于 H_a 来说,在相邻碳原子上有两个 H_b,也就是在 H_a 的近旁存在着两个小磁铁,通过成键价电子的传递,就必然要对 H_a 产生影响,使 H_a 受到的磁场强度发生改变。由于质子的自旋有两种取向,两个 H_b 的自旋就可能有三种不同的组合,即① →→;② ←←;③ ←→, →←。假使①这种情况产生的磁矩与外界磁场方向一致,使 H_a 受到的磁场力增强,H_a 的共振信号将出现在比原来磁场稍低的地方;②与外磁场方向相反,使 H_a 受到的磁场力降低,使 H_a 的共振峰出现在比原来稍高的磁场强度处;③两种状态所产生的磁场恰好互相抵消,对于 H_a 的共振不产生影响,共振峰仍在原处出现。这样,亚甲基的两个氢所产生的三种不同的局部磁场,使邻近的甲基的共振峰一分为三,形成三重峰。又由于上述四种自旋组合的概率相等,因此③这种情况出现的概率 2 倍于①或②,于是中间的共振峰的强度也将 2 倍于①或②,如图 8.6 所示,其强度比为 1：2：1。

　　同理,H_a 也影响 H_b 的共振,三个 H_a 的自旋取向有八种,但这八种只有四种组合是有影响的,故三个 H_a 质子可产生四种不同的局部磁场,使 H_b 的共振峰分裂为四重峰,各峰的强度比为 $1:3:3:1$(图 8.6)。

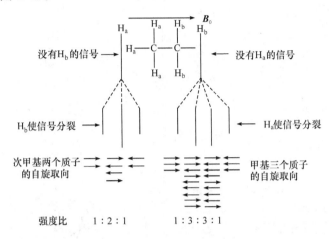

图 8.6　分裂示意图

　　一般说来,分裂峰数是由相邻碳原子上的氢原子数决定的,若相邻碳原子氢数为 n,则分裂峰数为 $n+1$,即二重峰表示相邻碳原子上有一个质子;三重峰表示有两个质子;四重峰表示有三个质子等。而分裂后各组多重峰的强度比为:二重峰 $1:1$;三重峰 $1:2:1$;四重峰 $1:3:3:1$ 等,即比例数为 $(a+b)^n$ 展开后各项的系数。

　　2) 耦合常数

　　自旋耦合产生峰的分裂后,两峰间的间距称为耦合常数,用 J 表示,单位为 Hz。J 值的大小表示耦合作用的强弱,它与化学位移不一样,J 不因外磁场的变化而改变。同时,它受外界条件如溶剂、温度变化等的影响较小,它是化合物结构的属性。

　　根据耦合常数的大小,可以判断相互耦合的氢核的键的连接关系,并可帮助推断化合物的结构和构象。目前已积累了大量的耦合常数与结构的关系的实验数据,供使用时查阅,表 8.4 列举了某些结构类型的耦合常数。

表 8.4　质子自旋-自旋耦合常数

类型	J_{ab}/Hz	类型	J_{ab}/Hz
（见图） H_a H_b	$10\sim15$	$\text{C}=\text{CH}_a-\text{CH}_a=\text{C}$	$9\sim12$
$H_a-C-C-H_b$	$6\sim8$	H_a H_b $\text{C}=\text{C}$	$6\sim12$
$H_a-C-C-C-CH_b$	0	H_aC CH_b $\text{C}=\text{C}$	$1\sim2$

续表

类型	J_{ab}/Hz	类型	J_{ab}/Hz
H_b-C-OH_b（无交换）	4～6	$C=C-CH_a$，H_b	4～10
$H_aC(=O)CH_b$	2～3	$C=C-CH_b$，H_a	0～2
$C=CH_a-CH_b(=O)$	5～7	H_b　H_b（苯环）	邻位 6～10 间位 1～3 对位 0～1
$C=C$，H_a/H_b（反式）	15～18	吡啶	$J_{2\sim3}$ 5～6 $J_{3\sim4}$ 7～9 $J_{2\sim4}$ 1～2 $J_{3\sim5}$ 1～2
$C=C$，H_a/H_b（顺式）	0～2		$J_{2\sim5}$ 0～1 $J_{2\sim5}$ 0～1

第二节　核磁共振波谱仪

核磁共振波谱仪是检测和记录核磁共振现象的仪器。用于有机物结构分析的波谱仪因为要检测不同化学环境磁核的化学位移以及磁核之间自旋耦合产生的精细结构,所以必须具有高的分辨率。高分辨核磁共振波谱仪的型号、种类很多,按产生磁场的来源不同,可分为永久磁体、电磁体和超导磁体三种;按外磁场强度不同而所需的照射频率不同可分为 60MHz、100MHz、200MHz、300MHz、500MHz 等型号。但最重要的一种分类是根据射频的照射方式不同,将仪器分为连续波核磁共振波谱仪(CW-NMR)和脉冲傅里叶变换核磁共振波谱仪(PFT-NMR)两大类。由于 NMR 实验技术以及电子技术、计算机技术和低温超导技术的发展,NMR 波谱仪日趋采用超导高磁场,且集多核、多功能于一体。

一、NMR 波谱仪的基本组成

按照核磁共振条件 $\omega=\gamma B_0$,用来检测样品 NMR 信号的波谱仪应包括以下最基本的部件。

(1) 一个用来产生静磁场 B_0 的磁体。

(2) 一个用于激发样品使之产生核磁共振的射频发射机,其频率 $\nu=\omega_0/2\pi=\gamma B_0/2\pi$。

(3) 一个用于接收和放大 NMR 信号的接收机。

(4) 一个既能将射频发射机的能量有效地施加于样品,又能有效地检测出样品所产生的微弱 NMR 信号的探头。

(5) 一套用以观察 NMR 信号的显示和记录系统。

图 8.7 给出了 NMR 波谱仪的原理示意图。

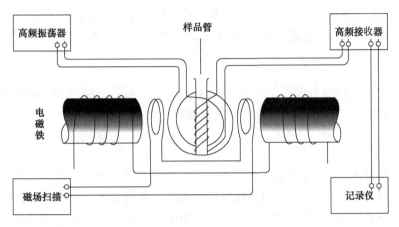

图 8.7　NMR 波谱仪的原理示意图

二、连续波核磁共振波谱仪

连续波核磁共振波谱仪兴盛于 20 世纪 60 年代,自从 PFT-NMR 波谱仪问世后,其重要性大大下降。但由于其结构简单(现在一般采用永久磁体),易于操作,价格低廉,仍不失为专用于丰核(^{1}H、^{19}F、^{31}P 等)NMR 谱测试的重要常规分析仪器。它主要由磁体、射频发生器、射频放大和接收器、探头、频率或磁场扫描单元以及信号放大和显示单元等部件组成。

1. 磁体

磁体是所有类型的核磁共振波谱仪都必须具备的最基本组成部分,其作用是提供一个强的稳定均匀的外磁场。永久磁体、电磁体和超导磁体都可以用做核磁共振波谱仪的磁体,但前两者所能达到的磁场强度有限,最多只能用于制作 100MHz 的波谱仪。超导磁体的最大优点是可达到很高的磁场强度,因此可以制作 200MHz 以上的高频波谱仪,目前世界上已经制成了高达 1000MHz 的核磁共振波谱仪。超导磁体是用铌-钛超导材料绕成螺旋管线圈,置于液氦杜瓦瓶中,然后在线圈上逐步加上电流(俗称升场),待达到要求后撤去电源。由于超导材料在液氦温度下电阻为零,电流始终保持原来的大小,形成稳定的永久磁场。为了减少液氦的蒸发,通常使用双层杜瓦瓶,在外层杜瓦瓶中装入液氮,以利于保持低温。由于运行过程中消耗液氦和液氮,超导磁体的维持费用较高。核磁共振波谱仪对磁场的稳定和均匀性要求非常高,因此除了磁铁之外还有许多辅助装置用于微调,消除因温度或电流(对于电磁铁)等变化所产生的对磁场强度的影响。

2. 射频发生器

射频发生器(也称射频振荡器)用于产生一个与外磁场强度相匹配的射频频率,它提供能量使磁核从低能级跃迁到高能级。因此,射频发生器的作用相当于红外或紫外光波谱仪中的光源,所不同的是,根据核磁共振的基本原理,即式(8.11),在相同的外磁场中,不同的核种因磁旋比不同而有不同的共振频率。所以,同一台仪器用于测定不同的核种需要有不同频率的射频发生器,如某仪器的超导磁体产生 7.0463T 的磁场强度,则测定 ^{1}H 谱所用的射频发生器应产生频率为 300MHz 的电磁波;测定 ^{13}C 谱所用的射频发生器则应产生 75.432MHz 的电磁波;如果还要测定其他磁核的共振信号,则应配备相应的射频发生器。核磁共振波谱仪的型号习惯上用^{1}H共振频率表示,而不是用磁场强度或其他核种的共振频率来表示,如300MHz的核磁共振波谱仪是指^{1}H共振频率为300MHz,即外磁场强度为7.0463T的仪器。

3. 射频接收器

射频接收器用于接收携带样品核磁共振信号的射频输出,并将接收到的射频信号传送到放大器放大。射频接收器相当于红外或紫外光谱仪中的检测器。

4. 探头

探头中有样品管座、发射线圈、接收线圈、预放大器和变温元件等。发射线圈和接收线圈相互垂直,并分别与射频发生器和射频接收器相连。样品管座处于线圈的中心,用于盛放样品管。样品管座还连接有压缩空气管,压缩空气驱动样品管快速旋转,使其中的样品分子感受到的磁场更为均匀。变温元件可用于控制探头温度,整个探头置于磁体的磁极之间。

5. 扫描单元

扫描单元是连续波核磁共振波谱仪特有的一个部件。扫描单元用于控制扫描速度、扫描范围等参数。

大部分商品仪器采用扫场的方式。以扫场仪器为例,简要描述连续波仪器的工作过程。因为样品中不同化学环境的磁核共振条件稍有差别,扫场线圈在磁体产生的外磁场基础上连续做微小的改变,扫过全部可能发生共振的区域,当磁场强度正好符合某一化学环境的磁核的共振条件时,该核便吸收射频发生器发出的电磁波能量,从低能级跃迁到高能级。射频接收器接收吸收信号,经放大后记录下来。如果将整个扫描时间划分为若干个时间单元,在某一时间单元里只有一种化学环境的核因满足共振条件而产生吸收信号,其他的核都处于"等待"状态。在其他的时间单元里,或是另外的核因满足条件发生共振而被记录下来,或是因为没有符合共振条件的磁核而只记录基线,所以连续波核磁共振仪是一种单通道仪器,只有依次逐个扫过设定的磁场范围(所有的时间单元)才能得到一张完整的谱图。为了记录无畸变的核磁共振谱图,扫描磁场的速度必须很慢,以使核的自旋体系与环境始终保持平衡,这样扫描一张谱图需要100~500s。

核磁共振测定的主要困难是核磁共振信号很弱。为了提高信噪比(S/N),通常采用重复扫描累加的方法。因为信号频率是固定的,它的强度(S)与扫描次数n成正比;噪声(N)是随机的,与扫描次数n的平方根成正比。所以$S/N \propto \sqrt{n}$。在CW-NMR仪器上,如果扫描一次需要250s,为了使信噪比提高10倍,应扫描100次,需花费25 000s。如若要进一步提高信噪比,则所需的时间更长。这种办法不仅费时,而且要求仪器非常稳定,以保证在测定时间范围内信号不漂移,这一点实际上很难做到。设想如果有一个多通道的射频发射机,每个通道发射不同频率,使不同化学环境的磁核同时满足共振条件,产生的吸收信号由一个多通道的接收机同时接收,那么只需要一个时间单元就能够检测和记录整个谱图。这样便可以大幅度节省时间,使重复扫描累加提高信噪比的办法切实可行,这个设想在脉冲傅里叶变换核磁共振波谱仪上得到了实现。

三、脉冲傅里叶变换核磁共振波谱仪

与CW-NMR仪器一样,PFT-NMR仪器中也有磁体、射频发生器、射频接收器以及探头等部件。不同的是,PFT-NMR 波谱仪用脉冲调制的射频场激发原子核产生核磁共振,射频脉冲包含了丰富的频率分量,等效于一个多通道发射机。傅里叶变换则一次给出 FID 信号(自由感应衰减信号,free induction decay,FID,一个随时间衰减的信号)中所包含的所有 NMR 谱线数据,相当于多通道接收机。因此,PFT-NMR 波谱仪相当于一套多道波谱仪。每施加一个脉冲,就能接收到一个 FID 信号,经过傅里叶变换便可得到一张常规的核磁共振谱图。脉冲的作用时间非常短,仅为微秒级。如果做累加测量,脉冲需要重复,时间间隔一般也小于几秒钟,加上计算机快速傅里叶变换,用 PFT-NMR 测定一张谱图只需要几秒至几十秒钟的时间,比 CW-NMR 所需的时间短得多,这使得为提高信噪比而做累加测量的时间大大缩短。这对于灵敏度极低的 NMR 技术无疑是一个重要的突破。正是 PFT-NMR 波谱仪的出现,使科学家有可能研究 CW-NMR 波谱仪无力涉足的天然丰度低而又十分重要的稀核(如^{13}C、^{15}N 等)。PFT-NMR 波谱仪还提供了测定分子中每个原子的核弛豫时间及研究分子动力学的可能。

　　PFT-NMR 波谱仪已成为当代主要的 NMR 波谱仪,并在不断发展和完善。

第三节　核磁共振氢谱

　　核磁共振氢(^{1}H NMR)谱也称质子磁共振(proton magnetic resonance)谱,是发展最早、研究得最多、应用最为广泛的核磁共振波谱。在较长一段时间里核磁共振氢谱几乎是核磁共振谱的代名词。究其原因,一是质子的磁旋比 γ 较大,天然丰度接近 100%,核磁共振测定的绝对灵敏度是所有磁核中最大的。在 PFT-NMR 出现之前,天然丰度低的同位素,如^{13}C 等的测定很困难。原因之二是^{1}H 为有机化合物中最常见的同位素,^{1}H NMR 谱是有机物结构解析中最有用的核磁共振波谱之一。

　　典型的^{1}H NMR 谱如图 8.8 所示。图 8.8 中,横坐标为化学位移值 δ,它的数值代表了谱峰的位置,即质子的化学环境,是^{1}H NMR 谱提供的重要信息。$\delta = 0$ 处的峰为内标物 TMS 的谱峰。图的横坐标自左到右代表了磁场强度增强的方向,即频率减小的方向,也是 δ 值减小的方向。因此,将谱图右端称为高场,左端称为低场以便于讨论核磁共振谱峰位置的变化。谱图的纵坐标代表谱峰的强度。谱峰强度的精确测量是依据谱图上台阶状的积分曲线,每一个台阶的高度代表其下方对应的谱峰面积。在^{1}H NMR 中谱峰面积与其代表的质子数目成正比,因此谱峰面积也是^{1}H NMR 谱提供的一个重要信息。图 8.8 中有的位置上谱峰呈现出多重峰形,这是自旋-自旋耦合引起的谱峰分裂,它是^{1}H NMR 谱提供的第三个重要信息。如

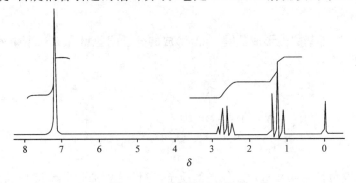

图 8.8　乙苯的^{1}H NMR 谱

图 8.8 乙苯的谱图中,从低场到高场共有三组峰:$\delta \approx 7.17$ 的较宽的单峰是烷基单取代的苯环上 5 个质子产生的共振信号,$\delta \approx 2.6$ 的四重峰是亚甲基产生的信号,$\delta \approx 1.25$ 的三重峰则是甲基产生的。它们的峰面积之比(积分曲线高度之比)为 5∶2∶3,等于相应三个基团中的质子数之比。

一、^{1}H NMR 谱中的化学位移

化学位移值能反映质子的类型及所处的化学环境,与分子结构密切相关,因此有必要对其进行比较详细的研究。

1. 影响化学位移的因素

1) 诱导效应

核外电子云的抗磁性屏蔽是影响质子化学位移的主要因素。核外电子云密度与邻近原子或基团的电负性大小密切相关,电负性强的原子或基团吸电子诱导效应大,使得靠近它们的质子周围电子云密度减小,质子所受到的抗磁性屏蔽减小,所以共振发生在较低场,δ 值较大。

2) 相连碳原子的杂化态影响

碳碳单键是碳原子 sp^3 杂化轨道重叠而成的,而碳碳双键和三键分别是 sp^2 和 sp 杂化轨道形成的。s 电子是球形对称的,离碳原子近,而离氢原子较远,所以杂化轨道中 s 成分越多,成键电子越靠近碳核,而离质子较远,对质子的屏蔽作用较小。sp^3、sp^2 和 sp 杂化轨道中的 s 成分依次增加,成键电子对质子的屏蔽作用依次减小,δ 值应该依次增大。

3) 各向异性效应

化合物中非球形对称的电子云,如 π 电子系统,对邻近质子会附加一个各向异性的磁场,即这个附加磁场在某些区域与外磁场 B_0 的方向相反,使外磁场强度减弱,起抗磁性屏蔽作用,而在另外一些区域与外磁场 B_0 方向相同,对外磁场起增强作用,产生顺磁性屏蔽的作用。通常抗磁性屏蔽作用简称为屏蔽作用,产生屏蔽作用的区域用"＋"表示,顺磁性屏蔽作用也称作去屏蔽作用,去屏蔽作用的区域用"－"表示。

4) 范德华效应

当两个原子相互靠近时,由于受到范德华力作用,电子云相互排斥,导致原子核周围的电子云密度降低,屏蔽减小,谱线向低场方向移动,这种效应称为范德华效应。这种效应与相互影响的两个原子之间的距离密切相关,当两个原子相隔 0.17nm(范德华半径之和)时,该作用对化学位移的影响约为 0.5,距离为 0.20nm 时影响约为 0.2,当原子间的距离大于 0.25nm 时可不再考虑。

5) 氢键的影响

—OH、—NH$_2$ 等基团能形成氢键,如醇形成的分子间氢键和 β-二酮的烯醇式形成的分子内氢键。结构如下:

因为有两个电负性基团靠近形成氢键的质子,它们分别通过共价键和氢键产生吸电子诱导作用,造成较大的去屏蔽效应,使共振发生在低场。分子间氢键形成的程度与样品浓度、测

定时的温度及溶剂类型等有关,因此相应的质子化学位移值不固定,随着测定条件的改变在很大范围内变化。

6）溶剂效应

同一化合物在不同溶剂中的化学位移会有所差别,这种由于溶质分子受到不同溶剂影响而引起的化学位移变化称为溶剂效应。溶剂效应主要是因溶剂的各向异性效应或溶剂与溶质之间形成氢键而产生的。

7）化学交换的影响

在某些化学交换过程中,质子具有两种或两种以上不同存在形式,根据不同存在形式之间的转化速率不同,质子显示出不同的核磁共振波谱。如果两种形式之间转化速率很大,将出现一种化学位移平均化信号;如果转化速率很慢,则显示出两种形式各自不同化学环境信号;在这两种极端之间,将观察到展宽的波谱。由这些波谱可以获得有关化学交换过程的信息。常见的交换过程有质子交换、构象互变和部分双键旋转等。

最典型的例子是环己烷两种椅式构象的相互转变。在温度较低时,如−89℃,这种转换速率很慢,可以观察以直立的和平伏的两种不同质子的信号,但在室温下,这两种等价的椅式构象转换速率很快,致使环己烷的核磁共振图谱只有单一的锐峰。

2. 各类 ^1H 的化学位移

在归纳大量 ^1H NMR 谱测定数据基础上,人们已经对处于不同化学环境下的各类质子化学位移值有了较为完善的总结,并以各种图形、表格或经验公式等形式表示。了解并记住各种类型质子化学位移分布的大致情况,对于初步推测有机物结构类型十分必要。图8.9列出了常见含氢基团中质子的化学位移范围。

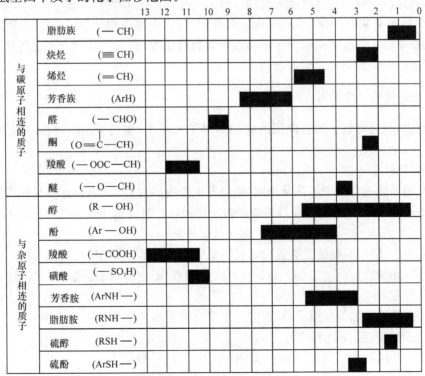

图 8.9　常见含氢基团中质子的化学位移范围

二、^1H NMR 谱中的耦合作用

1. 核的等价性

在讨论耦合作用的一般规则之前,必须搞清楚核的等价性质。在核磁共振中核的等价性分为两个层次:化学等价和磁等价。

1) 化学等价

化学等价又称化学位移等价。如果分子中有两个相同的原子或基团处于相同的化学环境时,称它们是化学等价。化学等价的核具有相同的化学位移值。

因单键的自由旋转,甲基上的三个氢或饱和碳原子上的两个相同基团都是化学等价的。亚甲基($\diagdown$CH₂)或同碳上的两个相同基团情况比较复杂,必须具体分析。一般情况如下:固定环上$\diagdown$CH₂两个氢不是化学等价的,如环己烷或取代的环己烷上的$\diagdown$CH₂;与手性碳直接相连的$\diagdown$CH₂上两个氢不是化学等价的;单键不能快速旋转时,同碳上的两个相同基团可能不是化学等价,如 N,N-二甲基甲酰胺中的两个甲基因 C—N 键旋转受阻而不等价,谱图上出现两个信号。但是,当温度升高,C—N 旋转速度足够快时,它们变成化学等价,在谱图上只出现一个谱峰。

2) 磁等价

如果两个原子核不仅化学位移相同(化学等价),而且还以相同的耦合常数与分子中的其他核耦合,则这两个原子核就是磁等价的。可见磁等价比化学等价的条件更高,如乙醇分子中甲基的三个质子有相同的化学环境,是化学等价的,亚甲基的两个质子也是化学等价的。同时,甲基的三个质子与亚甲基每个质子的耦合常数都相等,所以三个质子是磁等价的,同样的理由,亚甲基的两个质子也是磁等价的。

2. 耦合作用的一般规则

一般地讲,耦合常数 J 随官能团之间距离增加而减小,在大于三个键长时很少观察到耦合作用。

1) 峰的分裂

质子受相邻磁等价质子的耦合作用,将会发生吸收峰分裂,核磁峰分裂又称为精细结构,精细结构中峰的数目 N 与相邻磁性核的数目 n 以及核的自旋量子数 I 之间有下述关系:

$$N = 2nI + 1 \tag{8.16}$$

如在乙醇分子中,亚甲基峰的分裂数由邻近甲基中的质子数目确定,对氢核来说,自旋量子数 $I=1/2$,所以,峰的数目 $N=2\times3\times1/2+1=4$,为四重峰,甲基峰的分裂数为邻近的亚甲基中的质子数目确定,即($2\times2\times1/2+1$)=3,为三重峰。

在相邻有两组非磁等价原子时,则其多重性同时受两个原子上磁等价核的数目 n 及 n' 的影响,其分裂峰的数目 N 计算式为

$$N = (2nI + 1)(2n'I' + 1) \tag{8.17}$$

如在 $CH_3CH_2CH_2NO_2$ 分子中,与甲基相邻的亚甲基质子同时受到甲基上的质子和与亚硝基相邻的亚甲基质子的影响,分裂峰的数目为

$$N = (2 \times 3 \times 1/2 + 1)(2 \times 2 \times 1/2 + 1) = 12$$

2) 分裂峰的面积比

由多重峰的中心点来确定,多重峰对称分布于中心两侧,各分裂峰的峰面积之比为$(a+b)^n$ 展开式中各项系数的面积之比。例如,在化合物 $CH_3CH_2COCH_3$ 中,右端的甲基质子与其他质子被三个以上的键分开,因此只能观察到一个峰,亚甲基的质子具有四重峰,且面积之比为 1:3:3:1,左端的甲基质子具有三重峰,其面积之比为 1:2:1。

3) 磁等价的核相互之间也有耦合作用,但没有谱峰分裂的现象

符合上述规则的核磁共振谱图称为一级谱图。一般规定相互耦合的两组核的化学位移差 $\Delta\nu$[以频率(Hz)表示,即等于 $\Delta\delta$ 仪器频率]至少是它们的耦合常数的 6 倍以上,即$\frac{\Delta\nu}{J}>6$ 时所得到的谱图为一级谱图,而 $\frac{\Delta\nu}{J}<6$ 时测得的谱图称为高级谱图。$\frac{\Delta\nu}{J}>6$ 的耦合称为弱耦合,而 $\frac{\Delta\nu}{J}<6$ 的耦合称为强耦合。高级谱图中磁核之间耦合作用不符合上述规则。

3. 影响耦合常数的因素

耦合起源于自旋核之间的相互干扰,耦合常数 J 的大小与外磁场强度无关。耦合是通过成键电子转递的,J 的大小与发生耦合的两个(组)磁核之间相隔的化学键数目有关,也与它们之间的电子云密度及核所处的空间相对位置等因素有关,所以 J 与化学位移值一样是有机物结构解析的重要依据。根据核之间间隔的距离常将耦合分为同碳耦合、邻碳耦合和远程耦合三种。

1) 同碳质子耦合常数

连接在同一碳原子上的两个磁不等价质子之间的耦合常数称为同碳耦合常数。因为通过两个化学键的转递,所以用$^2J_{H-H}$或^2J 表示。^2J 是负值,大小变化范围较大,与结构密切相关。总体上同碳质子耦合种类较少。在 sp^3 杂化体系中由于单键能自由旋转,同碳上的质子大多是磁等价的,只有构象固定或其他特殊情况才有同碳耦合发生。在 sp^2 杂化体系中,双键不能自由旋转,同碳质子耦合是常见的。

2) 邻碳质子耦合常数

相邻碳原子上的两个质子之间的耦合常数称为邻碳耦合常数,用^3J 表示。在氢谱中^3J 是最为常见和最为重要的一种耦合常数。

在 sp^3 杂化体系中,当单键能自由旋转时,$^3J \approx 7Hz$,如乙醇、乙苯和氯代乙烷中甲基与亚甲基之间的耦合常数分别为 7.90Hz、7.62Hz 和 7.23Hz。当构象固定时,^3J 是两面角 θ 的函数,它们之间的关系可以用 Karplus 公式(8.18)表示为

$$^3J = J_0\cos^2\theta + C \qquad (0° < \theta < 90°)$$
$$^3J = J_{180}\cos^2\theta + C \qquad (90° < \theta < 180°) \tag{8.18}$$

式中:J_0 为 $\theta = 0°$ 时的 J 值;J_{180} 为 $\theta = 180°$ 时的 J 值,$J_{180} > J_0$;C 为常数。

利用实验所得^3J 值和 Karplus 公式可以推测分子结构。表 8.5 是常见邻碳质子的耦合常数。

表 8.5　常见邻碳质子耦合常数

结构类型	$^3J/\mathrm{Hz}$	结构类型	$^3J/\mathrm{Hz}$
$CH_A CH_B$ 自由旋转	6～8	$\begin{array}{c} H_A \quad\quad H_B \\ C=C \end{array}$	6～15
$\begin{array}{c} H_A \\ H_B \end{array}$　ax—ax 　ax—eq 　eq—eq	7～13 2～5 2～5	$\begin{array}{c} CH_A \\ C=C \\ H_B \end{array}$	5～1
$\begin{array}{c} H_A \\ H_B \end{array}$　顺式或反式	0～7	$C=CH_A CH_B=C$	10～13
$\begin{array}{c} H_A \\ H_B \end{array}$　顺式或反式	5～10	$\begin{array}{c} H_A \qquad H_B \\ C=C \\ (ring) \end{array}$　五元环 　六元环 　七元环	3～4 6～9 10～13
$\triangle\begin{array}{c} H_A \quad 顺式 \\ H_B \quad 反式 \end{array}$	7～12 4～8	$\begin{array}{c} H_A \\ H_B \end{array}$　J(邻) 　J(间) 　J(对)	7～9 1～3 0～0.6
$H_A C \overset{X}{\underset{}{-}} CH_B$ R=NO 或 S　顺式 反式	4～7 2～6	$\begin{array}{c} 4 \quad 3 \\ 5 \quad\quad 2 \\ N \\ H \end{array}$　$J_{1\text{-}2}$ 　$J_{1\text{-}3}$ 　$J_{2\text{-}3}$ 　$J_{3\text{-}4}$ 　$J_{2\text{-}4}$ 　$J_{2\text{-}5}$	2～3 2～3 2～3 3～4 1～2 1.5～2.5
$CH_A OH_B$ 无交换反应时	4～10		
$\begin{array}{c} CH_A CH_B \\ O \end{array}$	1～3	$\begin{array}{c} 4 \\ 5 \quad\quad N \\ 6 \quad\quad 2 \\ N \end{array}$　$J_{4\text{-}5}$ 　$J_{2\text{-}4}$ 　$J_{2\text{-}5}$ 　$J_{4\text{-}6}$	4～6 0～1 1～2 2～3
$\begin{array}{c} =CH_A CH_B \\ O \end{array}$	5～8		
$\begin{array}{c} H_A \\ C=C \\ H_B \end{array}$	12～20		

3) 远程耦合

远程耦合是指超过三个化学键以上的核间耦合作用。一般情况下,这种耦合作用很小,可以忽略。但当两个核处于特殊空间位置时,跨越四个或四个以上化学键的耦合作用仍可以检测到。这种现象在烯烃、炔烃和芳香烃中比较普遍,因为 π 电子的流动性大,使耦合作用可以转递到较远的距离。

另外,有机化合物中常含有其他的自旋量子数不等于零的核,如 ^2D、^{13}C、^{14}N、^{19}F、^{31}P 等,与 ^1H 也会发生耦合作用。

三、^{1}H NMR 谱图解析

一张 ^{1}H NMR 谱图能够提供三个方面的信息:化学位移值 δ、耦合(包括耦合常数 J 和自旋分裂峰形)及各峰面积之比(积分曲线高度比)。这三方面的信息都与化合物结构密切相关,所以 ^{1}H NMR 谱图的解析就是具体分析和综合利用这三种信息来推测化合物中所含的基团以及基团之间的连接顺序、空间排布等,最后提出分子的可能结构并加以验证。

1. 未知化合物 ^{1}H NMR 谱图解析的一般步骤

(1) 根据分子式计算化合物的不饱和度 f。不饱和度 f 的计算公式为

$$f = 1 + n_4 + 1/2(n_3 - n_1) \tag{8.19}$$

式中:n_1、n_3、n_4 分别为一价、三价和四价原子的数目。

如,$CH_3CH_2NH_2$,n_1、n_3、n_4 分别为 7、1、2,根据公式,不饱和度为 0;而 CH_2 ═$CHCH_2NH_2$,n_1、n_3、n_4 分别为 8、1、3,根据公式其不饱和度为 1。

（2）测量积分曲线的高度,进而确定各峰组的质子数目。有几种不同的方法可以采用,如测量出积分曲线中每一个台阶的高度,然后折合成整数比;若已知分子式,可将所有吸收峰组的积分曲线高度之和除以氢原子数目,求得每个质子产生的信号高度,然后求出各个峰组的质子数;也可以用一个已经确定的结构单元为基准,然后计算其他峰组的质子数,常用作基准的结构单元有甲基、单取代苯等。

（3）根据每一个峰组的化学位移值、质子数目以及峰组分裂的情况推测出对应的结构单元。在这一步骤中,应特别注意那些貌似化学等价,而实际上不是化学等价的质子或基团。连接在同一碳原子上的质子或相同基团,因单键不能自由旋转或因与手性碳原子直接相连等原因常常不是化学等价的。这种情况会影响峰组个数,并使分裂峰形复杂化。

（4）计算剩余的结构单元和不饱和度。分子式减去已确定的所有结构单元的组成原子,差值就是剩余单元;由式(8.19)计算得到的不饱和度减去已确定结构单元的不饱和度,即得剩余的不饱和度。这一步骤虽然简单,但也必不可少,因为不含氢的基团,在氢谱中不产生直接的信息。

（5）将结构单元组合成可能的结构式。根据化学位移和耦合关系将各个结构单元连接起来。对于简单的化合物有时只能列出一种结构式,但对于比较复杂的化合物则能列出多种可能的结构,此时应注意排除与谱图明显不符的结构,以减少下一步的工作量。

（6）对所有可能结构进行指认,排除不合理结构。

（7）借助其他波谱分析方法（如紫外或红外光谱、质谱以及核磁共振碳谱等）进一步确认。

2. 解析实例

【例 8-1】 某无色液体,仅含碳氢,其核磁共振谱图如图 8.10 所示,试推断其结构。

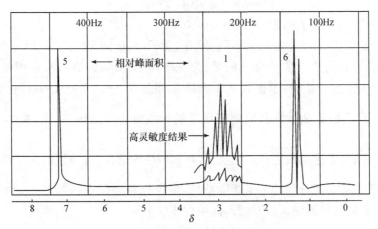

图 8.10　某无色液体的 NMR 谱图

解　从核磁共振谱图上可得到三组峰的数据如下:

δ	重峰数	氢原子数
7.2	1	5

2.9	7	1
1.2	2	6

化学位移 $\delta=7.2$ 的峰,说明有苯环存在,其氢原子数为 5,故该化合物为苯的单取代衍生物 Ar—R。

化学位移 $\delta=1.2$ 的峰,指出有—CH_3 存在,其氢原子数为 6,说明有两个化学环境相同的—CH_3,该组峰为二重峰,故两个—CH_3 都与相邻的一个质子耦合,因此单项取代基—R 可能为—$CH(CH_3)_2$ 结构。

化学位移 $\delta=2.9$ 的峰,指出有 Ar—CH 基团存在,该组峰为七重峰,表明与其耦合的相邻磁全同氢原子数 6,故该化合物的结构式为 Ar—$CH(CH_3)$。

【例 8-2】　某一化合物的化学式为 $C_5H_{10}O_2$,在 CCl_4 溶液中的 NMR 谱如图 8.11 所示,试推测其结构。

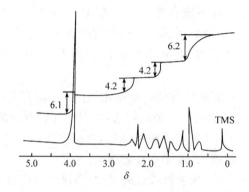

图 8.11　$C_5H_{10}O_2$ 在 CCl_4 溶液中的 NMR 谱图

解　不饱和度 f 的计算公式:

$$f=1+n_4+1/2\,(n_3-n_1)$$

该化合物的不饱和度 $f=(2\times5+2+0-10)/2=1$。

从谱图 8.11 可知,分子中有四种不同类型的质子,其比例为 6.1:4.2:4.2:6.2,即分别为 3,2,2,3 个质子。化学位移 $\delta=3.6$ 的峰,为三个质子的单峰,表示没有相邻的质子与其耦合,可能是一个孤立的甲基峰,根据表 8.4 判断可能是(O=C—O—CH_3);化学位移 $\delta=0.9$ 峰,为三个质子的三重峰,表明它是毗邻亚甲基的甲基峰,当与 O=C\ 相邻时,亚甲基的化学位移为 $\delta=2.2$ 左右;上述判断进一步证实了 O=C\ 结构的存在。最后,化学位移 $\delta=1.7$ 峰,是分子中左右质子耦合而分裂的一组亚甲基峰,本应分裂为 $(3+1)\times(2+1)=12$ 的多重峰,但因灵敏度限制,故较弱的峰未观察到。其结构式应为

$$\underset{\underset{O}{\|}}{CH_3CH_2CH_2COCH_3}$$

第四节　核磁共振碳谱

一、核磁共振碳谱的特点

有机化合物中的碳原子构成了有机物的骨架。因此观察和研究碳原子的信号对研究有机物有着非常重要的意义。从前述可知,自旋量子数 $I=0$ 的核是没有核磁共振信号的,所以自然界丰富的 $^{12}C(I=0)$,没有核磁共振信号,而 $I=1/2$ 的 ^{13}C 核,虽然有核磁共振信号,但其天然丰度仅为 1.1%,故信号很弱,给检测带来了困难。所以在早期的核磁共振研究中,一般只研究核磁共振氢谱(^{1}H NMR),直到 20 世纪 70 年代脉冲傅里叶变换核磁共振谱仪问世,核磁共振碳谱(^{13}C NMR)的工作才迅速发展起来。与氢谱相比碳谱有以下特点:

1) 信号强度低

^{13}C 的核磁共振信号比 ^{1}H 的信号要低得多,大约是 ^{1}H 信号的六千分之一。故在 ^{13}C NMR 的测定中常要进行长时间的累加才能得到一张信噪比较好的图谱。

2) 化学位移范围宽

^{1}H 谱的谱线化学位移值 δ 的范围在 $0\sim10$,少数谱线可再超出约 5,一般不超过 20,而一般 ^{13}C 谱的谱线 δ 在 $0\sim250$,特殊情况下会再超出 $50\sim100$。由于化学位移范围较宽,对化学环境有微小差异的核也能区别,这对鉴定分子结构更为有利。

3) 耦合常数大

由于 ^{13}C 天然丰度只有 1.1%,^{13}C—^{13}C 之间的耦合概率很小,一般不予考虑。碳原子常与氢原子连接,它们可以互相耦合,这种 ^{13}C—^{1}H 耦合常数很大,一般在 $125\sim250$MHz。这种耦合并不影响 ^{1}H 谱,但在碳谱中是主要的,所以不去耦的 ^{13}C 谱,各个分裂的谱线彼此交叠,很难识别。常规的碳谱都是质子噪声去耦谱,去掉了全部 ^{13}C—^{1}H 耦合,得到各种碳的谱线都是单峰。

4) 弛豫时间长

^{13}C 的弛豫时间比 ^{1}H 慢得多,有的化合物中的一些碳原子的弛豫时间达几分钟,测定比较方便。另外,不同种类的碳原子弛豫时间也相差很大,可以通过测定弛豫时间来得到更多的结构信息。

5) 共振方法多

除质子噪声去耦谱外,还有多种其他的共振方法,可获得不同的信息。例如,偏共振去耦谱可获得 ^{13}C—^{1}H 耦合信息;门控去耦谱可获得定量信息。因此,碳谱比氢谱的信息更丰富,解析结论更清楚。

6) 图谱简单

由于碳氢原子间共振频率相差很大,即使是不去耦的碳谱,也可用一级图谱解析,比氢谱简单。

与核磁共振氢谱一样,碳谱中最重要的参数也是化学位移,耦合常数、峰面积也是较为重要的参数。另外,氢谱中不常用的弛豫时间在碳谱中也很重要,因其与分子大小、碳原子类型等有着密切的关系。

二、¹³C NMR 谱中的化学位移

1. ¹³C NMR 谱中化学位移的意义

¹³C NMR 谱中化学位移(δ_C)是最重要的参数。它直接反映了所观察核周围的基团、电子分布的情况,即核所受屏蔽作用的大小。碳谱的化学位移对核所受的化学环境很敏感,其范围比氢谱宽得多,一般为 0~250。对于相对分子质量在 300~500 的化合物,碳谱几乎可以分辨每一个不同化学环境的碳原子,而氢谱有时严重重叠。图 8.12(a)、(b)分别是麦芽糖的氢谱和碳谱。

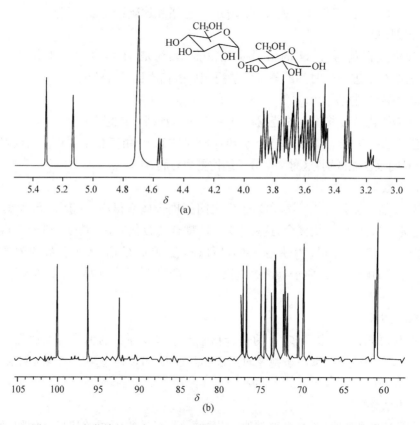

图 8.12　麦芽糖的(a)¹H NMR 谱图和(b)¹³C NMR 质子噪声去耦谱图

不同结构与化学环境碳原子的 δ_C 从高场到低场的顺序与和它们相连的氢原子的 δ_H 有一定的对应性,但并非完全相同。如饱和碳在较高场,炔碳次之,烯碳和芳碳在较低场,而羰基碳在更低场。

对于碳核,分子内的相互作用更为重要,如分子的立体异构、链节运动、序列分布、不同温度下分子内的旋转、构象的变化等,在碳谱的 δ_C 值及谱线形状上常有所反映,这对于研究分子结构及分子运动、动力学和热力学过程都有重要的意义。

和氢谱一样,碳谱的化学位移 δ_C 也是以 TMS 或某种溶剂峰为基准的。不同基团碳的 δ_C 值见表 8.6。

表 8.6　有机化合物 ^{13}C 化学位移

官能团		δ_C	官能团		δ_C
\C=O	酮	225～175	\C=C/ （Y下方）	芳环 C（取代）	145～125
	α,β-不饱和酮	201～180			
	α-卤代酮	200～160			
\C=O（H下方）	醛	205～175	\C=C/	芳环	135～110
	α,β-不饱和醛	195～175			
	α-卤代醛	190～170			
—COOH	羧酸	185～160	\C=C/	烯烃	150～110
—COCl	酰氯	182～165	—C≡C—	炔烃	100～70
—CONHR	酰胺	180～160	—C—N		75～65
(—CO)₂NR	酰亚氨	180～165	—C—S		70～55
—COOR	羧酸酯	175～155	—C—X—	（卤代烃）	75(Cl)～35(I)
(—CO)₂O	酸酐	175～150	CH—C—	C（叔碳）	60～30
—(R₂N₂)CS	硫脲	170～150	CH—O—		75～65
\C=NOH	肟	165～155	CH—N		70～50
(RO₂)CO	碳酸酯	160～150	CH—S		55～40
\C=N	甲亚胺	165～145	CH—X—	（X 为卤素）	65(Cl)～30(I)
—N⊕≡C⊖	异氰化物	150～130	—CH₂—C—	C（仲碳）	45～25
—C≡N	氰化物	130～110	—CH₂—O—		70～40
—N=C=S	异硫氰化物	140～120	—CH₂—N		60～40
—S—C≡N	硫氰化物	120～110	—CH₂—S—		45～25
—N=C=O	异氰酸盐（酯）	135～115	—CH₂—X	（X 为卤素）	45(Cl)～—10(I)
—O—C≡N	氰酸盐（酯）	120～105	CH₃—C—	C（伯碳）	30～—20
X—C/	杂芳环	155～135	CH₃—O—		60～40
\C=C/X	杂芳环	140～115	CH₃—N		45～20
CH₃—S—		30～10	—C—O—		85～70
—C—C—	烷烃	55～5	CH₃—X	（X 为卤素）	35(Cl)～—35(I)
▷	环丙烷	5～—5			
—C—C—	C（季碳）	70～35			

2. 影响化学位移的因素

如前所述,化学位移主要是受到屏蔽作用的影响,氢谱化学位移的决定因素是抗磁屏蔽项,碳谱中化学位移的决定因素是顺磁屏蔽项。

1) 杂化的影响

碳谱的化学位移受杂化的影响较大,其次序基本上与 ^1H 的化学位移平行,一般情况是: sp^3 杂化, CH_3—, $\delta_C = 20 \sim 100$; sp 杂化, —$C \equiv CH$, $\delta_C = 70 \sim 130$; sp^2 杂化, —$CH = CH_2$, $\delta_C = 100 \sim 200$; sp^2 杂化, $C = O$, $\delta_C = 150 \sim 220$。

2) 诱导效应

电负性基团会使邻近 ^{13}C 核去屏蔽。基团的电负性越强,去屏蔽效应越大。

3) 空间效应

^{13}C 化学位移还易受分子内几何因素的影响,相隔几个键的碳由于空间上的接近可能产生强烈的相互影响。

4) 缺电子效应

如果碳带正电荷,即缺少电子,屏蔽作用大大减弱,化学位移处于低场。

5) 共轭效应和超共轭效应

在羰基碳的邻位引入双键或含孤对电子的杂原子(如 O、N、F、Cl 等),由于形成共轭体系或超共轭体系,羰基碳上电子密度相对增加,屏蔽作用增大而使化学位移偏向高场。

6) 电场效应

在含氮化合物中,如含—NH_2 的化合物,质子化作用后生成—NH_3^+,此正离子的电场使化学键上电子移向 α 或 β 碳,从而使它们的电子密度增加,屏蔽作用增大,与未质子化中性胺相比较,其 α 和 β 碳原子的化学位移向高场,偏移 $0.5 \sim 5$,这个效应对含氮化合物的碳谱指认很有用。

7) 取代程度

一般来说,随着碳上取代基数目的增加,化学位移向低场的偏移也相应增加。

8) 邻近基团的各自异性效应

磁各向异性的基团对核屏蔽的影响,可造成一定的差异。这种差异一般不大,而且很难与其他屏蔽的贡献分清,但有时这种各向异性的影响是明显的。

9) 构型

构型对化学位移也有不同程度影响如烯烃的顺反异构体中,烯碳的化学位移相差 $1 \sim 2$,顺式在较高场;与烯碳相连的饱和碳的化学位移相差更多些,为 $3 \sim 5$,顺式也在较高场。

10) 介质效应

不同的溶剂、介质,不同的浓度以及不同的 pH 都会引起碳谱的化学位移值的改变,变化范围一般为几到十。由不同溶剂引起的化学位移值的变化,也称为溶剂位移效应,这通常是样品中的 H 与极性溶剂通过氢键缔合产生去屏蔽效应的结果。

11) 温度效应

温度的变化可使化学位移发生变化。当分子中存在构型、构象变化,内运动或有交换过程时,温度的变化直接影响着动态过程的平衡,从而使谱线的数目、分辨率、线形发生明显的变化。

三、耦合常数

在碳谱中和在氢谱中一样也存在耦合作用。只是由于 ^{13}C 的天然丰度仅为 1.1%，因此 ^{13}C—^{13}C 之间的耦合可以忽略，但是 ^{13}C 和其他相邻丰核之间的耦合则是必须考虑的。其中 ^{13}C—^1H 的耦合是最重要的。碳谱中谱线的分裂数目与氢谱一样决定于相邻耦合原子的自旋量子数 I 和原子数目 n，可用 $2nI+1$ 规律计算，谱线之间的裂距便是耦合常数 J。

图 8.13 为丙酮的质子噪声去耦谱和非去耦谱。去耦谱中只有两条谱线，分别是丙酮分子中的甲基和羰基碳，非去耦谱中甲基因有三个氢，故分裂为 4 条谱线，裂距为 127.7Hz，因耦合的 C 和 H 之间只隔一个化学键，故耦合常数可记为 $^1J=127.7$Hz，羰基团没有直接相连的氢，故没有 ^1J，但隔两个键有六个氢，羰基碳与这些氢发生耦合，谱线分裂 7 条，裂距为 5.7Hz，其耦合常数记为 $^2J=5.7$Hz。

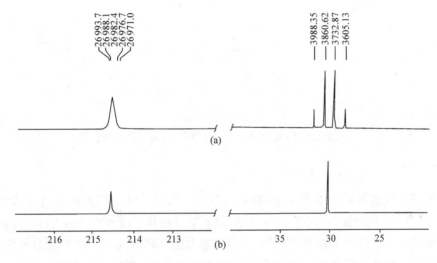

图 8.13 丙酮的(a)^{13}C 非去耦谱图和(b)^{13}C 质子噪声去耦谱图

^{13}C—^1H 耦合是碳谱中最重要的耦合作用，而其中，又以 $^1J_{CH}$ 最为重要。$^1J_{CH}$ 为 $120\sim300$Hz，影响其大小的主要因素是 C—H 键的 s 电子成分，$^1J_{CH}$ 值可用式(8.20)近似算出：

$$^1J_{CH} \approx 5 \times (s\%) \tag{8.20}$$

式中：$s\%$ 为 C—H 键中 s 电子所占的百分数。

四、碳谱中几种常见的图谱

核磁共振碳谱测定时有各种不同的多重共振方法，每一种方法得到的谱图形状和用途都有较大的差别。

1. 质子噪声去耦谱

质子噪声去耦谱(proton noise decoupling)也称宽带去耦谱，是最常见的碳谱。它的实验方法是在测定碳谱时，以一相当宽的频率(包括样品中所有氢核的共振频率)照射样品，由此去除 ^{13}C—^1H 之间的全部耦合，使每种碳原子仅出一条共振谱线。但质子噪声去耦谱的谱线强度不能定量地反映碳原子的数量。

2. 反转门控去耦谱

在脉冲傅里叶变换核磁共振谱仪中有发射门(用以控制射频脉冲的发射时间)和接收门(用以控制接收器的工作时间)。门控去耦是指用发射门及接收门来控制去耦的实验方法。反转门控去耦是用加长脉冲间隔,增加延迟时间,使谱线强度能够代表碳数多少的方法,由此方法测得的碳谱称为反转门控去耦谱(inverse gated decoupling),也称为定量碳谱。

图 8.14(a)、(b)分别为香豆精 $C_9H_6O_2$ 的质子噪声去耦谱和反转门控去耦 NMR 谱图。

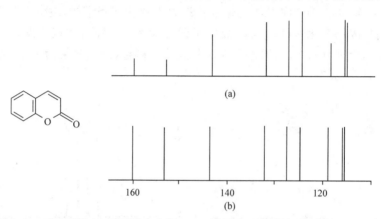

图 8.14　香豆精的(a)质子噪声去耦 NMR 谱图和(b)反转门控去耦 NMR 谱图

3. DEPT 谱

质子噪声去耦谱可以使碳谱简化,但是它损失了 ^{13}C 和 ^1H 之间的耦合信息,因此无法确定谱线所属的碳原子的级数。在碳谱发展的早期,常采用偏共振技术来解决这一问题,偏共振技术既保留了 ^{13}C 和 ^1H 之间的耦合分裂,又由于耦合裂距较小而使得谱图较为简化。但对于一些较复杂的有机分子或生物高分子等,多重峰仍彼此交叠,再加上有些核的次级效应以及碳谱的信号较低,更是难以分辨各种碳的级数。随着现代脉冲技术的发展,已有多种方法如 J 调制法、APT 法、INEPT 法和 DEPT 法等用于确定碳原子级数。其中最常用的是 DEPT 技术,由此得到的谱称为 DEPT(distortionless enhancement by polarization transfer)谱图。DEPT 有下列三种谱图:DEPT-45 谱、DEPT-90 谱和 DEPT-135 谱。

五、^{13}C NMR 谱图解析

1. 未知化合物 ^{13}C NMR 谱图解析的一般步骤

1) 区分谱图中的溶剂峰和杂质峰

同氢谱中一样,测定液体核磁共振碳谱也需采用氘代溶剂,除氘代水(D_2O)等少数不含碳的氘代溶剂外,溶剂中的碳原子在碳谱中均有相应的共振吸收峰,并且由于氘代的缘故在质子噪声去耦谱中往往呈现为多重峰,分裂数符合 $2nI+1$,由于氘的自旋量子数 $I=1$,故分裂数为 $2n+1$ 规律。常用氘代试剂在碳谱中的化学位移值和峰形可从表 8.3 查得。碳谱中杂质峰的判断可参照氢谱解析时杂质峰的判别。一般杂质峰均为较弱的峰。当杂质峰较强而难以确定时,可用反转门控去耦的方法测定定量碳谱,在定量碳谱中各峰面积(峰强度)与分子结构中各碳原子数成正比,明显不符合比例关系的峰一般为杂质峰。

2) 分析化合物结构的对称性

在质子噪声去耦谱中每条谱线都表示一种类型的碳原子,故当谱线数目与分子式中碳原子数目相等时,说明分子没有对称性,而当谱线数目小于分子式中碳原子数目时,则说明分子中有某种对称性,在推测和鉴定化合物分子结构时应加以注意。但是,当化合物较为复杂,碳原子数目较多时,则应考虑不同类型碳原子的化学位移值的偶然重合。

3) 按化学位移值分区确定碳原子类型

碳谱按化学位移值一般可分为三个区:饱和碳原子区($\delta < 100$);不饱和碳原子区(烯烃和芳烃中,$\delta = 90 \sim 160$);羰基或叠烯区($\delta > 150$)。

4) 碳原子级数的确定

测定化合物的 DEPT 谱并参照该化合物的质子噪声去耦谱对 DEPT-45、DEPT-90 和 DEPT-135 谱进行分析,由此确定各谱线所属的碳原子级数。

综合上述,可大致推断出化合物的结构或按分子结构归属各条谱线,如难以推断,则可参照氢谱及碳谱近似计算法。另外,飞速发展的二维核磁共振技术对鉴定有机化合物结构更为客观,也更可靠。

2. 解析实例

【例 8-3】　某化合物的分子式为 $C_9H_{12}NOCl$,化学结构为

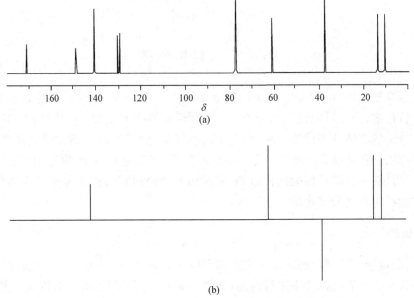

该化合物的 ^{13}C 质子噪声去耦谱与 DEPT-135 谱图如图 8.15(a)、(b)所示,溶剂为氘代氯仿。请对 ^{13}C 质子噪声去耦谱中各谱线进行指认。

图 8.15　未知物(a)^{13}C 质子噪声去耦谱图和(b) DEPT-135 谱图

解 （1）鉴别谱图中的真实谱峰。

该化合物的^{13}C质子噪声去耦谱共有 12 条谱线,查表 8.3,知氘代氯仿溶剂峰的化学位移为 77.7,为三重峰,故图谱中 77.7 处的三重峰是溶剂峰,余下 9 条谱线为样品峰。

（2）分子的对称性的分析。

从化合物的结构式分析可知,该化合物没有对称性,其分子式表明分子中共有 9 个碳原子,这与图谱中共有 9 条样品峰相符。

（3）碳原子的 δ 值的分区。

按碳谱化学位移分区,该化合物的碳谱可分为两个区域,不饱和碳原子区和脂肪链碳原子区。不饱和区域有 5 条谱线,饱和区域有 4 条谱线。从化合物结构上分析在不饱和区中 170.0、148.6 和 140.9 处的谱线应是与杂原子相连的不饱和碳原子 C(5)、C(7)或 C(8),在饱和区中 61.5 和 38.1 处的谱线应是与杂原子相连的饱和碳原子 C(4)或 C(3)。

（4）碳原子级数的确定。

DEPT-135 谱中共出 5 条谱线,其中 38.1 为负峰,11.4、14.8、61.5 以及 140.9 为正峰,由此可知 38.1 处的谱线为 $ClCH_2$—基团中的碳原子 C(3);11.4、14.8、61.5 以及 140.9 处的谱线为 CH_3—或═CH—基团中的碳原子,其中 140.9 处的谱线为吡啶环上的═CH—基团中的碳原子 C(7),11.4 和 14.8 处的谱线为两个 CH_3—基团中的碳原子 C(1)和 C(2),61.5 处的谱线为 CH_3O—基团中的碳原子 C(4);其余 4 条谱线为季碳原子。

（5）确定谱线归属结果。

综合上述分析,已可明确确定 C(3)、C(4)和 C(7)原子所对应的碳谱谱线分别为 38.0、61.6 和 140.7。另外,根据经验可认为在不饱和区中还有两条与杂原子相连谱线 171.0 和 148.6 分别对应 C(5)和 C(8)原子,这是因为与 O 原子相连的碳原子谱线比与 N 原子相连的碳原子谱线在较低场。剩下两条 129.5 和 130.3 处的谱线为 C(6)或 C(9)和 C(9)或 C(6)。饱和区中余下的 11.4 和 14.8 处的两条谱线为 C(1)或 C(2)和 C(2)或 C(1)。

对于复杂有机分子,单独的氢谱或碳谱远远不能给出其准确的结构信息,因此,随着核磁技术的快速发展,尤其二维 NMR 谱的出现为鉴定更为复杂的化合物的结构提供了越来越多的手段。

第五节　固 体 核 磁

固体核磁共振技术(solid state nuclear magnetic resonance,SSNMR)是以固态样品为研究对象的分析技术。在液体状态下,分子的快速运动使得原子核的各向异性相互作用平均化,从而获得高分辨的液体核磁谱图。然而,对于固态样品,分子的快速运动受到限制,化学位移各向异性等作用的存在使谱线增宽严重,因此固体核磁共振存在分辨率低的缺点,但是其具有独特的优势也是液体核磁共振无法比拟的,随着相关理论和实验技术井喷式发展使得其在固态条件下也能够实现高分辨表征。

一、固体核磁的特点

目前,人们对于 SSNMR 的需求主要来源于两个方面:第一,许多化学物质无法溶解在液体溶剂中使其无法在液态条件下进行检测,如交联高分子、石墨烯、共价有机微孔聚合物、玻璃和膜蛋白等;第二,物质的某些特定的性质只与其固态下结构紧密相关,因此需要采用固体原位的手段研究结构与性质的关系,如有机导电材料和太阳能电池材料等。目前,SSNMR 技术可以定量或定性的研究物质在固体状态下聚集形态、相尺寸与结构、分子间的距离,以及固体状态下分子间的相互作用和动力学行为等,从而为研究体系性能与微观结构的关系提供了关键的信息。

二、魔角旋转技术

固体核磁共振中分辨率差导致核磁谱图中信号难以分辨,当前主要发展出了魔角旋转(magic angle spinning, MAS)技术来解决这一难题(图8.16)。魔角旋转通常用于绝大多数的固态 NMR 实验中,其主要目的是消除化学位移各向异性的影响并协助消除异核偶极耦合效应,同时也可用于缩小来自四极核的谱线,并且越来越成为从 NMR 光谱中消除同核偶极耦合效应的选择方法。

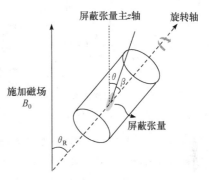

图 8.16　魔角旋转示意图

在固体中由于自旋之间的耦合较强,共振谱较宽,掩盖了其他精细的谱线结构,耦合能大小与核的相对位置在磁场中的取向有关,其因子可以用 $(3\cos^2\theta-1)$ 表示。因此,如果将样品绕着一个与旋转磁场成 θ_R 倾斜的轴旋转,该角度描述了固定在样品中分子中的相互作用张量的方向,则分子随样品旋转而随时间变化。在这些情况下,平均 $(3\cos^2\theta-1)$ 可以用公式描述: $(3\cos2\theta-1)=\dfrac{1}{2}\times(3\cos^2\theta_R-1)$ $(3\cos^2\beta-1)$。角度 β 在屏蔽张量主 z 轴和旋转轴之间, θ_R 是施加磁场与旋转轴之间的角度; θ 是相互作用张量主 z 轴与施加磁场 B_0 之间的角度。对于刚性固体中的给定原子核,角度 β 显然是固定的,但是像 θ 一样,它在粉末样品中具有所有可能的值。然而,角度 θ_R 可以通过实验条件的改变进行设置,如果 θ_R 设置为 54.74°,则 $(3\cos^2\theta_R-1)=0$,使得平均 $(3\cos^2\theta-1)$ 也为零。因此,只要旋转速度快,使得与相互作用的各向异性相比 θ 被快速平均,则相互作用的各向异性平均为零。固体核磁的先驱 Andrew 和 Lowe 正是基于这种原理各自独立发展了魔角旋转技术,从而使一阶四极增宽和偶极增宽得到应有的缩窄,极大程度地消除偶极-偶极和化学位移各向异性相互作用,得到各向同性的高分辨固体谱。

三、固体核磁应用

目前,SSNMR 被广泛应用于固体材料结构鉴定和动力学分析等领域,也是结晶固体表征中基于衍射方法的宝贵补充。在生物领域,结合 X 射线晶体学及电子显微镜,基于化学位移和异核之间的空间相互作用,SSNMR 已经被证实可用于膜蛋白和淀粉样蛋白原纤维结构解析。在材料及化学领域,SSNMR 可作为有机和无机材料的分析工具,其研究的对象包括处于结晶态和非晶态的无机/有机聚集体、复合材料、含液体或气体成分的非均质系统、悬浮液以及纳米级尺寸的分子聚集体等。

共价有机框架(COFs)是基于共价键连接、具有一定晶态的有机多孔材料,能够将不同分子合成砌块集成到高度有序的周期性阵列中。其较强的设计性及模块化特征使之能够被广泛应用于包括能量存储、催化和 CO_2 捕获等领域。然而,COFs 由于不能在任何有机溶剂中溶解,对于其结构的鉴定仅仅通过 X 射线衍射(XRD)鉴定是无法满足需求的。当前,采用交叉魔角旋转核磁共振技术能够显著提升结构鉴定的可靠性,如针对文献报道的 2D C═N HATN 和 2D CCP-HATN 两种 COFs,2D C═N HATN 中约 157ppm 的化学位移和 2D CCP-HATN 中约 110ppm 的化学位移可分别归因于亚胺键和碳碳双键的形成,从而证实了合成过程中偶联聚合反应的成功发生(图 8.17)。

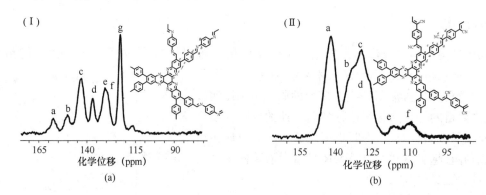

图 8.17　2D C═N HATN (a)和 2D CCP-HATN (b)的固体 ^{13}C NMR 谱图

引自:Xu S Q,Wang G,Biswal B P,et al. A Nitrogen-Rich 2D sp²-Carbon-Linked Conjugated Polymer Framework as a High-Performance Cathode for Lithium-Ion Batteries. Angew Chem Int Ed,2019,58:849-853

第六节　定量分析

　　NMR 波谱中各组峰的积分曲线高度与该峰的氢核数成正比,这不仅用于结构分析,同样可以用于定量分析。NMR 定量分析不需引入校准因子或绘制校准曲线,因而不需化合物的纯样品作为标样,就可测定出其浓度。

　　为了确定仪器的积分曲线高度与质子浓度的关系,必须采用一种标准化合物来进行标定。对标准化合物的基本要求就是不能与试样的任何峰重叠,最好采用有机硅化合物,因为它们的质子峰都在高磁场区。

一、内标法

　　内标法测定准确度高,操作方便,使用最广泛。其基本操作是:准确地称取一定质量的样品和内标化合物,以合适的溶剂配成适宜的浓度,测得共振波谱图之后,按式(8.21)计算样品中待测成分的质量 m_S:

$$m_S = \frac{A_S M_S n_R}{A_R M_R n_S} m_R = \frac{\dfrac{A_S}{n_S} M_S}{\dfrac{A_R}{n_R} M_R} m_R \tag{8.21}$$

式中:m,M 分别为质量和相对分子质量;A 为积分曲线的高度;n 为被积分信号对应的质子数;下标 S、R 分别为试样和内标。

二、外标法

　　当试样复杂或其共振波谱较复杂,难以找到适合的内标化合物,则采用外标法。其操作是:称取试样和标准化合物后,用合适溶剂分别配成溶液,测得各自的共振波谱图,按式(8.22)

计算试样中待测组分的质量为

$$m_S = \frac{A_S}{A_R} m_R \qquad (8.22)$$

式中:A_S 和 A_R 分别表示样品和外标同一基团的积分曲线的高度。外标法受实验条件影响较大,因此在测定的过程中,应尽量保持两份溶液的操作条件一致。

 扫一扫　　人类关于核磁共振现象的最早认识　　　　　　

思考题与习题

1. 何谓化学位移? 它有什么重要性? 在 ^{1}H NMR 中影响化学位移的因素有哪些?

2. 何谓自旋耦合、自旋裂分? 它有什么重要性?

3. 在 CH_3—CH_2—COOH 的氢核磁共振谱图中可观察到其中有四重峰及三重峰各一组。

　(1) 说明这些峰的产生原因;

　(2) 哪一组峰处于较低场? 为什么?

4. 简要讨论 ^{13}C NMR 在有机化合物结构分析上的作用?

5. ^{13}C NMR 的化学位移和 ^{1}H NMR 有何差别? 在解析谱图时有什么优越性?

6. 什么是核磁共振? 核磁共振定性和定量分析的依据是什么?

7. 简要说明在下列化合物中氢核 H_a 和 H_b 的化学位移值 δ 不同的原因。

$$H_a: \delta = 7.72$$
$$H_b: \delta = 7.40$$

8. 从纯化合物的 ^{1}H MNR 图谱上可获得哪些有用的信息来推断未知化合物的结构式?

9. 两化合物的化学式分别为 $C_3H_6Cl_2$ 和 $C_3H_6O_2$,全去偶 ^{13}C 核磁共振波谱有以下特征峰:第一个化合物在 $\delta40$ 左右有两个紧挨的峰,δ 值较大的高度约为较小的两倍,第二个化合物大约在 $\delta20$、$\delta50$、$\delta170$ 处有三个峰,试推测其结构式。

10. 简要讨论 ^{13}C NMR 在有机化合物结构分析上的作用。

第九章　色谱分析导论

本章简要地叙述色谱法的基本理论,目的是为论述气相色谱、液相色谱、薄层色谱和纸色谱打下理论基础。理论上不做过多的推导,着重说明其物理意义和如何用来指导实践,以求达到良好的应用效果。各种色谱方法的特殊性在其他章节中予以叙述。

第一节　色谱分析的历史、定义与分类

色谱分析是从分离技术发展成为分离-分析技术的一门综合性学科,是一种物理化学的分离分析方法。它是将待分析的混合组分在两相中进行分离,然后按顺序检测各组分含量的方法。它是近代分析化学中发展最快、应用最广的分离分析技术。

一、色谱分离发展史

色谱法(chromatography)是 20 世纪初由俄国植物学家 Tswett 首先提出来的。1906 年,华沙大学讲师 Tswett 发表了一篇文章,报道其成功分离树叶的石油醚萃取液中各种色素的实验。他在装有碳酸钙颗粒的玻璃管中,倒入叶片的石油醚萃取液,然后用石油醚不断地冲洗,叶片的色素提取液随着冲洗液在管中的碳酸钙上缓慢地向下移动。它们在碳酸钙上形成不同颜色的谱带 (图 9.1)。

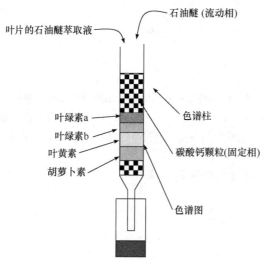

图 9.1　叶片的石油醚萃取液分离示意图

最下面的色谱带呈黄色,经分析是胡萝卜素。随后是另一黄色的叶黄素谱带。上面两层是呈棕色和黄绿色的叶绿素 a、叶绿素 b 谱带。由于不同谱带有不同颜色,故这种分离方法称色谱法或色层法。虽然后来色谱法的发展不限于分离有色物质,更多的是用于无色物质的分离和测定,由于习惯,现在仍沿用色谱这个名称。

按现代色谱学术语,Tswett 实验中的相对于石油醚而固定不动的碳酸钙称为固定相(stationary phase),装有固定相的管子称为色谱柱(column),冲洗过程称为洗脱(elution),洗脱液称为流动相(mobile phase),得到的图谱称为色谱图(chromatogram)。

Tswett 发现的经典色谱法由于分离速度慢,分离效率低,在随后的几十年中并没有引起足够的重视。直到 1941 年 Martin 和 Synge 把氨基酸的混合液注入以硅胶做固定相的柱中,用氯仿做流动相,将各个氨基酸的组分分开,才引起化学家的重视。这个方法形式上与 Tswett 的方法相似,但 Tswett 是借助于各组分在固定相中吸附能力的强弱不同而进行分离的,而 Martin 的分离是借助于氨基酸在硅胶中的水和有机溶剂氯仿两相中的溶解度不同而达到分离的。前者称为吸附色谱(absorption chromatography),后者称为分配色谱(partition chromatography)。随后,1944 年 Martin 和 Synge 用滤纸代替硅胶,不用色谱柱,固定相是滤纸中含有水分的纤维素,流动相用有机溶剂,也成功地分离了氨基酸,从而创立了纸色谱法(paper chromatography,PC)。1952 年,Martin 等又提出以气体做流动相的气相色谱法(gas chromatography,GC)。它给挥发性化合物的分离测定带来了划时代的变革。Martin 和 Synge 由于对现代色谱法的形成和发展所做出的重大贡献,获得了 1952 年度的诺贝尔化学奖。20 世纪 50 年代又出现了将固定相涂布在玻璃板上的薄层色谱法(thin-layer chromatography,TLC)。1969 年的高效液相色谱法(high performance liquid chromatography,HPLC)的出现和 20 世纪 70 年代计算机技术进入色谱领域,出现了计算机控制的全自动色谱仪,导致现代色谱技术又进入了一个迅速发展的新时代——智能色谱(chromatography with artifical intelligence)。使色谱法在现代分离分析技术中占有极其重要的地位。

二、色谱分析的定义

初期,Keuleman 将色谱法定义为组分在固定相和流动相之间被分离的一种物理方法。随着科学的进步,色谱分析已不再是单纯的分离方法,它已与分析仪器相连接,成为既分离又分析的一种综合分析方法了。因此,色谱法是一种利用样品中各组分在固定相与流动相中受到的作用力不同,而将各组分依次分离,然后顺序检测各组分含量的分离分析方法。

三、色谱法分类

色谱分析法是一种包含多种分离类型、检测方法和操作方法的分离分析技术,可以从不同角度进行分类。

1. 按固定相及流动相的物理状态分类

流动相有气体和液体两类,故色谱法又分气相色谱法和液相色谱法。固定相有液体固定相和固体固定相,因此色谱又可组合成四种主要类型:气-液色谱(gas-liquid chromatography,GLC);气-固色谱(gas-solid chromatography,GSC);液-液色谱(liquid-liquid chromatography,LLC);液-固色谱(liquid-solid chromatography,LSC)。

此外,还有一种超临界流体色谱(supercritical fluid chromatography,SFC)。流动相不是一般的液体或一般的气体,而是具有超临界温度和临界压力的流体。这种流体兼有气体的低黏度和液体的高密度的性质,而组分的扩散系数介于气体和液体之间,可分析 GC 不能或难于分析的许多沸点高、热稳定性差的物质。

2. 按固定相形状分类

将固定相装在柱中的称为柱色谱(column chromatography)。

固定相呈平板状的称为平板色谱(planar chromatography)。利用滤纸做固定相的平板色谱称为纸色谱(paper chromatography)。固定相被涂布在玻璃板上的称为薄层色谱(thin-layer chromatography)。

3. 按色谱过程的物理、化学机理分类

(1) 吸附色谱(absorption chromatography)。用固体吸附剂做固定相的色谱。它是利用组分在吸附剂上吸附力的不同,因而吸附平衡常数不同而将组分分离的色谱。

(2) 分配色谱(partition chromatography)。用液体做固定相,利用组分在液相中的溶解度不同,因而分配系数不同而进行分离的色谱。

(3) 离子交换色谱(ion exchange chromatography)。利用离子交换原理而进行分离的色谱。

(4) 排阻色谱(exclusion chromatography),又称凝胶色谱(gel chromatography)。利用分子大小不同而进行分离的色谱。

(5) 电色谱(electro chromatography)。利用带电物质在电场作用下移动速度不同进行分离的色谱。

4. 按仪器分类

(1) 气相色谱(gas chromatography)有填充柱气相色谱(packed column gas chromatography)、毛细管气相色谱(capillary column gas chromatography)、裂解气相色谱(paralysis gas chromatography)和顶空气相色谱(headspace gas chromatography)。

(2) 液相色谱(liquid chromatography)有高效液相色谱(high performance liquid chromatography)、超临界流体色谱(supercritical fluid chromatography)和高效毛细管电泳(high performance capillary electrophoresis)和毛细管电色谱(capillary electrochromatography)。

(3) 平面色谱法(planar chromatography)有薄层色谱(thin layer chromatography)、薄层电泳色谱(thin layer electrophoresis)和纸色谱(paper chromatography)。

此外,还有按色谱动力学过程,分类为淋洗法(elution method)、置换法(displacement method)、前沿法(frontal method)等。

第二节 色谱分离过程

凡是色谱分离都具有以下共同点:

(1) 色谱分离都具有两个相:流动相和固定相。固定相是不移动的,流动相冲洗样品对固定相做相对的运动。

(2) 被分离的组分对流动相和固定相有不同的作用力。这种作用力有吸附力(吸附色谱),溶解能力(分配色谱),离子交换能力(离子交换色谱),渗透能力(凝胶色谱)等。在色谱分离中常用分配系数来描述组分对流动相和固定相的作用力的差别。

$$K = \frac{c_s}{c_m} \tag{9.1}$$

式中：K 为分配系数；c_s 为组分在固定相中的浓度；c_m 为组分在流动相中的浓度。

分配系数的大小与组分的热力学性质有关。只有当各组分的分配系数有差异时，各组分才有可能达到彼此分离。

下面以柱色谱为例，粗略地讨论某二元混合物在色谱柱内的分离过程。由图 9.2 可见：

（1）样品刚进入色谱柱时，A 组分和 B 组分混合在一起。

（2）流动相将样品推入下一段柱内，经过一段距离后，若样品中 A、B 组分的热力学性质不同，即分配系数不同，A、B 组分逐步分离成 A、A+B、B 几个谱带。

（3）经过连续反复多次分配，分离成 A、B 两个谱带。在迁移过程中，随着组分的逐渐扩散，谱带的宽度变大。

（4）组分 A 进入检测器，信号被记录，在记录仪上得到峰 A。

（5）组分 B 进入检测器，信号被记录，在记录仪上得到峰 B。

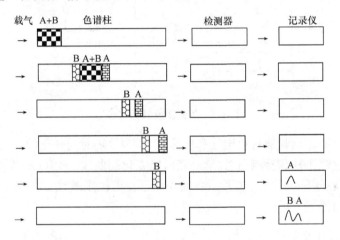

图 9.2　二元混合物在色谱柱内的分离过程示意图

从上述过程可以看出，组分是否能分离，取决于 A、B 组分的热力学性质不同程度，即分配系数差异的大小，差异越大，越易分离。但分离是否能实现，分离效果的好坏还与组分在两相中的扩散程度有关。扩散会造成分配系数相差较少的组分重叠而影响分离。扩散的程度取决于组分分子的微观运动，这类运动受动力学因素的影响，因此色谱学需要研究下列三个重要问题：

（1）要想使两组分（特别是难分离的两组分，也称物质对）分离，就要使它们的流出峰相距足够的远。两物质的流出峰的距离与它们在两相的分配系数 K 有关，而 K 与物质的分子结构和性质有关，因此必须研究这一分配过程中的热力学性质，它是发展高选择性色谱柱的理论基础。

（2）两峰具有一定距离还不足以分离，还必须要求峰宽要窄。色谱峰的宽窄与物质在色谱过程中的运动情况有关，这就要求研究色谱过程中的动力学因素。

（3）当改变操作条件时，色谱峰宽和距离均可能同时起变化，色谱分离条件的选择，就成了色谱学理论研究的第三个重要问题。

第三节　色谱分析中的重要参数

一、色谱图的重要参数

色谱图是记录仪的记录笔在等速移动的记录纸上,记录检测器输出的电压或电流信号。它反映了被分离的各组分从色谱柱中流出的浓度变化的信息。横坐标是时间坐标,纵坐标是信号坐标(图9.3)。这些信息是被分离各组分定性和定量的依据。

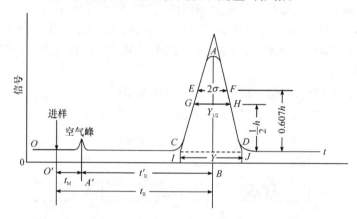

图9.3　色谱图及其重要参数

色谱峰为组分随流动相通过色谱柱和检测器时,信号随时间变化的曲线。它呈正态分布。当只有流动相通过色谱柱和检测器时,信号随时间变化的曲线(图中Ot)称基线。色谱峰中的主要参数有四个:色谱峰的位置、宽度、高度和峰形。可以用基线、峰宽、半峰宽、峰高和峰的保留时间等参数描述。

1. 峰高和区域宽度

(1)峰高。用h或H表示。色谱峰的高度与组分的浓度有关,分析条件一定时,峰高是定量分析的依据。

(2)峰宽。常用W或Y符号表示。峰宽是在流出曲线拐点处作切线,分别相交于基线上的IJ处的距离。

(3)半峰宽。峰高一半处色谱峰的宽度,图9.3中的GH。用$W_{1/2}$或$Y_{1/2}$表示。

(4)标准偏差。峰高0.607处峰的宽度的一半(EF的一半,用σ表示)。标准偏差也称曲折点峰宽。标准偏差与峰宽和半峰宽的关系如下:

$$Y = 4\sigma \tag{9.2}$$

$$Y_{1/2} = 2\sigma\sqrt{2\ln2} = 2.355\sigma \tag{9.3}$$

区域宽度的三种表示参数(峰宽、半峰宽、标准偏差)是色谱流出曲线中很重要的参数,它的大小反映了色谱柱或所选的色谱条件的好坏。

2. 保留值

色谱峰的位置用所对应组分峰的保留值(retention value)表示,它反映了该组分迁移的速度,是该组分定性的依据。

（1）死时间，用符号 t_M 或 t_R^0 表示。是指惰性组分从进样至出现浓度最大点时的时间。反映了流动相流过色谱系统所需的时间，因此也称为流动相保留时间。

（2）保留时间（t_R）是指组分从进样至出现浓度最大点时的时间。

（3）调整保留时间（t_R'）是指扣除死时间后的组分保留时间，表达式为

$$t_R' = t_R - t_R^0 \qquad (9.4)$$

（4）死体积（V_R^0）是指流动相流过色谱系统所需的体积，相当于分离系统中除固定相外，流动相所占的体积，表达式为

$$V_R^0 = t_R^0 F_C \qquad (9.5)$$

式中，F_C 为流动相的流速。

（5）保留体积（V_R）是指组分从进样至出现浓度最大点时所耗用流动相的体积，表达式为

$$V_R = t_R F_C \qquad (9.6)$$

（6）调整保留体积（V_R'）是指扣除死体积后的组分保留体积，表达式为

$$V_R' = t_R' F_C \qquad (9.7)$$

二、色谱分离中的一些重要参数

为了描述两种难以分离的组分通过色谱柱后被分离的程度与原因，需要引入一些关于两种组分的热力学性质差别的参数。这些参数有相对保留值、分配比、相比、塔板数和分离度等。

1. 相对保留值

相对保留值（relative retention value，α）也称分离因子或选择性因子，是指相邻两种难分离组分的调整保留值的比值，表达式为

$$\alpha = t_{R2}'/t_{R1}' = V_{R2}'/V_{R1}' \neq t_{R2}/t_{R1} \qquad (9.8)$$

习惯上设定 $t_{R2}' > t_{R1}'$，则 $\alpha \geqslant 1$。若 $\alpha = 1$，则该两组分热力学性质相同，不能分离。只有当 $\alpha > 1$ 时，两组分才有可能分离。

对于给定的色谱体系，在一定的温度下，两组分的相对保留值是一个常数，与色谱柱的长度、内径无关。在色谱定性分析中，常选用一个组分作为标准，其他组分与标准组分的相对保留值可作为色谱定性的依据。选择相邻难分离两组分的相对保留值，也可作为色谱系统分离选择性指标。

2. 分配比和相比

分配比（partition ratio，k'）也称分配容量、容量比、容量因子或质量分配比。它是指达到分配平衡时，组分在固定相和流动相中的质量比（或分子数比、物质的量比），即

$$k' = N_s/N_m = c_s V_s/c_m V_m = K V_s/V_m = t_R'/t_M \qquad (9.9)$$

式中：N_s 为固定相中组分的质量；N_m 为流动相中组分的质量；c_s 为组分在固定相中的浓度；V_s 为色谱柱中固定相的体积；c_m 为组分在流动相中的浓度；V_m 为色谱柱中流动相的体积。

通常 k' 值一般控制为 3～7。

相比（β）是指色谱柱中流动相与固定相体积的比值。β 与 K、k' 有如下关系：

$$\beta = V_m/V_s = K/k' \qquad (9.10)$$

填充柱气相色谱柱的 β 值为 5～35，而毛细管气相色谱柱的 β 值为 50～200。

3. 塔板数

塔板数(number of plates,N)是指组分在色谱柱中的固定相和流动相间反复分配平衡的次数。N 越大,平衡次数越多,组分与固定相的相互作用力越显著,柱效越高。塔板数 N 是色谱柱效的指标。它与保留值和峰宽有如下关系:

$$N = 16(t_R/Y)^2 = 5.54\left(\frac{t_R}{Y_{1/2}}\right)^2 \tag{9.11}$$

4. 分离度

分离度(resolution,R)也称分辨率,是指相邻两个峰的分离程度。R 作为色谱柱的总分离效能指标,定义为相邻两组分色谱峰保留值之差与两色谱峰峰宽之和一半的比值,即

$$R = \frac{2(t_{R2} - t_{R1})}{Y_1 + Y_2} \tag{9.12}$$

两色谱峰保留值之差值主要反映固定相对两组分的热力学性质的差别。色谱峰的宽窄则反映色谱过程的动力学因素,柱效能的高低。因此,R 值是两组分热力学性质和色谱过程中动力学因素的综合反映。R 值越大,表明相邻两组分分离得越好。

研究分离度的目的是研究相邻两组分实际被分离的程度。从理论上可以证明,若峰形对称,呈正态分布:

当 $R=0.8$,两组分的峰高为 1:1 时,两组分被分离的程度为 95%。若从两峰的中间(峰谷)切割,则在一个峰内包含另一个组分的 5%。

当 $R=1$,两组分被分离的程度为 98%。若从两峰的中间(峰谷)切割,则在一个峰内包含另一个组分的 2%。

当 $R=1.5$ 时,分离程度可达 99.7%。因此,可用 $R=1.5$ 作为相邻两峰已完全分开的指标。

三、各种参数对分离的综合影响

由式(9.11)得

$$Y = 4t_R/N^{1/2}$$

设 $N_1 = N_2$,将 Y 代入式(9.12),得

$$R = \frac{2(t_{R2} - t_{R1})}{Y_1 + Y_2} = \frac{2(t_{R2} - t_{R1})}{4(t_{R2} + t_{R1})/N^{1/2}} = \frac{N^{1/2}(t'_{R2} - t'_{R1})}{2(t'_{R2} + t'_{R1} + 2t_R^O)}$$

分子分母除以 t'_{R1},得

$$R = \frac{N^{1/2}(\alpha - 1)}{2(\alpha + 1 + 2t_R^O/t'_{R1})} = \frac{N^{1/2}(\alpha - 1)t'_{R2}}{2\alpha(t'_{R2} + t'_{R1} + 2t_R^O)} \tag{9.13}$$

设 $t'_{R2} \approx t'_{R1}$,将 $k' = t'_R/t_R^O$ 代入式(9.13),得

$$R = \frac{2(t'_{R2} - t'_{R1})}{Y_1 + Y_2} = \frac{N^{1/2}}{4}\frac{(\alpha - 1)}{\alpha}\frac{k'}{(k' + 1)} \tag{9.14}$$

式(9.14)为决定分离度的三个基本要素分配比 k'、相对保留值 α 和理论塔板数 N 之间的关系式。图 9.4 定性地描述了分离度与 k'、α 和 N 之间的关系。

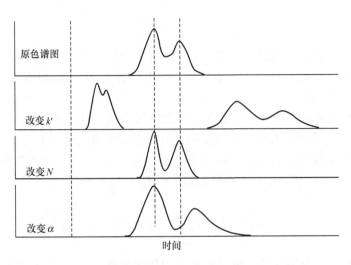

图 9.4　分离度与 k'、α 和 N 之间的关系示意图

1. 分离度与 k' 的关系

k' 决定洗出峰位置。当 k' 很小时(小于 1～2),$k'/(k'+1)$ 随 k' 的增加而迅速增加,R 也随 k' 增大而迅速上升。当 $k'>5$ 后,k' 增加,R 增大非常缓慢。当 $k'>10$ 后,k' 的上升,R 变化很少。而分离时间延长,色谱峰扩张。从分离度与分析速度角度考虑,最佳 k' 值在 $2\leqslant k' \leqslant 5$。对于多元混合物,$k'$ 值一般控制为 3～7。

改变 k' 有如下办法:

(1) 改变流动相或固定相来控制 k'。对于气相色谱,流动相只有少数几个,难奏效。选择改变固定相较为理想。对于液相色谱,两者均有选择余地,固定相一般为化学键合固定相,价格太贵,选择流动相的配比较为合适。

(2) 改变温度可以控制 k'。如对于气相色谱,可采用程序升温。对于液相色谱,选择不同的温度。

2. 分离度与柱效 N 的关系

分离度与理论塔板数 N 的平方根成正比,增加 N,可提高分离度。N 的大小与柱的性能(如长度、柱的填充好坏、固定相的性质、固定相的粒度大小和固定液膜厚度等综合因素)有关。也与分离条件如流动相的种类、流速、温度等有关。因此获得一根高效的色谱柱,可有效地提高难分离两组分的分离效果;改变某些分离条件,如改变流动相、流速接近最佳流速等,也可提高难分离两组分的分离效果。

3. 分离度与 α 的关系

相对保留值 α 决定洗出峰的位置。当 α 由 1.01 提高到 2 时,$(\alpha-1)/\alpha$ 值由 0.01 增加到 0.5,分离度 R 提高了 50 倍。而 k' 由 1 提高到 2 时,$k'/(k'+1)$ 值只由 0.5 增加到 0.67,变化范围只有 0.17。可见,α 是提高分离度的重要变量。当 $\alpha=2$ 时,两组分的分离已变得相当容易了。况且,提高 k' 值增加分离度,分离时间增加,而提高 α 值增加分离度,分离时间缩短。

根据式(9.8)、式(9.9)可得

$$\alpha = \frac{k_2'}{k_1'} = \frac{N_{s2} N_{m1}}{N_{s1} N_{m2}} \tag{9.15}$$

因此,提高 α 值,必须使两组分中的一种在固定相中分配的比例增加,而另一种在流动相中的分配比例增加。提高 α 值,主要是改变流动相和固定相的组成,可有效地提高分离度,提高难分离两组分的分离效果。

提高色谱系统分离的选择性是色谱热力学的重要研究课题。改善或增大分离度的办法,对于 GC,用选择合适的固定液的办法和降低柱温来提高 α 值。对于 LC,用选择流动相配比,即改变流动相的组成和极性的办法,提高 α 值。再加上程序升温或梯度淋洗等技术来改变分离系统,提高分离度以达到两难分离组分的有效分离。

第四节　色谱学基础理论

色谱学基础理论是色谱学快速发展和广泛应用的基础,是进一步推动色谱理论、方法和应用技术研究的基础。它包括三个基本理论问题:一是色谱过程的热力学因素;二是色谱过程的动力学因素;三是色谱分离理论。

色谱学的基础理论有平衡色谱理论、塔板理论、扩散理论、速率理论、块状液膜模型等,本文只介绍塔板理论和速率理论。

一、塔板理论

1941 年,Martin 和 Synge 阐述了色谱、蒸馏和萃取之间的相似性,把色谱柱比作蒸馏塔,引用蒸馏塔理论和概念,研究了组分在色谱柱内迁移和扩散,描述组分在色谱柱内运动的特征,成功地解释了组分在柱内的分配平衡过程,导出了著名的塔板理论(plate theory)。

1. 塔板理论的基本假设

塔板理论将色谱柱与蒸馏塔类比,设想色谱柱是由若干小段组成,在每一小段内,一部分被固定相填充,另一部分被流动相占据。它假设:

(1)柱内由一小段高度不变的 H 组成,这一小段高度 H 称为一个塔板高度。因此,柱子的塔板数为

$$N = L/H \tag{9.16}$$

(2)在塔板高度 H 内,组分在两相间达到瞬时平衡。

(3)流动相以跳跃式或脉冲方式进入一个体积。

(4)分配系数 K 在每个塔板上均不变,是常数。

(5)组分加在 0 号塔板上,轴向扩散可忽略。

2. 塔板理论方程式

根据假设,设有两组分 A、B,质量均为 1 个单位。分配常数 $K^A = 1$,$K^B = 0.25$,柱子由 5

块塔板组成,即 $N=5$。此时,两组分 A、B 在柱中 H 塔板高度的分布如表 9.1 所示。

表 9.1 两组分 A、B(均为 1 个单位)在 $K^A=1, K^B=0.25, N=5$ 的柱内各塔板上的分配

进样体积	0号塔板	1号塔板	2号塔板	3号塔板	4号塔板	柱出口
	1.0^A					
	1.0^B					
$1\Delta V$	0.5^A	0.5^A				
	0.2^B	0.8^B				
$2\Delta V$	0.25^A	0.5^A	0.25^A			
	0.04^B	0.320^B	0.640^B			
$3\Delta V$	0.125^A	0.375^A	0.375^A	0.125^A		
	0.008^B	0.096^B	0.384^B	0.512^B		
$4\Delta V$	0.063^A	0.250^A	0.375^A	0.250^A	0.062^A	
	0.0016^B	0.026^B	0.154^B	0.410^B	0.410^B	
$5\Delta V$	0.032^A	0.156^A	0.313^A	0.313^A	0.157^A	0.032^A
		0.006^B	0.052^B	0.205^B	0.410^B	0.328^B
$6\Delta V$	0.016^A	0.095^A	0.235^A	0.313^A	0.235^A	0.079^A
		0.001^B	0.015^B	0.083^B	0.246^B	0.328^B
$7\Delta V$	0.008^A	0.056^A	0.165^A	0.274^A	0.274^A	0.118^A
			0.004^B	0.029^B	0.119^B	0.197^B
$8\Delta V$	0.004^A	0.032^A	0.110^A	0.219^A	0.275^A	0.138^A
			0.001^B	0.010^B	0.047^B	0.095^B
$9\Delta V$	0.002^A	0.018^A	0.071^A	0.164^A	0.248^A	0.138^A
				0.003^B	0.017^B	0.038^B
$10\Delta V$	0.001^A	0.010^A	0.045^A	0.118^A	0.206^A	0.124^A
					0.006^B	0.014^B
$11\Delta V$		0.005^A	0.028^A	0.082^A	0.162^A	0.103^A
					0.001^B	0.005^B
$12\Delta V$		0.002^A	0.016^A	0.055^A	0.122^A	0.081^A
						0.001^B
$13\Delta V$		0.001^A	0.009^A	0.036^A	0.088^A	0.061^A
$14\Delta V$			0.005^A	0.022^A	0.062^A	0.044^A
⋮						

注:数字右上角的 A、B 分别代表 A、B 组分在某一塔板上的分配值。

由表 9.1 可见,组分随着流动相在柱内移动时,一方面在柱内扩散;另一方面谱带的峰值逐渐向后推移。以柱出口流出液中的质量数据可得模拟图 9.5。

图 9.5 流出曲线不对称,且 A、B 组分没有分离。当 N 大于 50 时,流出曲线趋向于正态分布曲线。在一般色谱法中,N 值是很大的,如气相色谱 N 值一般都大于 1×10^3,此时 A、B 组分流出曲线峰宽变窄又呈正态分布,且能得到很好的分离。

经推导,当塔板数 N 很大时,流出液的浓度 c 与流动相体积 V 的变化可用正态方程来描述,流出曲线方程如下:

$$c = c_{max}\exp[-(N/2)(1-V/V_R)^2] \tag{9.17}$$

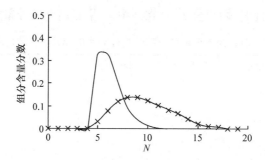

图 9.5　A、B 组分在 $N=5$ 时的流出曲线示意图

—×—为 A 组分流出曲线；——为 B 组分流出曲线

$$c_{\max} = \frac{N^{1/2} \cdot W}{(2\pi)^{1/2} \cdot V_R} \tag{9.18}$$

式中：$c_{\max}$ 为曲线中的浓度最大值；c 为进入流动相体积 V 时的组分浓度；W 为进样量；V_R 为浓度最大时的保留体积；N 为塔板数。

理论塔板数为

$$N = \frac{L}{H} = 16\left(\frac{t_R}{Y}\right)^2 = 5.54\left(\frac{t_R}{Y_{1/2}}\right)^2 \tag{9.19}$$

3. 塔板理论的讨论

塔板理论指出了组分在柱内分布的数学模型。组分随着流动相冲洗时间的增加，在柱内迁移过程中浓度呈正态分布谱图。它形象地说明了色谱柱的柱效，理论塔板数是反映柱效能的指标。理论塔板数 N 的物理意义在于说明组分在柱中反复分配平衡的次数的多少，N 越大，平衡次数越多，柱效越高，组分之间的热力学性质（表现在分配系数 K）的差异表现得越充分，组分与固定相的相互作用力越显著，分离得越好。反之，N 越小，平衡次数越少，柱效越小，组分之间的热力学性质的差异难以充分表现，分离得越差。

塔板理论还能很好地解释色谱图，如曲线形状、浓度最大值位置、数值和流出时间，色谱峰的宽度和保留值的关系等。因此，塔板理论具有一定的实用价值。

但是，塔板理论把色谱柱作为蒸馏塔或蒸馏柱来看待，它的几个假设并不符合色谱柱内的情况。组分在塔板高度 H 内在两相间的质量传递需要一定时间，分配平衡不可能达到瞬时完成，而且在柱前部分和柱后部分的一个塔板高度 H 内，组分的分配平衡是有差异的，达不到完全平衡；分配系数 K 在每个塔板上不是一成不变的常数；组分和流动相在柱内的流动也不是以跳跃式或脉冲方式进入一个体积，而是连续式的进入。组分的轴向扩散不可忽略。因此，塔板理论具有一定的局限性，它不能解释同一色谱柱对不同组分理论塔板数 N 或塔板高度 H 可能不同；不能解释不同操作条件下，同一色谱柱对相同组分的理论塔板数 N 或塔板高度 H 的不同；不能找出影响 N 或 H 的内在因素；不能为操作与应用色谱方法提供改善柱效的途径和方法。这是因为塔板理论只考虑组分热力学因素，而没有考虑组分在柱内的动力学因素。这就是塔板理论局限性的主要原因所在。

二、速率理论

塔板理论描述了组分分子在色谱柱内的运动规律，它考虑的是组分的热力学性质，所以它只能定性地给出了理论塔板数或塔板高度的概念,而不能找出影响塔板高度的各种因素。1956 年,荷兰学者 Van Deemter 等提出了色谱过程动力学理论——速率理论(rate theory)。速率理论从动力学方面出发,提出了影响塔板高度的三项因素。这三项因素是涡流扩散项(H_e)、分子扩散项(H_m)和传质阻力扩散项(H_t),它是构成谱带的总宽度和影响谱带变宽的主要因素。色谱柱的塔板高度用式(9.20)表示为

$$H = H_e + H_m + H_t \tag{9.20}$$

图 9.6 为色谱柱中某一局部放大示意图。在这局部空间中有 10 个固定相颗粒,其中 C 表示液体固定相,它是在担体外涂上一薄层的固定液。

1. 涡流扩散项(eddy diffusion term)

当流动相带着被分离组分分子通过颗粒大小不同、填充松紧不同的固定相时,会形成紊乱的类似"涡流"的流动,形成流速不同的流路,造成组分谱带的展宽,故也称多径项。如图 9.6 示意图中的 B 表示涡流扩散造成组分谱带的展宽。流动相在固定相颗粒 1、2 之间的流速大于 3、4 之间的流速,从而使谱带增宽为 W_e。

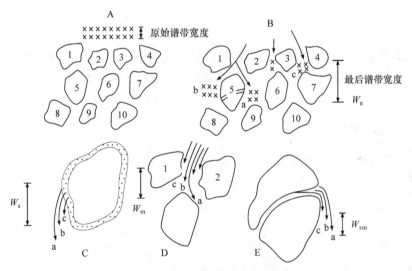

图 9.6　色谱柱中某一局部谱带的扩散放大示意图

由涡流扩散项产生的塔板高度 H_e 与固定相粒度 d_p 成正比。涡流扩散项产生的板高常用 A 表示。可用式(9.21)表示为

$$H_e = A = 2\lambda d_p \tag{9.21}$$

式中:λ 为不规则因子,与固定相填充的均匀程度和颗粒之间的形状与大小有关。

2. 分子扩散项(molecular diffusion term)

当样品进入色谱柱后,由于存在着浓度梯度,组分分子由浓度高的区域向浓度低的区域运动,产生浓差扩散,造成组分谱带展宽。分子扩散产生的板高 H_m 与组分在流动相中的扩散系数 D_m 成正比,与组分分子在流动相中停留的时间成正比,即与流动相的线流速 u 成反比。在板高方程中,分子扩散产生的板高 H_m 写成 B/u,称为 B 项。

$$H_m = B/u = 2\gamma D_m/u \tag{9.22}$$

式中:B 为分子扩散项系数;γ 为弯曲因子(扩散阻止系数),反映填充柱中流路的弯曲性,使用粒度小和均匀的固定相,可使 γ 值减小,提高柱效;D_m 为组分在流动相中扩散系数。

3. 传质阻力项(mass transfer term)

当组分分子在流动相的推动下向柱内移动时,按浓度分配比在两相中不断分配扩散,进行质量传递,这种传质过程是动态过程。在传质过程中,组分浓度达到平衡需要一定的时间,但柱内不断向前推进的运动,使组分产生阻力,组分浓度在两相达不到完全平衡状态。这种由组分在两相质量传质过程中产生的阻力称为传质阻力。显然,它由两项组成,一项是流动相的传质阻力项,另一项是固定相传质阻力项。如图 9.6 示意图中的 C、D、E。C 表示组分分子在固定相中的传质阻力引起的谱带展宽 W_s。D、E 表示组分分子在流运动相中的传质阻力引起的谱带展宽。其中 D 表示组分分子在移动流运动相中的传质阻力引起的谱带展宽 W_m。E 表示组分分子在停滞流运动相中的传质阻力引起的谱带展宽 W_{sm}。

固定相传质阻力产生的板高是固定相的固定液膜平均厚度的平方 d_f^2、线速度 u、分配比 k' 和组分分子在固定相中扩散系数 D_s 的函数,在板高方程中,固定相传质阻力产生的板高 H_{ts} 写成 $c_s u$

$$H_{ts} = c_s u = f(d_f^2, k') u/D_s \tag{9.23}$$

流动相传质阻力产生的板高是固定相的粒度 d_p^2、线速度 u、分配比 k' 和组分分子在流动相中扩散系数 D_m 的函数,在板高方程中,流动相传质阻力产生的板高 H_{tm} 写成 $c_m u$,即

$$H_{tm} = c_m u = f(d_p^2, k') u/D_m \tag{9.24}$$

4. 速率理论总的板高方程

合并上述各式得速率理论总的板高方程为

$$H = H_e + H_m + (H_{ts} + H_{tm}) = A + B/u + Cu$$
$$= A + B/u + (c_s + c_m)u \tag{9.25}$$

$$H = 2\lambda d_p + \frac{2\gamma D_m}{u} + \left[\frac{f(d_f^2, k')}{D_s} + \frac{f(d_p^2, k')}{D_m}\right]u \tag{9.26}$$

5. 速率理论公式中三个常数 A、B、C 的求法

(1) 用三个相差较大的、不同的流速 u,得到三个色谱图。

(2) 在三个色谱图中选择某个峰,分别求出对应的三种 u 的板高 H。

(3) 由已知 u 和 H 建立三个速率方程,解联立方程求取 A、B、C。

【例 9-1】 氯苯甲酸甲酯在三种不同载气流速下的数据如下:$L = 2m$

t_R^0/s	t_R/s	Y/s
47.0	361	48.2
37.5	295	39.3
25.0	198	27.7

求 $H = A + B/u + Cu$ 中的 A、B、C。

解 先求 u、N,后求 H。

如

$$u_1 = L/t_R^0 = 2 \times 100/47.0 = 4.26(\text{cm/s})$$
$$N_1 = 16(t_{R1}/Y_1)^2 = 16(361/48.2)^2 = 897$$

$$H_1 = L/N_1 = 200/897 = 0.223(\text{cm})$$

则

$$H_1 = A + B/u_1 + Cu_1$$

依此类推,可求取 u_2、u_3 下的 H_2、H_3,得三个方程组,解三个方程组得 A、B、C。

对于某一色谱柱,从 A、B、C 可知,三项中哪一项影响柱效最大,从而可采取相应措施加以改进。

三、速率公式在气相填充柱色谱中的应用

速率公式在气相填充柱色谱中的表达式如下:

$$H = 2\lambda\, d_{\mathrm{p}} + \frac{2\gamma D_{\mathrm{m}}}{u} + \left[\frac{2k' d_{\mathrm{f}}^2}{3(1+k')^2 D_{\mathrm{s}}} + \frac{0.01(k')^2 d_{\mathrm{p}}^2}{(1+k')^2 D_{\mathrm{m}}}\right]u \tag{9.27}$$

1. u 与 H 的关系

对式(9.25)作 H 与 u 的关系曲线,即得到图 9.7。

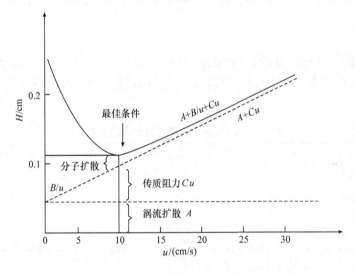

图 9.7　色谱的 H 与 u 曲线图

从图 9.7 可以看出,H 与 u 曲线由三项构成:涡流扩散项 A 为一常数,不随 u 而变化。传质阻力项 Cu 为一定斜率的直线(图 9.7 中的虚线)。分子扩散项 B/u 为双曲线。在低流速时,板高 H 及峰变宽主要由分子扩散项 B/u 决定。在高流速时,板高 H 及峰变宽主要由传质阻力项 Cu 决定。

对式(9.25)求导数,当 H 最小时,一阶导数为零,即

$$\mathrm{d}H/\mathrm{d}u = -B/u^2 + C = 0$$

故

$$u_{\text{最佳}} = (B/C)^{1/2} \tag{9.28}$$

$$H_{\text{最小}} = A + B/u + Cu = A + 2(BC)^{1/2} \tag{9.29}$$

在最佳流速下,虽可获得最小的板高,但分析速度太慢。实际工作中,一般采用双曲线的渐近线或切线与曲线的切点对应下的流速,称最佳实用流速,约为最佳流速的两倍。

2. 载气的选择

根据式(9.25)，当 $u < u_{最佳}$ 时，B 项起主要作用，D_m 降低，可获得较小的板高，有利于柱效的提高。D_m 与载气的相对分子质量的平方根成反比，故可选择相对分子质量较大的载气如氩气、氮气等。

当 $u > u_{最佳}$ 时，C 项起主要作用，D_m 增加，可获得较小的板高，有利于柱效的提高。可选择相对分子质量小的载气，如氢气、氮气。

3. 固定相的选择

影响速率方程与固定相有关的参数主要是：d_p、d_f、λ、γ、k' 等。d_p 减小，有利于柱效的提高，但 d_p 太少，填充不均匀，λ、γ 值增大，柱效反而降低。此外，柱压增大，易漏气。一般选取 100 目左右。

d_f 减小，C 项小，缩短分析时间，柱效也高，但进样量小。

适当选择固定相使不同组分的容量因子 k' 差别较大，可大大地提高分离度。

4. 柱温的选择

温度对柱效的影响比较复杂，一般来说，T 增大，D_m、D_s 增大，B/u 项增大，Cu 项减小，适当提高 u，使 B/u 项减少，Cu 项适当，以有利于柱效的提高。表 9.2 可作为固定液含量与柱温选择的参考值。

表 9.2　固定液含量与柱温选择的参考值

组分沸点/℃	固定液参考用量/%	参考柱温/℃
300～400	<3	0～250
200～300	5～10	150～200
100～200	10～15	70～120
100 以下	15～25	室温～60

四、速率公式在液相填充柱色谱中的应用

速率公式在 LC 中的表达式如下：

$$H = 2\lambda d_p + \frac{2\gamma D_m}{u} + \left[\Psi \frac{d_p^2}{D_m} + \text{cons}(k') \frac{d_f^2}{D_s} \right] u \tag{9.30}$$

大量实验结果表明，在液相色谱中，$\lambda = 1 \sim 1.5$（$A = 2 \sim 3d_p$），$\gamma = 1$，$D_s \approx D_m$，$d_f \ll d_p$，以上述值代入式(9.30)得

$$H = (2 \sim 3)d_p + \frac{2D_m}{u} + \Psi \frac{d_p^2}{D_m} u \tag{9.31}$$

Ψ 为 k' 的函数，Halasz(1975)引用 Golay(1958)的结果，当 $k' = 1$ 时，$\Psi = 0.047$；当 $k' = 5$ 时，$\Psi = 0.09$；当 $d_p < 10\mu m$ 时，H 受 k' 的影响很小，故 Ψ 对 k' 的影响很小，以 $\Psi = 0.047$ 代入式(9.31)得到速率理论方程简化式

$$H = (2 \sim 3)d_p + 2D_m/u + 0.047d_p^2 u/D_m \tag{9.32}$$

式(9.32)为目前液相色谱中，至今普遍采用的仪器所限制的速度范围内适用的简化式。

1. 谱带扩展（H）与粒度的关系

以式(9.32)中的数值代入式(9.28)得到最佳的流速：

$$u_{最佳} = (B/C)^{1/2} = 6.25D_m/d_p \tag{9.33}$$

式(9.33)表明，最佳流速只为粒度的倒数。将式(9.33)的 $u_{最佳}$ 值代入式(9.32)，得到最小的板高为

$$H_{最小} \approx (2.5 \sim 3.5)d_p \tag{9.34}$$

式(9.34)说明，当固定相的粒度一定时，最小的板高为粒度的 2.5～3.5 倍；当固定相粒度和色谱柱长度一定时，就可通过计算，预测有可能获得的最大的理论塔板数是多少，预测选择的色谱条件是否是较佳的色谱条件。

例如，当粒度为 $3\mu m$，柱长为 250mm 时，$H_{最小} = 7.5 \sim 10.5\mu m$，则

$$N = L/H = 250 \times 10^3/(7.5 \sim 10.5) = 25\ 000 \sim 30\ 000$$

即柱长为 250mm、粒度为 $3\mu m$ 的柱子，最大塔板数为 25 000～30 000。

式(9.34)还说明，选择粒度小的固定相，有可能获得较小的板高、高柱效的色谱柱。但 d_p 不能无限的小，因为 d_p 正比于 4 倍压力(4Pa)，每增加 100 大气压，柱出口比柱入口的温度升高 5～7℃，所以 d_p 不能无限小，常用固定相的粒度为 2～10μm。

2. 柱外效应

液相色谱与气相色谱相比，流动相差异很大。组分在液体流动相中的扩散系数比在气相流动相中的扩散系数小 $10^4 \sim 10^5$ 倍。组分在气相里的作用力可以忽略，而在液相流动相中不能忽略。当柱外死体积太大(如进样部分死体积、柱和检测器之间连接的管道的死体积、检测器本身的死体积)，特别是对于柱子较短时更易出现。此时组分在死体积中的轴向扩散就变得严重，即分子扩散项是主要影响因素，使 B 项增大。对谱带的展宽有相当大的影响，形成柱外谱带变宽，产生柱外效应。严重时，一个纯组分可能会出现两个色谱峰，产生存在着不纯物质或有第二个组分的假象。产生柱外效应的另一可能性是由于柱内固定相塌陷，柱内出现死体积。此时必须对柱子进行修补。

柱外效应严重与否，可用下列几种简单的方法识别。第一种方法是用 k' 值较小的组分进样，如果峰形拖尾或双峰，表示可能存在着柱外效应。如果非保留峰比保留峰的板高大，也是柱外效应的证据。第二种方法是测定 k' 值小于 3 和 k' 值大于 3 的两种不同组分的 H 和 u 的关系曲线。如果两种曲线的形状不同，就表明存在着柱外效应。

对于购回的仪器，特别是经过改装或改进的仪器，应当检查柱外效应的影响。

柱外效应的消除主要是尽量避免多接长管道，把进样部分、检测器部分的死体积减少到最低限度。或者加长柱子，以减少与死体积的比例。

3. 管壁效应

当固定相粒度很小，柱子装填又不理想时，往往柱中心粒度小、柱壁粒度大，这样柱内沿管壁部分的流速较平均流速大，柱中心流速较平均值小。在管壁中的溶质分子流出色谱柱比柱中心快，形成峰的扩展，峰就不对称地洗脱下来，有时出现反常的拖尾峰和双重峰。这种谱带展宽的现象称为管壁效应。

克服管壁效应最有效的办法是选择固定相粒度均匀，即筛分窄的固定相，或者将有管壁效

应的柱子重新装填。

当柱内直径较小时,组分分子就有可能不受管壁效应的影响。于是有人提出"无限直径柱"的概念。此时的柱内直径称"无限直径"。"无限直径柱"显然会得到最小的板高,最高的柱效。其内径可用经验公式表示

$$d_c = (2.4 d_p L)^{1/2} \tag{9.35}$$

例如,装填一根 250mm,粒度为 $10\mu m$ 的"无限直径柱",内径为

$$d_c = (2.4 \times 10 \times 10^{-3} \times 250)^{1/2} = 2.5 \text{(mm)}$$

综上所述,影响板高的因素除了速率理论方程所指出的参数外,还应加上柱外效应和管壁效应。式(9.32)的液相色谱速率理论方程应修正为

$$H = (2 \sim 3)d_p + 2D_m/u + 0.047 d_p^2 u/D_m + H_{柱外} + H_{管壁} \tag{9.36}$$

第五节 色谱的定性、定量分析

不论是气相色谱还是液相色谱,它们的定性和定量分析原理和方法都是相同的。

一、色谱定性分析

色谱是一种卓越的分离方法,但是它不能直接从色谱图中给出定性结果,而需要与已知物对照,或利用色谱文献数据或其他分析方法配合才能给出定性结果。

1. 利用已知物定性

在色谱定性分析中,最常用的简便可靠的方法是利用已知物定性,这个方法的依据是:在一定的固定相和一定的操作条件下,任何物质都有固定的保留值,可作为定性的指标。比较已知物和未知物的保留值是否相同,就可定出某一色谱峰可能是什么物质。

1) 用保留时间或保留体积定性

比较已知和未知物的 t_R、V_R 或 t_R'、V_R' 是否相同,即可决定未知物是什么物质。用此法定性需要严格控制操作条件(柱温、柱长、柱内径、填充量、流速等)和进样量,V_R' 或 V_R 定性不受流速影响。用保留时间定性,时间允许误差要少于 2%。

2) 利用峰高增加法定性

将已知物加入到未知混合样品中去,若待测组分峰比不加已知物时的峰高增加了,而半峰宽并不相应增加,则表示该混合物中含有已知物的成分。

3) 利用双柱或多柱定性

严格地讲,仅在一根色谱柱上用以上方法定性是不太可靠的。因有时两种或几种物质在同一色谱柱上具有相同的保留值。此时,用已知物对照定性一般要在两根或多根性质不同的色谱柱上进行对照定性。两色谱柱的固定液要有足够的差别,如一根是非极性固定液,另一根是极性固定液,这时不同组分保留值是不一样的。从而保证定性结果可靠性。

双柱或多柱定性,主要是使不同组分保留值的差别能显示出来,有时也可用改变柱温的方法,使不同组分保留值差别扩大。

2. 与其他分析仪器结合定性

气相色谱能有效地分离复杂的混合物,但不能有效地对未知物定性。而有些分析仪器如

质谱、红外等虽是鉴定未知结构的有效工具,但对复杂的混合物则无法分离、分析。若把两者结合起来,实现联机既能将复杂的混合物分离又可同时鉴定结构,是目前仪器分析的一个发展方向。

实现联机需要硬件与软件条件。硬件条件需要一种色谱和其他分析仪器连接的"接口",以便把样品通过色谱分离后的各组分依次进入用于鉴定的分析仪器的样品池中。实现联机的条件是:①样品池的体积足够小,色谱分离后相邻的组分不至于同时保留在样品池内;②分析的速度足够快,以便色谱一个组分峰洗脱的期间就能达到对组分的分析(采集一个图谱);③分析的灵敏度足够高、检测限低,以便对需要分析的组分能够取得足够信噪比的分析图谱。目前常见的色谱与其他分析仪器连接的技术主要有以下两种:

(1) 色谱-质谱联用。质谱仪灵敏度高,扫描速度快,能准确测知未知物相对分子质量,而色谱则能将复杂混合物分离。因此,色-质联用技术是目前解决复杂未知物定性问题的最有效工具之一。

(2) 色谱-红外光谱联用。纯物质有特征性很高的红外光谱图,并且这些标准图谱已被大量地积累下来,利用未知物的红外光谱图与标准谱图对照则可定性。

除此以外,核磁共振,紫外光谱等技术也可以与色谱联用。

二、气相色谱定量分析

1. 定量分析的理论依据

在一定的操作条件下,被分析物质的质量 m_i 与检测器上产生的响应信号(色谱图表现为峰面积 A_i 或峰 h_i)成正比,即

$$m_i = f_i A_i \tag{9.37}$$

$$m_i = f_{hi} h_i \tag{9.38}$$

式(9.37)和式(9.38)就是定量分析的依据,要对组分定量,步骤如下:

(1) 准确测定峰面积 A_i 或峰高 h_i。

(2) 准确求出定量校正因子 f_i 或 f_{hi}。

(3) 根据式(9.37)、式(9.38)正确选用定量计算方法,把测得的 A_i 或 h_i 换算成百分含量或浓度。

2. 峰面积的测量方法

峰面积的测量有两类方法:一类是数学近似测量法;另一类是真实面积测量法。

1) 数学近似测量法

(1) 峰高乘半峰宽法。这是目前使用较广的近似计算法,适用于对称峰。实际上是求出一个长方形面积,如图 9.8 所示。理论上可证明峰面积应为长方形面积的 1.065 倍,即

$$A = 1.065 h \times 2\Delta X_{1/2} \tag{9.39}$$

(2) 峰高乘平均峰宽法。取峰高 0.15 和 0.85 处的峰宽平均值乘以峰高,求出近似面积

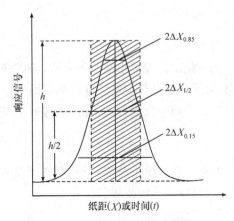

图 9.8　峰面积测量图

（图 9.8）。

$$A = 1/2(2\Delta X_{0.15} + 2\Delta X_{0.85})h \qquad (9.40)$$

此法适用于前伸型和拖尾型峰面积的测量。

2）真实面积测量法

较先进气相色谱仪都带有积分仪或微处理机，能自动地测出峰面积。它测得的是全部峰面积，对小峰或不对称峰也能给出较准确数据。测量精度在 $0.2\% \sim 2\%$。使用时，要注意仪器的线性范围。

3．定量校正因子的测定

1）定量校正因子的作用

相同量的不同物质在同一检测器上产生的响应信号（峰面积、峰高）是不相同的，相同量的同一物质在不同的检测器上产生的响应信号也不相同，这是受物质的物理化学性质差异或检测器性能影响的缘故。因此，混合物中某物质的含量并不等于该物质的峰面积占总峰面积的百分率。

为了解决这个问题，可选定某一物质作为标准，用校正因子把其他物质的峰面积校正成相当于这个标准物质的峰面积，然后用这种经过校正后的峰面积来计算物质的含量。

2）定量校正因子的表示方法

由式（9.37）得

$$f_i = m_i/A_i \qquad (9.41)$$

式子：f_i 称为绝对校正因子。它是指单位峰面积所代表的某组分的含量。f_i 主要是由仪器的灵敏度决定的，不易测得，无法直接应用。常用的是相对校正因子，相对校正因子是指待测物质 i 和标准物质 s 的绝对校正因子的比值，用 f_i' 表示，即

$$f_i' = f_i/f_s \qquad (9.42)$$

常用的标准物质为苯。除特殊标明外，平常所用的校正因子均是指相对校正因子，一般的参考文献中都列有许多化合物的校正因子，可在使用时查阅。

相对校正因子只与待测物质 i 和标准物质 s 及检测器有关。而与柱温、流速、样品及固定液含量，甚至载气等条件无关（一些资料认为载气性质有影响，但影响不超过 3%）。

4．各种定量方法

1）归一化法

归一化法是较常用的一种方法，当试样中各组分都能流出色谱柱，并在色谱图上显示色谱峰时，可用此法进行定量计算。如以面积计算，称面积归一化法；如以峰高计算，称峰高归一化法。以面积归一化法为例，若样品有 n 个组分，进样量为 m，则其中 i 组分的含量为

$$P_i\% = \frac{m_i}{m}100\% = \frac{A_i f_i'}{A_1 f_1' + A_2 f_2' + \cdots + A_n f_n'}100\% \qquad (9.43)$$

f_i' 如为相对质量校正因子，则得质量百分含量；如为相对摩尔校正因子或相对体积校正因子，则得摩尔分数或体积分数。

归一化法的优点如下：

（1）不必知道进样量，尤其是进样量小而不能测准时更为方便。

（2）此法较准确,仪器及操作条件稍有变动对结果的影响不大。

（3）比内标法方便,特别是需要分析多种组分时。

（4）如 f'_i 值相近或相同(如同系物、同分异构体等)可不必求出 f'_i,而直接用面积或峰高归一化,这时式(9.43)可简化为

$$P_i\% = \frac{m_i}{m}100\% = \frac{A_i}{A_1 + A_2 + \cdots + A_n}100\% \tag{9.44}$$

归一化法的缺点如下：

（1）即使是不必定量的组分也必须求出峰面积。

（2）所有组分的 f'_i 值均需测出,否则此法不能应用。

2）外标法

外标法又称标准样校正法或标准曲线法。

3）内标法

内标法是常用的比较准确的定量方法。分析时准确称取试样 W,其内含待测组分 m_i,精确加入一定量某纯物质 m_s 作内标物,进样并测出峰面积 A_i 和 A_s,按式(9.45)计算组分 i 的百分含量。

因为 $\dfrac{m_i}{m_s} = \dfrac{A_i f'_i}{A_s f'_s}$,故

$$P_i\% = \frac{A_i f'_i}{A_s f'_s}\frac{m_s}{W}100\% \tag{9.45}$$

一般常以内标物为基准($f'_s = 1$)进行简化计算。

对内标物的要求是纯度要高,结构与待测组分相似。内标峰要与组分峰靠近但能很好分离,内标物和被测组分的浓度相接近。

内标法的优点是定量准确,测定条件不受操作条件、进样量及不同操作者进样技术的影响。其缺点是选择合适的内标物较困难,每次需准确称量内标和样品,并增加了色谱分离条件的难度。

4）内加标准法

当色谱图上峰较密集时,采用内标法是比较困难的,此时,可采用(样品)内加标准法,即在试样中加入一定量为 m'_i 的待测组分。设样品中有组分 1 和组分 2 (图9.9)。

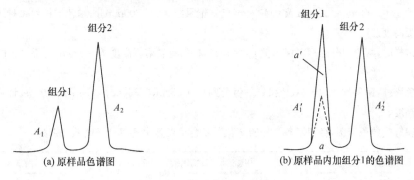

图 9.9　内加标准法定量图

A_1,A_2 是组分 1 和 2 的峰面积,原样品中添加 m'_i 的组分 1 后,组分 1、2 峰面积变为 A'_1, A'_2,因此 A'_1 面积包括两部分:相当原样品组分 m_i 的峰面积 a 与原样品添加 m'_i 后增加的面积

为 a',即
$$A_1' = a + a'$$

同一样品虽两次进样,因浓度不同,得到的峰面积不同,但其峰面积比例是相同的,即
$$A_1/A_2 = a/A_2' \qquad a = A_1 \cdot A_2'/A_2$$

则
$$a' = A_1' - a = A_1' - A_1 \cdot A_2'/A_2$$

然后就可按照内标法计算组分 1 和 2 的百分含量,即把加入量 m_1' 作为 m_s,对应的色谱峰面积 a' 作为 a_s,代入式(9.45)。因 a 和 a',是同物质的峰面积,所以当计算组分 1 时,不需加校正因子。计算组分 2 时,要加校正因子,即

$$P_1\% = \frac{a m_1'}{a' W} 100\% \tag{9.46}$$

$$P_2\% = \frac{A_2' f_2' m_1'}{a' f_1' W} 100\% \tag{9.47}$$

此法需两次进样,测量误差较内标法大,操作也较烦琐。

此外,还有内标标准曲线法,转化定量法,收集定量法等。

 扫一扫　色谱法的起源和命名

思考题与习题

1. 色谱分析法的最大特点是什么? 它有哪些类型?
2. 从色谱流出曲线上通常可以获得哪些信息?
3. 为什么可用分离度 R 作为色谱柱的总分离效能指标?
4. 试述色谱分离基本方程式的含义,它对色谱分离有什么指导意义?
5. 有哪些常用的色谱定量方法? 试比较它们的优缺点及适用情况。
6. 在一根 2m 长的硅油柱上分析一个混合物,得下列数据:苯、甲苯及乙苯的保留时间分别为 $1'20''$、$2'2''$ 及 $3'1''$;半峰宽为 $0.211cm$,$0.291cm$ 及 $0.409cm$,已知记录纸速为 1200mm/h,求色谱柱对每种组分的理论塔板数及塔板高度。
7. 分析某种试样时,两个组分的相对保留值 $r_{21} = 1.11$,柱的有效塔板高度 $H = 1mm$,需要多长的色谱柱才能分离完全?
8. 某一气相色谱柱,速率方程式中 A、B 和 C 的值分别是 $0.15cm$,$0.36cm^2/s$ 和 $4.3 \times 10^{-2}s$,计算最佳流速和最小塔板高度。
9. 测得石油裂解气的色谱图,经测定各组分的 f 值并从色谱图量出各组分峰面积分别为

出峰次序	空气	甲烷	二氧化碳	乙烯	乙烷	丙烯	丙烷
峰面积/(mV · min)	34	214	4.5	278	77	250	47.3
校正因子 f	0.84	0.74	1.00	1.00	1.05	1.28	1.36

用归一法定量,各组分的质量分数各为多少?

10. 试说明塔板理论基本原理,它在色谱实践中有哪些应用?

11. 什么是速率理论? 它与塔板理论有何区别与联系? 对色谱条件优化有何实际应用?

12. 在柱长为 18cm 的高效液相色谱柱上分离组分 A 和 B,其保留时间分别为 16.40min 和 17.63min,色谱峰底宽分别为 1.11min 和 1.21min,死时间为 1.30min。试计算:

(1) 色谱柱的平均理论塔板数 N;

(2) 平均理论塔板高 H;

(3) 两组分的分离度 R 和分离所需时间;

(4) 欲实现完全分离,即分离度 $R=1.5$,需柱长和分离时间各多少?

13. 某组分在气-液色谱分析中,$t_R=5.0$min,$t_M=1.0$min。色谱柱中的固定液体积 $V_L=2.0$mL,载气体积流速 $F_0=50$mL/min。试计算容量因子、死体积、分配系数及保留体积。

14. 在一根长度 1m 的填充柱上,空气的保留时间为 5s,若苯和环己烷的保留时间分别为 45s 和 49s,环己烷色谱峰峰底宽度为 5s。欲得到 $R=1.2$ 的分离度,有效理论塔板数应为多少? 需要的柱长为多少?

15. GC 用于冰醋酸的含水量测定。内标物为甲醇(分析纯)0.4896g,冰醋酸质量为 52.16g,H_2O 峰高为 16.30cm,半峰宽为 0.159cm,甲醇峰高 14.40cm,半峰宽为 0.239cm,用内标法计算该冰醋酸的含水量。(峰面积校正因子 $f_{水}=0.55$,$f_{甲醇}=0.58$;峰高校正因子 $f_{水}=0.224$,$f_{甲醇}=0.340$)

16. 60℃时在角鲨烷柱上正己烷、正庚烷和某组分的调整保留时间分别为 262.1s、661.3s 和 395.4s,求该组分的保留指数,并确定该组分是何种物质。

17. 用色谱法测定花生中农药(稳杀特)的残留量。称取 5.00g 试样,经适当处理后,用石油醚萃取其中的稳杀特,提取液稀释到 500mL。用该试液 5μL 进行色谱分析,测得稳杀特峰面积为 48.6mm²,同样进 5μL 纯稳杀特标样,其质量浓度 5.0×10^{-5}ng/μL,测得其色谱峰面积为 56.8mm²。计算花生中稳杀特的残留量,以 ng/g 表示。

第十章 气相色谱法

气相色谱法(gas chromatography,GC)是用气体作为流动相的色谱法。作为流动相的气体称为载气(carrier gas),常用的载气有 N_2、H_2、Ar 和 He 等。气相色谱具有以下特点:

(1) 高选择性。表现在它能分离理化性质极为相似的组分,如二甲苯的三个异构体,同位素等。

(2) 高效能。一般色谱柱达几千个塔板数,毛细管柱可达 1×10^6 个塔板数。

(3) 低检测限。可检测 $1 \times 10^{-7} \sim 1 \times 10^{-13}$ g 的物质。

(4) 分析速度快。一般分析只需几分钟到几十分钟。

(5) 应用范围广。GC 法可以应用于气体试样的分析,也可以分析易挥发或可转化为易挥发物质的液体和固体,不仅可分析有机物,也可分析部分无机物。一般只要沸点在 500℃ 以下,热稳定性良好,相对分子质量在 400 以下的物质,原则上都可采用气相色谱法。

气相色谱也有一定的缺陷。在没有纯样品时对未知物的准确定性和定量较困难,往往需要与红外、质谱等仪器联用。沸点高、易分解、腐蚀性较强的物质,采用气相色谱分析较为困难。目前约有 20% 有机物能用气相色谱测定。

第一节 气相色谱仪

一、气相色谱仪的流程

双气路填充柱气相色谱仪的流程图见图 10.1。

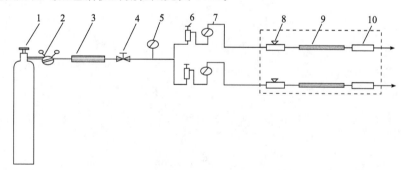

图 10.1 双气路填充柱气相色谱仪的流程图
1. 高压气瓶(载气);2. 减压阀;3. 净化器;4. 稳压阀;5. 压力表;6. 稳流阀;
7. 压力表;8. 气化室;9. 色谱柱;10. 检测器

从流程图 10.1 中可以看出,气相色谱仪的基本组成可分为:气体输送系统、进样系统、色谱分离系统、检测系统、记录数据处理系统和温度控制系统等六个部分。

二、气相色谱仪的主要部件

1. 气体输送系统

气路系统是一个载气连续运行的密闭管路系统,通过该系统,可获得纯净的、流速稳定的载气。

2. 进样系统

进样系统由气化室和进样器组成。气化室是为液体或固体样品进行气化的装置。进样器常采用微量注射器或六通阀。

填充柱的进样分为常压气体进样和液体进样。常压气体样品可以用医用微量注射器（$100\mu L\sim 5mL$ 进样）,简单灵活,其缺点是误差大,偏差在 5% 左右。气体进样多用六通阀定体积进样,这种方法操作方便、进样迅速、结果准确,偏差较小,误差只有 0.5% 或更低。液体进样一般是通过气化室将溶剂和样品转化为蒸气进入色谱柱中,液体进样系统有多种多样。

毛细管气相色谱仪与填充柱气相色谱仪不同之处是进样系统复杂,如在气化室中装分流/不分流系统,使用冷柱头进样系统。另外在毛细管色谱柱末端进入检测器时还要增加一个补充气的管线以保证检测器正常工作。

3. 温度控制系统

气相色谱仪温度控制系统通常有电源部件、温控部件和微电流放大器等部件。电源部件对仪器的检测系统、控制系统和数据处理系统各部件提供稳定的直流电压,同时也对仪器的各种检测器提供一些特殊的稳定电压或电流,以便获得稳定的电压、磁场或电流。温控部件、程序升温部件是对气相色谱仪的柱箱、检测器室和气化室或辅助加热区进行控制,要求控温范围在 $\pm 0.1\sim\pm 0.3$℃,温度梯度 $<\pm 0.5$℃。程序升温操作在气相色谱中经常使用。程序升温是指在一个分析周期内柱温随时间由低温向高温作线性或非线性变化,以达到用最短时间获得最佳分离的目的。对于沸点范围很宽的混合物,往往采用程序升温法。微电流放大器把检测器的信号放大,以便推动记录仪或数据处理系统工作。

4. 色谱分离系统

色谱分离系统部件是装填有固定相的色谱柱。气相色谱柱有填充柱（packed column）和毛细管柱（capillary column）两种。这两种柱的区别和特性见表 10.1。

表 10.1 填充柱和毛细管柱的区别和特性

项目	填充柱	毛细管柱
柱型	U 形,螺旋形材料	螺旋形
材料	不锈钢,玻璃	玻璃,弹性石英
柱长	$0.5\sim 6m$	$30\sim 500m$
柱内径	$2\sim 6mm$	$0.1\sim 0.5mm$
特性	渗透性小,传质阻力大,N 低,速度慢	渗透性大,传质阻力小,N 高,速度快

5. 检测系统

气相色谱检测器是把色谱柱后流出物质的信号转变为电信号的一种装置。按对检测物质的应用范围,气相色谱检测器可分为通用型或选择型检测器。根据样品组分在检测时是否被破坏,又可分为破坏型或非破坏型检测器。目前在商品仪器上常用的气相色谱检测器有下列几种:

1) 热导检测器

热导检测器(thermal conductivity detector,TCD)适用于几十万分之一以上组分测定,属于通用型,非破坏型检测器。是基于各种物质有不同的导热系数而设计的检测器。

热导池的工作原理如图 10.2 所示。两个装在热导池内的热敏元件 R_1、R_2 及电阻 R_3、R_4 组成惠斯登电桥的四个臂。检测时,当参比池 R_1 和检测池 R_2 都通入载气时,调节 R_3 使电桥平衡,此时没有信号输出,$R_1 \times R_4 = R_2 \times R_3$。但当参比池通入载气,而检测池通入由色谱柱分离后的被载气所携带的组分时,由于载气和组分的导热系数不同,带走热敏元件 R_2 的热量大小不同,其温度也不同,致使 R_2 的电阻值与通入载气时的电阻值不同。$R_1 \times R_4 \neq R_2 \times R_3$,电桥失去平衡,输出电信号。浓度越高,电阻改变越大,输出信号就越大。根据信号大小,就可对被分离组分定量测定。

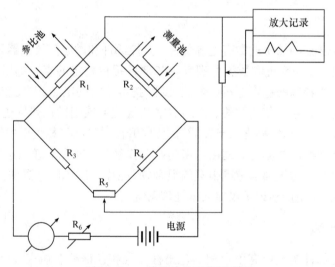

图 10.2　　　热导池的工作原理图

2) 氢火焰离子化检测器

氢火焰离子化检测器(flame ionization detector,FID)是气相色谱中最常用的最重要的质量型检测器。它具有灵敏度高($1 \times 10^{-10} \sim 1 \times 10^{-11}$ g)、线性范围宽(1×10^7 以上)、响应快、易于掌握、应用范围广的特点,但它是破坏型检测器。

氢火焰离子化检测器的结构如图 10.3 所示。载气(包括从色谱柱分离出来的组分)和氢气混合后,以空气作为助燃气,在火焰喷嘴上燃烧。组分中的含碳有机物在高温火焰中被离子化,产生数目相等的正离子和负离子(电子)。当在极化极上加 $50 \sim 300$ V 负电压,与收集极形成电场时,负离子被收集极收集,形成离子流。由于有机物在氢焰中的离子化效率很低,电离程度约为 1×10^5 个分子才有一个被离子化,只能产生 $1 \times 10^{-5} \sim 1 \times 10^{-14}$ A 的微弱离子流,这些微弱离子流通过电阻转换成信号电压,经过放大器放大,才能送至记录仪记录。

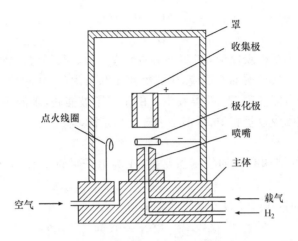

图 10.3 氢火焰离子化检测器的结构图

样品在火焰中的电离,不是热电离,而是化学电离。其主要根据是离子浓度的最大区不在火焰的温度最高区,而在温度较低的反应区。

在使用 FID 时,除了注意操作条件外,还应特别注意到电极绝缘、离子室屏蔽、收集极的清洁。

3) 电子俘获检测器

电子俘获检测器(electron capture detector,ECD)是一种用 ^{63}Ni 或氚做放射源的离子化检测器,它是气相色谱检测器中灵敏度最高的一种选择性检测器,它对电负性物质的灵敏度为 1×10^{-14} g/mL。对非电负性物质没有响应。它的缺点是线性范围窄(1×10^{3}),常出现非线性响应,测定结果重现性差,受操作条件影响和放射性污染的影响较大。ECD 的结构如图 10.4 所示。

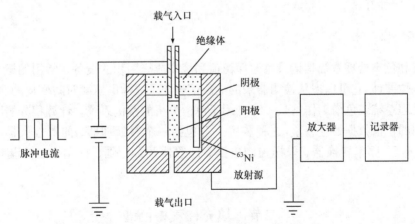

图 10.4 电子俘获检测器的结构

载气在离子室内受放射源射出的 β 射线的轰击而被电离,形成正离子和电子,在电场的作用下,电子向正极迁移,形成基流 I_0。当有电负性物质进入离子室后,基流的电子被负电性样品 AB 捕获,形成负离子。其反应过程有以下类型

$$AB + e^- \rightleftharpoons AB^-$$

$$AB + e^- \rightleftharpoons A + B^-$$

$$AB^- \Longrightarrow A + B^-$$
$$AB^- \Longrightarrow A^- + B$$

第一种类型属非离解捕获反应,如多环芳香烃基、氟、氰基化合物。这种反应一般发生在低温条件下。第二类属离解捕获反应,生成负离子和自由基,如脂肪卤化物,多发生在较高温度。离解型捕获也可能按第三、四类发生。由于电子被捕获,基流 I_0 减少为 I。样品对电子的捕获过程和光的吸收过程相似,近似地遵守比尔定律,即

$$I = I_0 e^{-KAc} \tag{10.1}$$

式中:K 为与检测器的结构有关的检测器常数;A 为电子吸收系数,与样品的电负性强弱有关;c 为样品浓度。

当样品浓度很低时,式(10.1)可近似地表示为

$$(I_0 - I)/I = KAc \tag{10.2}$$

式(10.2)表明,检测信号的大小与浓度 c 呈线性关系,但其线性范围窄。

使用 ECD 时,要特别注意以下两点:

(1) 选择合适的检测室温度。检测室温度要考虑两个因素。一是不能超过放射源的流失最高使用温度。^{3}H 源在 180℃ 以下使用,超过 190℃,^{3}H 流失严重。^{60}Ni、^{3}H-Sc 最高使用温度分别为 350℃ 和 325℃。二是必须与柱温相匹配。通常检测室温度等于或略高于柱箱温度,以避免样品在离子室中冷却。

(2) 载气纯度要高。一般要达到 99.99%。不允许含有 O_2 等具有电负性组分存在,使基流大大下降。

此外,还有火焰光度检测器(FPD)、热离子检测器(TID)、光离子化检测器(PID)、化学发光检测器、微波诱导等离子体原子发射光谱检测器等。

一个优良的检测器应具备以下几个性能指标:灵敏度高、检出限低、死体积小、响应快、线性范围宽、稳定性好。

6. 数据处理系统

记录仪和色谱处理系统是记录色谱保留值和峰高或峰面积的设备。常用的记录仪是自动平衡电子电位差计,它可以把从检测器来的电压信号记录成为电压随时间变化的曲线,即色谱图。数据处理系统或色谱工作站是一种专用于色谱分析的微机系统。计算积分器则是现今更为普遍使用的色谱数据处理装置,这种装置一般包括一个微处理器、前置放大器、自动量程切换电路、电压-频率转换器、采样控制电路、计数器及寄存器、打印机、键盘和状态指示器等。

第二节 填充柱气相色谱

填充固定相的色谱柱称为填充柱。使用填充柱的气相色谱,称为填充柱气相色谱(packed column gas chromatography)。填充柱中所采用的固定相主要是固体吸附剂、多孔性有机聚合物和在惰性载体表面上均匀涂渍一层固定液膜的液体固定相。填充柱制备简单,可供选择的吸附剂、固定液和载体种类很多,因而具有广泛适用性,能解决各种混合试样的分离分析问题,是普遍应用的一种气相色谱方法。由于填充柱的固定相用量较大,样品负荷高,也适用于制备气相色谱。但填充柱渗透性小、传质阻力大,因此柱效较低。

　　填充柱的分离选择性和柱效主要取决于色谱固定相的类型和性质。气相色谱固定相种类很多,按色谱条件下的物理状态,可分为固体固定相和液体固定相两大类。固体固定相包括固体吸附剂、多孔性聚合物等。液体固定相所采用的固定液大多数是各种高沸点有机化合物,它在色谱工作条件下呈液态。固定液直接涂渍在一种惰性固体表面上,这种固体称为载体,它是固定相的重要组成部分。

一、固体吸附剂

　　现代气相色谱技术,首先实际应用的是分离低沸点物质的气-固色谱,而今气相色谱所获得的巨大成功主要在气-液色谱领域,但气-固色谱在分离分析永久气体、无机气体和低分子碳氢化合物等方面仍是不可缺少的手段。改性固体吸附剂、新颖固体吸附剂及高灵敏度检测器的发展,使气-固色谱在分离分析高沸点和极性样品方面取得某些进展。然而它的应用仍比较局限,原因如下:

　　(1) 与气-液色谱相比较,气-固色谱具有较大的平衡常数,因而保留值很高。

　　(2) 气-固色谱的分布等温线呈非线性,形成不对称的拖尾色谱峰,且保留值随进样量变化而变化。

　　(3) 用作固定相的吸附剂品种少,有时具有催化活性。

　　(4) 固体吸附剂性能重复性差,难获得重复的色谱分析数据。

　　固体吸附剂是气-固色谱固定相。常用吸附剂有非极性炭质吸附剂、中等极性的氧化铝、强极性的硅胶及具有特殊吸附作用的分子筛。

　　1. 炭质吸附剂

　　活性炭是一种炭质吸附剂,吸附活性大,最高使用温度在 300℃ 以下。它能用来分析永久性气体和低分子碳氢化合物。市售活性炭使用前要经过处理,粉碎过筛后,用苯浸泡,然后在 350℃ 用过热水蒸气洗至无浑浊,最后在 180℃ 烘干,备用。

　　活性炭不宜用来分离高沸点化合物、极性化合物和活泼气体。为了扩大使用范围,对活性炭进行改性,并发展如下新型炭质吸附剂:

　　1) 改性活性炭

　　在活性炭表面涂少量角鲨烷、环丁砜、β,β'-氧二丙腈等固定液做减尾剂,用来分离 CO、CO_2 和 C_2H_4、C_2H_2 等混合气体。

　　2) 石墨化炭黑

　　将炭黑在惰性气体中于 2500～3000℃ 的高温下煅烧,生成几何形状及表面结构均匀的石墨化炭黑,用来分离极性化合物,且峰形对称。

　　3) 薄层炭质吸附剂

　　制备薄层炭黑,如将蔗糖或水溶性淀粉涂到载体上,水分蒸发后,升温炭化或将石墨化炭黑细粉涂敷在乙烯塑料或玻璃载体上,做成薄层活性炭。

　　4) 多孔性炭黑

　　用偏聚二氯乙烯,在真空石英炉内,高达 850℃ 温度下进行热解,制成多孔性炭黑,又称炭分子筛。它的国内商品名称为 TDX,比表面积很大($1000m^2/g$),平均孔径 12.4Å,耐 400℃ 高温。主要用于分离稀有气体、永久性气体、$C_1～C_3$ 烃等,特别适用于痕量分析,如乙烯中痕量乙炔分析。

2. 硅胶

主要是脱水硅胶，结构为 $SiO_2 \cdot xH_2O$。它是一种氢键型强极性吸附剂，比表面积 $500 \sim 700m^2/g$，孔径 $10 \sim 70\text{Å}$，其分离能力决定于孔径的大小及含水量，使用前于 $150 \sim 180℃$ 活化。一般用来分析 $C_1 \sim C_4$ 烃、N_2O、SO_2、H_2S、CO、CF_2Cl_2 等。由于在常温下，硅胶对 CO_2 是可逆吸附，能用来分离 CO_2 和 C_2H_6、C_2H_4、C_2H_2 等。

为了消除硅胶表面不均匀活性吸附点，采用涂渍固定液做减尾剂。此外，还可以制成薄层硅胶，将一定量的硅胶乙酯涂渍到载体表面上，然后水解，在载体表面形成薄层硅胶，活化后使用。

3. 氧化铝

比表面积为 $100 \sim 300m^2/g$。使用前在 $200 \sim 1000℃$ 活化，用来分离 $C_1 \sim C_4$ 烃类，组分保留时间与氧化铝含水量有关。欲控制氧化铝含水量，可将载气通过恒温水泡，或通过含 10 个结晶水的硫酸钠，然后进入色谱柱，带入恒定量的水：

为了缩短分析时间，可用下述方法制成薄层氧化铝。

(1) 将无水单氯化铝溶解在乙醚内，倒入釉化载体，然后在红外灯下蒸发乙醚，用稀氨水水解，得到浸有 $Al(OH)_3$ 的载体和氯化铵，在 $800℃$ 煅烧 7h，得到涂有薄层氧化铝的载体。

(2) 制备薄层氧化铝还采用异丙醇铝等有机铝涂到载体上，水解、烘干、活化。在薄层氧化铝上，涂上 $0.1\% \sim 0.2\%$ 的角鲨烷或 β,β'-氧二丙腈，一般用来分离 $C_1 \sim C_4$ 的烷、烯、二烯烃、炔烃等。

4. 分子筛

分子筛是一种具有特殊吸附活性的吸附剂，属于合成硅铝酸钠盐或钙盐，其结构为

A 型：$[Na_2O(CaO) \cdot Al_2O_3 \cdot 2SiO_2]$ 分为 3A、4A、5A 型。

X 型：$[Na_2O \cdot Al_2O_3 \cdot 3SiO_2]$ 分为 10X、13X 型。

分子筛具有均匀孔隙结构和大的比表面积（$700 \sim 800m^2/g$），过去认为它能对不同分子直径的物质起过筛作用，实际上分离还是基于分子筛的极性。一般用来分离永久性气体及无机气体，如 He、Ar、H_2、O_2、N_2、CH_4、CO、NO、N_2O 等，特别是常见的 O_2、N_2 分离。分子筛在常温下对 CO_2 不可逆吸附，因而不能用来分离 CO_2。分子筛使用前在 $400 \sim 500℃$ 活化 2h，但很容易吸水失去活性，因此，在使用过程中要注意防止水汽进入色谱柱内。

二、多孔性高聚物

多孔性高聚物又称高分子微球或高分子多孔小球固定相。它是 20 世纪 60 年代中期发展起来的具有特殊色谱性能的固定相。一般以苯乙烯和二乙烯基苯交链共聚物为主体，有些品种还加些其他极性单体，在稀释剂存在下，用悬浮法聚合。改变原料配比，控制聚合条件，能改变聚合物极性和表面结构，达到所需色谱性能。

高分子微球固定相的主要特点如下：

(1) 选择性强，分离效果好，特别是对水、含羟基化合物，作用力小，可提前洗出，是分析有机物中水的最有效固定相。

(2) 热稳定性好，无流失现象，能在 $250℃$ 长期使用。

(3) 具有一定比表面积，但吸附力比较弱，对极性化合物也能洗出对称色谱峰。

（4）粒度均匀,机械强度好、不易破碎。

（5）耐腐蚀,耐辐射。

常见的各种国内外的高分子微球见表 10.2。

高分子微球的物理性质对色谱柱性能影响很大,如 GDX102 和 GDX203,化学组成相同,但后者孔径大于前者,正构烷烃在后者的保留时间较前者减少一半。GDX 的色谱性能受柱温的影响很显著,在实际应用中柱温一般应高于分析物的沸点,才能得到较好峰形,如果柱温不够高,洗出时间过长,会降低柱效,峰形偏平或拖尾。

表 10.2　国内外的高分子微球

国内名称	极性	与国外相类似的类型
GDX 101～105	很弱	Porapak-Q, Par-1, Par-2
GDX 201～203	很弱	Porapak-Qs
GDX 301	弱	Porapak-P, Porapak-Ps
GDX 401,403	中等	Porapak-S,Porapak-N, Chromosorb 102,103,105,107
GDX 501,502 404 有机载体	较强	
GDX 601	强	Porapak-R, Chromosorb 104
401～403 有机载体	很弱	213

高分子微球用于分离氨、氯化氢等腐蚀性气体、低分子碳氢化合物、烷烃、芳烃、醇类、酮类、酯类、胺类等。使用前需要活化处理,一般在 N_2 下,活化 5～10h。

高分子微球具有较大比表面积,小的 50～60m^2/g,大的 200～800m^2/g。它可作为载体涂上固定液使用（最高可达 40%）,这样使亲脂性化合物保留时间缩短,极性化合物,如有机酸的保留时间适当增加,提高柱的分离选择性。

高分子多孔微球固定相的使用和活化处理过程不应超过 300℃,否则会发生分解现象,并避免氧气进入色谱柱,防止高温下氧化。分析极性化合物时,聚合物可能对某些组分发生永久性吸附。若组分含量在 $1×10^{-4}$ 数量级以下,有时出现非线性响应。在装柱过程中,聚合固定相容易出现静电效应而产生黏结、附壁现象。采用丙酮等溶剂擦洗器壁或冷却到 0℃,以保证柱子充填均匀。

高分子微球固定相随聚合物的组成、表面结构及使用条件不同,其分离机理不同。

三、液体固定相

液体固定相是由惰性担体和涂覆在其表面上的固定液组成。它与固体固定相相比,有下列一些优点:

（1）溶质在气-液两相间的分布等温线呈线性,能获得对称色谱峰,很少出现色谱拖尾现象。

（2）容易改变柱内固定液用量,以控制 k 值;降低固定液膜厚度,改善传质,获得高柱效;增加固定液用量,提高色谱柱样品容量,适用制备色谱分离。

（3）易获得重复性很好的保留值,便于定性。

（4）固定液品种多,适用范围广。

（5）固定液涂渍和色谱柱制备简便,使用成本低。

1. 载体

1) 载体的作用和要求

气相色谱载体（support）又称为担体。其作用是提供一个大的惰性固定表面，让固定液分布在其表面，形成一薄层均匀液膜，使液体固定相具有比较大的物质交换面，样品易于在气液间建立分配平衡。对载体的基本要求如下：

（1）载体表面孔径分布均匀，具有较大的比表面积，使固定液具有较大分布表面，提高气-液分配速率。一般载体比表面积不小于 $1m^2/g$。

（2）载体表面应是化学和物理惰性，无吸附作用，不直接参与色谱分离，无催化活性，不与分析试样起化学反应。

（3）热稳定性好，在色谱条件下不发生热分解。

（4）机械强度高，不易发生破碎和结块。

要完全满足上述要求的载体是不多的，多数载体只能基本符合上述要求。

按化学成分分为硅藻土载体和非硅藻土载体两大类。硅藻土载体又分为红色载体和白色载体。非硅藻土载体主要有氟载体、玻璃载体、有机高分子载体、无机盐、海沙、素瓷等。目前大多数气-液色谱分析采用硅藻土载体。

2) 硅藻土载体

（1）制备。以天然硅藻土为原料。红色载体由硅藻土和黏结剂（黏土）混合在 900℃ 煅烧而成，矿物质变成氧化物和硅酸盐，由于存在氧化铁而呈特征红色。白色载体由硅藻土和助熔剂（如 Na_2CO_3）在 900℃ 烧结而成，由于加了助熔剂，氧化铁成为无色硅铝酸铁、钠络合物，呈白色。

（2）化学成分和性能。常用的红色载体有国产的 6201、201 等，国外同类载体有 Chromosorb P、C-22 火砖等。白色载体，国产有 101、102、405，国外有 Chromosorb W、Celite-545 等。红色载体和白色载体化学成分相近，主要是二氧化硅。白色载体由于加助熔剂，Na_2O、K_2O 含量稍高一点。红色载体和白色载体化学成分和物理性质的比较见表 10.3。

表 10.3　硅藻土载体化学成分和物理性质

项目	特性	红色载体	白色载体
化学组成及含量	SiO_2	90.6%	88.9%
	Al_2O_3	4.4%	4.0%
	Fe_2O_3	1.6%	1.6%
	TiO_2	0.2%	0.2%
	CaO	0.8%	0.6%
	MgO	0.7%	0.6%
	K_2O+Na_2O	1.0%	3.6%
物理性质	颜色	浅红	白色
	相对密度	2.26	0.2
	密度/(g/cm³)	0.32~0.37	0.21~0.26
	pH	6~7	8~10
	比表面积/(m²/g)	4.0(4~6)	0(1~3.5)
	水吸附/(cm³/g)	2.3~2.5	4.7~5.2
	孔体积/(cm³/g)	1.10	2.78

　　红色载体与白色载体物理机械性能差别较大。红色载体表面孔穴密集,孔径小,比表面积大,表面吸附力强,有催化活性,易引起色谱峰拖尾;由于比表面积大,因而可涂渍高含量固定液;此外,质地较坚硬,机械强度高。白色载体孔径体积大,比表面积小,吸附力弱,在固定液含量低时仍可洗出对称色谱峰;由于比表面积小,涂渍固定液也较低;白色载体较松脆,机械强度差些。

　　硅藻土载体粒径一般为 0.1~0.6mm,即 40~60 目、60~80 目、80~100 目、100~120 目,要求粒度分布均匀。

　　(3) 硅藻土载体的处理。气-液色谱分析中色谱峰拖尾的主要原因是由于载体表面残余吸附作用。虽然载体为固定液覆盖,但由于固定液用量少或固定液涂渍不均匀,总有部分载体表面未被固定液覆盖,使分离组分直接与载体表面接触,产生吸附作用,从而引起色谱峰拖尾。

　　吸附作用有两种。一种是化学吸附,来源于载体表面剩余化合价力,吸附力是定向的,如醇、醛、酮极性分子与载体表面硅醇基产生的氢键作用。另一种是物理吸附,来自物质分子间相互吸引力,吸附力是可逆、不定向的。物理吸附是一种普遍吸附,如硅胶对 N_2、O_2、CO 的色谱分离,是物理吸附力的差别,由于载体表面有活性吸附点,因而也存在物理吸附。物理吸附和化学吸附不是孤立的,可相互转化。

　　色谱峰拖尾与样品类型有关,脂肪烃、芳香烃、烯烃等呈弱的拖尾;含羟基、羧基的醇、酸等,严重拖尾,酯类拖尾较小。

　　进样量也影响拖尾,进样量小,拖尾弱;进样量增大,则拖尾严重。

　　为了消除载体表面吸附,硅藻土载体在使用前需要进行处理,以除去表面硅醇基或其他吸附中心,一般处理方法有:

　　(a) 酸洗。常用方法是先用水漂洗载体,除去细粉,然后用 6mol/L 盐酸浸煮 2h 或浓盐酸加热浸煮 30min;也可用浓盐酸在室温下浸泡过夜,用水洗至中性,110℃烘干 16h。酸洗可除去铁、铝等少量杂质,但不能除去硅醇基,因此对减少拖尾作用不很大。一般说来,酸洗载体适宜于分析酸性样品。

　　(b) 碱洗。一般在酸洗后进行碱洗,用 10% NaOH 甲醇溶液和载体回流,用水洗至中性。碱洗载体适宜分析胺类样品。

　　(c) 硅烷化。常用的硅烷化试剂,以二甲基二氯硅烷[$(CH_3)_2SiCl_2$]效果最好,六甲基二硅氨[$(CH_3)_3SiNHSi(CH_3)_3$]次之,三甲基氯硅烷最差。采用的硅烷化方法有湿法和干法两种。湿法是将 30g 干燥载体,浸泡在 100mL 10%(体积分数)硅烷化试剂的甲苯溶液中,摇动 15~30min,过滤,用甲苯洗 2~3 次,再用甲醇洗至中性,在 110℃干燥 4h,备用。湿法硅烷化,还可先将载体在真空下脱气,然后加入硅烷化试剂,据报道,这样硅烷化效果更好。干法硅烷化在真空干燥器内进行,将载体 30g 置培养皿内,放在干燥器上层,硅烷化试剂 20mL 和一碟碳酸钠放在下部,静置一周。硅烷化有效地减少拖尾,特别是分析极性化合物,能显著地提高柱效和分离度。酸洗后再进行硅烷化,效果更好。由于硅烷试剂易水解,载体要很好干燥,硅烷化操作也需注意防水。

　　(d) 釉化。用 10 倍体积 2% 硼砂水溶液浸泡载体两昼夜,然后用蒸馏水把母液稀释 2 倍,洗涤,120℃烘干,870℃加热 3.5h,升温至 980℃煅烧 40min。这样在载体表面形成玻璃质薄层。

2. 固定液

气相色谱固定液都是一些高沸点的有机化合物。

1) 固定液的基本要求

对固定液的基本要求如下：

（1）在使用条件下蒸气压要低，否则由于固定液流失引起噪声。固定液的最高使用温度是固定液的重要性能指标。

（2）热稳定性和化学稳定性好，使用条件下不得有热分解、氧化及与分离组分反应。

（3）操作温度下呈液态，黏度小。室温下呈固态的固定液其最低使用温度也是使用中要注意的一个指标。

（4）对载体表面有一定浸润能力。

（5）组分与固定液之间具有一定作用力，被分离组分分配系数要有足够差别，才有一定分离能力。

2) 固定液的分类

固定液的种类很多，能收集到的已超过了 1000 多种。但常用的固定液只有十几种。通常按固定液的极性把固定液分成非极性、中等（弱）极性、强极性和氢键型四类（表 10.4）。

表 10.4　常用固定液及其性能

固定液名称	极性	最高使用温度/℃	溶剂	用途
角鲨烷	非	140	乙醚	非极性标准固定液，分析烃类和非极性化合物
阿皮松	非	250	苯、氯仿、石油醚	高沸点、非极性或弱极性化合物
甲基硅酮（OV-1）	非	350	丙酮、氯仿	高沸点、非极性或弱极性化合物
甲基硅橡胶（SE-30）	非	300	氯仿	高沸点、非极性或弱极性化合物
苯基（50%）甲基硅酮（OV-17）	非	350	丙酮	高沸点、非极性或弱极性化合物
邻苯二甲酸二壬酯（DNP）	弱	150	乙醚、丙酮	烃、酮、酯及弱极性化合物
聚苯醚	弱	200	氯仿	芳烃、脂肪烃
β,β'-氧二丙腈	强	100	甲醇、丙酮	芳烃、脂肪烃、含氧化合物等极性物质
有机皂土-34（Bentone-34）	强	200	甲苯	芳烃及二甲苯异构体
聚丁二酸乙二醇酯	强	250	丙酮	分析醇、酮、脂肪酸、甲脂
聚丁二酸二乙二醇酯（DBDS）	强	240	丙酮	分析醇、酮、脂肪酸、甲脂
聚丁二酸二乙二醇酯（DEGS）	强	250	丙酮	极性化合物
聚乙二醇（PEG）（M_w300～20 000）	氢键型、强极性	225	氯仿	极性化合物如醇、醛、酮、酯
1,2,3-三（2-氰基乙氧基）丙烷	氢键型、强极性	175	氯仿	极性化合物

3) 组分与固定液分子之间的作用力

在填充柱色谱中，由于流动相是气体，组分进样少，气相中溶质接近于理想气体行为；溶质间的作用力也可忽略不计。因此，组分的分离程度主要取决于固定液与组分的作用力。作用力大，分配系数大，组分流出色谱柱慢。反之，流出就快。

组分与固定液分子之间的作用力主要有四种：静电力、诱导力、色散力和氢键力。静电力是极性分子之间的作用力；诱导力是极性分子与非极性分子之间的作用力；色散力是非极性分子之间的作用力；氢键力一般是指含有活泼氢原子和含有氢键供给原子（如 N、O、F 等）分子间的作用力。了解组分与固定液之间的作用力,对推测组分在柱中的分配行为和流出顺序有很重要的意义。

4）固定液的选择原则

（1）相似性原则。

（a）非极性样品选用非极性固定液。物质间的主要作用力为色散力,色散力的大小相差不大,所以组分的流出顺序按沸点的大小先后流出。沸点低的先流出,同沸点的极性组分先流出。

（b）中等极性样品选用中等极性固定液。物质间的主要作用力为色散力和诱导力。按沸点顺序流出。沸点低的先流出,同沸点的极性小的组分先流出。

（c）强极性样品选用强极性固定液。物质间的主要作用力为静电力。按极性顺序流出,极性低的先流出。

（2）利用固定液与组分之间的特殊作用力选择。如能形成氢键样品选择氢键型固定液。流出顺序按氢键力大小流出,形成氢键能力小的先流出。

5）使用固定液时的注意事项

（1）固定液总具有一定挥发性,特别是高温操作和使用高灵敏度检测器,由于固定液流失而产生本底噪声,在程序升温时引起基线漂移,因此,固定液的最高使用温度是液体固定相的一个重要指标,色谱柱必须在低于最高使用温度下应用。

（2）除使用温度外,固定液的热稳定性和化学稳定性是使用中需要考虑的另一个重要因素。在色谱柱内聚合、裂解、氧化等化学变化限制了它的应用范围。

第三节　毛细管气相色谱

一、毛细管气相色谱柱的类型

毛细管气相色谱柱,又称为"开管柱"（open tubular column）,因为这种色谱柱是中空的,其特点是"空心性",而不是"细小性",但多数人仍把这种色谱柱称为毛细管气相色谱柱。

毛细管气相色谱柱的内径一般小于 1mm,又可分为填充型和开管型两大类。

1. 填充型毛细管柱

1）填充毛细管柱

填充毛细管柱是先在较粗的厚壁玻璃管中装入松散的载体或吸附剂,然后再拉制成毛细管柱。如装入的是载体,可涂渍固定液成为气-液填充毛细管柱;如装入的是吸附剂,就成为气-固毛细管柱。这种毛细管柱近年很少使用了。

2）微填充柱

微填充柱这种毛细管柱与一般填充柱一样,只是它的内径较细（1mm 以下）,它是把固定相直接填充到毛细管中。这种色谱柱在气相色谱中应用不多。

2. 开管型毛细管柱

1）常规毛细管柱

常规毛细管柱的内径为 0.1~0.3mm,一般为 0.25mm 左右,可以是玻璃柱也可以是弹性石英柱,它们按内壁处理方法不同又可分为壁涂毛细管柱和多孔层毛细管柱。

（1）壁涂毛细管柱（wall coated open tubular column），简称 WCOT 柱，这种毛细管柱是把固定液直接涂渍到毛细管柱壁上，现在多数毛细管柱是这种类型的。

（2）多孔层毛细管柱（porous-layer open tubular column），简称 PLOT 柱，它是先在毛细管内壁上附着一层多孔固体，然后再在其上涂渍固定液。在这一类毛细管柱中使用最多的是"载体涂层毛细管柱"（support coated open tubular column）简称 SCOT 柱，它是先在毛细管壁上涂覆一层硅藻土载体，然后再在其上涂渍一层固定液。SCOT 柱目前已很少使用了。

2）小内径毛细管柱

小内径毛细管柱（microbore column）的内径是小于 $100\mu m$ 的弹性石英毛细管柱，多用来进行快速分析。

3）大内径毛细管柱

大内径毛细管柱的内径为 $320\mu m$ 和 $530\mu m$，为了用这种色谱柱代替填充柱，常做成厚液膜柱，如液膜厚度为 $5\sim8\mu m$。

4）集束毛细管柱

集束毛细管柱是由许多支很小内径的毛细管柱组成的毛细管束，具有容量高、分析速度快的特点，适于工业分析之用。

二、毛细管气相色谱与填充柱气相色谱的比较

1. 载气在毛细管柱与填充柱中阻力的比较

当气体通过一支色谱柱时，柱中填料（填充柱）或细小的通道（毛细管柱），对气体有一定的阻力，这一阻力的参数称为比渗透率（B_0）（specific permeability），可用式（10.3）表示为

$$B_0 = \frac{L\eta u}{j\,\Delta p} \tag{10.3}$$

式中：L 为色谱柱柱长；η 为柱温下载气的黏度；u 为平均载气线流速；Δp 为柱出口和进口压力降；j 为压力校正因子。

对填充柱 B_0 可用式（10.4）估算：

$$B_0 = \frac{d_p^2}{1012} \tag{10.4}$$

式中：d_p 为载体的平均粒度。

对毛细管柱 B_0 可用式（10.5）估算：

$$B_0 = \frac{d^2}{32} = \frac{r^2}{8} \tag{10.5}$$

式中：d,r 分别为毛细管的直径和半径。

表 10.5 中列出填充柱和毛细管柱的 B_0 的比较。数据表明，毛细管柱的 B_0 高出填充柱 100 多倍。

毛细管柱载气流量一般为每分钟几毫升，比填充柱少 2 倍以上。

表 10.5 填充柱和毛细管柱的 B_0 的比较

色谱柱类型	柱内径/mm	$B_0/(10^{-7} cm^2)$
填充柱	2.2	2～3
	0.25	200
壁涂毛细管柱	0.27	230
	0.50	780
载体涂层毛细管柱	0.50	250～350

2. 毛细管柱与填充柱的比较

毛细管柱与一般填充柱在柱长、柱径、固定液膜厚及柱容量方向有较大的差别。由表 10.6 可见毛细管柱具有高效、快速、吸附及催化性小的特点。

表 10.6 毛细管柱与填充柱的比较

色谱柱种类	WCOT	SCOT	填充柱
长度/m	10～100	10～50	1～5
内径/mm	0.1～0.8	0.5～0.8	2～4
液膜厚度/μm	0.1～5	0.5～0.8	10
每个峰的容量/ng	<100	50～300	10 000
分离能力	高	中	低

毛细管柱的制备要比填充柱复杂得多。多数都使用固定液交联或键合方式的毛细管柱。柱效远高于填充柱，能有效地分离极其复杂的难以分离的组分，但价格也远高于填充柱。因此，能用填充柱分析的物质一般不使用毛细管柱分析。

3. 速率理论在毛细管柱与填充柱中的比较

速率公式在气相填充柱色谱中的表达式如下：

$$H = 2\lambda d_p + \frac{2\gamma D_m}{u} + \left[\frac{2k'd_f^2}{3(1+k')^2 D_s} + \frac{0.01(k')^2 d_p^2}{(1+k')^2 D_m}\right]u$$

速率公式在毛细管柱色谱中的表达式如下：

$$H = \frac{2D_m}{u} + \left[\frac{(k')^3}{6(1+k')^2} \cdot \frac{r^2}{k^2 D_s} + \frac{1+6k'+11(k')^2}{24(1+k')^2} \cdot \frac{r^2}{D_m}\right]u \tag{10.6}$$

毛细管柱的速率公式中无涡流扩散项，表明柱半径减少可以大幅度提高柱效。

三、毛细管气相色谱仪与填充柱气相色谱仪的比较

现代的实验室大都是既可做填充柱气相色谱又可以进行毛细管气相色谱。毛细管气相色谱仪的进样系统和填充柱气相色谱有较大的差别，色谱柱出口到检测器的连接和填充柱也有些区别，毛细管气相色谱仪示意图如图 10.5 所示。

1. 载气输送系统

载气输送系统与填充柱色谱仪没有太大的区别，只是由于毛细管气相色谱要求的载气流

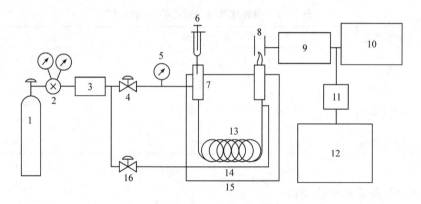

图 10.5　毛细管气相色谱仪示意图

1. 载气钢瓶；2. 减压阀；3. 净化器；4. 稳压阀；5. 压力表；

6. 注射器；7. 气化室；8. 检测器；9. 静电计；10. 记录仪；11. 模数转换；

12. 数据处理系统；13. 毛细管色谱柱；14. 补充器(尾吹气)；15. 恒温箱；16. 针形阀

量比填充柱小得多(每分钟只有几毫升)，如不用分流进样，则柱前压较小，流量指示部件的数值也很低，对控制和检测部件的要求要高，所以早期的毛细管色谱多用分流进样。目前采用电子压力控制系统，大大提高了流量的精度。这种电子压力控制系统示意图如图 10.6 所示。

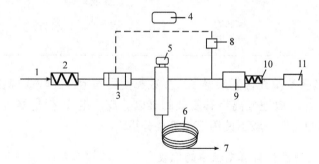

图 10.6　电子压力控制系统示意图

1. 载气；2. 限流器(过滤器)；3. 电子压力控制阀；4. 电子压力控制部件；

5. 程序控制冷柱头进样；6. 色谱柱；7. 到检测器；8. 压力传感器；

9. 密封垫吹扫调节器；10. 限流器；11. 密封垫吹扫放空

2. 进样系统

毛细管气相色谱仪的进样系统和填充柱色谱仪有较大的差别，为了克服毛细管气相色谱在分流进样中带来的歧视(discrimination)现象，研究了多种进样方法和设备，如分流/不分流进样系统、保留间隙(retention gap)进样系统、程序升温进样系统等。

3. 色谱柱系统

色谱柱系统包括色谱柱柱箱、柱接头和色谱柱。柱箱和填充柱色谱仪的没有什么区别，唯一的区别是柱接头的联结比填充柱色谱复杂一些。

4. 检测系统及温度控制系统

毛细管气相色谱所用各种气相色谱检测器及温度控制系统与填充柱气相色谱仪完全相同。

5. 记录和数据处理系统

毛细管柱的出峰时间比填充柱短,有时不到1s,故记录仪的响应速度要快。目前使用的数据处理系统完全可以适应。

第四节　顶空气相色谱

一、概述

顶空气相色谱分析(GC headspace analysis, GC-HS analysis)是指对液体或固体中的挥发性成分进行气相色谱分析的一种间接测定法,它是在热力学平衡的蒸气相与被分析样品同时存在于一个密闭系统中进行的。

1. 顶空分析基本原理

顶空分析是通过样品基质上方的气体成分来测定这些组分在样品中的含量。显然,这是一种间接分析方法,其基本理论依据是在一定条件下气相和凝聚相(液相或固相)之间存在着分配平衡,所以气相的组成能反映凝聚相的组成。我们可以把顶空分析看成是一种气相萃取方法,即用气体作为"溶剂"来萃取样品中的挥发性成分,因而,顶空分析就是一种理想的样品净化方法。传统的液-液萃取是将样品溶解在液体中,不可避免地会有一些共萃取物干扰分析,况且溶剂本身的纯度也会对分析带来影响,尤其在痕量分析中更突出。气体作为溶剂就可避免不必要的干扰,因为高纯度的气体很容易得到,且成本较低,这是顶空气相色谱被广泛采用的一个重要原因。

作为一种分析方法,顶空分析有许多特点。首先,它只取气相部分进行分析,大大减少了样品基质对分析的干扰;作为GC分析的样品处理方法,顶空是最为简便的。其次,顶空分析有不同模式,可以通过优化操作参数而适合各种样品。最后,顶空分析的灵敏度能满足法规的要求。

2. 顶空气相色谱的类别和比较

1) 静态和动态顶空气相色谱

顶空气相色谱通常包括三个过程:一是取样,二是进样,三是气相色谱分析。根据取样和进样方式的不同,顶空气相色谱分为静态和动态顶空气相色谱。

静态顶空气相色谱是在一个密闭恒温体系中,液气或固气达到平衡时用气相色谱法分析蒸气相中的被测组分,所以静态顶空气相色谱又称为平衡顶空气相色谱,或一次气相萃取。根据这一次取样的分析结果,就可测定原来样品中挥发性组分的含量。

动态顶空气相色谱也称吹扫-捕集(purge-trap)分析法,这一方法是用惰性气体通入液体样品(或固体表面),把要分析的组分吹扫出来(多次顶空取样,直到将样品中挥发性组分完全萃取出来),通过一个吸附剂收集,然后加热使被吸附的组分脱附,用载气带到气相色谱仪中进行分析。

2）静态和动态顶空气相色谱分析的比较

静态和动态顶空气相色谱分析的特点比较见表 10.7。

表 10.7　静态和动态顶空气相色谱分析的特点比较

方法	优点	缺点
静态顶空气相色谱	样品基质（如水）的干扰极小 仪器较简单，不需要吸附装置 挥发性样品组分不会丢失	灵敏度稍低 难以分析较高沸点的组分
动态顶空气相色谱	可连续取样分析 可将挥发性组分全部萃取出来，并在捕集装置中浓缩后进 　行分析 灵敏度较高 比静态顶空气相色谱应用更广泛，可分析沸点较高的组分	样品基质可能干扰分析 仪器较复杂 吸附和解吸可能造成样品组分的丢失

二、静态顶空色谱技术

1. 静态顶空色谱的理论依据

一个容积为 V，装有体积为 V_0 液体样品的密封容积，其气相体积为 V_g，液相体积为 V_s，则

$$V = V_s + V_g \tag{10.7}$$

$$\beta = V_g / V_s$$

当在一定温度下达到气液平衡时，可以认为液体的体积 V_s 不变，即 $V_s = V_0$。

设气相中的样品浓度为 c_g，液相中样品浓度为 c_s，样品的原始浓度为 c_0，则

$$平衡常数\ K = c_s / c_g$$

由于容器是密封的，样品不会逸出，故

$$c_0 V_0 = c_0 V_s = c_g V_g + c_s V_s = c_g V_g + K c_g V_s = c_g (K V_s + V_g) \tag{10.8}$$

$$c_0 = c_g [(K V_s / V_s) + V_g / V_s] = c_g (K + \beta) \tag{10.9}$$

$$c_g = c_0 / (K + \beta) \tag{10.10}$$

在一定条件下，对于一个给定的平衡系统，K 和 β 均为常数，则

$$c_g = K' c_0 \tag{10.11}$$

式中：常数 $K' = 1/(K + \beta)$。

式（10.11）表明，在平衡状态下，气相的组成与样品原来的组成为正比关系。当用气相色谱分析得到 c_g 后，就可以算出原来样品的组成，这就是静态顶空气相色谱的理论依据。

2. 静态顶空色谱的仪器装置

1）手动进样装置

采用手动进样时，静态顶空所需设备较为简单，只要有一个控温精确的恒温槽（水浴或油浴），将装有样品的密封容器置于恒温槽中，在一定的温度下达到平衡后，就可应用气密注射器（普通液体注射器不适合于顶空进样）从容器中抽取顶空气体样品，注射入气相色谱仪中进行分析。

　　手动进样方式有两个缺点。一是压力控制难以实现,因而进样量的准确度较差。样品从顶空容器到进入注射器过程中任何压力变化的不重现都会导致实际进样量的变化。采用带压力锁定的气密注射器较好地克服了这个问题。二是温度的控制,注射器的温度低时,某些沸点较高的样品组分很容易冷凝,造成样品损失。有些标准方法(如美国 ASTM 方法)要求注射器温度在取样前置于 90℃的恒温炉中加热,以避免样品的部分冷凝。然而,在取样和进样过程中还是很难保证注射器温度的一致性,故分析重现性往往不及自动进样。

　　采用六通阀和注射器结合,在一定程度上克服温度不恒定的问题(图 10.7)。样品的温度由阀体温度控制,注射器只起泵的作用,将样品抽入进样阀的定量管中。

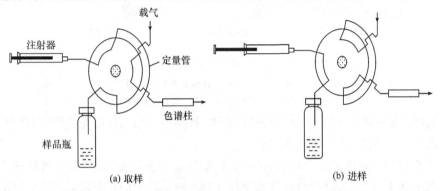

图 10.7　气体进样阀与注射器结合进行顶空进样

　　尽管如此,手动进样的静态顶空气相色谱分析在样品温度、平衡时间和取样速度方面的控制精度还是不能与自动进样相比,在只做定性分析时,手动进样不失为一种经济的方法,但要做精确的定量分析,则最好用自动顶空进样装置。

　　2) 自动进样装置

　　目前,商品化的顶空自动进样器有多种设计,基本装置可分为三种:

　　(1) 采用注射器进样。基于此原理设计的仪器往往是对普通自动进样器改进的结果,主要是采用气密注射器和样品控温装置。例如,日本岛津公司的 HSS-3A/2B顶空分析系统就是在自动进样器样品盘的上方增加了一个金属加热块,通过样品盘下面的气动装置将样品瓶依次转移到加热块中,待气液平衡后,由注射器插入样品瓶取样并注入进样口分析。可见,除了采用气密注射器,增加了样品的加热及平衡时间控制功能外,其余功能与普通自动进样器类似。当然,注射器一般也要有控温装置。此类顶空进样装置的主要问题是不能控制样品的压力,故使用较少。

　　(2) 压力平衡顶空进样系统。这类进样系统的原理图如图 10.8 所示,样品加热平衡时,取样针头位于加热套中[图 10.8(a)]。载气大部分进入 GC,只有一小部分通过加热套,以避免其被污染。取样针头用 O 形环密封。样品气液平衡后,取样针头穿过密封垫插入样品瓶,此时载气分为三路[图 10.8(b)]:一路为低流速,由出口针型阀控制,继续吹扫加热套,另外两路分别进入 GC 和样品瓶,对样品瓶进行加压,直到样品瓶的压力与 GC 柱前压相等为止(这就是压力平衡的意思)。然后,关闭载气阀[图 10.8(c)]断载气流。由于样品瓶中的压力与柱前压相等,故此时样品瓶中的气体将自动膨胀,载气与样品气体的混合气就通过加热的输送管进入了 GC 柱。控制此过程的时间就可控制进样量。压力平衡进样装置与 GC 共用一路载气,操作简便。如 PE 公司的 HS-100 型顶空进样器就是采用这种设计。采用这种装置时,必须

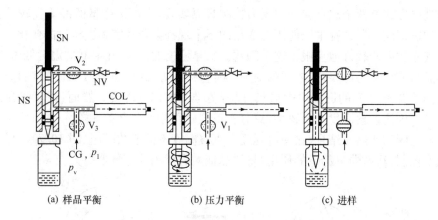

图 10.8 压力平衡顶空进样系统的原理图

CG. 载气；$V_1 \sim V_3$. 电磁开关阀；SN. 可移动进样针；NS. 针管；NV. 针形阀；

COL. 色谱柱；p_1. 柱前压；p_v. 样品瓶中原来的顶空压力

控制平衡时样品瓶中的压力属于 GC 柱前压，否则，针尖一旦插入样品瓶，顶空气体就会在载气切断之前进入 GC，造成分析结果的不准确。

实际工作中并不总能满足上述压力要求，比如样品平衡温度高时，顶空气体压力就高，若采用大口径的短毛细管柱进行分析，柱前压往往低于样品瓶中的顶空气体压力。这时，可以采用另一路载气对样品加压，以防止 GC 载气切断前样品进入色谱柱。这一方法叫做加压取样，如 PE 公司的 HS-40 型仪器就具有这种功能。另外，也可在色谱柱头接一段细的空柱管以提高柱压降，这当然使仪器的连接变得复杂了。

（3）压力控制定量管进样系统。图 10.9 为压力控制定量管进样的顶空 GC 系统的工作原理示意图。分析过程可分为四个步骤：第一步［图 10.9(a)］，平衡。即将样品定量加入顶空

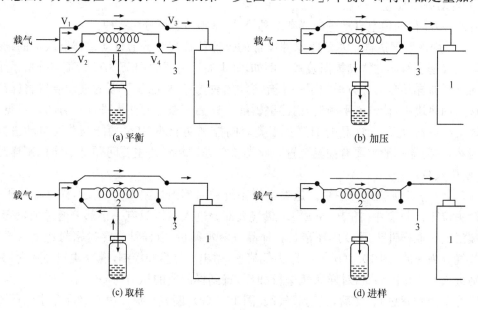

图 10.9 压力控制定量管进样的顶空 GC 系统的工作原理示意图

1. 气相色谱仪；2. 定量管；3. 放空出口

V_1、V_2、V_3、V_4 均为切换阀

样品瓶,加盖密封,然后置于顶空进样器的恒温槽中,在设定的温度和时间条件下进行平衡。此时,载气旁路直接进入 GC 进样口,同时用低流速载气吹扫定量管,而后放空,以避免定量管被污染。第二步[图 10.9(b)],加压。待样品平衡后,将取样探头插入样品瓶的顶空部分,V_4 切换,使通过定量管的载气进入样品瓶进行加压,为下一步取样做准备。加压时间和压力大小由进样器自动控制。此时,大部分载气仍然直接进入 GC 柱。第三步[图 10.9(c)],取样。V_2 和 V_4 同时切换,样品瓶中经加压的气体通过探头进入定量管。取样时间应足够长,以保证样品气体充满定量管,但也不应太长,以免损失样品。具体时间应根据样品瓶中压力的高低和定量管的大小而定,由进样器自动控制。一般不超过 10s。第四步[图 10.9(d)],进样。V_1、V_2、V_3 和 V_4 同时切换,使所有载气都通过定量管,将样品带入 GC 进行分析。GC 条件的设置原则与普通 GC 相同。这样就完成了一次顶空 GC 分析。然后将取样探头移动到下一个样品瓶,根据 GC 分析时间的长短,在某一时刻开始对下一个样品重复上述操作。

三、动态顶空色谱技术

动态顶空是相对于静态顶空而言的。与静态顶空不同,动态顶空不是分析处于平衡状态的顶空,而是用流动的气体将样品中的挥发性成分"吹扫"出来。绝大部分吹扫气都采用氮气。在持续的气流吹扫下,样品中的挥发性组分随氮气逸出,并通过一个装有吸附剂的捕集装置进行浓缩。在一定的吹扫时间之后,待测组分全部或定量地进入捕集器。此时,关闭吹扫气,由切换阀将捕集器接入气相色谱的载气气路,同时快速加热捕集管使捕集的样品组分解吸后随载气进入气相色谱分离分析。过程可以简单描述为:动态顶空萃取—吸附捕集—热解吸—气相色谱分析。

1. 吹扫-捕集进样装置

图 10.10 为典型的吹扫-捕集进样器气路示意图。液体样品(如水)加入样品管中(用量为 5~20mL)。通过样品下部的玻璃筛板渗入储液管,直到两边的液面达到同一水平。然后打开吹扫气阀,气体通过储液管,经玻璃筛板后分散成小气泡,吹扫气流的大小由调节阀控制。吹扫出的挥发性成分随载气进入捕集器。捕集器常填充的有 Tenax、硅胶或活性炭。捕集器尺寸一般为 30cm 长,3mm 内径的不锈钢管。在此吹扫过程中,液体样品将在吹扫气的作用下全部进入样品管。

当吹扫过程结束后,关闭吹扫气阀,同时转动六通阀,载气就通过捕集管进入气相色谱(注意此时捕集管中的气流方向与吹扫过程的方向相反)。然后,捕集管加热装置开始工作(多用电加热),迅速达到解吸温度(200~800℃),样品以尽可能窄的初始谱带进入色谱柱。吹扫-捕集进样装置与气相色谱的连接方式与静态顶空系统相似。连接管要保持在一定的温度,以避免样品组分冷凝。用填充柱和大口径柱时,输送管接在填充柱进样口,用常规毛细管柱时接在分流/不分流进样口。

吹扫-捕集技术分析的样品多为水溶液。吹扫过程中往往有大量的水蒸气进入捕集管,如果这些水进入色谱柱,势必影响分离结果和定量准确度,故在捕集管中除装有有机物吸附剂外,还常装有部分吸水性强的硅胶,以减少进入色谱柱的水分。如果这样仍不能满足气相色谱分析的要求,还可以在气相色谱之前连接一个干燥管或吸水管,以便更有效地除去水分。

吹扫-捕集进样也采用冷冻富集技术来提高整个系统的分离能力。在气相色谱之前连接一个冷冻装置来实现。

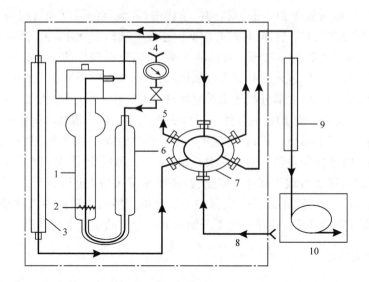

图 10.10 吹扫-捕集进样器气路示意图

1. 样品管；2. 玻璃筛板；3. 吸附捕集管；4. 吹扫气入口；5. 放空；
6. 储液瓶；7. 六通阀；8.GC 载气；9. 除水装置和/或冷阱；10.GC

2. 吹扫-捕集操作条件选择

1) 温度

吹扫-捕集分析中有三个温度需要控制。一是样品吹扫温度。水溶液大多在室温下吹扫，只要吹扫时间足够长，就能满足分析要求。有时为缩短吹扫时间，也可对样品加热，但升高温度的副作用增加了水的挥发。对于非水溶液，如某些肉类食品，则采用高一些的吹扫温度。二是捕集器温度。捕集器吸附温度常为室温，但对不易吸附的气体也可采用低温冷冻捕集技术。解吸温度按吸附组分的性质而定。吹扫-捕集进样器的解吸温度最高可达 450℃，但大部分环境分析的标准方法均采用 200℃ 左右的吹扫温度。三是连接管路的温度，它应足够高以防止样品冷凝。环境分析常用的连接管温度为 80～150℃。

2) 吹扫气流速与吹扫时间

吹扫气流速取决于样品中待测物的浓度、挥发性、与样品基质的相互作用（如溶解度）以及其在捕集管中的吸附作用大小。用氦气时，流速范围为 20～60mL/min。用氮气时可稍高一些，但氮气的吹扫效果不及氦气大。

解吸时的载气流速主要取决于所用色谱柱。用填充柱时为 30～40mL/min；用大口径柱时为 5～10mL/min；用常规毛细管柱时则要按分流或不分流模式来设置载气流速。

吹扫时间是吹扫-捕集技术的重要参数之一，必须根据具体样品来优化确定。原则上讲，吹扫时间越长，分析重现性和灵敏度越高。但考虑到分析时间和工作效率，应在满足分析要求前提下，选择尽可能短的吹扫时间。实际工作中可通过测定标准样品的回收率来确定吹扫时间。如要测定废水中的苯和乙苯等污染物，可用未被污染的干净水做空白样品，定量加入待测物，然后通过实验绘制不同吹扫时间的回收率曲线，通常要求回收率>90%。

第五节　气相色谱法的应用

在 GC 中,由于使用了高灵敏的检测器,可以检测 $10^{-11} \sim 10^{-13}$ g 物质。其分析操作简单,分析速度快,通常一个试样的分析可在几分钟到几十分钟内完成。因此,GC 在生命科学、资源环境、食品安全、现代农业等领域有广泛的应用。

一、在生命科学中的应用

GC 不仅可以对生物体中的氨基酸、脂肪酸、维生素和糖等组分进行分离分析,还可以分析生物体组织液中的有关物质(农药残留、低级醇等)以及痕量的动物、植物激素等。图 10.11 是核糖核苷的三甲基硅烷(TMS)衍生物色谱图。

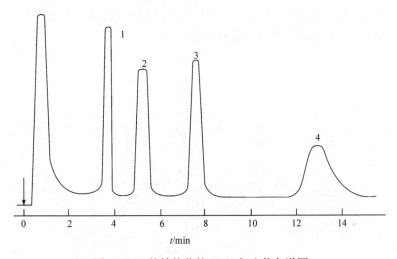

图 10.11　核糖核苷的 TMS 衍生物色谱图

色谱柱:2m×4mm 玻璃柱,内填充 3% OV-101 或 3% OV-17 的 Chromosorb W HP 100～
120 目(AW-DMCS);柱温:160℃(嘧啶碱基),190℃(嘌呤碱基),260℃(核苷);气化温
度:250℃(嘧啶、嘌呤),280℃(核苷);载气:Ar 60mL/min;检测器:FID
色谱峰:1. 尿苷;2. 腺苷;3. 鸟苷;4. 胞苷

GC 可以应用于分析气体试样,也可以分析易挥发或可转化为易挥发的液体和固体。对于难挥发和热不稳定的物质,GC 是不适用的。但近年来裂解气相色谱法(pyrolysis gas chromatography)的应用,大大扩展了 GC 的应用范围。裂解气相色谱是在严格控制操作条件下,使少量天然产物或合成的高分子化合物进行高温分析热裂解,生成低分子热裂解产物,用气相色谱仪进行分离分析。

采用裂解色谱鉴定微生物的方法,最初是为了探测月球和火星上可能存在的生命物质而提出的。20 世纪 80 年代以来,裂解色谱正式成为鉴定微生物的重要分析技术,已经成功地应用裂解色谱法分析了大量的微生物、藻类、组织和其他生物材料,获得多种微生物的标准指纹图,据此可以对微生物进行鉴定。采用目视法比较,评定裂解色谱图,对重现性的要求很高。应用计算机对大量色谱图的细微变化进行统计学方法处理,选出特征峰和舍去非特征峰。进行模式识别(pattern recognition),建立参考标准数据库,可用于复杂环境生物样品的分类鉴定。

二、在食品科学中的应用

由于食品分析包含着对食品固有营养成分的分析、风味成分的分析、食品添加剂的分析以及有毒有害成分的分析等任务,加上食品的种类繁多,成分复杂,干扰因素也特别多,这就决定了食品分析的复杂性和困难性。而气相色谱法为解决食品分析中的许多难题提供了有力的工具。近年来,全二维气相色谱(GC×GC)由于具有非常大的峰容量,在食品分析中表现了空前的分离效率。

食品的风味成分常是几种或几十种甚至上百种化合物的复杂体系,且每种成分含量的差别又很大。采用气相色谱来分析,特别是采用毛细管柱色谱及各种样品前处理技术以及 GC-MS 联用技术,食品风味的分析不再是难以解决的问题。例如,薄荷是食品中常用的香料,糖果、香料、雪茄烟、薄荷茶、止咳产品等中常加薄荷精油,其主要成分就是薄荷醇和薄荷酮。这些成分因其具有挥发性,可以用 GC 分析。图 10.12 是采用顶空固相微萃取(HS-SPME)和 GC-FID 联用分析食品中的薄荷醇和薄荷酮的色谱图。

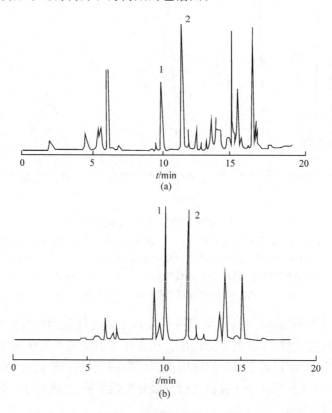

图 10.12　由薄荷糖(a)和薄荷茶(b)得到的气相色谱图

色谱柱:30m×0.53mm (i.d.),0.25μm 膜厚 RT×200;柱温:40℃保持 2min,以 10℃/min 升温至

150℃,并保持 4min,然后以 20℃/min 升温至 225℃,并保持 2min;进样口温度:200℃;

检测器温度:250℃;检测器:FID

色谱峰:1. 薄荷醇;2. 薄荷酮

三、在农药残留分析中的应用

为了提高农产品的产量,不得不大量使用农药。农药使用不当,不仅会造成误食者急性中

毒,而且对农作物和环境的污染经过生物富集和食物链作用,会在人体内累积,引起慢性中毒,危害人体健康。因此,监测农产品、食品及环境中的农药残留已引起人们的广泛关注,各国制定的农药残留标准也越来越严格。

目前,GC 仍是农药残留分析中使用最广泛的方法之一。非极性或弱极性固定相的毛细管柱 GC 得到广泛应用,取代了传统的填充柱 GC。GC-AED、GC-MS 和 GC-MS-MS 联用技术也日臻成熟。图 10.13 为水果、蔬菜、粮食和茶叶中有机磷农药和氨基甲酸酯类农药 35 种残留组分的 GC-NPD 色谱图。

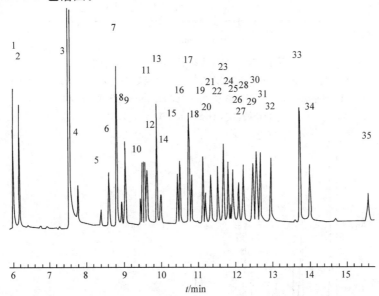

图 10.13　水果、蔬菜、粮食和茶叶中有机磷农药和氨基甲酸酯类农
药 35 种残留组分 GC-NPD 色谱图

色谱柱:HP-5,30m×0.32mm(i.d.)×0.25μm;柱温:45℃,恒温 1min 后以 20℃/min 升温至 140℃,后以 13℃/min 升温至 230℃,接着以 20℃/min 升温至 250℃,恒温 5min;进样口温度:250℃;检测器温度:300℃;载气流速:N_2 恒流 3.0mL/min;H_2 4.0mL/min;空气 70mL/min;进样量:1μL

色谱峰:1. 甲胺磷;2. 敌敌畏;3. 乙酰甲胺磷;4. 速灭威;5. 异丙威;6. 灭多威;7. 氧化乐果;8. 仲丁威;9. 异吸硫磷;10. 恶虫威;11. 治螟威;12. 甲拌磷;13. 乐果;14. 克百威;15. 二嗪磷;16. 乙拌磷;17. 异稻瘟净;18. 抗蚜威;19. 甲基对硫磷;20. 甲奈威;21. 皮蝇磷;22. 杀螟硫磷;23. 马拉硫磷;24. 倍硫磷;25. 粉锈宁;26. 水胺硫磷;27. 溴硫磷;28. 甲基异柳磷;29. 喹硫磷;30. 胺草磷;31. 杀朴磷;32. 克线磷;33. 乙硫磷;34. 三硫磷;35. 伏杀磷

四、在环境监测中的应用

大气污染成分主要有卤化物、氢化物、硫化物以及芳香族化合物,其浓度一般在 10^{-6}～10^{-9}g/L 数量级。由于使用高灵敏度检测器,试样可以不经浓缩而直接进行气相色谱监测分析。如图 10.14 为大气中硫化物的气相色谱图。

来源于石油化工、炼焦及造纸工业的酚类化合物具有很强的极性,采用极性固定液可以使其得到很好的分离。如图 10.15 为废水中酚的分离气相色谱图。

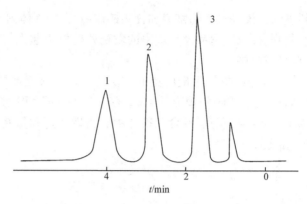

图 10.14　大气中硫化物的气相色谱图

色谱柱：1.25m×3mm(i.d.)聚四氟乙烯柱，内装石墨化炭黑，预涂以 1.5%

H_3PO_4 减尾；柱温：40℃；载气(N_2)：100mL/min；检测器：FPD(140℃)

色谱峰：1. CH_3SH；2. SO_2；3. H_2S

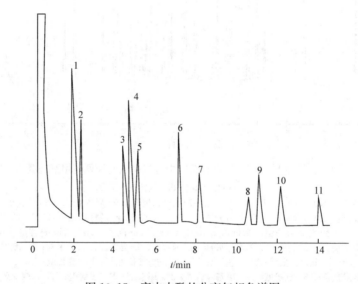

图 10.15　废水中酚的分离气相色谱图

色谱柱：SPB-5，15m×0.53mm(i.d.)；柱温：75℃保持 2min，然后以 8℃/min

升温至 180℃；载气：He

色谱峰：1. 苯酚；2. 氯酚；3. 2-硝基酚；4. 2,4-二甲酚；5. 2,4-二氯酚；6. 4-氯-3-甲酚；

7. 2,4,6-三氯酚；8. 2,4-二硝基酚；9.4-硝基酚；10.3-甲基-4,6-二硝基甲酚；11. 五氯酚

 扫一扫　世界第一台商品化气相色谱仪的诞生

思考题与习题

1. 简述气相色谱仪的分析流程。

2. 气相色谱仪的基本设备包括哪几部分？各有什么作用？

3. 检测器的性能指标灵敏度与检测限有何区别？

4. 怎样选择载气？载气为什么要净化？如何进行净化处理？

5. 硅藻土载体在使用前为什么需经化学处理？常有哪些处理方法？简述其作用。

6. 对色谱固定液有何要求？固定液有哪些分类法？

7. 什么叫程序升温？哪些样品适宜用程序升温分析？

8. 下列色谱操作条件，如改变其中一个条件，色谱峰将会发生怎样的变化？

　　(1) 柱长增加一倍；(2) 固定相颗粒变粗；(3) 载气流速增加；(4) 柱温降低。

9. 填充柱气相色谱仪与毛细管气相色谱仪流程与结构有何差异？

10. 试设计下列试样测定的色谱分析操作条件：

　　(1) 乙醇中微量水的测定；(2) 超纯氮中微量氧的测定；

　　(3) 蔬菜中有机磷农药的测定；(4) 微量苯、甲苯、二甲苯异构体的测定。

第十一章　高效液相色谱法

第一节　概　述

高效液相色谱法(high performance liquid chromatography,HPLC)是 1964～1965 年开始发展起来的一项新颖快速的分离分析技术。它是在经典液相色谱法的基础上,引入了气相色谱的理论,在技术上采用了高压、高效固定相和高灵敏度检测器,使之发展成为高分离速度、高分辨率、高效率、高检测灵敏度的液相色谱法,也称为现代液相色谱法。

一、高效液相色谱与经典液相色谱的比较

经典液相色谱的致命弱点是柱效低、分离时间长,难以解决复杂混合物的分离,与气相色谱比较有很大的差距。从色谱的速率理论知道,要提高柱效,就要把固定相的颗粒度减小,同时要加快传质速率;要缩短时间就要把流动相的速度加快。因此要克服经典液相色谱的缺点,就必须针对这些问题进行研究。采取的措施就是要研制出粒度小、传质速率快的固定相;使用高压泵,加快流动相的速度;采用高灵敏度的检测技术,从而使液相色谱达到柱效高、分析时间短、灵敏度高的效果。

二、HPLC 与 GC 的比较

HPLC 是在 GC 高速发展的情况下发展起来的。它们之间在理论上和技术上有许多共同点,主要有:①色谱的基本理论是一致的;②定性定量原理完全一样;③均可应用计算机控制色谱操作条件和色谱数据的处理程序,自动化程度高。

由于 HPLC 的流动相是液体,而液体的黏度比气体大 100 倍以上,扩散系数比气体小 $1\times10^2\sim1\times10^5$ 倍,故溶质分子与液体流动相之间的作用力不能忽略,致使 HPLC 与 GC 有以下的差别。

1. 流动相差别

GC 用气体作流动相,气体与样品分子之间作用力可忽略,而且,载气种类少,性质接近,改变载气对柱效和分离效率影响小。HPLC 以液体做流动相,液体分子与样品分子之间的作用力不能忽略,而且液体种类多,性质差别大,既可以是水溶液,又可以是有机溶剂;既可以是极性化合物,又可以是非极性化合物,可供选择范围广,是控制柱效和分离效率的重要因素之一,使 HPLC 除了固定相的选择外,增加了一个可供选择的重要的操作参数。

2. 固定相差别

GC 固定相多是固体吸附剂和在担体表面上涂渍一层高沸点有机液体组成的液体固定相及近年来出现的一些化学键合相。GC 固定相粒度大(一般为 $100\sim250\,\mu m$)、吸附等温线多是非线性的,但成本低。HPLC 固定相大都是新型的固体吸附剂和化学键合相等,粒度小(一般为 $3\sim10\,\mu m$),分配等温线多是线性的,峰形对称,但成本高。样品容量

比 GC 高,分析型色谱柱最大容量可达 50mg 以上。

3. 使用范围差别

GC 一般分析沸点 500℃ 以下,相对分子质量小于 400 的物质,而对热稳定性差,易于分解、变质及具有生理活性的物质,都不能用升温气化的方法分析。

HPLC 在室温或在接近室温条件下工作,可分析沸点在 500℃ 以上,相对分子质量在 400 以上的有机物质。这些有机物质占有机物总数的 80%～85%。HPLC 的使用范围比 GC 更广。

4. 原理和仪器结构差别

高效液相色谱仪和气相色谱仪在原理和结构上也有很大差别。高效液相色谱仪采用高压输液系统,其检测器的检测原理和结构与 GC 有较大差异。

应该指出,高效液相色谱和气相色谱各有所长,相互补充,GC 操作简单,成本较低。在 HPLC 越来越广泛获得应用的同时,GC 仍然发挥着它重要作用。

第二节　HPLC 的类型及选择

一、液-液色谱法

液-液色谱(liquid-liquid chromatography)又称液-液分配色谱,液-液色谱以涂渍或键合在惰性载体表面上的固定液为固定相,固定相的形式分为两种:一种是涂渍固定相,即用类似于气相色谱的方法将某些固定液涂渍在惰性担体的表面;另一种是化学键合固定相,即把欲键合的化学基团与惰性担体反应,使之以共价键的形式结合在担体表面上。涂渍的固定相,其固定液易于流失,柱子寿命短,分离的重现性差,现已少用。化学键合固定相能耐溶剂的洗脱、耐热、不易流失、柱寿命长,而且重现性和分离效果好,是目前固定相的发展方向。

液-液色谱中,样品的分离是由不同溶质在两个液相中有不同的分配系数而引起的。但对于化学键合相的液-液色谱,其作用机理尚有争论,一般认为,分配机理和吸附机理同时存在。

为了防止色谱过程中两相的混溶,流动相与固定相的极性必须不同。当固定相为极性时,流动相选择非极性溶剂,此时,组分流出的顺序是由非极性向极性组分过渡,称为正相色谱(normal phase liquid chromatography),相反,固定相为非极性,选择极性溶剂为流动相,组分的流出顺序是极性组分先流出,称为反相色谱(reverse phase liquid chromatography)。另外,液-液色谱还有一种特殊形式,固定相与正相色谱或反相色谱相同,流动相是含有适当有机反离子(counter-ion)的溶剂,它能与组分生成离子对,称为正相离子对色谱或反相离子对色谱。离子对色谱(ion pair chromatography,IPC)可以分析离子型或可离解的化合物。

二、液-固色谱法

液-固色谱(liquid-solid chromatography)也称液-固吸附色谱,它是以固体吸附剂(如硅胶、各种微球硅珠、氧化镁、氧化铝、活性炭、聚酰胺等)作为固定相。一般吸附剂粒度为 20～50μm 或 35～75μm,比液-液色谱固定相粒度大。

液-固色谱分离物质的依据是吸附剂表面与溶质分子中官能团的吸附与解吸的相互作用,是溶质分子和溶剂分子对固定相的竞争吸附的结果。因此,溶剂的极性强弱对分离和分析速度影响很大。液-固色谱主要是用来分析具有极性官能团而极性不太强的化合物,它的特点在于具有特殊的选择性。对同系物的选择性很小,而对不同族化合物具有极好的选择分离能力。因此,液-固色谱有利于按族分离化合物。此外,由于溶质分子在吸附剂活性中心上的吸附能力与分子的几何形状有关,因而液-固色谱对异构体有高的选择性,能分离几何异构体(顺、反异构体)和同分异构体(不同取代位)。

液-固吸附色谱的主要缺点是重复性差,故对流动相的含水量必须严格控制,方能获得有重复性的保留值。因此,每次分析后,特别是进行梯度洗脱时,色谱柱再生的时间很长,耗费溶剂多。

三、离子交换色谱法

离子交换色谱(ion exchange chromatography)是基于离子交换树脂上可解离的离子与流动相中具有相同电荷的溶质、离子进行可逆交换,根据这些离子对交换剂具有不同的亲和力而将它们分离。其固定相是离子交换剂。根据分离离子的不同而采用阳离子交换剂或阴离子交换剂。其机理是离子交换剂基团与组分离子的交换,可用离子交换平衡式表示为

$$R \cdot r^- + X^- \rightleftharpoons R \cdot X + r^-$$

式中:$R \cdot r^-$ 为阴离子交换剂;r^- 为平衡离子;X^- 为样品中的阴离子。

这个过程属于阴离子交换,故称为阴离子交换色谱。相反,则称为阳离子交换色谱。

离子交换色谱主要用于分离能解离为离子的化合物,如无机离子、核酸、氨基酸等。

四、凝胶色谱法

凝胶色谱(gel chromatography)也称排阻色谱或空间排阻色谱等。凝胶色谱是基于分子大小不同而进行分离的一种色谱技术。固定相凝胶内具有一定大小的孔穴,当试样随流动相在凝胶外的间隙和凝胶孔穴中流动时,分子体积大的不能渗透到凝胶孔穴中去,较快地随流动相流走。中等大小的样品分子,能选择渗透到部分孔穴中去,流出稍慢。分子体积小的,则渗透到凝胶内部孔穴中,因而有一个平衡过程,较慢地被冲洗出来。分子越小,渗透进孔穴越深,流出越慢。这样,样品按分子大小先后从柱子中流出。由于凝胶色谱法的分离机理与其他色谱法类型不同,因此,它具有一些突出的特点。其试样峰全部在溶剂的保留时间前出峰,它们在柱内停留时间短,故柱内峰扩展就比其他分离方法小得多,峰通常较窄,有利于进行检测。凝胶色谱主要是用于分离、鉴定高相对分子质量化合物,甚至相对分子质量高达 150 000 000 的高分子化合物也可分离鉴定。

凝胶颗粒微孔直径不同的固定相,其线性范围不同,可以用于分离不同相对分子质量范围的组分。凝胶色谱在生物样品(蛋白质、酶、核酸等)与高分子化合物分析中有重要的应用价值。

上述各类液相色谱的分离机理可用图 11.1 表示。

五、分离类型的选择

在解决某一试样的分析任务时,色谱分离类型的选择,主要根据样品的性质,如相对分子质量,水溶性或是非水溶性,离子型或是非离子型,极性的或是非极性的,分子结构如何等来选择,选择方法可用图 11.2 表示。

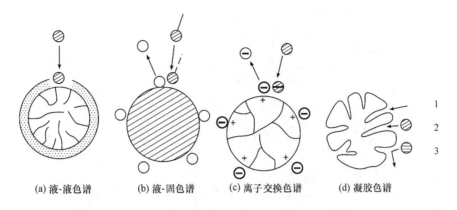

图 11.1 各类液相色谱的分离机理示意图

○ 溶剂分子; ◎ 溶质分子; ⊖ 平衡分子; ◍ 阴离子样品;
1. 全渗透; 2. 部分渗透; 3. 排阻

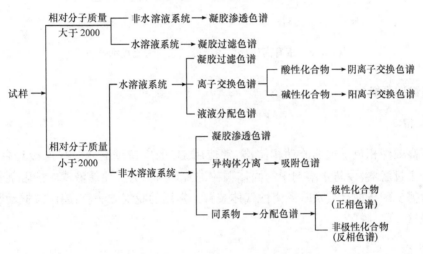

图 11.2 HPLC 分离类型选择方法示意图

第三节 高效液相色谱仪

各类现代高效液相色谱仪,无论在其复杂程度还是各种部件的功能上都有很大的差别。但就基本原理和色谱流程而言都是相同的,其流程图如图 11.3 所示。

储液槽中的流动相被高压泵吸入后输出,经调节压力和流量后导入进样器。将进入进样器后的待分析试样带入色谱柱进行分离,经分离后的组分进入检测器检测,最后和洗脱液一起进入废液槽。被检测器检测的信号经放大器放大后,用记录器记录下来,得到一系列的色谱峰,或者检测信号被微处理机处理,直接显示或打印出结果。可以看出,高效液相色谱仪的基本组成可分为:流动相输送系统、进样系统、色谱分离系统与检测记录数据处理系统等四个部分。

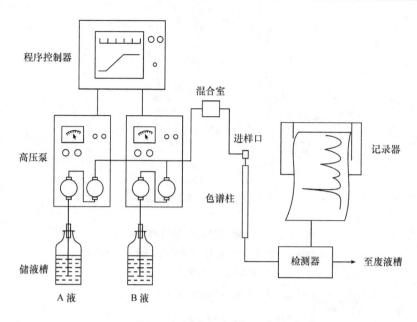

图 11.3　带有高压梯度系统的液相色谱流程示意图

一、流动相输送系统

1. 储液槽

分析用高效液相色谱仪的流动相储槽,常使用 1L 的广口试剂瓶。在连接到泵入口处的管线上加一个过滤器,以防止溶剂中的固体颗粒进入泵内。为了使储液槽中的溶剂便于脱气,储液槽中常需要配备抽真空及吹入惰性气体装置。常用的脱气方法有:超声波振动脱气,加热沸腾回流脱气,真空脱气。

2. 高压泵

现代高效液相色谱仪对高压泵的要求如下:

(1) 泵的材料抗化学腐蚀。

(2) 输出压力达到 40～50MPa。

(3) 无脉冲、压力平稳或加一个脉冲抑制器。

(4) 流量可变,流量稳定,精度优于 1%。

(5) 为了可以快速更换溶剂,泵腔的体积要小。

高压泵的作用是输送恒定流量的流动相。高压泵按动力源划分,可分为机械泵和气动泵;按输液特性分,可分为恒流泵和恒压泵。

1) 恒流泵

恒流泵的主要优点是始终输送恒定流量的液体,与柱压力的大小和压力的变化无关,因此,保留值的重复性好,并且基线稳定,能满足高精度分析和梯度洗脱要求。恒流泵可分为注射泵和往复泵。往复泵又可分为往复活塞式和隔膜式两种,这里主要介绍前一种。它是 HPLC 最常用的一种泵。

往复活塞泵的结构比较复杂,主要由传动机构、泵室、活塞和单向阀等构成。其工作原理见图 11.4。

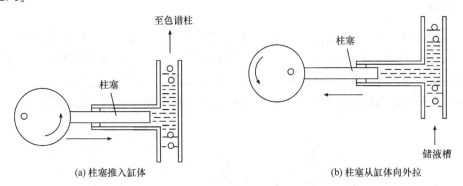

图 11.4　往复活塞泵的工作原理示意图

传动机构由电动机和偏心轮组成。开始电动机使活塞做往复运动,偏心轮旋转一周,活塞完成一次往复运动,即完成一次抽吸冲程和输送冲程。改变电动机的转速可以控制活塞的往复频率,获得需要的流速。

往复泵的优点是输液连续,流速与色谱系统的压力无关,泵室的体积很小(几微升至几十微升),因此适用于梯度洗脱和再循环洗脱,而且清洗方便,更换溶剂容易。缺点是输送有脉动的液流,因此液流不稳定,引起基线噪声,克服的办法是在泵和色谱柱间串入一根盘状阻尼管,使液流平稳。

2) 恒压泵

恒压泵采用适当的气动装置,使高压惰性气体直接加压于流动相,输出无脉动的液流。常称为气动泵。这种泵简单价廉,但流速不如恒流泵精确稳定,故只适用于对流速精度要求不高的场合,或作为装填色谱柱用泵。

恒压泵的工作原理为:气缸内装有可以往复运动的活塞。通常气动活塞的截面积比液动活塞的截面积大 23~46 倍,因此,活塞施加于液体的压力,是按两个截面积同等比例放大的压力,如气缸压力是 1kg/cm² 、液缸压力为 23kg/cm² 或46kg/cm² 。工作时,在恒定气压的作用下,活塞在缸内往复运动,完成抽吸和输送液体的动作。气动放大泵优点是容易获得高压,没有脉冲,流速范围大。缺点是受系统压力变化的影响大,因此,保留值重复性较差,不适于梯度洗脱操作,而且泵体积较大(2~70mL),更换溶剂麻烦,耗费量大。

3. 梯度洗脱装置

梯度洗脱也称溶剂程序。是指在分离过程中,随时间函数程序地改变流动相组成,即程序地改变流动相的强度(极性、pH 或离子强度等)。梯度洗脱装置有两种:一种是低压梯度装置;另一种是高压梯度装置。高压梯度装置又可分为两种工作方式。一种是以两台或多台高压泵将不同的溶剂吸入混合室,在高压下混合,然后进入色谱柱。它的优点是只要通过电子器件分别程序控制两台或多台输液泵的流量,就可以获得任何一种形式的淋洗浓度曲线。其缺点是如需混合多种溶剂,则需要多台高压泵。另一种是以一台高压泵通过多路电磁阀控制,同时吸入几种溶剂(各路吸入的流量可以控制),经混合后送到色谱柱,这样只要一台高压泵。梯度洗脱不仅可以提高分离效果,而且还可以使分离时间缩短,分辨能力增加。

二、进样系统

进样系统包括进样口、注射器、六通阀和定量管等,它的作用是把样品有效地送入色谱柱。进样系统是柱外效应的重要来源之一,为了减少对板高的影响,避免由柱外效应而引起峰展宽,对进样口要求死体积小,没有死角,能够使样品像塞子一样进入色谱柱。

目前,多采用耐高压、重复性好、操作方便的带定量管的六通阀进样(图11.5)。

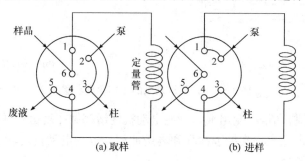

图11.5　六通阀进样示意图

三、色谱分离系统

色谱分离系统包括色谱柱、恒温装置、保护柱和连接阀等。分离系统性能的好坏是色谱分析的关键。采用最佳的色谱分离系统,充分发挥系统的分离效能是色谱工作中重要的一环。

1. 色谱柱

色谱柱包括柱子和固定相两部分。柱子的材料要求耐高压,内壁光滑,管径均匀,无条纹或微孔等。最常用柱材料是不锈钢管。每根柱端都有一块多孔性(孔径 $1\mu m$ 左右)的金属烧结隔膜片(或多孔聚四氟乙烯片),用以阻止填充物逸出或注射口带入颗粒杂质。当反压增高时,应予更换(更换时,用细针剔出,不能倒过来敲击柱子)。柱效除了与柱子材料有关外,还与柱内径大小有关。应使用"无限直径柱"以提高柱效。

2. 柱恒温器

柱温是液相色谱的重要操作参数。一般来说,在较高的柱温下操作,具有三个好处。

(1) 能增加样品在流动相中的溶解度,从而缩短分析时间。通常柱温升高 $6℃$,组分保留时间减少约 30%。

(2) 改善传质过程,减少传质阻力,增加柱效。

(3) 降低流动相黏度,因而在相同的流量下,柱压力降低。液相色谱常用柱温范围为室温至 $65℃$。

3. 保护柱

为了保护分析柱,常在进样器与分析柱之间安装保护柱。保护柱是一种消耗性的柱子,它的长度比较短,一般只有 $5cm$ 左右。虽然保护柱的柱填料与分析柱一样,但粒径要大得多,这样便于装填。保护柱应该经常更换以保持它的良好状态而使分析柱不被污染。

四、检测、记录数据处理系统

检测、记录数据处理系统包括检测器、记录仪和微型数据处理机。常用的检测器有示差折光检测器、紫外吸收检测器、荧光检测器和二极管阵列检测器等。记录数据处理系统与气相色谱仪相同。已有现成的色谱工作软件出售。

色谱工作站是由一台微型计算机来实时控制色谱仪，并进行数据采集和处理的一个系统。它由硬件和软件两个部分组成，硬件是一台微型计算机，再加上色谱数据采集卡和色谱仪器控制卡。软件包括色谱仪实时控制程序、峰识别程序、峰面积积分程序、定量计算程序和报告打印程序等。它具有较强的功能：识别色谱峰、基线的校准、重叠峰和畸形峰的解析、计算峰的参数（保留时间、峰高、峰面积和半峰宽等）、定量计算组分含量等。色谱工作站的工作界面目前多采用 Windows NT 或 Windows 95 平台，使用起来十分方便。

第四节　高效液相色谱固定相

一、液-固色谱固定相

液-固色谱用的固定相，大都是以硅胶为基体的各种类型的硅珠。最初使用的是粒度 $30\sim70\mu m$ 的全多孔硅珠，比表面积 $100\sim400 m^2/g$，孔径大而深。由于粒度大，易于装柱；比表面积大则柱容量大，允许较大进样量；制作工艺简单，成本也低。但由于孔径深，传质阻力大，柱效不高。近年来，由于筛分工艺和装柱技术的进展，现已普遍采用粒度为 $3\sim10\mu m$ 的全多孔微粒型硅珠，无论在柱效或柱容量方面都大大提高。

多孔层硅珠也称表面多孔硅珠或薄壳型硅珠。它是在粒度为 $30\sim50\mu m$ 的硅珠表面上，覆盖一层多孔性基质，厚度为 $1\sim2\mu m$。这种多孔层硅珠的优点是孔浅，传质阻力小，柱效较高。此外，流动性好，可用干法装柱。缺点是比表面积小，只有 $1\sim20 m^2/g$，故样品容量小，易发生过载现象，只适用于高灵敏度检测器。

堆积型硅珠综合上述两类硅珠的优点，以约 $50\times10^{-10} m$ 的硅胶悬浮液经成珠凝聚工艺处理，堆积成 $5\sim10\mu m$ 的堆积硅珠。它的特点是粒度分布窄 $[(5\pm1)\mu m]$，比表面积大，柱渗透性小，所以柱效高，压力低；缺点是制造工艺复杂，价格昂贵。

从速率理论公式的简化式可以看出，固定相的粒度对柱效的影响是很大的。因此，近年来发展的微粒型全多孔硅珠和堆积型硅珠具有传质快，柱效高，容量大的优点，已成为液-固色谱常用的固定相，普遍取代了多孔层硅珠。表 11.1 列出了两种固定相的性能比较。

表 11.1　两种固定相的性能比较

性能	多孔层硅珠	微粒型硅珠
粒度/μm	$30\sim50$	$5\sim10$
最佳 H 值/mm	$0.2\sim0.4$	$0.01\sim0.03$
柱长/cm	$50\sim100$	$10\sim25$
柱内径/mm	2	$2\sim5$
柱压	小	大
样品容量/(mg/g)	$0.05\sim0.1$	$1\sim5$
比表面/(m^2/g)	$10\sim25$	$400\sim600$

除了上述各类硅珠外，还有氧化铝、分子筛、聚酰胺等，但目前已较少使用了。

二、液–液色谱固定相

在 20 世纪 60 年代末,液–液色谱采用的固定相主要是类似于气相色谱的涂渍固定相,只是粒度大大低于气相色谱固定相。常用的载体主要是液–固色谱的固定相全多孔型硅珠、薄壳型和堆积型硅珠。气相色谱里的其他担体也有应用,但不常用。常用的固定液只是极性不同的为数不多的几种,如 β,β'—一氧二丙腈、聚乙二醇、角鲨烷等,这类涂渍固定相最大缺点是固定液容易流失,稳定性和重复性不易保证。因此,一般都需要在分析柱前加一根预饱和柱,即在普通担体上涂渍高含量(一般为 30%)的与分析柱相同的固定液,让流动相先通过预饱和柱,事先用固定液把流动相饱和,以保护分析柱中固定液不流失。但是,经过这样的改进,并未完全解决问题。为了克服这个缺点,人们研究了化学键合固定相。化学键合固定相的出现,是高效液相色谱发展的一个重要里程碑,它兼有吸附和分配色谱两种机理,这种色谱称为键合相色谱(bonded phase chromatography)或键合色谱(bonded chromatography),简称 BPC。

化学键合固定相的优点:①由于表面键合了有机物基团,消除了表面的吸附活性点,使表面更均一;②可以通过改变键合有机分子的各种不同基团来改变选择性;③柱效高;④固定液不流失,提高了柱子的稳定性和使用寿命;⑤ 由于牢固的化学键,能耐各种溶剂,有利于梯度淋洗和样品的回收。

化学键合相主要是以硅珠为基质,利用硅珠表面的硅酸基团与键合基反应(见气相色谱章节)。

国内化学键合相常以 YQG、YWG、YBG(分别代表堆积型、无定型、薄壳型硅基)与键合基反应制备化学键合固定相,如 YWG-$C_{18}H_{37}$ 代表无定型硅基与 $C_{18}H_{37}$ 反应制成。

三、离子交换剂

经典的多孔型离子交换树脂很少用于高效液相色谱法,因为它们不能承受压力。目前已专门研制了粒度小而均匀,稳定性好,pH 范围广,交换容量大,能耐高压的离子交换剂。常用离子交换剂的结构有两种类型:一种类型是以硅胶或玻璃微球为基质,表面涂覆一层离子交换树脂,或将离子交换基团键合在硅胶表面而成;另一类是苯乙烯与二乙烯基苯的共聚物,增加聚合物中二乙烯基苯的含量,可以提高机械强度和树脂的交联度,但树脂交联度过大,孔径小,渗透性低,不利于分离。最常用的是中等交联度 3%～12% 的树脂。两种结构类型的树脂见图 11.6。

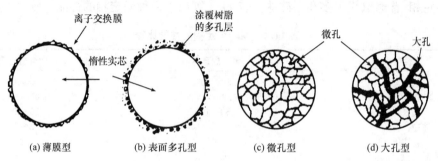

图 11.6　离子交换树脂的结构类型

按离子交换基团的性质将离子交换树脂分为强酸性或弱酸性阳离子交换树脂,强碱性或弱碱性阴离子交换树脂。常见的强酸性阳离子交换树脂的交换基为亚硫酸基($—SO_3H$),弱酸性的为羧基($—COOH$)。强碱性阴离子交换树脂的交换基为季铵盐($—CH_2N(CH_3)_3Cl$),弱碱性的为$—NH(R)_2Cl$。

交换容量是指每克干树脂(或每毫升湿树脂)可以交换的离子的物质质量。它是离子交换树脂的重要特性指标。交换容量大,进样量大,有利于微量分析和制备分离。交换容量小,要求进样量小及灵敏度高的检测器。但是容量大的离子交换树脂往往能较牢固地保留离子,需要用浓度高的缓冲液当流动相(1~5mol/L),才能从柱上洗脱下来。此外,交换容量往往与pH有关,对于强酸和弱酸性阳离子交换树脂最适宜的pH分别为2~14和8~14,而强碱性和弱碱性阴离子交换树脂,最适宜的pH分别为2~10和2~6。

高效液相色谱常用的离子交换剂有薄壳玻珠(1)-苯磺酸、薄壳玻珠(1)-乙基苯磺酸、薄壳玻珠(1)-丙氨基丙酸、堆积硅珠-丙氨基丙酸、薄壳玻珠(3)-丙基辛基二甲胺氯等。

四、凝胶色谱固定相

常用的凝胶色谱固定相分为软性、半硬质和刚性凝胶三种。凝胶是含有大量液体(一般是水)的柔软而富有弹性的物质,是一种经过交联而具有立体网状结构的多聚体。

1. 软性凝胶

软性凝胶如葡聚糖凝胶、琼脂凝胶等。软性凝胶在高的流速下被压缩,只适用于低流速、低压下使用,不适用于高效液相色谱。

2. 半硬质凝胶

半硬质凝胶如苯乙烯-二乙烯基苯交联共聚凝胶是应用最多的凝胶,适用于非极性有机溶剂,小孔胶分离较小分子,相对分子质量可达1000,大孔胶分离大分子,可耐较高压力,但压力一般不能超过$150kg/cm^2$,柱效高。

3. 刚性凝胶

刚性凝胶如多孔硅胶、多孔玻珠等。该凝胶具有恒定的孔径和较窄的粒度分布,因此色谱柱易于填充均匀,对流动相溶剂体系、压力、流速、pH和离子强度等都影响较小,适用于高效液相色谱操作。

第五节　高效液相色谱检测器

检测器串联在液相色谱柱的出口,样品在色谱柱中被分离后随同流动相连续地流经检测器,根据流动相中样品量或样品浓度输出相应的信号,定量地表示被测组分含量或浓度的变化,最终得到样品中各个组分的含量。检测器是色谱分析工作中定性定量分析的主要工具。

一个理想的检测器应该满足灵敏度高、重复性好、响应快、峰形窄、线性范围广、对流量和温度的变化不敏感等要求。从目前商品仪器来看,最广泛应用的是紫外吸收检测器、示差折光检测器和荧光检测器,此外,还有近年来发展起来的二极管阵列检测器等。现简要地介绍这些检测器的基本原理及特性。

一、紫外吸收检测器

紫外吸收检测器(UV)的作用原理和结构与常用的紫外可见光分光光度计基本相同(图11.7)。仪器结构的主要区别在于将吸收池改为流动池(flow cell),流动吸收池的体积一般只有 5~15μL,光程长 1cm 左右,以适应高效液相色谱进样量小、柱外谱带展宽小的要求。

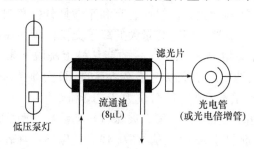

图 11.7　紫外检测器示意图

紫外吸收检测器具有较高的灵敏度,最小检测量可达 10^{-9}g,线性范围宽,对流动相的流速和温度变化不敏感,而且易于操作,十分可靠。因此,几乎所有的高效液相色谱都配有紫外吸收检测器。

二、示差折光检测器

示差折光检测器(RI)是利用连续测定参比池与样品池中溶液折射率变化来测量样品浓度的检测器。溶液的折射率是纯溶剂(流动相)和纯溶质(试样)的折射率乘以各物质的浓度之和。因此,溶有试样的流动相和纯流动相之间折射率之差,表示试样在流动相中的浓度。按其工作原理可以分为偏转式和反射式两种类型。现以偏转式示差折光检测器为例,光路见图 11.8。

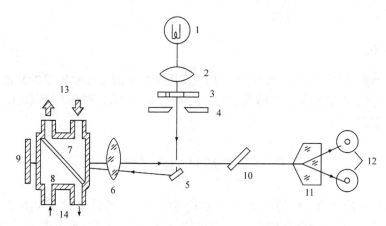

图 11.8　偏转式示差折光检测器光路图

1. 钨丝灯光源；2. 透镜；3. 滤光片；4. 遮光板；5. 反射镜；6. 透镜；7. 样品池；8. 参比池；
9. 平面反射镜；10. 平面细调透镜；11. 棱镜；12. 光电管；13. 样品流路；14. 参比流路

示差折光检测器的最大优点是通用性。它的用途很广,其使用的普及程度仅次于紫外吸收检测器。这种检测器的缺点是灵敏度不高,不能进行痕量分析;对溶剂的变化非常敏感,不适用于梯度洗脱;它对温度的变化也非常敏感,使用中必须将温度保持在给定温度±0.001℃的范围内。这种检测器对流量的变化不太敏感。

三、荧光检测器

荧光检测器(FD)的作用原理和结构与常用的荧光分光光度计基本相同。仪器结构的主要区别在于将吸收池改为流动池,流动吸收池的体积一般只有 $5\sim10\mu L$,光程长 1cm 左右,以适应高效液相色谱进样量小、柱外谱带展宽小的要求。

荧光检测器的优点是选择性好(具有相同激发波长和发射波长的物质是极少的),灵敏度高(大多数情况下皆优于紫外吸收检测器),但线性范围较窄,应用范围也不普遍。

四、二极管阵列检测器

从氘灯发出的紫外光通过一个消色差透镜系统,聚焦到流动池上,经狭缝后光束照到一个全息光栅上,经色散分光后抵达一组光电二极管阵列上,在几毫秒内测出光谱信息。与普通光谱检测器相比,二极管阵列检测器的分光系统和样品池的相对位置正好相反,因此这种光路结构称为"倒置光学"系统。二极管阵列检测器先让光束通过流动池,然后由分光系统分光后,使所有波长的光在二极管阵列检测器同时被检测。它的信号是用电子学方法快扫描而获取,扫描速度非常快,远超出色谱峰的出峰速度,所以可以检测色谱流出物每个瞬间的吸收光谱图(图 11.9)。

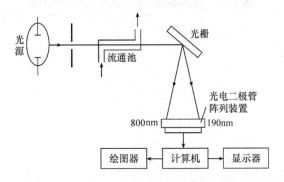

图 11.9　二极管阵列检测器示意图

二极管阵列检测器是近年发展起来的检测器。通过监测一个波长上的色谱输出而储存在其他波长上的数据,分析完毕后,可在计算机上得到等吸收数据图,也可将时间沿时间轴慢慢变动,观察光谱随时间的变化,由此可得到三维信息(时间、波长、吸光度)的直观图。

二极管阵列检测器配有的软件可为每一个样品提供极为丰富的色谱和光谱信息,可对未分离峰进行定量分析,并协助对色谱峰的定性和纯度的鉴定。局限性是造价太高。

第六节　液相色谱流动相

在液相色谱中,可作为流动相的溶剂很多,它们的极性、浓度、黏度等差别很大,因此,选择流动相对分离影响很大。

一、对流动相的要求

（1）对色谱柱、固定相和分离组分要有惰性。

（2）对样品有较大的溶解度。

（3）对所选用的检测器没有干扰,如用紫外检测器时,要求流动相在紫外区吸收很弱。采用示差折光仪时,要求与样品组分折光指数有较大差别等。

（4）黏度小,对分析组分的扩散系数要大,以减少传质阻力。黏度增加,不仅柱效降低,而且渗透性下降,分析时间增加。

（5）纯度要高,成本要低,容易清洗,沸点要合适,以利于回收分离样品。

（6）毒性要小,稳定性要好。

二、溶剂强度

流动相的极性在液相色谱中是一个很重要的因素。k' 值可用选择固定相来改变。但往往是不方便的,在实际工作中,常常用改变流动相的极性来改变 k' 值。溶剂极性的大小,可以用表 11.2 所列的溶剂强度(E^0）来表示,这种溶剂强度的顺序称为洗脱序列,在柱色谱的洗脱中,溶剂的溶剂强度顺序与溶剂的洗脱能力大致相符。因此,可以用溶剂洗脱序列为依据,正确地选择一定强度的溶剂,以解决色谱分离。

表 11.2　常用溶剂的溶剂强度与溶解度参数

溶剂	溶剂强度（E^0）	溶解度参数（d）
正戊烷	0.00	7.1
正己烷	0.01	7.3
环己烷	0.01	8.2
四氯化碳	0.18	8.6
苯	0.32	9.2
乙醚	0.38	7.4
氯仿	0.40	9.1
二氯甲烷	0.42	9.6
四氢呋喃	0.45	9.1
二氧六烷	0.56	9.8
丙酮	0.56	9.4
乙酸乙酯	0.58	8.6
乙腈	0.65	11.8
甲醇	0.95	12.9
水	最大	21

Hildebrand 的溶解度参数（d）是溶剂极性的另一个标度,利用这种溶解度参数可以建立一套定量的洗脱序列。因为 d 值是由静电力、诱导力、色散力和分子作用力的总和所决定的,它不仅能定量地表示溶剂的强度,而且能从分子作用力的角度正确地解释溶剂的选择性。

三、液-固色谱流动相的选择

液-固色谱流动相的选择主要从三个方面考虑:选择最佳的溶剂强度;选择适当的溶剂组成;控制溶剂的含水量。

首先应选择一个最佳的溶剂强度,使流出峰的容量因子均在 $1<k'<10$。因此,如果一个初始溶剂太强,k' 值太小,就可选择一个较弱溶剂来代替(较小的 E^0 值),相反亦然,使所有组分的容量因子在 $1<k'<10$。

如果流出峰的 k' 值位于 $1\sim10$,也就是说,溶剂强度已最佳化,若仍有一些组分未能分离,此时,为了改进分离的选择性可改变溶剂组成,但仍需保持原来的溶剂强度,故采用混合溶剂来代替单一溶剂。

作为液固色谱来说,固定相的含水量是很重要的,如何保持色谱系统的水分处于平衡状态是关键。因此,精确控制流动相的含水量是关键因素,这点是不能忽视的。

四、液-液色谱流动相的选择

1. 正相色谱

在正相色谱中,极性化合物可在最佳的 k' 值时洗脱。因而,在非极性的流动相中,则需加入一些极性改性剂调节溶剂的强度,以达到适当分离。典型的极性改性剂有甲醇、四氢呋喃、氯仿等。具体调节步骤是:先选择单一的非极性溶剂,使其 k' 值为 $1\sim10$,然后,在已选择好的单一非极性溶剂基础上,加入极性改性剂,以达到组分更好的分离;对 k' 值相差很大的复杂组分,可用梯度洗脱技术。

2. 反相色谱

在反相色谱中,非极性的组分可在最佳的 k' 值下洗脱,而且反相色谱具有分离极性范围较宽的极性组分的能力。水的极性最大,用强溶剂甲醇和乙腈以适当的比例与水混合当流动相,加上适当的其他溶剂,配合梯度洗脱技术就能很好地分离复杂组分。因此,反相色谱的应用范围很广。

3. 离子对色谱

它又分正相和反相离子对色谱,反相离子对色谱适用性广。

反相色谱不能有效地分离电解质,若在流动相中加入适当的反相离子使之与样品离子形成疏水性离子对,就可以在反相系统中分配。因此,改变反相离子浓度,就可以控制样品的分配系数,得到最佳的 k' 值,从而达到分离的目的。

五、离子交换色谱流动相的选择

离子交换色谱过程是在含水介质中进行的,色谱峰的保留值主要是由流动相的 pH 和缓冲液类型来控制,离子交换色谱流动相的选择主要从三个方面来考虑。

1) pH

pH 对交换基团和样品的离解度有很大的影响。一般来说增加 pH,样品的正电性降低,在阳离子交换色谱上样品保留值降低,在阴离子交换色谱上样品保留值增加。

2）离子强度

流动相中离子强度对保留值的影响比 pH 变化所造成的影响大得多,流动相的离子强度越大,则洗脱能力越强,从而降低组分的保留时间越显著。

3）缓冲液类型的选择

不同的离子具有不同的离子电荷、离子半径及离子的溶剂化特性,它们与离子交换基团的作用力也不相同,因而有不同的洗脱能力,如阴离子的相对交换能力是:氢氧根离子＞硫酸根＞柠檬酸根＞酒石酸根＞硝酸根＞磷酸根＞乙酸根＞氯离子;阳离子的相对交换能力是 $Ba^{2+}＞K^+＞NH_4^+＞Li^+＞H^+$,上述的顺序,对于不同型号树脂会有所不同。

另外,如所用流动相对某组分溶解度增加,则此组分的保留顺序将降低。

六、凝胶色谱流动相的选择

凝胶色谱的分离机理与其他色谱类型截然不同,它不是基于溶质分子与固定相间分子作用力的大小来分离,而是按分子大小进行分离。控制分离度要着重考虑两个问题。

(1) 在分离温度下控制黏度。因为高黏度将限制扩散,损害分离度。对于具有相当低的扩散系数的大分子来说,这种考虑就更为重要。

(2) 考虑溶解样品的能力。凝胶渗透色谱所用的溶剂必须能溶解样品并必须与凝胶本身非常相似,这样才能润湿凝胶并防止吸附作用。

第七节　高效液相色谱法的应用

与 GC 比较,HPLC 不受试样挥发性和热稳定性的限制,非常适合于分离分析高沸点、热稳定性差、生物活性以及相对分子质量大的物质。HPLC 已经应用于核酸、肽类、内酯、稠环芳烃、高聚物、药物、人体代谢产物、生物大分子、表面活性剂、抗氧剂、除锈剂等的分离分析。在化学工业、资源环境、食品安全及临床等领域广泛应用,目前在生命科学中也显示出重要地位。

一、在兽药残留分析中的应用

兽药用于禽类疾病治疗或作为饲料添加剂喂养动物后,在动物组织及蛋、奶等产品中形成残留,称为兽药残留。兽药残留水平较高的食品会对人体健康构成威胁,其对人类及环境的危害主要是慢性的、远期的和累积性的,如致敏、致癌、发育毒性、体内蓄积、免疫抑制和诱导耐药菌株等。目前,兽药残留分析已受到人们的普遍关注,其中心任务是为动物和动物性食品中的兽药残留监控提供重要的分析手段,包括食品残留的含量测定与结构鉴定以及组织分布与代谢。HPLC 的快速发展大大拓宽了兽药残留分析的范围。目前,许多兽药残留的分析方法以 HPLC 为主,且色谱-质谱联用技术,如 HPLC-MS 和 GC-MS,不但灵敏度高,而且能提供详细的结构信息,是目前应用最为广泛的确证方法。图 11.10 为四环素类兽药标准的 HPLC 图。

二、在天然和合成高分子产物分离测定中的应用

空间排阻色谱(SEC)主要应用于分离测定天然和合成高分子产物,如从氨基酸和多肽中分离蛋白质、测定聚合物的相对分子质量和相对分子质量分析。这常是其他色谱方法不能解决的问题。图 11.11 为聚苯乙烯相对分子质量分级分离 SEC 图。

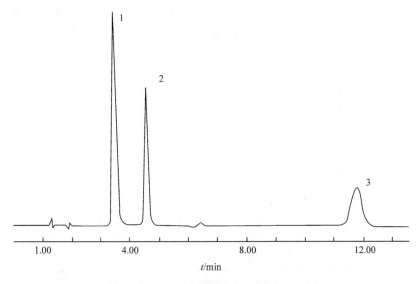

图 11.10 四环素类兽药标准的 HPLC 图

色谱柱：ODS-C_{18}($5\mu m$)6.2mm×15cm；柱温：室温；流动相：乙腈-0.01mol/L 磷酸二氢钠溶液，
体积比 35∶65；流量：1.0mL/min；检测器：紫外光度检测器；检测波长：355nm；进样量：$10\mu L$
色谱峰：1. 土霉素；2. 四环素；3. 金霉素

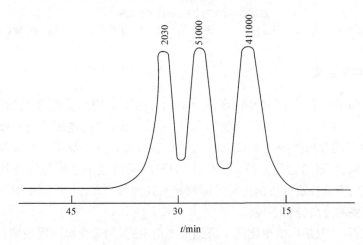

图 11.11 聚苯乙烯相对分子质量分级分离 SEC 图

色谱柱：多孔硅胶微球 Zorbax，$5\sim6\mu m$，250mm×2.1mm；流动相：四氢呋喃；流量：1.0mL/min；
柱温：60℃；检测器：紫外光度检测器

三、在食品分析中的应用

HPLC 在食品分析中有广泛的应用，主要包括食品本身组成，尤其是营养成分（如氨基酸、蛋白质、糖等）的分析；人工加入的食品添加剂（如甜味剂、防腐剂）的分析以及在食品的加工、储运、保存过程中由于周围环境引起的污染物（如农残、真菌素、病原微生物）的分析。这些成分中的绝大多数都可以采用 HPLC 分析。

蛋白质和肽是生命现象的基本物质，也是食品中主要营养成分和功能性因子。由于蛋白质（包括酶）和肽的结构复杂性、生物活性的敏感性以及食品基质中杂质的多样性，因此有关蛋白质和多肽的分析研究是近年来功能食品和生命科学中较活跃的研究课题。图 11.12 为用阴离子交换柱分离分析 5 种蛋白质的色谱图。

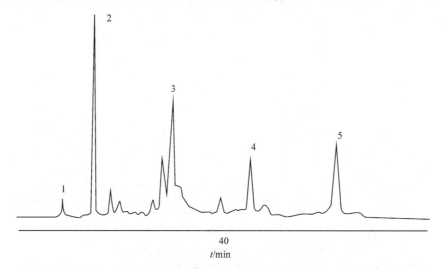

图 11.12　阴离子交换柱分离分析 5 种蛋白质的色谱图

色谱柱:Protein-Pak DEAE8HR,8μm,100mm×10mm(i. d.);流动相:A. 20mmol/L tris-HCl pH

为 8.2,B. A+1mol/L NaCl;梯度洗脱:0%～25%B/38min;流量:1.56mL/min;

检测器:紫外光度检测器;波长:280nm

色谱峰:1. 腺苷;2. 碳酸酐酶;3. 人转铁蛋白;4. 卵白蛋白;5. 大豆胰蛋白酶抑制剂

四、在药物分析中的应用

　　HPLC 主要用于复杂成分的分离、定性与定量。由于 HPLC 分析样品的范围不受沸点、热稳定性、相对分子质量及有机或无机物的限制,一般来说,只要能配成溶液就可以用 HPLC 分析。因此 HPLC 的分析范围远比 GC 广泛。目前,HPLC 已广泛用于微量有机药物及中草药有效成分的分离、鉴定与含量分析。近年来,HPLC 对体液中原形药物及其代谢产物的分离分析,在灵敏度、专属性及分析速度等方面都有其独特的优点,已成为体内药物分析、药理研究及临床检验重要的分离分析手段。

　　氨基酸的分析,一般多用衍生化法生成强荧光衍生物,用荧光检测器检测。图 11.13 是使用邻苯二甲醛(OPA)预处理柱衍生化,反相液相色谱测定鼠血浆样品中氨基酸的色谱图。

五、二维高效液相色谱法的应用

　　自 HPLC 出现之后,人们一直致力于减少在色谱分离中的谱峰扩展,以提高色谱柱的柱效和分离的选择性。20 世纪 70 年代,Huber 等提出了二维高效液相色谱(two-dimensional HPLC)分离技术,其在一维和二维填充柱之间用一个或两个多孔切换阀组成连接界面,就可实现各维色谱柱的独立运行或将一维柱未能分开的谱峰进行切割,进入二维柱进行再次分离,从而显示出二维高效液相色谱超强的分离能力。二维高效液相色谱法具有切割功能、反冲洗脱功能和痕量组分的富集功能。

　　二维高效液相色谱技术最常用来净化样品和富集痕量组分。图 11.14 是采用两个可程序控制的六通阀连接两根 C₁₈柱,测定地表水样中痕量农药残留的 HPLC-HPLC 二维色谱图。

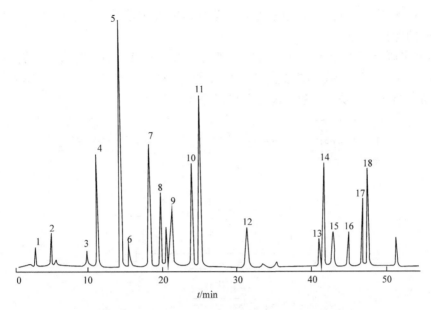

图 11.13　OPA 柱前衍生氨基酸的 HPLC 色谱图

色谱柱：Ultrasphere ODS(3μm)，75mm×4mm(i. d.)；流动相：A. 0.1mol/L 乙酸钠缓冲溶液 pH 为 7.2，B.
甲醇-四氢呋喃(体积比 97：3)；梯度洗脱；流量：1.5mL/min；柱温：21℃；
检测器：荧光检测器，λ_{ex}＝338nm，λ_{em}＝425nm

色谱峰：1. ASP；2. GLU；3. ASN；4. SER；5. GLN；6. HIS；7. GLY；8. THR；9. ARG；10. TAU；
11. ALA；12. TYR；13. MET；14. VAL；15. TRP；16. PHE；17. ILE；18. LEU

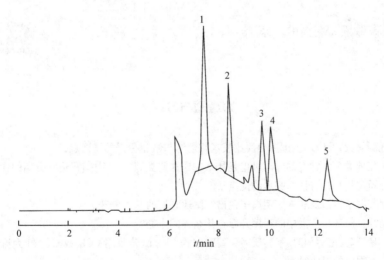

图 11.14　地表水样的 HPLC-HPLC 色谱图

色谱柱：捕集柱和分析柱 50mm×4.6mm(i. d.)，5μm，ODS；流动相：甲醇-水(体积比为 55：45)；流量：
1mL/min；进样环：3.5mL；检测器：紫外分光检测器，λ＝244nm
色谱峰：1. 灭草隆；2. 绿谷隆；3. 异丙隆；4. 敌草隆；5. 利谷隆

　　二维液相色谱不仅在环境分析、聚合物分析等领域获得广泛应用，而且在生命科学中成为
重要的研究手段。20 世纪 90 年代中期在生命科学研究中，开展了蛋白质组学研究，它的任务
是要表达出一种生物体在整个生命过程所涉及的全部蛋白质。分析蛋白质的组成是一个十分

复杂的分析任务,在生命科学中正把蛋白质组学的研究看作是后基因组时代了解基因功能活动的最重要的途径。

目前,许多研究工作都已使用二维高效液相色谱来分离、纯化组分复杂的蛋白质样品。图 11.15 为 2000 年 Unger 等首先报道的在蛋白质组学研究中使用二维 HPLC,实现 11 种蛋白质混合物在 20min 内快速高效分离的 HPLC 系统的流路。

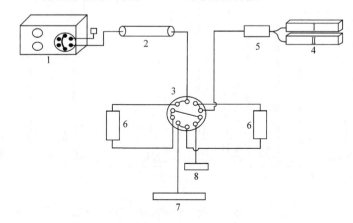

图 11.15　二维 HPLC 分离蛋白质流路系统

1. 一维高压二元梯度泵系统和气动六通阀自动进样器;2. 一维离子交换柱(IEC);3. 计算机控制的二维 10 孔切换阀;4. 二维的两个高压梯度泵;5. 混合室;6. 二维两根反相柱(RPC);7. 紫外检测器(UVD);8. 废液容器

扫一扫　　高效液相色谱的由来

思考题与习题

1. 从分离原理、仪器构造及应用范围上简要比较气相色谱与液相色谱的异同点。

2. 液相色谱法有几种类型? 它们的分离机理是什么? 在这些类型的应用中,最适宜分离的物质对象是什么?

3. 何谓化学键合固定相? 它有什么突出的优点?

4. 何谓化学抑制型离子色谱及非抑制型离子色谱? 试述它们的基本原理。

5. 何谓梯度洗脱? 它与气相色谱中的程序升温有什么异同之处?

6. 在硅胶柱上,用甲苯为流动相时,某物质的保留时间为 28min,若改用 CCl_4 或 CCl_3H 为流动相,指出哪一种溶剂能减少该物质的保留时间。

7. 何谓正相色谱和反相色谱? 色谱固定相和流动相极性变化对不同极性溶质保留行为有何影响?

8. 测定下列项目,宜分别选用哪种色谱方法?

(1) 聚苯乙烯相对分子质量分布;(2) 多环芳烃;(3) 氨基酸;(4) Ca^{2+}、Ba^{2+}、Mg^{2+} 混合物;(5) 啤酒;(6) 大气层中的有害气体。

第十二章　高效毛细管电泳

第一节　概　述

一、毛细管电泳及其发展

电泳(electrophoresis)是电解质中带电粒子在电场作用下,以不同的速度向电荷相反方向迁移的现象。利用这种现象对化学和生物化学组分进行分离的技术称之为电泳技术。电泳作为一种分离技术早在 100 年前就已被研究,但真正得到发展是在 20 世纪 30～40 年代。1937年,瑞典科学家 A. Tiselius 首次采用电泳分离技术从人的血清中分离出白蛋白、α-球蛋白、β-球蛋白和 γ-球蛋白,并由此而成为 1948 年诺贝尔奖的获得者。但传统的电泳技术由于受到焦耳热的限制,只能在低电场强度下进行电泳操作,分离时间长,分离效率低,分离度受到严重制约。

20 世纪 60 年代,瑞典科学家 Hjerten 首先提出用壁涂甲基纤维素的 3mm 内径石英管进行电泳分离,但他没有完全克服传统电泳的弊端。1979 年,Mikkers 和 Everaerts 用 $200\mu m$ 聚四氟乙烯毛细管以区带电泳方式分离了 16 种有机酸,获得了满意的柱效,这可谓是毛细管电泳(capillary electrophoresis,CE)的开创性工作。1981 年,Jorgenson 和 Lukacs 进一步使用内径 $75\mu m$ 熔融石英毛细管进行区带电泳,采用激光诱导荧光检测器,在 30kV 电压下,理论塔板数超过 40 万每米,获得从未有过的极高柱效和十分快速的分离,充分展现了窄孔径毛细管电泳的巨大分离潜力。1984 年,Terabe 将胶束引入毛细管电泳,开创了毛细管电泳的重要分支:胶束电动力学毛细管色谱。1987 年,Hjerten 等把传统的等电聚焦过程转移到毛细管内进行。同年,Cohen 发表了毛细管凝胶电泳的研究报告。从此,毛细管电泳的研究与应用迅速发展,各种分离模式相继建立,各种操作技术日臻完善,同时,仪器装置也在不断改进,各种检测器,包括紫外、荧光、电导等检测器,先后用于毛细管电泳系统,到 1989 年 2 月第一届国际毛细管电泳学术研讨会的前后,已有商品毛细管电泳仪出售。近年来,将液相色谱的固定相引入毛细管电泳中,又发展了电色谱。各种联用技术也相继实现,如 CE-MS、CE-NMR,大大扩展了电泳的应用范围。

毛细管电泳又称高效毛细管电泳(high performance capillary electrophoresis,HPCE),是指离子或带电粒子以毛细管为分离柱,以高压直流电场为驱动力,依据样品中各组分之间淌度和分配行为上的差异而实现分离的新型液相分离分析技术。毛细管电泳与传统电泳的根本区别就在于:毛细管电泳是在散热效率极高的毛细管内($10～200\mu m$)进行的。

二、毛细管电泳的特点

和传统的电泳技术和现代色谱技术比较,毛细管电泳具备如下突出优点:

(1) 高灵敏度。一般紫外检测器的检测限为 $1\times10^{-13}～1\times10^{-15}mol/L$,荧光检测器可达 $1\times10^{-19}～1\times10^{-21}mol/L$。

(2) 高效。分离效率超过 100 万理论塔板数,一般可达几十万。

(3) 快速。分析可在几十秒至十几分钟内完成。

（4）进样少。与其他分离方法比较，需要更少的样品制备量。一般只需纳升级的进样量。

（5）样品对象广。从无机离子到有机分子，乃至单个细胞，具有"万能"分析功能或潜力。

（6）成本低。毛细管可长期使用，缓冲液消耗不过几毫升并可自行配制。

毛细管电泳也存在如下不足：

（1）制备能力差。

（2）光路太短，非高灵敏度的检测器难以测出样品峰。

（3）凝胶毛细管需要专门的制备技术。

（4）大的侧面/截面积比能"放大"吸附作用，导致蛋白质等的分离效率下降或无峰。

（5）吸附引起电渗变化，进而影响分离重现性等，目前尚难以定量控制电渗。

第二节 毛细管电泳基本原理

一、基本概念

1）电泳迁移

毛细管中，带电粒子在电场作用下做定向移动的现象称为电泳迁移（electrophoretic migration）。

2）迁移时间

毛细管中，带电粒子在电场作用下做定向移动的时间称为迁移时间（migration time）。单位：min，用 t_m 表示。

3）电泳速度

在单位时间内，带电粒子在毛细管中定向移动的距离称为电泳速度（electrophoretic velocity）。单位：cm/s，用 U_e 表示。

4）电场强度

在给定长度毛细管的两端施加一个电压后所形成的电效应的强度称为电场强度（electric field strength）。单位：V/cm，用 E 表示。

5）电泳淌度

带电粒子在毛细管中定向移动的速度与所在电场强度之比称为电泳淌度（electrophoretic mobility）。单位：cm²/（V·s），用 μ_{ep} 表示。

$$\mu_{ep} = U_e/E = \frac{L_d/t_m}{V/L_t} \tag{12.1}$$

式中：U_e 为电泳速度；E 为电场强度；L_d 为毛细管的入口端到检测器窗口的距离，即有效长度；L_t 为毛细管两端的总长度；t_m 为迁移时间；V 为电压。

6）Zeta 势

在毛细管电泳中，石英毛细管内壁上带负电荷的硅胶表面（在 pH＞3 时）与缓冲液中阳离子之间形成的电势称为 Zeta 势（图 12.1）。Zeta 是毛细管电泳的一个重要参数，对控制电渗流、优化 CE 分离条件有实际指导意义。

7）电渗流

对于熔融 SiO_2 毛细管已经证明：在碱性和微酸性溶液（pH＞2.5）中，表面 Si—OH 电离成 SiO^-，表面带负电荷，在毛细管中，在外加电场作用下，溶液中的正电荷与毛细管壁表面的

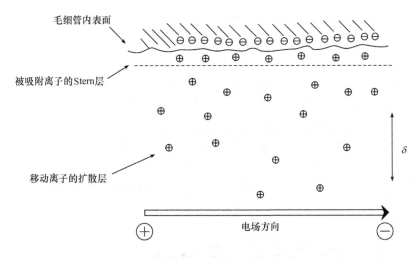

图 12.1　偶电层中的 Zeta 势示意图

负电荷之间相互作用,引起流体朝负极方向运动的现象称为电渗流(electroosmotic flow,EOF)(图 12.2)。在毛细管中,电渗流总是由正极流向负极。

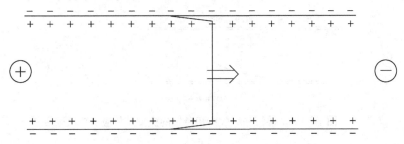

图 12.2　由毛细管壁引起的电渗流

电渗流的表达式为

$$U_{eo} = \frac{\varepsilon \xi E}{4\pi \eta} \qquad (12.2)$$

式中:ε 为介电常数;ξ 为毛细管壁与流体表面切平面上的 Zeta 势;η 为缓冲液的黏度;E 为电场强度。

由式(12.2)可知:①在毛细管电泳中,电渗流总是由阳极流向阴极,如图 12.3;②电渗流大小受到 Zeta 势、偶电层厚度和缓冲液黏度的影响,直观地说,电渗流随着缓冲溶液浓度增加而增加,随着 pH 增大而增大(图 12.3)。

8)毛细管流型(capillary flow profile)

由于毛细管电泳是属电驱动系统,在毛细管中流体的流型呈扁平形的塞子向前流动,称为塞式流(图 12.4)。而在压力驱动系统中(如 HPLC)流型呈抛物线形向前流动。电渗流呈平流这是导致毛细管电泳高分离效率的重要原因。

9)焦耳热

在高电场下,毛细管中的电解质会产生自热现象,称该热量为焦耳热(Joule heating)。在毛细管电泳中焦耳热的产生与毛细管的管径、缓冲液的浓度有关。管径越细散热就越快,缓冲液浓度越高产热就越多。

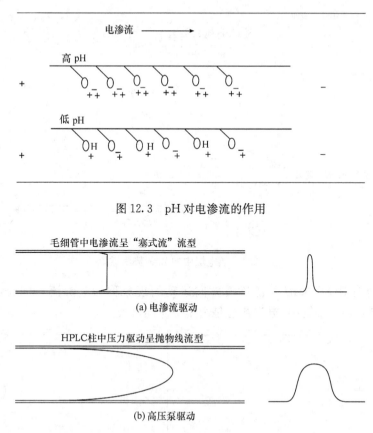

图 12.3　pH 对电渗流的作用

图 12.4　电渗流和高效液相色谱的流型及相应的溶质区带

二、毛细管电泳基本分离原理

毛细管电泳仪的基本组成包括进样、高压电源、电极/电极槽、毛细管、检测器、记录/数据处理等部分,如图 12.5 所示。

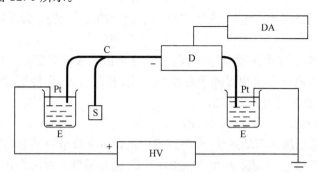

图 12.5　毛细管电泳仪的基本组成

HV. 高压电源(0~30kV);C. 毛细管;E. 电极槽;Pt. 铂电极;

D. 在柱检测器;S. 样品;DA. 数据采集处理系统

石英毛细管的两端分别浸在含有电解质的储液槽中,毛细管内也充满同样的电解质。在毛细管的一端与检测器相连接,如果是光学检测方式,毛细管本身便作为流动池;若是电导或电化学检测器,则是将电极直接插进毛细管中检测。

　　被分析样品可以用多种进样方式通过毛细管的一端进入。进样方式有电动法、压力法和扩散法。当样品被引入后,便开始施加电压,操作电压从 5～30kV,一般操作时间为 1～45min。运行开始后,样品中各组分向检测器方向移动。在 CZE(毛细管区带电泳)中,溶质的迁移时间由式(12.3)决定。

$$t_{\mathrm{m}} = L_{\mathrm{t}}^2 / UV \tag{12.3}$$

式中:t_{m} 为迁移时间;L_{t} 为毛细管长度;U 为溶质总流速;V 为施加电压。

　　从式(12.3)中可以看出,当毛细管长度一定时,迁移时间与溶质总流速及施加电压有关。溶质总流速为

$$U = U_{\mathrm{e}} + U_{\mathrm{eo}} \tag{12.4}$$

　　由此可看出,溶质总流速 U 由两个主要因素决定:第一为电泳速度 U_{e},它与荷质比有关,在电泳力的作用下,带负电荷的组分向正极移动,带正电荷的组分向负极移动。此外,第二种驱动电解质运动的作用力是由于强电场引起的在毛细管内壁的大量 H^+ 电荷的定向移动所产生的电渗流。因此,电解质的总流速由电泳速度 U_{e} 和电渗流速度 U_{eo} 组成。对大多数分子来说,电渗流大于电泳速度。因此,不管溶质是阳离子还是阴离子,所有的分子都将向阴极移动,阳离子的流速比电渗流速度快,阴离子的流速比电渗流速度慢,而中性分子的流速与电渗流一致。因此,可用中性化合物的出峰时间来测定电渗流。由此可见,阴、阳离子可在一次运行中分离。

　　如图 12.6 所示,毛细管电泳是一种在空芯的、微小内径的毛细管中进行大、小分子的高效分离过程。根据被分离物之间电荷和体积的不同,各种分子在高电压下被分离。在区带毛细管电泳中,电泳中电荷移动和电渗流的结合导致了分离。从宏观来看,电荷及电渗流迁移大小取决于电场强度、电解质的 pH、缓冲溶液的组成和离子强度、内摩擦和毛细管表面等因素,这些因素能够单一或互相结合地提高分离效果。

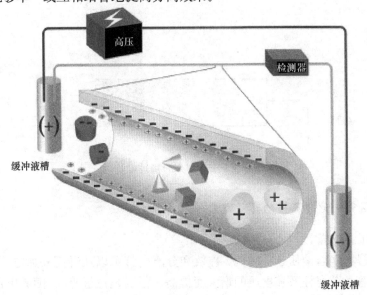

图 12.6　毛细管电泳基本原理图

毛细管电泳中的分离效率用理论塔板数 N 表示,其理论表达来源于色谱理论。N 可由式(12.5)表示为

$$N = \frac{UVL_d}{2DL_t} \tag{12.5}$$

式中:U 为溶质流速;V 为施加电压;D 为溶质的扩散系数;L_d 为毛细管的有效长度;L_t 为毛细管两端的总长度。

由式(12.5)可以看出,理论塔板数 N 与施加电压 V 成正比,即高电压可得到高的柱效;EOF 速度大,可以得到高的分离效率,因为溶质在柱中的停留时间短;N 与溶质的扩散系数 D 成反比,扩散系数小的溶质,像蛋白质等生物大分子,有较高的分离效率。在理想条件下,理论塔板数可达 1×10^6。在通常的操作条件下,柱效可达到 $1 \times 10^5 \sim 2 \times 10^5$。

第三节　毛细管电泳的分离模式

一、毛细管区带电泳

1. 分离原理

毛细管区带电泳(capillary zone electrophoresis ,CZE)也称自由溶液毛细管电泳,是毛细管电泳中最简单、应用最广的一种形式。其分离机理是基于各被分离物质的净电荷与质量之间比值的差异,不同离子按照各自表面电荷密度的差异,也即淌度的差异,以不同的速度在电解质中移动,而导致分离。

毛细管区带电泳的突出特点是简单,但是因为中性物质的淌度差为零,所以不能分离中性物质。毛细管区带电泳原理图如图 12.7 所示。

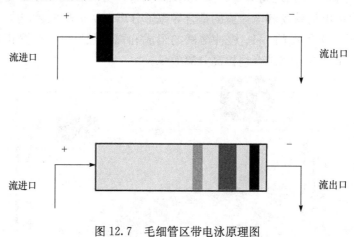

图 12.7　毛细管区带电泳原理图

2. 毛细管区带电泳分离中的有关因素

1) 工作电压的选择

理论和实践均证实,溶质迁移时间、柱效和分离度都可以从升高外加电压而获益。在一般情况下,毛细管的分离柱效随电压的增大而提高。但当超过极点时,随着电压的增大,产生的焦耳热增多,在不能有效地驱散所产生的焦耳热的情况下,柱温显著升高,导致缓冲溶液电导增加,电流增大,黏度减小,双电层增厚,且毛细管内形成径向温度梯度。这些变化的综合效

应是柱效下降。极点的电压值视系统配置和分离组分的不同而不同。

2）缓冲液的选择

毛细管区带电泳介质实际上是一种具有 pH 缓冲能力的均匀的自由溶液，通常称为电泳缓冲液，简称缓冲液（buffer），由缓冲试剂、pH 调节剂、溶剂和添加剂组成。

（1）pH 及其缓冲试剂。缓冲体系由缓冲试剂和 pH 调节剂两部分构成，其中缓冲试剂的选择主要由所需的 pH 决定，而 pH 则依样品的性质和分离效率而定。pH 的选择是决定分离成败的一大关键。从理论上计算适宜 pH 很难，一般通过实验的搜寻和优化来选择最佳 pH。可先用磷酸缓冲体系为搜寻基础，初步确定（最佳）pH 范围后，再进一步细选出更好 pH 和缓冲试剂。磷酸盐是毛细管电泳中最常用的缓冲体系之一，它的紫外吸收低，pH 缓冲范围比较宽（pH=1.5～13），但电导也比较大。毛细管电泳中常用的缓冲体系还有硼酸或硼砂、乙酸缓冲试剂等。

与缓冲试剂一样，pH 调节剂也会显著影响分离效率。由于多数缓冲试剂属酸性物质，所以 pH 调节剂主要是碱类，常用的有 KOH、NaOH、Tris 等。如果这些碱不能给出理想的分离结果，则可以考虑使用胺或醇胺等有机碱，它们本身可以作为缓冲试剂。若缓冲试剂为碱类，则对应的 pH 调节剂即为酸，建议尽量采用弱酸。

缓冲试剂及 pH 调节剂的浓度也需要优化。在一般情况下，缓冲液浓度增加，被分离物质的迁移速度下降，有利于分离效果的提高，尤其是对某些特殊的分离。但随着缓冲液浓度的增大，黏度增加，电渗流和焦耳热增大，给分离造成反作用。因此，在实际分离中必须对缓冲液浓度做优化选择。缓冲试剂的浓度一般控制为 10～200mmol/L。电导率高的缓冲试剂如磷酸盐和硼砂等，其浓度多控制在 20mmol/L 附近，而电导小的试剂如硼酸及 HEPES 等，其浓度可在 100mmol/L 以上。有时为了抑制蛋白质吸附等特殊目的，可采用很高（＞0.5mol/L）的试剂浓度，此时要注意减小分离电压，分析速度自然也将随之降低。

（2）添加剂。如果缓冲体系各种参数经优化后仍不能给出良好的分离结果，就应该考虑使用添加剂。在区带电泳中，不同的缓冲液添加剂可改变分离的选择性，可改变电泳淌度。因此，在区带电泳分离中，选用一种合适的缓冲液添加剂是改善分离的极有效方法。

最简单的添加剂是无机电解质，如 NaCl、KCl 等，两性有机电解质也是有效的添加剂。还有三类重要的添加剂：非电解质高分子添加剂，如纤维素、聚乙烯醇、多糖、Triton X-100等；荷电表面活性剂，如十二烷基硫酸钠、十二烷基季铵盐等；功能性添加剂，如手性冠醚、环糊精、二胺、动态网络形成剂等。

（3）溶剂。毛细管电泳缓冲液一般用水配制，改用水-有机混合溶剂（少量的有机溶剂也可以看成为添加剂）常能有效改善分离度或分离选择性，并使许多水难溶的样品得以用毛细管电泳分析。常用的有机溶剂主要是挥发性较小的极性有机物，如甲醇、乙醇、乙腈、丙酮、甲酰胺等。在极端情况下，可完全使用有机溶剂，或以有机溶剂为主体，这就是非水毛细管电泳技术。理论上，非水溶剂选择的余地很大，但实际上，由于受电解质溶解能力和强紫外吸收的限制，可选的有机溶剂并不很多，目前常用甲醇、甲酰胺和乙腈等溶剂。

二、毛细管凝胶电泳

毛细管凝胶电泳（capillary gel electrophoresis，CGE）是毛细管电泳的重要模式之一。它综合了毛细管电泳和平板凝胶电泳的优点，成为当今分离度极高的一种电泳分离技术。

1. 分离原理

毛细管凝胶电泳是用凝胶物质或其他筛分介质作为支撑物进行分离的区带电泳。凝胶是一种固态分散体系,它具有多孔性,具有类似于分子筛的作用。被分离物在通过装入毛细管的凝胶或筛分介质时,按照各自分子的体积大小逐一分离,分子体积大的首先被分离出来(图 12.8)。

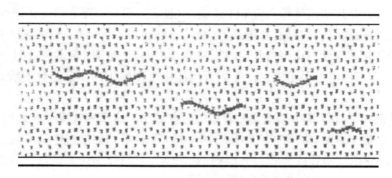

图 12.8　毛细管凝胶电泳原理图

2. 凝胶支持介质的种类和选择

1) 凝胶

毛细管凝胶电泳实际上是一增加了凝胶支持介质的区带电泳。凝胶(gel)可分为无机凝胶和有机凝胶,或分为物理凝胶和化学凝胶(图 12.9)。无机凝胶有多孔硅胶、多孔玻璃,有机凝胶有葡聚糖、交联聚丙烯酰胺和琼脂糖等。

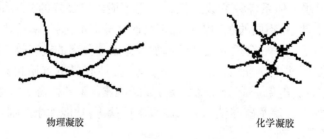

物理凝胶　　　　　　　　　　　　化学凝胶

图 12.9　两类不同的凝胶结构

毛细管凝胶电泳所用的凝胶主要是聚丙烯酰胺和琼脂糖凝胶。凝胶支持介质主要依据样品的尺寸或大小选择,在分离 DNA 小片断或进行 DNA 测序时,通常使用 $T=5\%\sim10\%$ 的交联或线性聚丙烯酰胺凝胶。在分离大片断 DNA、双链 DNA 或某些蛋白质时,需采用琼脂糖凝胶。

2) 非胶筛分

由于在毛细管中灌制凝胶介质有很大的难度,近年来,发展出了新的筛分介质,即非胶筛分(non-gel sieving)介质。它们主要是一些黏度低亲水线性或枝状高分子,如线性聚丙烯酰胺、甲基纤维素、羧丙基甲基纤维素、聚乙烯醇等。这种聚合物的溶液仍有分子筛的作用,只是不做聚合,因此避免了空泡的形成。它与凝胶相比具有方便、简单、柱子寿命长等优点。

其功能可通过调节不同的线性聚合物加以变化和扩充,通常只需一根简单毛细管就可对一些分子进行分离。将不同聚合度的聚乙烯醇进行组合,能够构建出适合于 DNA 测序用的介质。结合使用 SDS,利用不同浓度的纤维素组合,可以进行蛋白质相对分子质量的测定。缺点是分离能力略差于凝胶柱。

毛细管凝胶电泳所用缓冲液的可变性远小于 CZE。当使用非胶筛分介质时,缓冲液的选择和 CZE 没有差别。

三、胶束电动力学毛细管色谱

胶束电动力学毛细管色谱(micellar electrokinetic capillary chromatography,MECC)是日本京都大学 Terabe 在 1984 年首先提出的。这一技术的最大特点是:使毛细管电泳有可能在用于分离离子化合物的同时进行中性物质的分离,因此大大扩展了电泳的应用范围。

1. 分离原理

表面活性剂分子是一端为亲水性,一端为疏水性的物质。当它们在水中的浓度达到其临界胶束浓度时,疏水性的一端聚在一起朝向里,避开亲水性的缓冲溶液,亲水端朝向缓冲溶液,形成一个球体,称为胶束。离子型胶束示意图如图 12.10。在 MECC 中,以阴离子表面活性剂十二烷基磺酸钠(SDS)使用最为普遍。

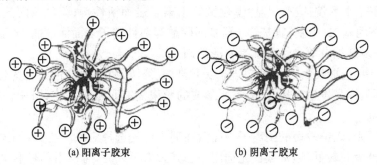

(a) 阳离子胶束　　　　　　　(b) 阴离子胶束

图 12.10　离子型胶束示意图

在 MECC 系统中存在两相:流动水相和起到固定相作用的胶束相。当中性物质在两相之间分配时,由于它们的疏水性不同,在胶束中具有不同的保留能力而产生不同的保留时间,使疏水性稍有差别的中性物质在电泳中得以分离。疏水性大、亲水性弱的溶质,分配在胶束中的多,分配到缓冲溶液中的少;亲水性强、疏水性弱的溶质,分配到缓冲溶液中的多,分配在胶束中的少。当溶质进入胶束时,以胶束的速度迁移;溶质进入缓冲溶液时,以电渗流的速度迁移。和区带电泳一样,缓冲液在管壁形成正电,使其显示强烈地向负极移动的电渗流,而 SDS 胶束由于其外壳带负电性,具有向正极迁移的倾向,在一般情况下,电渗流的速度大于胶束的迁移速度。因此,迫使胶束最终以较低的速度向负极移动。

图 12.11 为胶束电动力学毛细管色谱原理图。图中 k_1、k_2、k_3 为分配系数,其数值大小取决于缓冲液的 pH 和物质结构。电泳淌度分别大于阴离子、中性离子、阳离子和胶束的淌度,所以所有粒子向阴极移动。

实际上,MECC 是以胶束作"准固定相",溶质在准固定相和水相间分配的以电渗流作驱动力的液液分配色谱与电泳的完美结合。

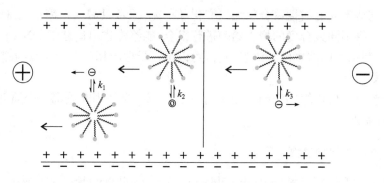

图 12.11　胶束电动力学毛细管色谱原理图

2. 胶束-准固定相的种类和选择

作为准固定相的表面活性剂可分为阴离子型、阳离子型、两性离子型和中性分子等不同种类。原则上凡能在水或极性有机溶剂中形成胶束的物质，都可用于 MECC 中，但是在实际工作中，由于毛细管电泳分离及其检测等方面的限制，可选的表面活性剂数量相当有限，目前比较常用的几种表面活性剂有：十二烷基硫酸钠、十二烷基磺酸钠、十四烷基硫酸钠、癸烷磺酸钠等阴离子表面活性剂；十二烷基三(甲基)氯化铵、十二烷基三(甲基)溴化铵、十四烷基三(甲基)溴化铵、十六烷基三(甲基)溴化铵等阳离子表面活性剂；胆酰胺丙基二(甲基)氨基丙磺酸、胆酰胺丙基二(甲基)氨基-2-羟基丙磺酸等两性离子表面活性剂；辛基葡萄糖苷、十二烷基-β-D-麦芽糖苷等中性分子表面活性剂。

在 MECC 中，选择表面活性剂应符合以下要求：经济易得；水溶性高者为佳；紫外吸收背景越低越好；不与样品发生破坏性作用；所形成的胶束需有足够的稳定性；中性样品需选择离子型表面活性剂。

根据上述原则，碳链较短的阴离子表面活性剂为优先选择对象。在实际工作中，由于 SDS 容易获得且紫外吸收较低，通常被首先选用。当其效果不好时，再换用具有不同碳链长度或结构的其他阴离子表面活性剂。若还得不到好的结果，就应该考虑使用其他类型的表面活性剂。

MECC 中的缓冲液选择和 CZE 基本相同。

四、毛细管等电聚焦电泳

1. 分离原理

当使用有涂层的毛细管时，可以使电渗流降至很小，从而实现基于电迁移差异的分离。毛细管等电聚焦电泳(capillary isoelectric focusing，CIEF)就是一种需要使用涂层毛细管的技术。将两性电解质和样品的混合物装入毛细管，当外加电压时，两性电解质沿毛细管形成线性pH梯度，各种具有不同等电点(pI)的样品组分按照这一梯度迁移到其等电点位置上，并在该点停留，其所带净电荷为零。由此产生一条非常窄的聚焦区带，通过外力将此梯度溶液推出毛细管，这些聚焦谱带就被"电洗脱"或是各自互相分离地通过检测器。其分离原理图见图12.12。

毛细管等电聚焦电泳的运行过程可分为三个步骤：

(1) 进样，把样品与两性电解质混合。

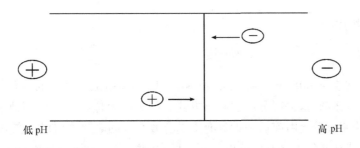

图 12.12　毛细管等电聚焦电泳分离原理图

（2）聚焦，加高电压 3～4min，在整个毛细管长度范围内建立一个 pH 梯度，以便使样品在毛细管中向各自的等电点聚焦移动，形成一条由不同组分排列的带子。

（3）迁移，阴极的缓冲液换成碱类后，再加上电压，使末端引起梯度降低，让组分逐个通过检测器。分离过程如图 12.13 所示。

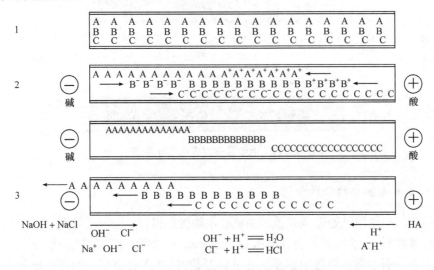

图 12.13　毛细管等电聚焦电泳分离过程
1. 进样；2. 聚焦；3. 迁移

2. 等电聚焦电泳中的分离介质

等电聚焦实际上是 pH 梯度 CZE，正是因为要构建 pH 梯度，所以电泳时正极和负极的缓冲液便不同，毛细管中的介质也和电极槽的不完全一样。分离之前，毛细管中通常先灌入含有样品和两性电解质的分离样液，正极电极槽灌入酸性溶液，负极灌入碱性溶液。当加上电压后，管内很快就会在两性电解质作用下建立 pH 梯度，样品按等电点迁移到各自的位置上。CIEF 中，正极溶液通常是 20～50mmol/L 磷酸，负极溶液是 10～50mmol/L NaOH，两性电解质和传统的等电聚焦相同。通常选用 pH＝3～9 的两性电解质，但如选用更窄的 pH 梯度试剂则可获得更精细的分离结果。

毛细管等电聚焦对于测定蛋白质的等电点是极为有用的，尤其对免疫球蛋白、变异血红蛋白和经转录变性的重组蛋白的测定更为有效。

五、毛细管等速电泳

1. 分离原理

毛细管等速电泳(capillary isotachophoresis,CITP)是电泳中唯一的一种在被分离各组分与电解质一起向前移动时,进行分离的电泳方式。同等电聚焦电泳一样等速电泳在毛细管中的电渗流为零,缓冲液系统由前后两种具有不同有效淌度的电解质组成。在分离时,毛细管内首先导入具有比被分离各组分有效淌度都高的前导电解质(leading electrolyte),然后进样,随后再导入比被分离各组分有效淌度都低的尾随电解质(terminating electrolyte)。强电场作用下,被分离各组分在电泳稳态时在前导电解质与尾随电解质之间,都以前导电解质的速度前进,并形成各自独立的区带而被分离(图 12.14)。

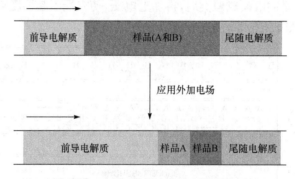

图 12.14　毛细管等速聚焦电泳原理图

2. 等速聚焦电泳中的分离介质

在实际应用中使用经处理或未处理的硅胶毛细管都可以,电渗流可用 0.25% 的羟脯氨酸酰甲基纤维素抑制,一种理想的前导电解质是 5nmol/L 磷酸。缬氨酸(100nmol/L,用伯胺调节适当 pH)是一种有效的尾随电解质。在分离开始时,电流会由于高淌度的电解质完全充满毛细管而迅速增大。当进入分离过程时,电流会随着低淌度电解质进入毛细管而下降。

第四节　毛细管电泳的检测方法

CE 有许多潜在的检测方法,如吸收光谱法、电化学方法、电导法以及化学发光、磷光、荧光、质谱技术等,其中紫外吸收法已经非常成熟,是绝大多数商品仪器的主要检测手段。有少数商品仪器采用荧光检测方法。荧光技术可以提高检测的灵敏度但属非普适性方法。如将普通荧光激发光源代之以激光,就成了激光诱导荧光(LIF),能达到单分子检测水平。质谱作为检测手段已渐趋成熟,但尚无 CE 专用的检测器,均以联用方式实现柱后检测。电导法适用于无机离子等的检测,但检测系统的制作加工和重现性都还有待改进。化学发光也是一种极灵敏的检测方法,但发光的试剂系统不稳定,检测需要混合过程,使用不很方便。电化学检测也可以达到很高的灵敏度,但重现性尚不理想。各种检测器的检测限及其特点见表 12.1。

CE 中检测器的工作原理及适用对象与 HPLC 中类同。

表 12.1　CE 检测器的检测限及其特点

检测器	检测限/(mol/L)	特点
紫外-可见光吸收	$1\times10^{-5}\sim1\times10^{-6}$	近似通用,常规应用
激光光热	$1\times10^{-7}\sim1\times10^{-8}$	灵敏度高,受激光器波长限制
荧光		
非相干光诱导	$1\times10^{-7}\sim1\times10^{-8}$	灵敏度高
激光诱导	$1\times10^{-10}\sim1\times10^{-12}$	高灵敏度,价格昂贵
折射指数	$1\times10^{-5}\sim1\times10^{-7}$	通用性强,结构简单,灵敏度较低
电化学		
电导	$1\times10^{-5}\sim1\times10^{-7}$	通用性
安培	$1\times10^{-8}\sim1\times10^{-9}$	选择性,灵敏度高,微量
质谱	$1\times10^{-7}\sim1\times10^{-9}$	仪器复杂,可获得结构信息,质量灵敏度高
放射	$1\times10^{-9}\sim1\times10^{-11}$	灵敏度高,操作放射性物质有特殊要求
间接法		通用性强,灵敏度比直接法低 1~2 数量级
间接紫外-可见光	$1\times10^{-4}\sim1\times10^{-5}$	
间接荧光	$1\times10^{-8}\sim1\times10^{-9}$	

第五节　高效毛细管电泳的应用

　　CE 技术因其分离效率高,速度快,样品用量少,已在生命科学、药物学、临床医学、环境科学、食品科学等领域得到广泛应用。从小到无机离子大到生物大分子,从荷电粒子到中性分子均能用 HPCE 技术进行分离分析,如维生素、染料、杀虫剂、表面活性剂、手性药物、氨基酸、肽、蛋白质、糖类和 DNA 限制性内切片段,甚至整个细胞和病毒颗粒的分析。近年来,毛细管电色谱及微芯片电泳体现了高效及微型化的发展方向,已受到人们的极大关注。目前,CE 技术已经成为生物化学和分析化学中最受瞩目,发展最快的一种分离分析技术。

一、无机金属离子的分析

　　与离子色谱相比,CE 在无机离子分离分析上具有许多优势,它能在数分钟内分离出四五十个离子组分,而且不需要任何复杂的操作程序。利用 CE 分离无机离子最关键的问题是检测。其基本检测方式有两种,直接检测和间接检测。少数离子如合铁、铜、铬、锰等离子在合适价态下有光吸收,可直接检出。还有一些离子如铁、钴、镍、铜、碘以及稀土元素等可以形成(有色)络离子,也能直接检测。电导检测器也可用于无机离子,检测灵敏度较高,但此种检测器不具有普适性。虽然绝大多数无机离子不能直接利用紫外吸收检测,但可以进行间接紫外吸收检测,即在具有紫外吸收离子的介质中进行电泳,可以测得无吸收同符号离子的倒峰或负峰。背景试剂选择淌度较大的,如芳香胺或铵。芳胺的有效淌度随 pH 下降而增加,因此,改变 pH 可以改善峰形和分离度。采用胺类背景时,多选酸性分离条件。杂环化合物如咪唑、吡啶及其衍生物等也是一类很好的背景试剂。图 12.15 是 27 种无机阳离子在对甲苯胺背景中的高速高效分离。

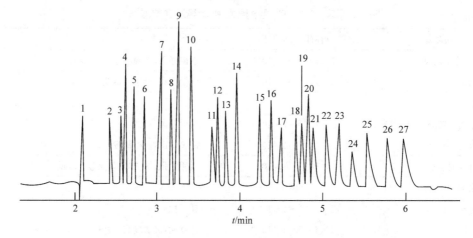

图 12.15　27 种无机阳离子在对甲苯胺背景中的高速高效分离

毛细管:60cm ×75μm i. d.;缓冲液:15mmol/L 乳酸＋8mmol/L 4 -甲基苯胺＋5％甲醇,pH 4.25;
工作电压:30kV;检测波长:214nm

峰:1. K^+; 2. Ba^{2+}; 3. Sr^{2+}; 4. Na^+; 5. Ca^{2+}; 6. Mg^{2+}; 7. Mn^{2+}; 8. Cd^{2+}; 9. Li^+; 10. Co^{2+};
11. Pb^{2+}; 12. Ni^{2+}; 13. Zn^{2+}; 14. La^{3+}; 15. Ce^{3+}; 16. Pr^{3+}; 17. Nd^{3+}; 18. Sm^{3+}; 19. Gd^{3+};
20. Eu^{3+}; 21. Tb^{3+}; 22. Dy^{3+}; 23. Ho^{3+}; 24. Er^{3+}; 25. Tm^{3+}; 26. Yb^{3+}; 27. Lu^{3+}

二、蛋白质的分析

毛细管电泳在蛋白质分离及其相关领域中的应用研究是最广泛的。因蛋白质在毛细管中具有强烈的吸附作用,导致分离效率下降、峰高降低甚至不出峰,所以用毛细管电泳分离蛋白质时,抑制和消除管壁对蛋白质(特别是碱性蛋白质)的吸附是分离的关键。有三种抑制蛋白质分子吸附的途径可供选择:样品处理、管壁惰性化处理和缓冲液改性。

样品蛋白质可与变性剂如 SDS、尿素、甘油或其他表面活性剂形成复合物,能消除或掩盖不同蛋白质之间自然电荷的差异,在凝胶中按分子大小进行分离。

利用化学方法将甲基纤维素、聚丙烯酰胺、聚乙二醇及聚醚等在毛细管内壁形成亲水性涂层,消除或覆盖管壁上的硅羟基,能使蛋白质得到很好的分离。

在缓冲液中加入聚乙烯醇、聚氧乙烯、TWEEN 或 BRIJ 系列等非离子表面活性剂,当进行电泳操作时,毛细管表面将形成一亲水表层,对生物大分子具有排斥作用。图 12.16 是聚乙烯醇添加到缓冲体系中分离蛋白质的谱图。

三、核酸片段分析

核酸片段的分离,多用 CGE 分离技术。凝胶筛分效应使核酸片段分离具有很高的分辨能力,甚至可以达到单碱基分辨。

琼脂糖作凝胶基体,适于分离碱基小于 1000 的 DNA;对于聚丙烯酰胺凝胶,短链凝胶分子适于分离短链 DNA 片段,长链凝胶分子适于分离长链 DNA 片段。

将可溶性的亲和基团(如溴化乙锭)加到 CGE 体系中,可以提高 DNA 限制片段的分辨能力。溴化乙锭是一种小正电荷离子,能与双链 DNA 作用,使 DNA 相对分子质量增加约12％,同时还能中和其电性,使 DNA 片段淌度下降,迁移速率降低,分辨率改善。DNA 片段碱基对越多,与溴化乙锭络合后迁移时间增加越多,分辨率的改善也越明显。此外,溴化乙锭有较强的紫外吸收,络合后的双链 DNA 对紫外吸收明显增强,提高了检测灵敏度。图 12.17为 CGE 分离双链 DNA 限制片段谱图。

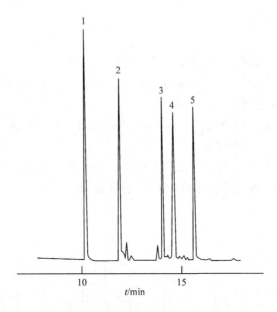

图 12.16　聚乙烯醇添加到缓冲体系中分离蛋白质的谱图

毛细管:57/75cm×75μm i. d. ;缓冲液:20mmol/L 磷酸盐＋30mmol/L

NaCl(pH 3.0)＋0.05％(质量分数)PVA1500;工作电压:5kV;电动进样:5s

峰:1. 细胞色素 C;2. 溶菌酶;3. 胰蛋白酶;4. 胰蛋白酶原;5. α-糜蛋白酶原 A

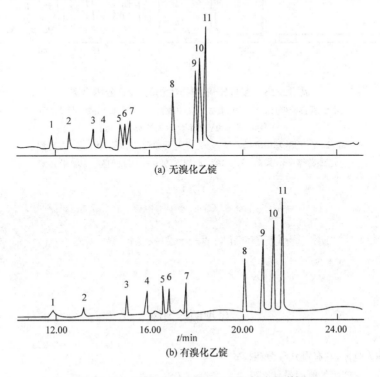

图 12.17　CGE 分离双链 DNA 限制片段谱图

毛细管凝胶柱:40/47cm 线性聚丙烯酰胺;缓冲液:100mmol/L

TBE(Tris＋H₃BO₃＋EDTA),pH 8.5;工作电压:250V/cm

峰:1.72bp;2.118bp;3.194bp;4.234 bp;5. 271 bp;6. 281 bp;

7. 310 bp;8. 603 bp;9. 872 bp;10. 1078 bp;11. 1353 bp

四、单糖的分析

糖没有光吸收基团,检测非常困难。而且由于其大多不带电荷和强亲水性质,分离也很困难。利用毛细管电泳分离糖首先要使糖带电,才能实现在电场中迁移。理论上,可以采用络合、解离、衍生等方法使糖带电。

硼酸络合是最简单和普遍有效的方法,如利用 100mmol/L 硼酸为电泳缓冲体系,pH 为 10～11,就可以获得较好的分离结果。

单糖的检测主要依赖于衍生,如 APTS 衍生。衍生产物用激光诱导荧光检测器检测。图 12.18 显示了标准单糖 APTS 衍生物的 CZE 分离结果。

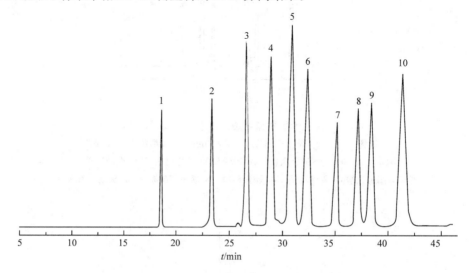

图 12.18　APTS-单糖衍生物的 CZE 分离谱图

毛细管:35/60cm ×50μm i. d. ;缓冲液:100mmol/L 硼酸,pH 10.6;

工作电压:400V/cm,激发光波长:448nm

峰:1. N-乙酰基半乳糖; 2. N-乙酰基葡萄糖; 3. 鼠李糖; 4. 甘露糖;

5. 葡萄糖; 6. 果糖; 7. 木糖; 8. 岩藻糖; 9. 阿拉伯糖; 10. 半乳糖

　国内毛细管电泳研究的首倡者——竺安　

思考题与习题

1. 何谓高效毛细管电泳,它有哪几种分离模式?
2. 什么是电渗流? 它产生的原因是什么?
3. 在毛细管中实现电泳分离有什么优点?
4. 试述 CZE、CGE、MECC 的基本原理。
5. 举例说明高效毛细管电泳在现代农业和生命科学中的应用。

第十三章　电化学分析法导论

电化学分析法(electroanalytical chemistry)是仪器分析的一个重要组成部分,是利用物质在溶液中的电化学性质及其变化规律来测定物质的组成和含量的一类分析方法。电化学性质是指溶液的电学性质(如电导、电量、电流等)与化学性质(如溶液的组成、浓度、形态及某些化学变化等)之间的关系。电化学分析法的测量信号是电导、电位、电流及电量等。

第一节　电化学分析法分类和特点

一、电化学分析方法的分类

根据测量的电化学参数的不同,电化学分析法可以进行如下分类:

(1)电导分析法:根据溶液的电导性质进行分析的方法。直接根据电导(或电阻)与溶液待测离子浓度之间的关系进行分析的方法称为电导法。利用电导变化作为指示反应终点的滴定分析技术称为电导滴定分析法。

(2)电位分析法:根据试液组成电池的电动势或指示电极电位的变化进行分析的方法。直接依据指示电极的电极电势与待测物质的浓度(或活度)之间的关系进行分析的方法称为直接电位法,利用指示电极的电位变化作为反应终点的"指示剂"的滴定分析技术称为电位滴定法。

(3)电解分析法:利用外加电压电解试液,根据电解完成后电极上析出物质的质量进行分析的方法,又称为电重量分析法。用于分离或富集目的时称为电解分离法。

(4)库仑分析法:根据电解过程所消耗的电量进行分析的方法,包括恒电位库仑分析法和恒电流库仑分析法(库仑滴定法)。

(5)极谱法与伏安法:根据电解被测试液所得电流-电压曲线进行分析的方法,称为伏安法;在伏安法中工作电极使用滴汞电极的又称为极谱法。

二、电化学分析法的特点

电化学分析法具有以下特点:

(1)分析速度快、选择性好、灵敏度和准确度高。

(2)电化学方法能直接得到电信号,传递方便,易实现自动化和连续分析。

(3)电化学仪器相对价廉,常设计成专用的、小型化的装置。其方法的多样性又使仪器的品种较多。

(4)电化学分析方法不仅能进行成分分析,也可用于结构分析,如进行形态和价态分析,还可研究电极过程动力学、氧化还原过程、催化过程等机理。在科学研究、生产控制和环境监测中是一种很重要的分析方法,如在生命科学研究中也可发挥较大作用。

(5)不仅可以测定浓度,而且可以测定活度,从而在生理、医学研究上有较广泛的应用。

第二节　化学电池

化学能与电能相互转变的装置称为电池(cell),它是任何一类电化学分析法中必不可少的装置。每一个化学电池有两个电极,每一个电极与其所接触的电解质溶液构成一个半电池,两个半电池通过外部电路组成一个化学电池(electrochemical cell)。两个电极浸在同一个电解质溶液中的电池称为无液体接界电池[图 13.1(a)];两个电极分别浸在用半透膜或烧结玻璃隔开或用盐桥连接的两种不同电解质溶液中构成的电池称为有液体接界电池[图 13.1(b)]。

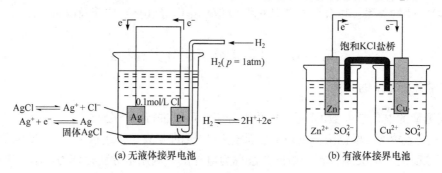

(a) 无液体接界电池　　　　　　　　　　(b) 有液体接界电池

图 13.1　化学电池

用半透膜、烧结玻璃隔开或用盐桥连接的两个电解质溶液是为了避免两种电解质溶液的机械混合,同时又能让离子通过。

化学电池分为原电池(galvanic cell)和电解池(electrolytic cell)两类。原电池是利用自发的氧化还原反应产生电流的装置,它能将化学能转变为电能。电解池则需外部电源提供电能,才能发生电极反应。在实验条件改变时,二者可以相互转化。

电极反应是指溶液中的离子能从电极上取得电子或将电子转移给电极。通常规定离子在电极上失去电子(发生氧化反应)的电极称为阳极,离子在电极上获得电子(发生还原反应)的电极称为阴极。在图 13.1 中的电极反应分别为

$$\qquad\qquad\qquad (a)\qquad\qquad\qquad\qquad (b)$$

阳极　　　$H_2(g) \rightleftharpoons 2H^+ + 2e^-$　　　　　$Zn \rightleftharpoons Zn^{2+} + 2e^-$

阴极　　　$Ag^+ + e^- \rightleftharpoons Ag$　　　　　$Cu^{2+} + 2e^- \rightleftharpoons Cu$

在上述化学电池内,单个电极上的反应称为半电池反应。若两个电极没有用导线连接起来,半电池反应达到平衡状态,没有电子输出;当用导线将两个电极连通构成通路时,有电流通过,构成原电池。为了书面表达的方便,可以用电池符号表示原电池。图 13.1 所示的化学电池可以表示为

$$Pt, H_2(p=1atm) | H^+(0.1mol/L), Cl^-(0.1mol/L), AgCl(饱和) | Ag$$

$$Zn(s) | Zn^{2+}(xmol/L) \| Cu^{2+}(ymol/L) | Cu(s)$$

书写电池符号时,习惯上阳极写在左边,阴极写在右边;用单竖线"|"表示物质之间的相界面,如 $Zn(s) | Zn^{2+}(xmol/L)$;用双竖线"‖"表示盐桥;电极物质为溶液时要注明其浓度,如为气体注明其气体温度和压力(若不注明,则表示温度为 25℃,压力为 1atm)。

第三节　电极电势和电极的极化

一、电极电势

电极电势产生的微观机理非常复杂。以 $Zn | Zn^{2+}$ 电极为例,当把锌片与其盐溶液(如 $ZnSO_4$)接触时,一方面锌片表面构成晶格的 Zn^{2+} 和极性大的水分子互相吸引,有一种使锌片上留下电子而自身以水合离子形式存在的 $[Zn^{2+}(aq)]$ 进入溶液的倾向;另一方面,溶液中的水合金属离子 $[Zn^{2+}(aq)]$ 又有一种从锌片表面获得电子而沉积在锌片表面的倾向。在锌片插入溶液的初期,锌片溶解倾向大于沉积倾向,使 Zn^{2+} 进入溶液中,电子被留在锌片上,其结果是在锌片与溶液的界面上锌片带负电,溶液带正电,两相间形成了双电层,建立了电位差,这种双电层将排斥 Zn^{2+} 继续进入溶液,锌片表面的负电荷对溶液中的 Zn^{2+} 又有吸引,形成了相间平衡电极电势。对于给定的电极而言,电极电势是一个确定的常量,对于下述电极反应:

$$aA+bB \Longleftrightarrow cC+dD+ne^-$$

电极电势可表示为

$$E=E^{\ominus}-\frac{RT}{nF}\ln\frac{\alpha_C^c \cdot \alpha_D^d}{\alpha_A^a \cdot \alpha_B^b} \tag{13.1}$$

式中:E 为电极电势;$E^{\ominus}$ 为标准电极电势;R 为摩尔气体常量,$8.31441J/(mol \cdot K)$;T 为热力学温度;n 为参与电极反应的电子数;F 为法拉第常量,$96486.7C \cdot mol^{-1}$;α 为参与电极反应的各物质的活度。

如果式(13.1)以常用对数表示,则有

$$E=E^{\ominus}-\frac{0.059}{n}\lg\frac{\alpha_C^c \cdot \alpha_D^d}{\alpha_A^a \cdot \alpha_B^b} \quad (25℃) \tag{13.2}$$

当溶液很稀时,活度可近似用浓度代替,式(13.2)可写为

$$E=E^{\ominus}-\frac{0.059}{n}\lg\frac{[C]^c \cdot [D]^d}{[A]^a \cdot [B]^b} \tag{13.3}$$

由于电极电势来源于电极与其界面溶液之间的相界电位,无法测量单个的电极电势,但是可以选择某种电极作为基准,因此规定它的电极电势为零。通常选择标准氢电极作为基准。将待测电极和标准氢电极组成一个原电池,通过测定该电池的电动势(thermodynamic potential of an electrochemical cell),就可求出待测电极的电极电势的相对数值。

原电池的电动势为

$$E_{电池}=E_{阳}-E_{阴}+E_j+IR \tag{13.4}$$

式中:$E_{阳}$ 为阳极电极电势;$E_{阴}$ 为阴极电极电势;E_j 为液体接界电位;IR 为溶液的电阻引起的电压降。

可以设法使 E_j 和 IR 降至忽略不计,这样,式(13.4)可简化为

$$E_{电池}=E_{阳}-E_{阴} \tag{13.5}$$

由于标准氢电极使用不方便,且易损坏,常用二级标准电极 Ag-AgCl 电极和甘汞电极代替标准氢电极。

二、电极的极化

当有电流通过电极时,电极电势偏离平衡电位的现象称为极化现象(polarization)。

极化通常分为浓差极化(concentration polarization)和电化学极化(kinetic polarization)。浓差极化是电极反应过程中,溶液中电活性物质的扩散速度小于电极反应速度引起的。电解作用开始后,阳离子在阴极上还原,致使电极表面附近溶液阳离子减少,浓度低于内部溶液,这种浓度差别的出现是由于阳离子从溶液内部向阴极输送的速度赶不上阳离子在阴极上还原析出的速度,在阴极上还原的阳离子减少了,必然引起阴极电流的下降。为了维持原来的电流密度,必然要增加额外的电压,也即要使阴极电位比可逆电位更负一些。这种基于电极表面和主体溶液中电活性物质浓度差引起的极化现象称为浓差极化。

电化学极化是电极反应速度太慢造成的。以阴极过程为例,在电解时,若电极反应速度太慢,电极反应不能及时消耗电极表面的电子,则造成电极表面电子的堆积,从而使电极电势变负。若为阳极过程,则使阳极电位变正。这种由反应速度慢所引起的极化称为化学极化或动力极化。

第四节　电极的类型

在电分析化学中,电极是将溶液的浓度信息转变成电信号的一种传感器或者是提供电子交换的场所。电极的种类较多,可根据电极反应的机理、工作方式及用途等将电极进行分类。

一、按照电极反应机理分类

1. 金属基电极

这类电极是以金属为基体的电极,所以也称金属基电极。它们的共同特点是电极反应中有电子的交换,即有氧化还原反应。常见的金属基电极有以下四类。

1）第一类电极

第一类电极是由金属与其离子的溶液处于平衡状态所组成的电极。用 $M|M^{n+}$ 表示。电极反应为

$$M^{n+} + ne^- \rightleftharpoons M$$

$$E_{M^{n+}/M} = E^{\ominus}_{M^{n+}/M} + \frac{2.303RT}{nF} \lg a_{M^{n+}} \tag{13.6}$$

这些金属主要有银、铜、锌、镉、铅和汞等。

2）第二类电极

第二类电极是由金属与其难溶盐及与含有难溶盐相同阴离子溶液所组成的电极,表示为 $M|M_mX_n|X^{m-}$,电极反应为

$$M_mX_n + me^- \rightleftharpoons mM + nX^{m-}$$

$$E_{M_mX_n/M} = E^{\ominus}_{M_mX_n/M} - \frac{2.303RT}{mF} \lg a_{X^{m-}} \tag{13.7}$$

常用的有银-氯化银电极和甘汞电极($Hg|Hg_2Cl_2$ 电极)。

3）第三类电极

第三类电极是由金属与两种具有共同阴离子的难溶盐或难电离的配离子以及一种难溶盐或难电离的配离子的阴离子溶液组成的电极体系。

4）零类电极

零类电极是由一种惰性金属(如 Pt)和同处于溶液中的物质的氧化态和还原态所组成的

电极,表示为,Pt|氧化态,还原态。例如,Pt|Fe^{3+},Fe^{2+}电极,电极反应为

$$Fe^{3+} + e^- \Longrightarrow Fe^{2+}$$

$$E_{Fe^{3+}/Fe^{2+}} = E^{\ominus}_{Fe^{3+}/Fe^{2+}} + \frac{2.303RT}{F} \lg \frac{\alpha_{Fe^{3+}}}{\alpha_{Fe^{2+}}} \qquad (13.8)$$

2. 膜电极

具有敏感膜的电极称为膜电极。这类电极电势的产生不存在电子的传递与转移,而是由于离子在膜与溶液界面上交换的结果。膜电位(membrane potential)与响应离子的活度关系符合能斯特方程(Nernst equation)

$$E = E^{\ominus} \pm \frac{2.303RT}{nF} \lg \alpha_i \qquad (13.9)$$

式中:n 为 i 离子的电荷数;α_i 为 i 离子的活度。

对于阳离子,式(13.9)取"+"号;对于阴离子,式(13.9)取"−"号。这类电极有多种离子选择性电极。

二、按照电极用途分类

1. 参比电极和辅助电极

电极电势恒定,不受溶液组成或电流流动方向变化影响的电极称为参比电极,电位分析方法中常用的参比电极是甘汞电极。参比电极是测量电池电动势、计算电极电势的基准。参比电极的电极电势的稳定与否直接影响测定结果的准确性。因此,作为一个理想的参比电极应具备以下条件:①能迅速建立热力学平衡电位,这就要求电极反应是可逆的;②电极电势是稳定的,能允许仪器进行测量。

标准氢电极是各种参比电极的一级标准。但是标准氢电极制作麻烦,所用铂黑容易中毒,使用很不方便。实际工作中最常用的参比电极是甘汞电极和银-氯化银电极。

甘汞电极是由金属汞和它的饱和难溶汞盐——甘汞(Hg$_2$Cl$_2$)以及 KCl 溶液所组成的电极。甘汞电极组成是 Hg, Hg$_2$Cl$_2$|KCl

电极反应为　　　　　　　　　HgCl$_2$ + 2e$^-$ $\Longrightarrow$ 2Hg + 2Cl$^-$

电极电势为

$$E = E^{\ominus}_{Hg_2Cl_2/Hg} - \frac{2.303RT}{F} \lg \alpha_{Cl^-} \qquad (13.10)$$

当温度一定时,甘汞电极的电极电势主要决定于 α_{Cl^-},当 α_{Cl^-} 一定时,其电极电势是一个定值。不同浓度的 KCl 溶液组成的甘汞电极,具有不同的恒定的电极电势值。甘汞电极通过其尾端的烧结陶瓷塞或多孔玻璃与指示电极相连,这种接口具有较高的阻抗和一定的电流负载能力,因此甘汞电极是一种很好的参比电极。

银丝表面镀上一薄层 AgCl 后,浸入浓度一定的 KCl 溶液中,即构成银-氯化银电极。

电极组成为　　　　　　　　　Ag, AgCl ｜ KCl

电极反应为　　　　　　　　　AgCl + e$^-$ $\Longrightarrow$ Ag + Cl$^-$

电极电势为

$$E = E^{\ominus}_{AgCl/Ag} - \frac{2.303RT}{F} \lg \alpha_{Cl^-} \qquad (13.11)$$

当温度一定时,银-氯化银电极电势也取决于 Cl$^-$ 的活度。商用银-氯化银电极的外形类似于甘汞电极的外形。在有些实验中,银-氯化银电极丝(涂有 AgCl 的银丝)可以作为参比电

极直接插入反应体系,具有体积小、灵活等优点。另外,银-氯化银电极可在高于 60℃ 的体系中使用,而甘汞电极不具备这些优点。

在电解分析中,和工作电极一起构成电解池的电极称为辅助电极,在三电极体系中,除工作电极外,一支是提供电位标准的参比电极,另一支是起输送电流作用的辅助电极,电解分析中的辅助电极通常也称对电极。

2. 指示电极和工作电极

电化学分析中把电位随溶液中待测离子活度(或浓度)变化而变化,并能反映出待测离子活度(或浓度)的电极称为指示电极。根据 IUPAC 建议,指示电极用于测量过程中溶液主体浓度不发生变化的情况,如电位分析法中的离子选择性电极是最常用的指示电极。工作电极用于测量过程中溶液主体浓度发生变化的情况。例如,伏安法中,待测离子在 Pt 电极上沉积或溶出,溶液主体浓度发生改变,所用的 Pt 电极称为工作电极。

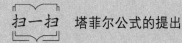 扫一扫　塔菲尔公式的提出　　　　　　　　　　　　

思考题与习题

1. 原电池和电解池的区别是什么?
2. 何谓标准氢电极? 定义标准电极电势的条件是什么? 改变温度对标准电极电势和对标准氢电极电势是否有影响?
3. 比较电导、电导率、摩尔电导率的含义,并指出这些概念的量纲。什么是电导池常数?
4. 能否通过测定电池电动势求得弱酸或弱碱的电离常数、水的离子积、溶度积和络合物的稳定常数? 试举例说明。

第十四章 电位分析和库仑分析法

第一节 电位分析法

一、电位分析法基本原理

电位分析法(potentiometric analysis)是最重要的电化学分析方法之一。电位分析法需要采用两个电极,其中一个电极作为指示电极,另一个电极作为参比电极。通过在零电流条件下测量由两个电极和试液组成的电池的电动势来测定被测离子活度。电位分析法中最常用的指示电极是离子选择性电极,参比电极是饱和甘汞电极。

电位分析法分为直接电位法和电位滴定法。直接电位法用专用的指示电极,如离子选择性电极,把被测离子 i 的活度转变为电极电势,电极电势与离子活度间的关系可用能斯特方程表示为

$$E = E^{\ominus} \pm \frac{2.303RT}{nF} \lg \alpha_i \tag{14.1}$$

式(14.1)即为电位分析法的基本公式。由此可见,测定了电极电势,就可确定离子的活度(或浓度)。电位滴定法是利用电极电势的突跃代替化学指示剂颜色的变化来确定反应终点的滴定分析法。

二、离子选择性电极及其分类

离子选择性电极(ion selective electrode, ISE)是指其电极电势对离子具有选择性响应的一类电极,它是一种电化学传感器。

离子选择性电极是由敏感膜、内参比电极、内参比溶液、电极腔体构成。敏感膜能分开两种电解质溶液,并对其特定离子有选择性响应,可产生膜电位。膜电位的大小可指示出溶液中某种离子的活度,从而可用来测定这种离子。

通常,离子选择性电极的分类是按敏感膜材料为基本依据。根据 1976 年 IUPAC 的推荐,离子选择电极分为原电极和敏化离子选择电极两类。原电极是指敏感膜直接与试液接触的离子选择性电极。敏化离子选择电极是以原电极为基础装配成的离子选择性电极。

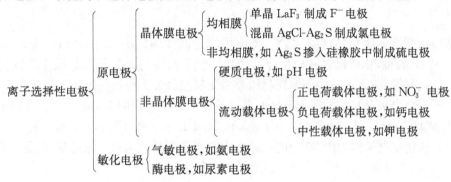

1. 玻璃电极

玻璃电极(glass electrodes)属于刚性基质电极,是最早出现且至今仍属应用最广的一类离子选择性电极。玻璃电极包括对 H^+ 响应的 pH 玻璃电极和对 Na^+、K^+ 响应的 pNa、pK 玻璃电极等。常用的 pH 玻璃电极由 pH 敏感膜、内参比电极(Ag/AgCl)、0.1mol/L HCl 内参比溶液及带屏蔽的导线组成,其核心部分是玻璃敏感膜。敏感玻璃膜的化学组成对 pH 玻璃电极的性质有很大的影响,其材料由 SiO_2、Na_2O 和 CaO 等组成。纯 SiO_2 制成的石英玻璃由于没有可供离子交换用的电荷质点,对氢离子没有响应。当加入碱金属的氧化物后使部分硅-氧键断裂,生成固定的带负电荷的硅-氧骨架(称载体),在骨架的结构中是活动能力强的抗衡离子 M^+。当玻璃膜电极浸泡在水中后,不能迁移的硅酸盐基团(称为交换点位)中 Na 的点位全部被 H 占有。当玻璃膜电极外膜与待测溶液接触时,由于溶胀层表面与溶液中氢离子活度不同,氢离子便从活度大的相朝活度小的相迁移,从而改变了溶胀层和溶液两相界面的电荷分布,产生外相界电位;玻璃膜电极内膜与内参比溶液同样也产生内相界电位,跨越玻璃膜的相间电位 ΔE_M,即膜电位,可表示为

$$\Delta E_M = K + \frac{2.303RT}{F} \lg a_{H^+,\text{试}} = K - \frac{2.303RT}{F} \text{pH} \tag{14.2}$$

玻璃膜电极内插有内参比电极,因此,整个玻璃膜电极的电位

$$E_{\text{玻璃}} = E_{\text{参比}} + \Delta E_M \tag{14.3}$$

如果用已知 pH 的溶液标定有关常数,则由测得的玻璃电极电势可求得待测溶液的 pH。

与玻璃电极类似,各种离子选择性电极的膜电位在一定条件下遵守能斯特方程。其中对阳离子有响应的电极,膜电位为

$$\Delta E_M = K + \frac{2.303RT}{nF} \lg a_{\text{阳离子}} \tag{14.4}$$

对阴离子有响应的电极,膜电位为

$$\Delta E_M = K - \frac{2.303RT}{nF} \lg a_{\text{阴离子}} \tag{14.5}$$

不同电极的 K 值不同,其与敏感膜、内参比溶液等有关。但在一定条件下,膜电位与溶液中待测离子活度的对数呈线性关系,这就是用离子选择性电极法测定离子活度的基础。

ISE 的膜电位的机理是一个复杂的理论问题,但对一般 ISE 来说,膜电位的建立已证明主要是溶液中的离子与电极膜上离子之间发生交换作用的结果。

2. 晶体膜电极

敏感膜由微溶金属盐晶体制成的一类电极称为晶体膜电极(crystalline membrane electrodes)。其中敏感膜由单晶或一种化合物和几种化合物均匀混合的多晶压片制成的为均相晶体膜电极,而敏感膜由多晶中掺惰性物质经热压制成的为非均相晶体膜电极。

氟离子选择电极是目前性能比较好的晶体膜电极之一,其构造如图 14.1。将掺氟化铕的氟化镧单晶膜封在聚四氟乙烯管中,管内充入 0.1mol/L NaF 和 0.1mol/L NaCl 作为内参比溶液,插入银-氯化银电极作为内参比电极,即构成氟离子选择性电极。氟化镧单晶中氟离子是电荷的传递者,所以其电极电势反映了试液中 F^- 活度,即

$$\Delta E_M = K - \frac{2.303RT}{F} \lg a_{F^-} \tag{14.6}$$

式中：ΔE_{M} 为氟离子选择性电极的膜电位；$\alpha_{\mathrm{F^-}}$ 为氟离子活度；K 为常数。

F$^-$ 活度一般在 $1\sim10^{-6}\,\mathrm{mol/L}$ 符合能斯特方程。

上述晶体膜电极把 LaF$_3$ 改变为 AgCl、AgBr、AgI、CuS、PbS 等难溶盐和 Ag$_2$S，压片制成薄膜作为电极材料，这样制成的电极可以作为卤素离子、银离子、铜离子、铅离子等各种离子的选择性电极。

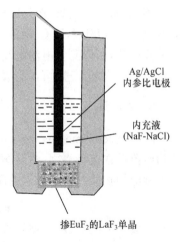

图 14.1　氟离子选择性电极

3. 流动载体电极

流动载体电极（electrodes with a mobile carrier）又称液膜电极，其与玻璃电极不同，玻璃电极的载体是固定不动的，流动载体电极的载体在膜中可以自由流动并穿过膜。流动载体电极由电活性物质（载体）、溶剂（增塑剂）、微孔膜（作为支持体）、内参比电极和内参比溶液等组成，其构造如图 14.2。

钙电极是典型的流动载体电极。电极具有双重体腔结构。内层体腔储存 0.1mol/L CaCl$_2$ 内参比溶液，外层体腔储存钙离子液体交换剂，即二癸基磷酸钙的苯基磷酸二辛酯溶液。液体膜为多孔性纤维素渗析膜，内参比溶液及液体离子交换剂与液体膜相接触。通过改变离子交换剂，这种液膜电极可以测定钾离子、硝酸根离子等。

4. 气敏电极

气敏电极（gas sensing electrodes）是对某些气体有响应的电极，是基于界面化学反应的敏化电极，其构造如图 14.3。

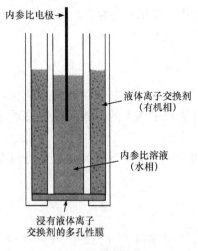

图 14.2　液膜电极

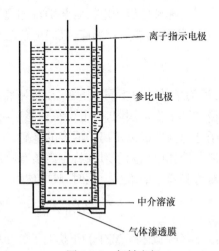

图 14.3　气敏电极

气敏电极由离子敏感电极、参比电极、中介液和憎水性微多孔性透气膜组成。它是通过界面化学反应工作的。将电极浸入试样溶液中，试样溶液中溶解的气体通过透气膜或空隙进入中介液，直至试液与中介液内该气体的分压相等。中介液离子活度的变化由离子选择电极检测，其电极电势与试样中气体的分压或浓度有关。

例如,氨电极用银-氯化银电极作为参比电极,pH 玻璃电极作为指示电极,其中介电解质溶液是 0.1mol/L NH$_4$Cl 溶液。NH$_3$ 通过透气膜进入中介液与 H$^+$ 结合而影响其 pH 以及玻璃电极电势,所以测量电池电动势就可以计算出氨的含量。

根据同样的原理,可以制成 CO$_2$、NO$_2$、H$_2$S 和 SO$_2$ 等气敏电极。

5. 酶电极

酶电极(enzyme electrodes)是一种利用酶的催化反应敏化的离子选择性电极。它将酶活性物质覆盖在电极表面,这层酶活性物质与被测的有机物或无机物(底物)反应形成一种能被电极响应的物质。测定尿素的酶电极是一种典型的酶电极。尿素在脲酶的催化下发生反应:

$$CO(NH_2)_2 + H_2O \xrightarrow{\text{脲酶}} 2NH_3 + CO_2$$

反应生成的 NH$_3$ 可被氨气敏电极响应,从而可测出尿素的含量。酶电极具有很高的选择性,但酶容易失活,电极不稳定,寿命较短,使其应用受到限制。目前,以动植物组织代替酶作为生物膜催化材料所构成的组织电极受到分析工作者的重视。

6. 生物传感器

将生物体的成分(酶、抗原、抗体、激素)或生物体本身(细胞、细胞器、组织)固定化在一器件上作为敏感元件的传感器称为生物传感器(biosensor)。生物传感器主要由两部分组成:分子识别元件(生物敏感膜)和换能器(将分子识别产生的信号转换成可检测的电信号)。其中电化学生物传感器是一个重要分支,它由电化学基础电极(换能器)和生物活性材料(分子识别元件)组成,因此又称生物电极,如酶电极、组织电极、微生物电极、免疫电极、细胞器电极等。

三、离子选择性电极的选择性

离子选择性电极的电极电势随待测离子活度的变化而变化称为响应。若这种响应服从能斯特方程,则称为能斯特响应,其膜电位与待测离子活度的关系可表示为

$$\Delta E_M = K \pm \frac{2.303RT}{nF} \lg \alpha_i \tag{14.7}$$

式中:K 为常数。对不同的电极,K 值不相同,它与电极的组成有关。式(14.7)说明离子选择性电极在其工作范围内,膜电位符合能斯特方程,与待测离子活度的对数呈线性关系,这是利用离子选择性电极测定离子活度的基础。

离子选择电极除了对某特定离子有响应外,溶液中共存的其他离子对电极电势也有影响,形成对待测离子的干扰。此时,膜电位可写成

$$\Delta E_M = K \pm \frac{2.303RT}{n_i F} \lg [\alpha_i + K_{i,j}(\alpha_j)^{n_i/n_j}] \tag{14.8}$$

式中:α_i,α_j 分别为待测离子和干扰离子的活度;n_i,n_j 分别为待测离子和干扰离子的电荷数;$K_{i,j}$ 为选择性系数(selectivity coefficient),表示电极对主要离子的响应与对干扰离子响应的倍数。

$K_{i,j}$ 值越小,电极对待测离子的选择性越好。例如,$K_{i,j}=0.01$,就意味着电极对 i 离子比对 j 离子的敏感性超过 100 倍。显然,对任何离子选择性电极都是 $K_{i,j}$ 越小越好。选择性系数小表明电极对被测离子选择性高,即干扰离子的影响小。

$K_{i,j}$ 虽然是一个常数,但是受很多因素影响,且无严格的定量关系,可以通过实验测定。它随着溶液中离子活度的测量方法的不同而不同,因此不能利用选择性系数校正因干扰离子的

存在而引起的误差,但利用 $K_{i,j}$ 可以判断电极对各种离子的选择性能,并可粗略地估算某种干扰离子 j 共存下测定 i 离子所造成的误差。根据 $K_{i,j}$ 的定义,在估量测定的误差时可用式(14.9)计算

$$相对误差 = K_{i,j} \times \frac{(\alpha_j)^{n_i/n_j}}{\alpha_i} \times 100\% \tag{14.9}$$

四、定量计算方法

1. 直接电位法

1) 单标准比较法

溶液 pH 的测定使用的是单标准比较法,也称为直读法。

测定溶液的 pH 时,组成如下测量电池:

$$pH 玻璃电极 | 试液(\alpha_{H^+} = x) \| 饱和甘汞电极$$

电池电动势

$$E = K' - \frac{2.303RT}{F} \lg \alpha_{H^+} = K' + \frac{2.303RT}{F} pH \tag{14.10}$$

在实际测定未知溶液的 pH 时,需先用 pH 标准缓冲溶液定位校准,25℃时,由式(14.10)得

$$E_s = K' + 0.059 pH_s \tag{14.11}$$

再测定未知溶液的 pH,其电动势为

$$E_x = K' + 0.059 pH_x \tag{14.12}$$

合并以上两式,得

$$pH_x = pH_s + \frac{E_x - E_s}{0.059} \tag{14.13}$$

式(14.13)是溶液 pH 的操作定义,也称 pH 标度。因此,用电位法以 pH 计测定时,先用标准缓冲溶液定位,然后可直接在 pH 计上读出 pH_x。

2) 校准曲线法

配制一系列含待测组分的标准溶液,分别测定其电位值 E,绘制 E 对 $\lg c$ 标准曲线。用同样方法测量试样溶液的电位值,在标准曲线上查出其浓度,这种方法称为标准曲线法。

标准曲线法是离子选择性电极法常用的定量分析方法。使用该方法的前提是标准溶液和试液有相同的离子强度。因此,使用标准曲线法必须有效地控制离子强度。控制离子强度的常用方法是往标准和样品溶液中分别加入“总离子强度调节缓冲剂”(TISAB)。它主要有三方面的作用:第一,维持样品和标准溶液恒定的离子强度;第二,保持试液在离子选择电极适合的 pH 范围内,避免 H^+ 或 OH^- 的干扰;第三,使待测离子释放成为可检测的游离离子。例如,测定水样中氟离子浓度时应加入一定量的“总离子强度调节缓冲剂”,此种调节剂由 1.0mol/L 氯化钠、0.25mol/L 乙酸、0.75mol/L 乙酸钠和 1.0×10^{-3}mol/L 柠檬酸钠组成。

标准曲线法准确度较高,适用于被测体系较简单的批量样品的分析。

3) 标准加入法

分析复杂的样品应采用标准加入法,即将样品的标准溶液加入到样品溶液中进行测定。也可以采用样品加入法,即将样品溶液加入标准溶液中进行测定。

标准加入法是将一定体积和一定浓度的标准溶液加入已知体积的待测试液中,根据加入前后电位的变化计算待测离子的含量。例如,某待测溶液加入离子强度调节剂后的体积为

V_x,浓度为 c_x,测得其电动势为 E_1,E_1 与 c_x 符合以下关系:

$$E_1 = K' + \frac{2.303RT}{nF} \lg c_x \gamma_1 \tag{14.14}$$

假定在待测溶液中加入体积为 V_s,浓度为 c_s 的标准溶液,由于加入标准溶液的体积远小于待测溶液的体积,新溶液的浓度近似为 $c_x + \Delta c$,其中 $\Delta c = c_s V_s / V_x$,然后用同一电极测定电动势,得

$$E_2 = K' + \frac{2.303RT}{nF} \lg(c_x \gamma_2 + \Delta c \gamma_2) \tag{14.15}$$

两次测的电动势差值为(若 $E_2 > E_1$,由于 $V_s \ll V_x$,且认为 $\gamma_1 \approx \gamma_2$)

$$\Delta E = E_2 - E_1 = \frac{2.303RT}{nF} \lg\left(1 + \frac{\Delta c}{c_x}\right) \tag{14.16}$$

令 $S = \frac{2.303RT}{F}$,得

$$\Delta E = \frac{S}{n} \lg\left(1 + \frac{\Delta c}{c_x}\right)$$

即

$$c_x = \Delta c (10^{n\Delta E/S} - 1)^{-1} \tag{14.17}$$

式中:S 为电极的响应斜率,即单位 pM 变化引起的电位值变化。

这样,由两次测定的电位差 ΔE 和加入的标准溶液的浓度,即可求得未知溶液的浓度 c_x。标准加入法的优点是仅需加入一次标准溶液,不需要做校准曲线,操作比较简单。在有大量过量络合剂存在的体系中,此法是使用离子选择性电极测定待测离子总浓度的有效方法。通常用此法分析时,要求加入的标准溶液体积 V_s 约为试液体积 V_x 的 1/100,而浓度要大 100 倍,这时,标准溶液加入后的电位值变化约 20mV 左右。

2. 电位滴定法

电位滴定法(potentiometric titration)是一种用电位法确定滴定终点的滴定分析方法。和直接电位法相比,电位滴定法不需要准确地测量电极电势,因此,温度、液体接界电位的影响并不重要,其准确度优于直接电位法。电位滴定法的准确度与滴定分析法相当,并不受试液颜色、浑浊以及缺乏合适指示剂等因素的限制。使用不同的指示电极,电位滴定法可以进行酸碱滴定、氧化还原滴定、配合滴定和沉淀滴定。在滴定过程中,随着滴定剂的不断加入,电极电势不断发生变化,电极电势发生突跃时,说明滴定到达终点。如果使用自动电位滴定仪,在滴定过程中可以自动绘出滴定曲线,自动找出滴定终点,自动给出体积,滴定快捷方便。

五、电位测定中的误差

离子选择性电极测量产生的误差与电极的响应特性、参比电极、温度和溶液组成等因素有关。电位测量的误差将直接影响浓度的测定结果。电动势测量误差 ΔE 与相对误差 $\Delta c/c$ 的关系可根据能斯特公式推导出来。

由

$$E = K + \frac{2.303RT}{nF} \lg c$$

得

$$\Delta E = \frac{2.303RT}{nF} \cdot \frac{\Delta c}{c} \tag{14.18}$$

式(14.18)也可表示为(298K)

$$\Delta E = \frac{0.2568}{n} \cdot \frac{\Delta c}{c} \times 100 \tag{14.19}$$

或

$$相对误差 = \frac{\Delta c}{c} \times 100\% = \frac{n\Delta E}{0.2568 \times 100} \times 100\% = 4n\Delta E\% \tag{14.20}$$

即,若电位值测定的误差为$\pm 0.1\text{mV}$,则浓度误差为:一价离子$\pm 0.4\%$;二价离子$\pm 0.8\%$。若电位值误差为$\pm 1\text{mV}$,则浓度误差增加 10 倍。这说明用直接电位法测定误差一般较大,对价数较高的离子尤为严重。对于标准加入法,每一试液需测定两次电位值才能计算出未知物浓度,浓度误差将会增大。

由上述可见,对于直接电位分析法,要求测量电位的仪器必须具有高的灵敏度和相当的准确度。

六、离子选择性电极的应用

电位分析的应用较广,它不仅可用于环境保护、生物化学、临床和工农业生产领域中的许多阴离子、阳离子和有机物离子的测定,尤其是一些其他方法较难测定的碱金属、碱土金属离子、一价阴离子及气体的测定,还可用于平衡常数的测定和动力学的研究等。

用离子选择电极测定有许多优点。测量的线性范围较宽,一般有 4~6 个数量级,而且在有色或混浊的试液中也能测定。测定速度快,仪器设备简单,可以制作成传感器,用于工业生产流程或环境监测的自动检测。酶电极、组织电极、微生物电极以及免疫电极等应用受到广泛关注。采用电位法时,对样品是非破坏性的,可以微型化,做成微电极,用于微区、血液、活体、细胞等对象的分析。它还可用作色谱分析的检测器。

电极的微型化是近年来发展较快的技术。超微电极(ultramicro electrode)简称微电极,它的直径在 $100\mu m$ 以下,其大小已接近扩散层的厚度。微电极的出现使活体分析以及细胞分析及皮下监测等方面的应用成为现实。

在生命科学中引入纳米材料与技术,为生物传感器的研究提供了丰富的发展空间。纳米生物传感器研究及其传感器已成为生物传感器领域的最新进展和研究热点。

转基因植物从其诞生开始,全球社会和公众就产生了它可能危害健康和环境的担忧,其争论一直未曾停息。因此,在转基因植物产品造福人类的同时,必须要有相应的安全检测措施。转基因产品的检测技术对转基因产品安全性评价具有十分重要的意义。将电化学生物传感器技术与分子生物学技术相结合,研制新型的转基因植物产品电化学生物传感器,如 DNA 电化学生物传感器技术,可以发展成一种检测转基因植物产品的新方法,并可获得一些重要的理论成果。

第二节 电解分析法

电解分析法(electrolytic analysis)是将试样溶液电解,使被测组分以金属单质或氧化物的形式沉积在电极上,通过称量沉积物的质量来确定被测物质含量的分析方法。电解分析法也称电重量分析法(electrogravimetry)。

在电解分析法中,实现电解的方式主要有恒电流电解和控制电位电解。

一、恒电流电解分析法

恒电流电解分析法又称为控制电流电解分析法。它是在恒定的电流条件下电解被测物质,完全电解后直接称量电极上析出的物质质量来进行分析的。恒电流电解分析时的电极反应速率比控制电位电解分析得快,分析时间短,但选择性差,当多种离子共存时,一种金属离子还未析出完全时,另一种也将开始沉淀。

为了防止干扰,在电解时,可使用阳极或阴极去极剂(depolarizer)(也称电位缓冲剂)以维持电极电势不变,防止发生干扰的氧化还原反应。例如,在电解分析铜铅离子混合溶液时,为保证铜析出完全而铅不沉淀,需要加入较大量的硝酸根离子,利用硝酸根在阴极还原生成氨离子的反应在铅沉淀之前发生反应,硝酸根离子即为阴极去极剂。有时也可根据需要,加入阳极去极剂。

恒电流电重量分析法可以测定锌、镉、镍、锡、铅、铜、铋、锑、汞及银等金属元素,误差可达±0.2%,但选择性较差,一般仅适用于只含一种金属离子的测定,或只能使电极电势表上在氢以下的金属和在氢以上金属的分离。

二、控制电位电解分析法

当试样中存在两种以上的金属离子时,随着外加电压的增大,第二种离子可能被还原。为了分别测定或分离,就需要采用控制阴极电位的电解法。在控制电位电解过程中,调节外加电压,使工作电极的电位控制在某一合适的电位值或某一个小范围内,使待测离子在工作电极上析出,其他离子则留在溶液中,以达到分离和测定的目的。

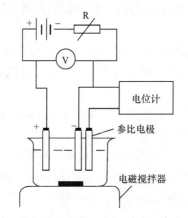

图 14.4　控制电位电解分析装置示意图

要实现对阴极电位的控制,需要在电解池中插入一个参比电极,如饱和甘汞电极。控制阴极电位电解常采用三电极装置,如图 14.4 所示。甘汞电极作为参比电极与阴极组成电位测量子系统。当阴极电位变化时,电阻 R 中有电流流过并给出信号,可根据信号大小调节外加电压在一定范围内,从而保证干扰离子不在阴极上析出。

控制电压电解的主要特点是选择性高。但由于控制电压电解过程中,开始时被测物质析出速度较快,随着电解的进行,被测物质浓度越来越小,电极反应的速率逐渐变慢,电解完成所需时间较长。

控制电位电解分析法主要用于物质的分离。通常用于从含少量不易还原的金属离子溶液中分离大量的易还原的金属离子。常用的工作电极有铂网电极和汞阴极。

第三节　库仑分析法

电解分析法和库仑分析法(coulometry)都是建立在电解过程基础上的一种电化学分析法。库仑分析法则是依据法拉第电解定律,根据电解过程所消耗的电量进行定量的方法。

一、法拉第电解定律

库仑分析法的基础是法拉第电解定律，法拉第电解定律可用如下关系式表示：

$$m = \frac{Q}{F} \times \frac{M}{n} \tag{14.21}$$

式中：m 为被测物质在电极上析出的质量，g；Q 为通过电解池的电量，以库仑（C）为单位；M 为被测物质的摩尔质量，g/mol；n 为电极反应转移的电子数；F 为法拉第常量，表示在电极上析出 1mol 物质所需的电量为 96487C。

库仑分析法的基本要求是 100% 的电流效率。可见库仑分析法就是一种电解分析法，但它与电重量法不同。一方面，库仑分析法的分析结果是通过测量电解反应所消耗的电量求得，因而省却了费时的洗涤、干燥以及称量等步骤。另一方面，由于可以精确地测量分析时通过溶液的电量，故可得到准确度很高的结果，并可应用于微量成分的分析。库仑分析法分为恒电流库仑分析法和控制电位库仑分析法两种。

二、恒电流库仑分析法

1. 基本原理

恒电流库仑分析法是在恒定电流的条件下电解，由电极反应产生的电生"滴定剂"与被测物质发生反应，用化学指示剂或电化学的方法确定"滴定"的终点。由恒电流的大小和到达终点需要的时间算出消耗的电量，由此求得被测物质的含量。这种滴定方法与滴定分析中用标准溶液滴定被测物质的方法相似，因此恒电流库仑分析法也称库仑滴定法（constant current coulometric titration）。

库仑滴定的装置如图 14.5 所示，由电解系统和指示终点系统两部分组成。电解系统包括电解池（或称库仑池）、计时器和恒电流源。电解池中插入工作电极，辅助电极以及用于指示终点的电极。

以强度一定的电流通过电解池，在 100% 的电流效率下由电极反应产生的电生滴定剂与被测物质发生定量反应，当到达终点时，由指示终点系统发出信号，立即停止电解。由电流强度和电解时间按法拉第电解定律可计算出被测物质的质量。因此，库仑滴定和一般的滴定分析不同，滴定剂不是用滴定管滴加，而是用恒电流通过电解在试液内部产生。

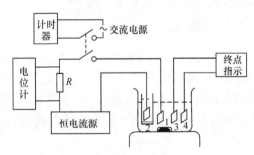

图 14.5　库仑滴定装置

1. 工作电极；2. 辅助电极（辅助电极需套一多孔隔膜）；3，4. 指示电极

2. 指示滴定终点的方法

库仑滴定指示终点的方法很多。原则上，凡是能指示一般滴定终点的方法均可用于库仑滴定。常用指示终点的方法有化学指示剂法、电位法和永停终点法。

（1）化学指示剂法：滴定分析中使用的化学指示剂基本上也能用于库仑滴定。用化学指示剂指示终点可省去库仑滴定中指示终点的装置。在常量的库仑滴定中比较简便。

（2）电位法：库仑滴定中用电位法指示终点与电位滴定法确定终点的方法相似。在库仑

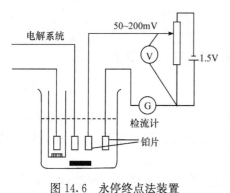

图 14.6　永停终点法装置

滴定过程中可以记录电位(或 pH)对时间的关系曲线,用作图法或微商法求出终点。也可用 pH 计或离子计,由指针发生突变表示终点到达。

(3) 永停终点法:永停终点法指示终点的装置如图 14.6 所示。在指示终点系统的两支大小相同的铂电极上,加 50～200mV 的电压。当到达终点时,由于电解液中产生可逆电对或原来的可逆电对消失,使该铂电极回路中的电流迅速变化或停止变化。永停终点法指示终点非常灵敏,常用于氧化还原滴定体系。

3. 应用

库仑滴定法具有准确、快速、灵敏等特点,凡是与电解时所产生的试剂能迅速反应的物质都可用库仑滴定法。特别适合于成分单一的试样(如半导体材料、试剂等)的常量分析,可适用于各种类型的化学滴定法。对于一些反应慢的反应,如测定一些有机物很有优势。在库仑滴定中,滴定剂在电极上随时产生,随时反应,因而可以使用一些在化学滴定法中应用很困难的、不稳定的滴定剂,如 Br_2、Ag^+、Cu^+ 等,从而扩大了滴定分析的应用范围。

化学需氧量(COD)是评价水质污染的重要指标之一。污水中的有机物往往是各种细菌繁殖的良好媒介,COD 的测定是环境监测的一个重要项目,现在已有各种根据库仑滴定法设计的 COD 测定仪。土壤、肥料、水质及生物材料等试样的分析,只要满足电流效率条件的都可以用库仑滴定测定。

三、控制电位库仑分析法

1. 方法原理

控制电位库仑分析法(controlled potential coulometry)以控制指示电极电势为恒定的方式电解,使被测物质以 100% 的电流效率进行电解,当电流趋近于零时表示电解完成。由测得电解时消耗的电量求出被测物质的含量。控制电位库仑分析的装置包括电解池、库仑计和控制电极电势仪。库仑计用来测量电量,是控制电位库仑分析的重要组成部分。如图 14.7 所示。

2. 电量的测量

进行控制电位库仑分析,必须准确地测量通过电解池的电量。电量测量的准确度是决定库仑分析准确度的重要因素之一。

通常采用库仑计来测量电量。常用的库仑计有重量库仑计(银库仑计)和气体库仑计(氢氧库仑计)。

(1) 重量库仑计。重量库仑计是利用自 $AgNO_3$ 溶液中在 Pt 阴极上析出金属银的质量来测定电量的。图 14.8 是滴定库仑计的示意图。在烧杯内装有 0.03mol/L KBr 和 0.23mol/L K_2SO_4 溶液,电解时发生如下反应:

阳极　　　　　　　　　　　　$2Ag + 2Br^- - 2e^- \longrightarrow 2AgBr$

阴极　　　　　　　　　　　　$2H_2O + 2e^- \longrightarrow 2OH^- + H_2$

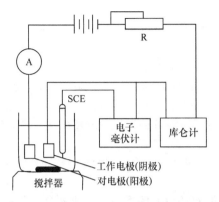

图 14.7　控制电位库仑分析的装置示意图

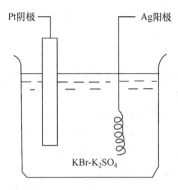

图 14.8　滴定库仑计

电解结束后，称出铂坩埚增加的质量，由析出银的质量算出电解所消耗的电量。重量库仑计精确度高，但不能直接指示读数，不适用于常规分析。

（2）气体库仑计。气体库仑计是最常用的一种库仑计，准确度可达±0.1％，可以根据电解时产生的气体体积直接读数，使用较为方便，其构造如图 14.9 所示。气体库仑计是由一只刻度管用橡皮管与电解管相接，电解管中焊接两片铂电极，管外装有恒温水套。通电时，在阳极析出氧气，阴极析出氢气。电解前后刻度管中液面差就是氧气与氢气的总体积。在标准状态下，每库仑电量析出0.17412mL 氢和氧混合气体。设电解后体积为 $V(\mathrm{mL})$，根据法拉第电解定律可得

$$m=\frac{VM}{0.17412\times96487n}=\frac{VM}{16800n} \qquad (14.22)$$

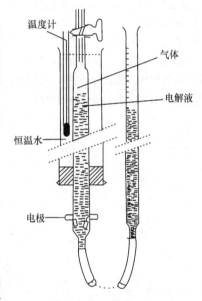

图 14.9　气体库仑计

3. 应用

控制电位库仑分析法的特点是不需要标准溶液和选择性高，除了可进行金属离子混合物溶液的直接分离和分析，还可用于电极上固体沉积物比较疏松或没有固体沉积物的体系，可用于具有氧化还原性质的有机化合物的分析。控制电位库仑分析法也可用于电极反应的研究，测定电极反应中电子的转移数。

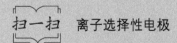 离子选择性电极　

思考题与习题

1. 电位测定法的依据是什么？以 pH 玻璃电极为例简述膜电位的形成。

2. 直接电位法的主要误差来源有哪些？应如何减免？

3. 何谓 TISAB 溶液？它有哪些作用？

4. 当下述电池中的溶液为 pH 等于 4.00 的缓冲溶液时，在 25℃ 时用毫伏计测得下列电池的电动势为 0.209V：

玻璃电极│H⁺(α＝x)‖饱和甘汞电极

　当缓冲溶液由三种未知溶液代替时，毫伏计读数：(1) 0.312V；(2) 0.088V；(3) −0.017V。试计算每种未知溶液的 pH。

5. 某钠电极，其选择性系数 K_{Na^+, H^+} 值约为 30。如用此电极测定 pNa 等于 3 的钠离子溶液，并要求测定误差小于 3%，则试液的 pH 必须大于多少？

6. 用标准加入法测定离子浓度时，于 100mL 铜盐溶液中加入 1mL 0.1mol/L $Cu(NO_3)_2$，电动势增加 4mV，求铜的原来总浓度。

7. 库仑分析法的基本依据是什么？为什么说电流效率是库仑分析的关键问题？在库仑分析中用什么方法保证电流效率达到 100%？

8. 电解分析与库仑分析在原理、装置上有何异同点？

9. 在一硫酸铜溶液中，浸入两个铂片电极，接上电源，使之发生电解反应。这时在两铂片电极上各发生什么反应？写出反应式。若通过电解池的电流强度为 24.75mA，通过电流的时间为 284.9s，在阴极上应析出多少毫克铜？

10. 浓度约为 0.01mol/L 的 10.00mL HCl 溶液，以电解产生的 OH^- 滴定此溶液，用 pH 计指示滴定时 pH 的变化，当到达终点时，通过电流的时间为 6.90min，滴定时电流强度为 20mA，计算此 HCl 溶液的浓度。

11. 简述为什么生物传感器具有很高的选择性，以测定葡萄糖为例。

12. 说明电化学生物传感器的原理。

第十五章　伏安法和极谱分析法

极谱分析法是由捷克化学家海洛夫斯基(Heyrovsky)于1922年创立的。伏安法(voltammetry)和极谱分析法(polarography)都是根据电解过程中所得的电流-电位(电压)曲线进行分析的方法。它们的区别在于极化电极的不同,伏安法使用的电极是表面不能够周期性更新的液体或固体电极,而极谱分析法使用的是表面能够周期性更新的滴汞电极。习惯上常把一些伏安法仍称为极谱法。

第一节　经典极谱法

一、经典极谱法基本原理

1. 测定装置

极谱分析法是一种特殊的电解分析法。经典极谱法的基本装置和普通的电解装置一样,由外加电压、电流计及电解池三部分组成。其基本装置如图15.1所示,采用直流电源E、串联可变电阻R和滑线电阻DE构成电位计回路,加在电解池两电极之间的电压可通过改变滑线电阻上触点C的位置调节,并可由伏特计测得其数值的大小,电解过程中电流的变化则用串联在电路中的检流计测量。采用滴汞电极(图15.2)作为工作电极,滴汞电极的上部为储汞瓶,下接一根厚壁塑料管,塑料管的下端接一支毛细管,其内径大约为0.05mm,汞从毛细管中有规则地滴落。采用饱和甘汞电极作为参比电极。构成电解池时,滴汞电极作为阴极,饱和甘汞电极为阳极。

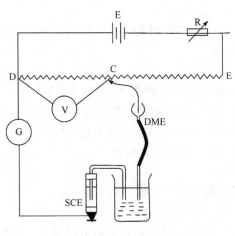

图15.1　极谱装置图

图15.2　滴汞电极

导线下为铂电极,插入蓄汞瓶中

2. 极谱波的形成

以测定Cd^{2+}为例。分析时,向电解池中加入浓度为$1.0 \times 10^{-4}\,mol/L\,Cd^{2+}$溶液,然后加

入大量 KCl 溶液(称为支持电解质,浓度比被测离子大 50~100 倍),再加入少量动物胶(称为极大抑制剂)。电解前,通入氮气或氢气除去电解液中溶解的氧气以消除氧波。以滴汞电极为阴极,饱和甘汞电极为阳极,在电解液保持静止的状态下进行电解。电解时,外加电压从小到大逐渐增大,并同时记下不同电压时相应的电解电流值。以电流为纵坐标,电压为横坐标作图,得到电解过程电流-电压关系曲线,称为极谱波或极谱图,如图 15.3 所示。图中台阶形的锯齿波称为极谱波。利用极谱波就可求出溶液中的 Cd^{2+} 浓度。现对镉离子的极谱波分段进行讨论。

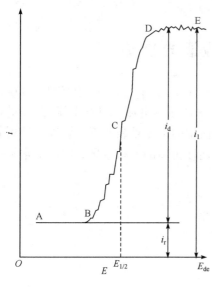

图 15.3 极谱图

1) 残余电流部分(i_r)(AB)

当外加电压尚未达到 Cd^{2+} 的分解电压时,滴汞电极电势比析出电位要正,这时没有电流。但实际上仍有微小电流通过。它是由于电解池中的微量杂质和未除净的微量氧在滴汞电极上还原产生的电解电流以及滴汞电极充、放电引起的电容电流所致,这种电流称为残余电流,用 i_r 表示。

2) 电流上升部分(BD)

当外加电压增至 Cd^{2+} 的分解电压时,镉离子开始在滴汞电极上还原为金属镉并与汞结合成镉汞齐。电极反应如下:

$$Cd^{2+} + 2e^- + Hg \Longrightarrow Cd(Hg)$$

$$E_{de} = E^{\ominus} + \frac{2.303RT}{nF} \lg \frac{c_e}{c_a} \tag{15.1}$$

式中:c_e 为电极表面 Cd^{2+} 的浓度;c_a 为电极表面镉汞齐中 Cd 的浓度;$E^{\ominus}$ 为汞齐电极的标准电极电势。

式(15.1)表明电极表面的 Cd^{2+} 浓度取决于电极电势。继续加电压,电极电势变负,滴汞电极表面的 Cd^{2+} 迅速还原,电流急剧上升。

3) 极限电流部分(DE)

当外加电压增加到一定数值时,电流不再上升而达到一个极限值,此时电流称为极限电流,用 i_l 表示。这时在电极表面的 Cd^{2+} 浓度下降到零,电流不随外加电压的增加而增加,而受 Cd^{2+} 从溶液本体扩散到电极表面的速度控制,扩散速度又与扩散层中的浓度梯度成比例。极限电流扣除残余电流后为极限扩散电流,简称扩散电流(diffusion current)i_d:

$$i_d = i_l - i_r = Kc \tag{15.2}$$

该扩散电流 i_d 与被测物质的浓度成正比,这就是极谱分析定量分析的基础。

极谱波上任何一点的电流都是受扩散控制。

极谱图上另一个重要参数是半波电位(half-wave potential)$E_{1/2}$。半波电位就是扩散电流为极限扩散电流一半时滴汞电极的电位。在支持电解质浓度和温度一定时,$E_{1/2}$ 为定值,与被测物质浓度无关,可以作为定性分析的依据。

3. 极谱过程的特殊性

极谱测定过程是在特殊电极上和特殊的电解条件下进行的电解过程。

1）电极的特殊性

极谱分析一般采用大面积的饱和甘汞电极作为参比电极。饱和甘汞电极的电位取决于电极表面 Cl^- 的浓度。在电解过程中，微安数量级的电流流过大面积的饱和甘汞电极，其电流密度小，则 Cl^- 浓度几乎不变，从而使饱和甘汞电极的电位基本不变，成为去极化电极。

极谱分析使用滴汞电极（DME）作为指示电极。由于滴汞电极面积小，尽管极谱电流不大，但在极谱测定过程中滴汞电极表面的电流密度相当大。大电流在滴汞电极上容易造成显著的浓差极化。根据电解方程式有

$$U=(E_{SCE}-E_{de})+iR \tag{15.3}$$

若电解池的内阻很小，且极谱电流仅为微安数量级，电压降可以忽略，则

$$U=E_{SCE}-E_{de} \tag{15.4}$$

又由于使用去极化的饱和甘汞电极作为阳极，电解过程阳极产生的浓差极化很小，因此阳极电极电势实际保持不变，这样

$$U=-E_{de}(\text{vs. SCE}) \tag{15.5}$$

由此可见，滴汞电极的电位完全随外加电压的改变而改变，它就成为极化电极。

2）电解条件的特殊性

电解条件的特殊性表现在被分析物质的浓度一般较小，电解过程中，被测离子达到电极表面发生电解反应主要靠迁移、对流和扩散三种传质方式。相应地产生迁移电流、对流电流和扩散电流三种电解电流。在极谱分析中，只有扩散电流与被测离子浓度有定量关系，因此必须消除迁移电流和对流电流。在溶液中加入大量支持电解质（或称惰性电解质）可有效地消除迁移电流。消除对流电流的方法是不搅动电解溶液，保持溶液处于静止状态。

另外，电解溶液中被测离子浓度应比较小，溶液是稀溶液，这样电极表面离子浓度容易趋近于零，达到完全浓差极化。

二、极谱定量分析基础

1. 扩散电流方程式

扩散电流与溶液中可还原离子的浓度成正比，可见扩散电流与离子的扩散速度有关，而扩散速度的大小则与离子在电极附近的浓度梯度有关。捷克科学家尤考维奇在 1934 年首先由费克（Fick）扩散定律推导出描述滴汞电极上扩散电流的方程式，即每滴汞从开始到滴落一个周期内扩散电流的平均值（i_d）与待测物质浓度（c）之间的定量关系：

$$i_d=Kc \tag{15.6}$$

极限扩散电流与待测物质的浓度成正比。

式（15.6）中，比例常数 K 在滴汞电极上称为尤考维奇（Ilkovic）常数，为

$$K=607nD^{1/2}m^{2/3}t^{1/6} \tag{15.7}$$

则

$$i_d=607nD^{1/2}m^{2/3}t^{1/6}c \tag{15.8}$$

式中：i_d 为平均极限扩散电流，μA；n 为电极反应中电子转移数；D 为待测物质在溶液中的扩散系数，cm^2/s；m 为汞滴流速，mg/s；t 为在测量 i_d 电压时的滴汞周期，即汞滴从生成到滴下所需的时间，s；c 为在电极上起反应的物质的浓度，$mmol/L$。

式（15.8）即扩散电流方程式，或称为尤考维奇公式。

2. 影响扩散电流的因素

(1) 毛细管特性。汞滴流速 m 和滴汞周期 t 均受毛细管特性的影响,因此,毛细管特性将影响平均扩散电流大小。通常将 $m^{2/3}t^{1/6}$ 称为毛细管特性常数。

(2) 汞柱高度。当去极浓度一定时,改变汞柱高度 h,将引起汞的流速 m 和汞滴下滴时间 t 的变化。实际上扩散电流与汞柱高度的平方根成正比,因此,实验中汞柱高度必须一致。

(3) 溶液组分不同,溶液黏度不同,因而扩散系数 D 不同。分析时应使标准溶液与待测液组分基本一致。

(4) 温度。除 n 外,温度影响公式中的各项,尤其是扩散系数 D。室温下,温度每增加 $1℃$,扩散电流增加约 1.3%,故控温精度需在 $\pm 0.5℃$。

3. 极谱定量方法

虽然极谱法有时也可以用于定性分析,但主要用于定量分析。尤考维奇方程是极谱定量分析的基础。由扩散电流的大小,就可以计算出被测物质的含量。但是,一般不用测量扩散电流的绝对值,通常是通过测量极谱波的波高来计算物质的浓度,波高的测量常采用三切线法。三切线法如图 15.4 所示,在极谱波上通过残余电流、极限电流和扩散电流分别作三条切线,相交于 A 点和 B 点,分别通过 A 和 B 作平行于横轴的平行线,两平行线间的距离即为波高。定量方法可采用标准曲线法或标准加入法。

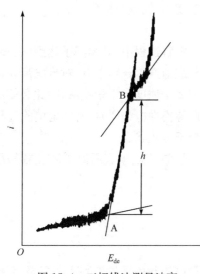

图 15.4 三切线法测量波高

1) 标准曲线法

配制一系列含有不同浓度被测离子的标准溶液,在相同的实验条件(支持电解质、滴汞电极、汞柱高度等均相同)下测得溶液的极谱波,求出各溶液的波高。以浓度为横坐标,波高为纵坐标,作标准曲线。然后在相同条件下测得试液的波高,由工作曲线上查得试液中待测组分的浓度。标准曲线法适用于批量分析。

2) 标准加入法

先测得试液体积 V_x 的被测物质的极谱波并量得波高 h,再在电解池中加入浓度为 c_s,体积为 V_s 的被测物质的标准溶液,在同样实验条件下测得波高 H。则由扩散电流方程式得

$$h = Kc_x \tag{15.9}$$

$$H = K\frac{V_x c_x + V_s c_s}{V_x + V_s} \tag{15.10}$$

故

$$c_x = \frac{c_s V_s h}{H(V_x + V_s) - hV_x} \tag{15.11}$$

标准加入法是极谱分析中的常用定量方法。

三、极谱分析法的特点

极谱分析法灵敏度较高,最适宜的测定浓度为 $10^{-2} \sim 10^{-4}$ mol/L,相对误差一般在 $\pm 2\% \sim \pm 5\%$,因此是重要的微量分析方法之一。在适合的条件下,可在一个试样溶液中同时测定 $4 \sim 5$ 种物质含量而不必预先分离。由于测量时通过溶液的电解电流很小($<100\mu A$),因此,经分析后的溶液成分基本上没有变化,可多次进行测定。

经典极谱分析法由于受电容电流存在的影响,方法灵敏度受到限制;同时分析速度慢,一般分析过程需要 $5 \sim 15$min。为解决经典极谱法存在的一些问题,发展了一些新的极谱技术,其中已得到比较广泛应用的有极谱催化波、单扫描极谱、方波极谱、脉冲极谱及溶出伏安法等。

第二节　示波极谱法

极谱分析的提出和第一台极谱仪的问世至今已有九十多年的历史,仪器生产厂家也研制生产了各种各样的极谱仪器,本节要全面介绍不同厂家的仪器显然是不可能的,因此这里只就一般实验室常用的 JP-2 型示波极谱仪加以介绍。

一、JP-2 型示波极谱仪及分析过程

示波极谱法(oscillographic polarography)与经典极谱相似,也是根据电流-电压曲线进行分析,所不同的是加到电解池两电极的电压扫描速度不同。经典极谱要获得一个极谱波,需要用近百滴汞,所加直流电压的扫描速度缓慢,一般为 0.2V/min。示波极谱则是在一滴汞的形成过程中的一段很短的时间内进行快速线性扫描,如在 2s 内扫描 0.5V 电压。这样快的扫描速度,只有采用长余辉的阴极射线示波器才能在一个汞滴上观察其电流-电压曲线,因此示波极谱法也称为单扫描极谱法(single sweep polarography)。

示波极谱法只用一滴汞完成一次测定,滴汞周期约调整为 7s,前 5s 称为静止期,此时期汞滴逐步生长到最大程度,后 2s 称为测量期,快速向电解池施加 $0 \sim -0.5$V 的电解电压(起点可调)。其基本原理如图 15.5 所示,在含有被测离子电解池的两个电极上加一随时间作直线变化的电压(称扫描电压)时,它所引起的电解电流从测量电阻 R 上流过,在 R 的两端产生电压降,将扫描电压加到示波器的水平偏转系统,将测量电阻及两端的电压加到示波器的垂直偏转系统。一定条件下,示波管的荧光屏上就显示出与电极电势 E_p 的变化及其相对应的电解电流 i 的变化规律,即获得示波极谱图(图 15.6)。

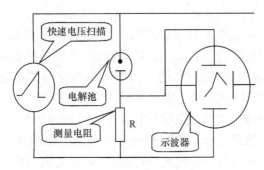

图 15.5　示波极谱基本原理
电解池包括待测溶液、滴汞电极和甘汞电极

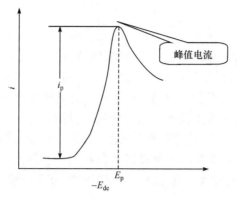

图 15.6 示波极谱图

$-E_{de}$，相对甘汞电极的电解电压

电子示波器对于周期为几秒的信号几乎是毫无惯性的，它可以在一滴汞的生长期内完成极谱曲线的测量，因此所得到的曲线是完全光滑的。示波极谱图之所以出现峰状的波形是由于当迅速变化的电极电势扫过被测离子的还原电位时，围绕在汞滴表面的被测离子瞬息之间都在电极表面还原，使电流 i 迅速增大，随后电极附近的离子浓度急剧下降，溶液本体来不及补充，电流又降了下来，呈现峰值，之后的电流则取决于该离子向电极表面扩散速度。

示波极谱的电流峰值 i_p 比恒电位法的扩散电流大，而且测量尖峰状波形的波高测量比阶梯状波形更容易得到精确的结果，此外一滴汞的后 2s 生长期内汞滴变化较小，充电电流也远小于恒电位极谱，因此测量的精度可以提高 2 个数量级，达到 10^{-8} mol/L。在图 15.6 中峰点电位 E_p 取决于被测离子的特性，波高 i_p 与被测离子的浓度成正比，这就是示波极谱法定性、定量分析的基础。对于可逆电极反应，示波极谱的扩散电流方程式为

$$i_p = 2.69 \times 10^5 n^{3/2} D^{1/2} \nu^{1/2} Ac \tag{15.12}$$

式中：i_p 为峰值电流，A；n 为电子转移数；D 为扩散系数，cm^2/s；ν 为电压扫描速率，$V \cdot s$；A 为电极面积，cm^2；c 为被测物质浓度，mol/L。

所以，在一定的底液及实验条件下，峰值电流与被测物的浓度成正比，这是示波极谱法定量分析的基础。

从式(15.12)可看出影响峰值电流的一些因素。例如，i_p 与 $\nu^{1/2}$ 成正比，扫描速度大，有利于提高灵敏度，但电容电流也随 ν 而增大，故 ν 也不宜过大。

二、示波极谱定量方法

在示波极谱仪中，许多土壤肥料实验室较广泛使用 JP-1 型和 JP-2 型单扫描示波极谱仪，JP-2 型中的 JP-2A 型极谱分析仪采用计算机控制，计算机控制仪器操作，同时对测量过程中获得的数据和曲线进行运算处理，使测试工作自动化和智能化，使用比较方便。下面主要介绍 JP-2 型仪器，可以兼顾 JP-1 型的使用。该仪器可以工作于双电极或三电极。双电极为滴汞电极和辅助电极(大面积汞层的甘汞电极)，三电极为滴汞电极、参比电极(小型饱和氯化钾甘汞电极)和辅助电极(铂电极)。振动器装有电极夹持杆，它受仪器同步控制器的控制，在每次扫描结束时被一个电流脉冲振动，振落滴汞电极毛细管下端的汞滴，以使滴汞周期和扫描周期取得同步，一般调整滴汞电极的储汞瓶高度，控制一滴汞的生长周期稍大于 7s。

1. 极谱定量中波高的测量与校正

为了获得波形良好的极谱图,仪器设有电容补偿、前期补偿和斜度补偿等开关或电位器,分别在不同的情况下选择使用。

（1）电容补偿。通过电容补偿电路,电容补偿电位器可以将补偿电流注入电解池,消除光点在扫描开始时的跳跃现象。

（2）前期补偿。如果溶液中存在先还原离子,且浓度远大于还原电位在其后面的待测离子,必须对先还原离子引起的前期电流进行补偿。

（3）斜度补偿。当示波极谱仪在高灵敏度场合工作时,由于在扫描过程中汞滴表面积在继续增长,使电容电流和先还原电流都产生一个随时间变化的电流分量,使得极谱图形的基线严重上斜。为此,可从仪器的扫描电压发生器取得一个随时间做直线变化的电流,直接注入电解池电路来加以补偿。

当然,如果测定时没有出现对测定明显不利的影响因素,一般不采用补偿。

2. 波高的测量方法

示波极谱的极限扩散电流的测量可以采用绝对值或相对值作为定量依据。示波极谱图呈峰形,一般可以采用常规方法直接测量极限电流的峰值,如果希望进一步提高对相邻 2 个峰的分辨率,也可以使用导数极谱法测量。一次导数波测量的是 di/dE-E 曲线,二次导数波则是测量 d^2i/dE^2-E 曲线,导数波可以减小前波和氧波的影响,提高测量的精度和重现性。图 15.7 是上述三种测量方法的示意图。

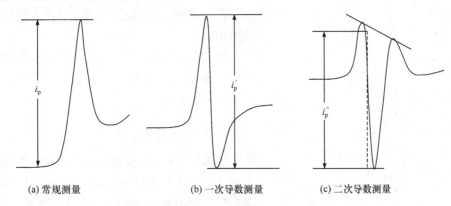

(a) 常规测量　　　　　　(b) 一次导数测量　　　　　　(c) 二次导数测量

图 15.7　示波极谱极限扩散电流测量示意图

在测量波高时,如果采用电流绝对值表示,则需要把屏幕测得的电流乘以电流倍率;如果不需要测量绝对电流,可以直接在屏幕上读取波高的分格数,若测定中转换了倍率再乘以倍率间的比值即可。一般为了定量计算方便都采用读取分格数的方法,此时要调整标准溶液的浓度区间,使滴汞电极蓄汞瓶在高度不变的情况下,尽量在 1 个倍率下完成测定。

3. 定量方法

一般采用标准曲线法、波高比较法和标准加入法。

三、示波极谱法的特点

示波极谱法与经典极谱法基本相同,因此一般来说其应用范围是相同的,示波极谱法具有下列一些特点:①电压扫描速度很快,因此电极反应的速度对电流的影响很大;②灵敏度高,比经典极谱法高 2～3 个数量级;③测量峰高比测量波高易于得到较高的精密度;④方法快速简单,分辨率高。

第三节　溶出伏安法

溶出伏安法(stripping voltammetry)是以电解富集和溶出测定相结合的一种电化学测定方法。它首先将工作电极固定在产生极限电流的电位进行电解,使被测物质富集在电极上,然后反方向改变电位,让富集在电极上的物质重新溶出。溶出峰电流或峰高在一定条件下与被测物质的浓度成正比。

一、溶出伏安法概述

溶出伏安法原理如图 15.8 所示。溶出伏安法的操作分两步。第一步是富集过程。将工作电极的电位固定在被测物质产生极限电流的电位上进行电解。电解的同时不断搅拌溶液,经过一定时间电解后,停止搅拌,让溶液静止 30s 或 1min(称为休止期)。第二步是溶出过程。测量时保持溶液静止,然后进行电位扫描,用各种极谱分析方法溶出。

溶出伏安法按照溶出时工作电极发生氧化反应还是还原反应,可以分为阳极溶出伏安法和阴极溶出伏安法。

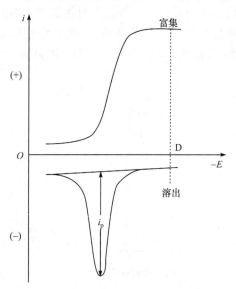

图 15.8　溶出伏安图

1. 阳极溶出伏安法

电解富集时,工作电极作为阴极,溶出时则作为阳极。溶出时工作电极发生氧化反应,称为阳极溶出法。被测物质在恒电位及搅拌条件下,在阴极预电解数分钟,发生还原反应,让溶液静止 30～60s,然后使工作电极从负电位扫描到较正的电位,使富集在电极上的物质发生氧化反应而重新溶出。

预电解可以将溶液中待测物质 100% 电沉积到电极上,也可以电沉积固定百分数的待测物。前者测定灵敏度较高,后者分析效率较高,一般采用后者较多。

溶出技术常采用线性扫描溶出法,在悬汞电极、汞膜电极上溶出峰电流公式表示为

$$i_p = -Kc \tag{15.13}$$

由式(15.13)可见,在一定实验条件下,溶出峰电流 i_p 与被测物质浓度成正比。

阳极溶出伏安法主要用于测定能形成汞齐的金属离子。

2. 阴极溶出伏安法

工作电极作为阳极来电解富集，而阴极进行溶出，则称为阴极溶出法。在电解富集过程中，工作电极（汞电极或银电极）本身发生氧化反应，被测阴离子与工作电极本身的氧化产物形成难溶化合物沉积在电极上，预电解一定时间后，电极电势向较负的方向扫描，进行还原溶出。

阴极溶出伏安法主要用于一些能与汞生成难溶化合物的阴离子。

二、溶出伏安法的工作电极

溶出伏安法使用的工作电极分为汞电极和固体电极两类。

汞电极有悬汞电极和汞膜电极等，悬汞电极如图 15.9 所示分为机械挤压式与挂吊式两种。悬汞电极测定的精密度较好，但是由于它的比表面小，而且为了防止汞滴变形或脱落，搅拌速度不能太快，所以灵敏度低。汞膜电极是在银电极或玻璃碳电极上镀一薄层汞即成。汞膜电极与悬汞电极相比，比表面大，测定的灵敏度和分辨率较好，但是精密度较差。

当溶出伏安法在较正电位范围内进行时，汞电极不再适用。此时，可用碳糊电极、石墨电极、玻璃碳电极和 Pt、Ag 电极等固体电极。

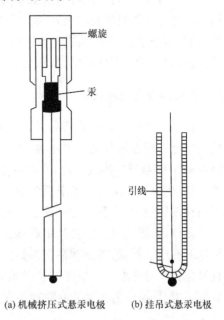

（a）机械挤压式悬汞电极　　（b）挂吊式悬汞电极

图 15.9　悬汞电极

三、溶出伏安法的特点

由于将被测物质由大体积试液中富集在电极上，使电极上被测物质浓度很大，因而溶出伏安法灵敏度很高，检出限可达到 10^{-12} mol/L，是最灵敏的电化学分析方法之一；而且其仪器结构简单，价格便宜；但其电解富集较为费时（3～15min），富集后只能记录依次溶出曲线，方法的重现性也往往不够理想。

第四节　极谱法的应用

能在滴汞电极上起氧化还原反应的物质都可以用极谱法测定，因此极谱法可用来测定大多数金属、阴离子和有机化合物，如铜、锌、钼、钒、硝基、亚硝基、羰基、环氧化物、硫醇和共轭双键化合物等。目前极谱法已成为化学化工、食品安全、环境保护、生物化学等领域常见的分析方法和研究手段。

一、在化学化工领域的应用

湿法冶金工艺控制分析要求实时、低耗、低成本和操作简便，而极谱法不仅操作简单、测试准确，而且通常无需前处理即可完成测试，为实际工业生产提供一种简便的在线快速测定方法，在化学化工领域有着广泛的应用。

例如，硫酸盐镀铜是当今工业生产中应用最广泛的镀液体系，其中 Cl^- 的浓度对铜镀层的光亮度和应力有显著的影响。脉冲伏安法可在 Ag 工作电极上施加一定的富集电位将其氧化

成 Ag^+，Ag^+ 与溶液中的 Cl^- 反应生成的 $AgCl$ 沉积在电极表面，因此溶出过程中可得到较大的 $AgCl$ 溶出峰，有利于实现 Cl^- 的快速、准确检测。对于酸性光亮镀铜镀液，该方法对电镀过程中产生的其他杂质金属离子（如 Fe^{3+}、Zn^{2+}、Ni^{2+} 等）具有较强的抗干扰能力，因此在其他酸性镀液中也有巨大的应用潜力。

在湿法炼锌领域，科技工作者以 EDTA 作掩蔽剂，建立了测定锌电解液中钴的络合物吸附催化波极谱法，可消除锌电解液中高浓度锌及其他共存杂质金属离子对测定痕量钴的干扰。极谱法还可在线对炼锌溶液及相关物料中铬、氟和氯等元素进行测定，从而实现生产工业的有效控制，使杂质离子对湿法炼锌生产的影响降到最小。此外，极谱法还可实现铅合金中的微量锡含量、大批量化探样品中钼、钨含量和铅精矿/锌精矿中铅、锌含量的快速、准确测定等。

二、在食品安全领域的应用

食品安全问题是目前社会发展的重要课题，如重金属在人体中的累积会导致人体器官的慢性中毒。极谱法对食品中金属等组分的测定具有灵敏、准确、简便、快速等优点，可实现 Au、Pt、Ir、Ru 等金属的连续测定，并在选定的实验条件下具有良好的分析结果。例如，基于酸浸提-阳极溶出伏安法的大米中镉含量的快速测定，方法所需设备小巧，测试结果准确可靠，适合基层和现场使用，有利于帮助建立粮食流通环节重金属的实时有效监管。

此外，极谱法可实现食品中硒、碘等非金属离子以及水发产品中甲醛、辣椒中辣椒碱等有机物的测定。例如，辣椒碱在正向扫描时，其苯环上的酚羟基易失去电子而生成氧化态（醌），且氧化特征峰强度与辣椒碱的含量成正比，检出限可达 $0.3817\mu g/mL$。检测过程中，辣椒中的维生素 C、辣椒色素及可溶性糖等成分对测定不产生干扰，前处理简单，是理想的定量分析方法。

三、在环境保护领域的应用

有色金属冶炼厂和加工厂等企业的废水中常含高浓度的重金属和苯酚等有机物，而抗生素和农药的大量使用也会造成饮用水地表水源、地下水、土壤等的污染，因此严格控制水中污染物含量及发展灵敏、准确的检测技术对于保护生态环境具有重要意义。

为了提高重金属离子的检出限，可对测试电极进行修饰以进一步提升极谱法的测试灵敏度。例如，可利用纳米羟基磷灰石修饰碳糊电极，通过差分脉冲溶出伏安法对体系中的 Pb^{2+}、Cd^{2+} 进行检测。修饰后的电极对 Pb^{2+} 的检测比 Cd^{2+} 更灵敏，测试重现性好。科技工作者将 EDTA/g-C_3N_4 复合物对玻碳电极进行修饰，通过方波溶出伏安法对水溶液中的 Cu^{2+} 进行检测，检出限可达为 1.84×10^{-10} mol/L，Cu^{2+} 的浓度与溶出峰电流呈现良好的线性关系。同时，100 倍浓度的 K^+、Na^+、Mn^{2+}、Mg^{2+}、Cl^-、NO_3^-、F^-、SO_4^{2-}，50 倍的 Co^{2+}，20 倍的 Fe^{3+}、Cd^{2+}、Pb^{2+}、Zn^{2+} 等干扰离子对 Cu^{2+} 的测定误差为 5%～6%，因此电极表现出良好的抗干扰能力。此外，极谱法还可测量土壤和水中的钼、硒、钴等重金属元素。

又如，四环素类抗生素（TCs）因其水溶性好、化学性质稳定、治疗效果好且价格便宜，在畜牧业及水产养殖业中广泛应用。四环素分子中含有酮基和烯醇的共轭双键结构，因此容易在电极上发生还原反应。极谱法测定四环素分子时具有线性关系较好、线性范围宽和检出限低的优点。极谱法还可应用于硝基呋喃类药物、毒死蜱等有机磷农药残留、吡虫啉杀虫剂和苯酚等有机物质测定，能够满足环境的日常检测需要和检测分析要求。

四、在生物化学中的应用

通过极谱法对生物样品进行分析时,一般也需对测试电极进行表面修饰。有序的、粗糙的材料修饰的电极可具有更高的比表面积、催化活性位点和较高的法拉第电流密度,从而降低信噪比,提高检测的灵敏度和检测下限。例如,将聚二烯丙基二甲基氯化铵/石墨烯复合物均匀涂覆在玻碳电极表面可增加电极的表面积,加速电荷传导速率。通过循环伏安法测定血清中尼莫地平和硝苯地平含量时,两者可依次在 $-0.444V$ 和 $-0.737V$ 处出现较灵敏的还原峰,最终实现人体血清中两种血管疾病治疗药物的同时测定。又如,金纳米管修饰玻碳电极可发挥金纳米管的电催化活性和直接电子传递能力,从而利用微分差示脉冲伏安和循环伏安法实现抗坏血酸和尿酸的直接测定,响应性能优越,检测下限低,并可排除葡萄糖、可卡因、草酸、胱氨酸和可待因的干扰,选择性高,可用于人类尿样和人类血清抗坏血酸和尿酸的回收率的测定。

DNA 电化学生物传感器具备分析速度快、灵敏度高、操作简便等特点,目前已经成为转基因产品检测分析的一项核心技术。将十八碳酸作为修饰剂对碳糊电极进行改良,壳聚糖与羧基具有静电作用而与碳酸结合紧密,通过壳聚糖膜固定的 DNA 探针,对其互补 DNA 序列有较好的检测识别功能,用该电化学生物传感器以微分脉冲伏安法检测转基因油菜外源 NPT Ⅱ基因时具有良好的性能。此外,用 rGO 修饰电极,将二茂铁标记的 DNA(Fc-DNA)探针固定在 rGO 表面可成功构筑 DNA 传感器。在进行目标产物测量时,Fc-DNA 探针与目标 DNA杂化形成双链后可从还原氧化石墨烯表面解离,使电极表面的 Fc-DNA 探针减少。通过循环伏安法比较杂化前后 DNA 传感器所展现出的方波信号峰电流,可实现对目标 DNA 的定量检测。这种 rGO 修饰的 DNA 传感器非常有前景,有望用于临床快速检测装置中。

 扫一扫　极谱法的发明与发展——1959 年诺贝尔化学奖

思考题与习题

1. 产生浓差极化的条件是什么?
2. 在极谱分析中,为什么要加入大量支持电解质?加入电解质后电解池的电阻将降低,但电流不会增大,为什么?
3. 极谱分析用作定量分析的依据是什么?有哪几种定量方法?如何进行?
4. 在 0.1mol/L 氢氧化钠溶液中,用阴极溶出法测定 S^{2-},以悬汞电极为工作电极,在 $-0.4V$ 时电解富集,然后溶出:

    (1) 分别写出富集和溶出时的电极反应式;(2) 画出它的溶出伏安曲线。
5. 3.000g 锡矿试样以 Na_2O_2 熔融后溶解之,将溶液转移至 250mL 容量瓶中,稀释至刻度。吸取稀释后的试液 25mL 进行极谱分析,测得扩散电流为 $24.9\mu A$。然后在此液中加入 5mL 浓度为 $6.0\times10^{-3}mol/L$ 的标准锡溶液,测得扩散电流为 $28.3\mu A$。计算矿样中锡的质量分数。
6. 经典直流极谱的局限性是什么?新的极谱技术是如何克服这些局限性的?
7. 采用标准加入法测定某试样中微量铜,取 5.00mL 加 0.1% 明胶 5mL,用水稀释至 50mL,倒出部分试液于电解池中,通 N_2 10min,然后扫描电位记录极谱波高,记录仪上测得波高 50 格,另取 5.00mL 试液,加

1.00mL 浓度为 0.50mg/mL 的标准 Cu^{2+} 溶液,然后按上述同样方法分析,得波高为 80 格。

(1) 解释上述各操作步骤的作用;(2) 计算试样中铜的含量。

8. 溶出伏安法有哪几种方法? 为什么它的灵敏度高?

9. 某含 Cu^{2+} 的水样 10.0 mL,在极谱仪上测得扩散电流为 12.3μA。取此水样 5.00mL,加入 0.10 mL 1.00 $\times10^{-3}$ mol/LCu^{2+},测得扩散电流为 28.2μA,计算水样中 Cu^{2+} 的浓度。

10. 请指出并更正题中实验设计错误的地方:

阳极溶出伏安法测定某水样中的 Pb^{2+}。在水样中加入合适的支持电解质,插入滴汞电极、饱和甘汞电极和 Pt 丝对电极。在搅拌溶液条件下控制工作电极上的电位为 $-0.3V$ 富集,然后从 $-0.3\sim-1.2V$ 进行扫描,记录 i-E 曲线。加入标准溶液后,重复上述操作,进行定量分析。

第十六章　质谱分析

第一节　质谱分析概述

分子受到轰击后,形成带电荷的离子,这些离子按照其质量 m 和电荷 z 的比值 m/z(质荷比)大小被分离、检测,并记录下来,称为质谱(mass spectrometry,MS)。进行质谱分析的仪器称为质谱仪。

质谱分析是现代物理与化学领域内使用的一个极为重要的分析方法。从 1912 年第一台质谱仪的出现至今已有 100 多年历史。早期的质谱法主要用于测定相对原子质量和定量测定某些复杂碳氢混合物中的组分。20 世纪 60 年代以后,有机化学家将质谱与核磁共振谱、红外光谱等联合使用,对复杂化合物进行结构分析和鉴定。实践证明,质谱法是研究有机化合物结构的有力工具之一。在 20 世纪 80 年代的十年间,分子质谱发生了巨大的变化,出现了对非挥发性或热不稳定分子离子化的新方法。自从 20 世纪 90 年代初以来,随着新离子化技术的出现,使生物质谱迅速发展,它主要是测定生物大分子,如蛋白质、核酸和多糖等的结构。生物质谱是目前质谱学中最活跃、最富生命力的研究领域,为质谱研究的前沿课题,推动了质谱分析理论和技术的发展。

质谱分析有如下特点:

(1) 应用范围广。质谱仪种类很多,按用途分为同位素质谱仪,无机质谱仪和有机质谱仪三种。样品可以是无机物,也可以是有机化合物。被分析的样品既可以是气体和液体,也可以是固体。

应用上可做化合物结构分析,测定相对原子质量与相对分子质量,同位素分析,定性和定量分析,生产过程监测,环境及生理监测与临床研究,原子与分子过程研究,表面与固体研究,热力学与反应动力学研究和空间监测与研究等。

(2) 它是至今唯一可以直接确定物质相对分子质量的方法。在高分辨质谱仪中不仅能够准确测定相对分子质量,而且可以确定化合物的化学式和进行结构分析。

(3) 灵敏度高,样品用量少。通常只用几微克(μg)甚至更少的样品(1×10^{-10} g)便可得到满意的质谱图,检出限可达 1×10^{-14} g。

(4) 分析速度快,并可实现为多组分同时检测。质谱要求被测化合物转化为气相,因此将气相色谱、液相色谱、毛细管电泳等分离技术与质谱联用(GC-MS)已成为一种用途很广的用于混合物中各组分的定性和定量的常用分析方法。

(5) 与其他仪器相比,仪器结构复杂,价格昂贵,使用及维修比较困难。

第二节　基本原理及仪器

一、基本原理

质谱法一般采用高速电子来撞击气体分子或原子,将电离后的正离子加速导入质量分析器中,然后按质荷比(m/z)的大小顺序进行收集和记录,即得到质谱图。根据质谱峰的位置进行物质的定性和结构分析;根据峰的强度进行定量分析。从本质上讲,质谱不是波谱,而是物质带电粒子的质量谱。

以单聚焦质谱仪为例说明质谱分析法的基本原理,其仪器结构如图 16.1 所示。试样从进样系统进入离子源,在离子源中产生正离子。正离子加速进入质量分析器,质量分析器将离子按质荷比大小不同进行分离。分离后的离子先后进入检测器,检测器得到的离子信号,放大器将信号放大并记录在读出装置上。

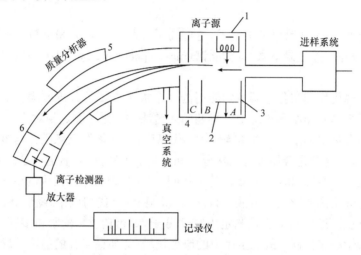

图 16.1　单聚焦质谱仪结构示意图

1. 加丝阴极；2. 阳极；3. 离子排斥极；4. 加速电极；5. 扇形磁铁；6. 出射狭缝

试样在离子源内被气化、电离。最常用的电离方法是电子轰击法。在 $1 \times 10^{-5} Pa$ 高真空下,以 $50 \sim 100 eV$ 能量的电子流轰击试样,有机物分子常常被击出一个电子,形成带正电荷的正离子,称之为分子离子($M^{\dot{+}}$),即

$$M + e^- \longrightarrow M^{\dot{+}} + 2e^-$$

式中:M 为分子;$M^{\dot{+}}$ 为分子离子。

$M^{\dot{+}}$ 的化学键可以继续断裂,形成碎片离子。碎片离子还可以进一步断裂,形成多种质荷比不同的离子,从而提供试样分子结构的信息。

在质谱仪中,各种正离子被电位差为 $800 \sim 8000V$ 的负高压电场加速,加速后的动能等于离子的位能 zU(图 16.2),即

$$\frac{1}{2}mv^2 = zU \tag{16.1}$$

式中:m 为离子质量;v 为离子的速度;z 为离子电荷数;U 为加速电压。

显然,在一定的加速电压下,离子的运动速度与质量 m 有关。

加速后的离子进入磁场中,由于受到磁场的作用,使离子改变运动方向做圆周运动,此时离子所受到的向心力 Hzv 和运动的离心力 $\dfrac{mv^2}{R}$ 相等,故

$$Hzv = \frac{mv^2}{R} \tag{16.2}$$

式中:H 为磁场强度;R 为圆周运动的曲线半径。

合并式(16.1)和式(16.2),可得

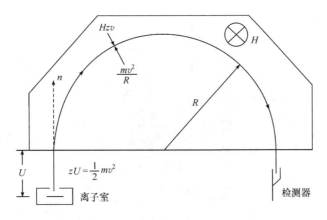

图 16.2　正离子在正交磁场中的运动

$$\frac{m}{z} = \frac{H^2 R^2}{2U} \tag{16.3}$$

或

$$R = \left(\frac{2U}{H^2} \frac{m}{z}\right)^{\frac{1}{2}} \tag{16.4}$$

式(16.3)和式(16.4)称为质谱方程式,它表示离子的质荷比与运动轨道曲线半径 R 的关系,是质谱分析法的基本公式,也是设计质谱仪器的主要依据。

式(16.3)和式(16.4)可见,离子在磁场内运动半径 R 与 m/z、H、U 有关。若加速电压 U 和磁场强度 H 都一定时,不同 m/z 的离子,由于运动的曲线半径不同,在质量分析器中彼此被分开,并记录各 m/z 离子的相对强度。

二、质谱仪的主要组成部件

质谱仪通常由六部分组成:真空系统、进样系统、离子源、质量分析器、离子检测器和计算机自控及数据处理系统。

现以扇形磁场为单聚焦质谱仪为例(图 16.1),讨论各主要部件的作用原理。

1. 真空系统

在质谱分析中,为了降低背景及减少离子间或离子与分子间的碰撞,离子源、质量分析器及检测器必须处于高真空状态。离子源的真空度应达 $1\times10^{-3}\sim1\times10^{-5}\,\mathrm{Pa}$,质量分析器应达 $1\times10^{-6}\,\mathrm{Pa}$,要求真空度十分稳定。

通常先用机械泵预抽真空,然后用分子泵或高效扩散泵连续抽至高真空。

2. 进样系统

质谱进样系统多种多样,现代质谱仪对不同物理状态的试样都有相应的引入方法,一般有如下三种方式:

(1) 间歇式进样。一般气体或易挥发液体采用此方式进样。试样进入储样器,调节温度至 150℃,使试样蒸发,然后由于压力梯度使试样蒸气经漏孔扩散进入离子源。

(2) 直接进样。高沸点的液体、固体试样可以用探针杆或直接进样器送入离子源,调节加热温度,使试样气化为蒸气。此方法可将微克量级甚至更少试样送入电离室。图 16.3 是以上两种进样系统的示意图。

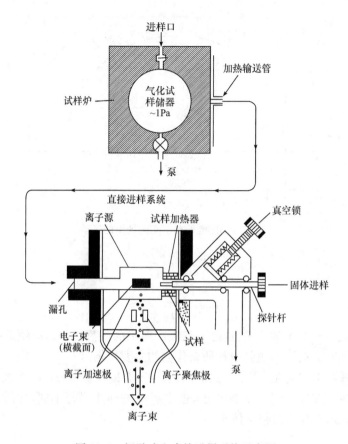

图 16.3　间歇式和直接进样系统示意图

（3）色谱进样。对于有机化合物的分析，目前较多采用色谱与质谱联用，此时试样经色谱柱分离后，经接口单元进入质谱仪的离子源。两者的联用使它们兼有色谱法的优良分离性能和质谱法强有力的鉴定能力，是目前分析复杂混合物的最有效的工具。

3. 离子源

离子源的作用是使试样中的原子、分子电离成离子。在进行质谱分析时，必须首先使试样分子离子化形成气态离子。对一个给定的分子而言，其质谱图的面貌在很大程度上取决于所用的离子化方法。离子源的性能对质谱仪的灵敏度和分辨本领等都有很大影响。

质谱仪的离子源种类很多，其原理和用途各不相同。表 16.1 列出了质谱法中常见电离源。一般将它们分为气相离子源和解吸离子源两大类。前者是将试样气化后再离子化，后者是将液体或固体试样直接转变成气态离子。气相离子源一般是用于分析沸点小于 $500℃$，相对分子质量小于 10^3，对热稳定的化合物。解吸离子源的最大优点是能用于测定非挥发，热不稳定，相对分子质量大到 10^5 的试样。

表 16.1 质谱法中常见电离源

基本类型	名称	离子化方式
气相 离子源	电子轰击(EI)	高能电子
	化学电离(CI)	反应气体
	场致电离(FI)	高电位电极
解吸 离子源	场解吸(FD)	高电位电极
	快原子轰击(FAB)	高能原子束
	二次离子质谱(SIMS)	高能离子束
	基质辅助激光解吸电离(MALDI)	激光光束

通常又将离子源分为硬电离源和软电离源。硬电离源有足够的能量碰撞分子,使它们处在高激发能态,其弛豫过程包括键的断裂并产生质荷比小于分子离子的碎片离子。由硬电离源所获得的质谱图,通常可以提供被分析物质所含官能基团的类型和结构信息。在由软电离源获得的质谱图中,分子离子峰的强度很大,碎片离子峰较少且强度低,但提供的质谱数据可以得到精确的相对分子质量。

目前,最常用的离子源为电子轰击离子源(electron impact ionization, EI),其构造原理示意图如图 16.4 所示。

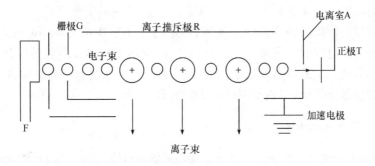

图 16.4 电子轰击离子源构造原理示意图

电子由直热式阴极 F 发射,在电离室 A(正极)和阴极(负极)之间施加直流电压(70V),使电子得到加速而进入电离室中。当这些电子轰击电离室中的气体(或蒸气)中的原子或分子时,该原子或分子就失去电子成为正离子(分子离子)。分子离子继续受到电子的轰击,使一些化学键断裂,或引起重排以瞬间速度裂解成多种碎片离子(正离子)。

T 为电子捕集极,在 T(正极)和电离室(负极)之间施加适当电位,使多余的电子被 T 收集。G 为栅极,可用来控制进入电离室的电子流,也可在脉冲工作状态下切断和导通电子束。

在电离室(正极)和加速电极(负极)之间施加一个加速电压(800~8000V),使电离室中的正离子得到加速而进入质量分析器。

R 为离子排斥极,在排斥极上施加正电压,于是正离子受到它的排斥作用而向前运动。除此之外,还有使正离子运动中聚焦的电极等。总的来讲,离子源的作用是将试样分子或原子转化为正离子,并使正离子加速,聚焦为离子束,此离子束通过狭缝而进入质量分析器。

电子轰击属硬电离源,它的优点是分子受轰击的能量大,故电离的离子往往不会停留在分子离子状态,而会进一步发生化学键断裂,生成各种碎片离子,提供丰富的分子结构信息。EI 源的质谱图重现性好,质谱数据的许多文献资料都是用该电离源获得的。但对有机物中相对分子质量数大或极性大、难气化、热稳定性差的化合物,在加热和电子轰击下,分子易破碎,难于给出完整的分子离子信息,这是 EI 源的局限性。

4. 质量分析器

质量分析器(或分离器)是质谱仪的重要组成部分,它的作用是将离子室产生的离子,按照质荷比的大小不同分开,并允许足够数量的离子通过,产生可被快速测量的离子流。仅就质量分析器能分开不同质荷比的离子而言,它的作用类似于光学中的单色器。质量分析器的种类较多,大约有 20 余种。

单聚焦分析器主要根据离子在磁场中的运动行为,将不同质量的离子分开,如图 16.2 所示。其主要部件为一个一定半径的圆形管道。在其垂直方向上装有扇形磁场,产生均匀、稳定磁场,从离子源射入的离子束在磁场作用下由直线运动变成弧形运动。不同 m/z 的离子,运动曲线半径 R 不同,被质量分析器分开。由于出射狭缝和离子检测器的位置固定,即离子弧形运动的曲线半径 R 是固定的,故一般采用连续改变加速电压(电压扫描)或磁场的强度(磁场扫描),使不同 m/z 的离子依次通过出射狭缝以半径为 R 的弧形运动方式到达离子检测器。

无论磁场扫描或电压扫描,凡 m/z 相同的离子均能汇聚成为离子束,即方向聚焦。由于提高加速电压 U 可以提高仪器的分辨率,因而宜采用尽可能高的加速电压。当取 U 为定值时,通过磁场扫描,顺次记录下离子的 m/z 和相对强度,得到质谱图。

单聚焦分析器所使用的磁场是扇形磁场,扇形的开度角有 $60°$、$90°$ 和 $180°$。单聚焦分析器的优点是结构简单、体积小、安装及操作方便,广泛应用于气体分析质谱仪和同位素分析质谱仪。这种分析器的最大缺点是分辨率低,它只适用于分辨率要求不高的质谱仪,如果分辨率要求高或离子的能量分散大,必须使用双聚焦分析器。

5. 离子检测器和记录系统

经过质量分离器分离后的离子,到达接收、检测系统进行检测,即可得到质谱图。

常用的离子检测器是静电式电子倍增管,其结构如图 16.5 所示。当离子束撞击阴极(铜铍合金或其他材料)C 的表面时,产生二次电子,然后用 D_1、D_2、D_3 第二次电极(通常为 $15\sim18$ 级),使电子不断倍增(一个二次电子的数量倍增为 $1\times10^4\sim1\times10^6$ 个二次电子)。最后为阳极 A 检测,可测出 1×10^{-17} A 的微弱电流,时间常数远小于 1s,因此可以实现高灵敏度、快速检测。由于产生二次电子的数量与离子的质量与能量有关,即存在质量歧视效应,因此在进行定量分析时需加以校正。

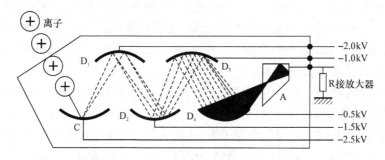

图 16.5　静电式电子倍增管工作原理

离子检测器除了静电式电子倍增器外,还有法拉第筒接收器、照相板和闪烁计数器等。

经离子检测器检测后的电流,经放大器放大后,用记录仪快速记录到光敏记录纸上,或者用计算机处理结果。

现代的质谱仪都有计算机,其作用有两方面:一是用于仪器的控制;二是作为数据的接收、储存和处理。计算机保存或登录在线标准图谱数据库,对于样品数据做自动检索,并给出合适的结构式等信息。

三、化学电离源、场致电离源、场解吸电离源、快原子轰击源和二次离子质谱

1. 化学电离源

如前所述,利用电子轰击源分析有机物,如果被分析的样品相对分子质量太大或稳定性差时,不易得到分子离子,因而也不能测定相对分子质量。化学电离源(chemical ionization,CI)就是为解决这个问题而发展起来的。目前化学电离源已广泛地应用于有机质谱仪中。

在离子源内充满一定压强的反应气体,如甲烷、异丁烷、氨气等,用高能量的电子(100eV)轰击反应气体使之电离,电离后的反应分子再与试样分子碰撞发生分子离子反应形成准分子离子 QM^+ 和少数碎片离子。

利用化学电离源,即使是分析不稳定的有机化合物,也能得到较强的分子离子峰。严格讲是准分子离子峰 $M\pm1$ 峰,如胺和醚等含杂原子的分子通常产生丰富的(M+1)离子,而饱和烃则常产生(M−1)离子。同时可以使谱图大大简化。化学电离源常用的反应气体有 CH_4、N_2、He、NH_3 等。在色谱−质谱联用仪器中,如果使用色谱载气作为质谱的反应气,则可以不必分离载气,因而可提高样品的利用率。

2. 场致电离源和场解吸电离源

场致电离源(field ionization,FI)和场解吸电离源(field desorption,FD)出现于 20 世纪 60 年代,并相继用于质谱分析。

FI 是气态分子在强电场作用下发生的电离(图 16.6)。在作为场离子发射体的金属刀片、尖端或细丝上施加正电压,由此形成 $1\times10^7\sim1\times10^8$ V/cm^2 的场强,处于高静电发射体附近的样品气态分子失去价电子而电离为正离子。对液态或固态样品进行 FI 时,仍需要气化。FD 则没有气化要求,而是将样品吸附在作为离子发射体的金属细丝上送入离子源,只要在细丝上通以微弱电流,提供样品从发射体上解吸的能量,解吸出来的样品即扩散(不是气化)到高场强的场发射区域进行离子化,FD 与 FI 的电离原理相同。显然 FD 特别适合于难气化和热稳定性差的固体样品分析,扩大了质谱分析的范围,尤其在天然产物的研究上得到广泛的应用。

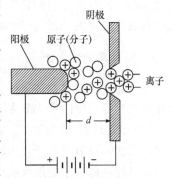

图 16.6 场致电离示意图

FI 和 FD 的共同特点是分子离子峰很清楚,而碎片离子峰则较弱,这对相对分子质量测定是很有利的,但缺乏分子结构信息,为了弥补这个缺点,可以使用复合离子源,如电子轰击−场致电离复合源等。

3. 快速原子轰击源和二次离子质谱

二次离子质谱(secondary ion MS,SIMS)[图 16.7(a)]是将氩离子(Ar^+)束经过电场加速打在样品上,样品的分子离子化,产生二次离子。这种由正离子轰击的离子化能力很强,其不足之处是由于离子源的加速电压为正高压,故要求 Ar^+ 有很高的能量才能进入离子源,而且被分析的样品要有良好导电性能以消除离子轰击中产生的电荷效应,否则将最终抑制二次离子流,这就是限制了它在有机分析中的应用。

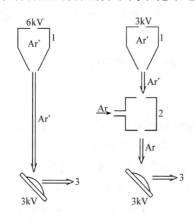

图 16.7　SIMS 和 FAB-MS
1. 离子枪;2. 中和器;3. 质量分析器

快原子轰击源(fast atom bombardment,FAB)是在 SIMS 的基础上,于 20 世纪 80 年代发展的新的电离技术,特别适宜研究极性高分子化合物,其原理如图 16.7(b)所示,从离子枪中射出的氩离子经加速后,通过压力约为 1.3×10^{-3} Pa 氩原子室(中和器)。在那里高能量的氩离子经电荷交换后,形成高能量氩原子流,轰击样品分子使之离子化。

在这两种离子源中,原子的速度可以通过一次离子的加速电压来调节,属软电离源。有机化合物通常用甘油(底物)调和后涂在金属靶上,生成的离子是被测有机化合物分子与甘油分子作用生成的准分子离子。

这两种电离源的共同特点是完全避免了对有机化合物的加热,更加适用于热不稳定的难气化的有机化合物分析,可以检测相对分子质量大的有机化合物。上述两种电离源可以得到基本相同的图谱。

FAB 由于原子束分散,灵敏度稍低。但正、负离子率相等,有利于负离子的研究,适用于多肽、核苷酸、有机金属配合物及磺酸或磺酸盐类等难挥发、热不稳定、强极性、相对分子质量大的有机化合物的分析,在生命科学中显示出极大的应用潜力。

4. 其他离子化方法

当今的质谱技术发展很快,如近年来的基质辅助激光解析电离(MALDI)、电喷雾(ESI)、电离和热喷雾(HSI)都已商品化,这都是为了某种用途而开发的新离子源。

MALDI 是基于样品与适当的基体溶液混合并涂敷到不锈钢的靶上,干燥以后即有晶体形成。当晶体被激光光子轰击时就产生样品离子,能用飞行时间质谱仪进行质谱分析,照射激光的频率与基体分子的最大吸引频率一致。这种方法适用于分析生物大分子。

其他重要的软离子化方法,如热喷雾法和电喷雾法,在开发液相色谱和质谱联用的过程中已经提出了。它们依据的原理是液体的雾化作用和随之从液体微滴产生离子。在热喷雾离子化中,把液体喷到改良的化学离子化源中,而在电喷雾中,喷雾和离子化都是在大气压下进行的,电喷雾和热喷雾这两种方法对不稳定的和不挥发的化合物的软离子化有突出的能力,如肽、蛋白质、低聚核苷酸及低聚糖等。在分析生物大分子时,电喷雾方法的一个重要特征是可形成多电荷离子,产生相应的离子簇信号,由此可准确地计算其相对分子质量(准确度大于 0.1%)。

四、双聚焦质谱仪

在单聚焦质量分析器中,离子源产生的离子由于在被加速前初始能量不同,即速度不同,即使质荷比相同的离子,最后也不能全部聚焦在检测器上,致使仪器分辨率不高。为了提高分辨率,通常采用双聚焦质量分析器,即在磁分析器之前加一个静电分析器。这时,不仅仍然可以实现方向聚焦,而且质荷比相同,速度(能量)不同的离子也可聚焦在一起,称为速度聚焦。因此所谓双聚焦仪器,就是指同时实现了这两种聚焦的仪器而言的,因而双聚焦质谱仪的分辨本领远高于单聚焦仪器。

图 16.8 是一种双聚焦质谱仪(尼尔型,Nier-Johnson)的原理示意图。离子受到静电分析器的作用,改做圆周运动,当离子所受到的电场力与离子运动的离心力相平衡时,离子运动发生偏转的半径 R 与其质荷比 m/z,运动速度 v 和静电场的电场强度 E 有下列关系:

$$R = \frac{m}{z} \frac{v^2}{E} \tag{16.5}$$

由式(16.5)可以看出,当电场强度一定时,R 取决于离子的速度或能量,因此静电分析器是将质量相同而速度不同的离子分离聚焦,即具有速度分离聚焦的作用,然后,经过狭缝进入磁分析器,再进行 m/z 方向聚焦,当磁场强度和加速电压一定时,由 O 出发的离子仅当具有某一质荷比时才被聚焦于 O' 点(检测器)。调节磁场强度,可使不同的离子束按质荷比顺序通过出口狭缝进入检测器。

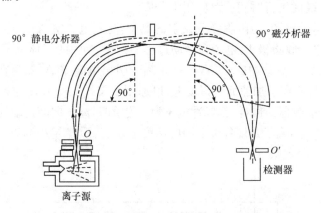

图 16.8　双聚焦质谱仪(尼尔型)的原理示意图

五、四极杆滤质器及飞行时间质谱计

1. 四极杆滤质器

四极杆滤质器(quadrupole mass filter)又称四极杆质谱仪,仪器由四根截面为双曲面或圆形的棒状电极组成,两组电极间施加一定的直流电压和频率为射频范围的交流电压,如图 16.9 所示,四根极杆内所包围的空间便产生双曲线形电场。从离子源入射的加速离子穿过四极杆双曲线形电场中央,会受到电场的作用,在一定的直流电压、交流电压和频率及一定的尺寸等条件下,只有某一种(或一定范围)质荷比的离子能够到达收集器并发出信号,其他离子在运动的过程中撞击在筒形电极上而被“过滤”,最后被真空泵抽走。实际上在一定条件下,被检测离子(m/z)与电压呈线性关系。因此改变直流和射频交流电压可达到质量扫描的目的,这就是四极杆滤质器的工作原理。

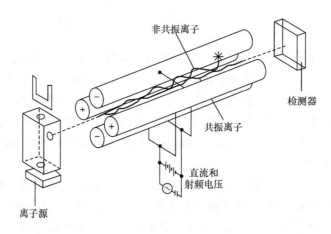

图 16.9　四极杆质谱仪结构示意图

四极杆质谱仪利用四极杆代替了笨重的电磁铁,故具有体积小,质量轻等优点,灵敏度较磁式仪器高,且操作方便。由于四极杆滤质器结构紧凑,扫描速度快,适用于色谱-质谱联用。

2. 飞行时间质谱计

飞行时间质谱计(time of flight mass spectrometer,TOF-MS)是一种工作原理较简单的动态型质谱,其中的线性飞行时间质谱应用十分广泛。

在图 16.10 所示的仪器中,由阴极 F 发射的电子,受到电离室 A 上正电位的加速,进入并通过电离室而到达电子收集极 P,电子在运动过程中撞击 A 中的气体分子并使之电离。在栅极 G_1 上加入一个不大的负脉冲($-270V$),把正离子引出电离室 A,然后在栅极 G_2 上施加直流负高压($-2.8kV$),使离子加速而获得动能,以速度 v 飞越长度为 L 的无电场和磁场的漂移空间,最后达到离子接收器。同样,当脉冲电压为一定值时,离子向前运动的速度与离子的 m/z 有关,因此在漂移空间里,离子是以各种不同的速度运动着,质量越小的离子,就越先落到接收器中。

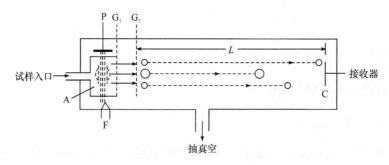

图 16.10　飞行时间质谱计

离子飞过路程为 L 的漂移空间所需时间 t 可用式(16.6)表示:

$$t = L \sqrt{\frac{1}{2U} \cdot \frac{m}{z}} \tag{16.6}$$

式中:m 为离子的相对质量;z 为离子电荷;U 为加速电压。

由此可见,在 L 和 U 等参数不变的情况下,离子由离子源到达接收器的飞行时间 t 与质荷比的平方根成正比。式(16.6)是飞行时间质谱的基本方程,它为设计此类仪器提供了依据。

飞行时间质谱具有下列特点:

(1)扫描速度快。可在 $1×10^{-5}$～$1×10^{-6}$ s 时间内观察记录整段质谱,使此类分析器可用于研究快速反应及与色谱联用等。

(2)仪器的机械结构较简单,电子部分较复杂。因为质量分析器既不需要磁场,又不需要电场,只需要直线漂移空间。但由于离子在漂移空间飞行速度快,离子流的强度又特别小,这就要求采用高灵敏度、低噪声的宽带电子倍增器进行放大与检测,其电子部分就较为复杂。

(3)不存在聚焦狭缝,因此灵敏度很高。

(4)分辨率与初始离子的空间分布有关。因为初始离子的热速度不为零,初始离子的分布也存在微小截面,加速脉冲的前沿陡度等因素,都会影响其分辨率。

(5)测定的质量范围仅决定于飞行时间,可达到几十万原子质量单位。

(6)质谱图与磁偏转静态质谱图没有很大的差别。

上述优点为生命科学中生物大分子的分析提供了诱人的前景。

六、仪器性能指标

1. 质量范围

质量范围即仪器测量质量数的范围。不同用途的质谱仪质量范围差别很大。气体分析用质谱仪所测对象相对分子质量都很小,相对分子质量范围一般为 2～100,而有机质谱仪的相对分子质量范围一般从几十到几千。

2. 分辨率

分辨率表示仪器分开两个相邻质量离子的能力,通常用 R 表示。

一般的定义是:对两个相等强度的相邻峰,当两峰间的峰谷不大于其峰高的 10% 时,就可以认为这两峰已经分开(图 16.11),这时,仪器的分辨率能用式(16.7)计算

$$R = \frac{m_1}{m_2 - m_1} = \frac{m_1}{\Delta m} \tag{16.7}$$

式中:m_1,m_2 分别为质量数,且 $m_1 < m_2$。

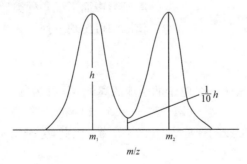

图 16.11 分辨率示意图

由式(16.7)可知,当两峰质量差 Δm 越小时,仪器所需的分辨本领 R 越大。

例如,CO 和 N_2 所形成的离子 CO^+ 和 N_2^+,其相对质量分别为 27.995 和 28.006,若某仪器能够刚好分开这两种离子,则该仪器的分辨率为

$$R = \frac{m_1}{\Delta m} = \frac{27.995}{28.006 - 27.995} = 2545$$

一般 R 为 10 000 以下称为低分辨仪器，R 为 10 000～30 000 称为中分辨仪器，R 大于 30 000 称为高分辨仪器。

质谱仪的分辨本领主要由离子源、离子通道的半径、加速器和收集器的狭缝宽度及质量分析器决定。

3. 灵敏度

不同用途的质谱仪，其灵敏度的表示方法不同。

有机质谱仪常采用绝对灵敏度。它表示对于一定的样品，在一定分辨率的情况下，产生具有一定信噪比的分子离子峰所需要的样品量，目前有机质谱仪的灵敏度优于 1×10^{-10} g。

第三节　离子的主要类型

一、质谱的表示方法

在质谱分析中，主要用条(棒)图形式和表格表示质谱数据。图 16.12 是甲烷的质谱图，其横坐标是质荷比 m/z，纵坐标是相对强(丰)度。相对强度是把原始质谱图上最强的离子峰定为基峰，并规定其相对强度为 100%。其他离子峰以此基峰的相对百分数表示。用表格形式表示质谱数据，称为质谱表。质谱表中有两项，一项是 m/z，另一项是相对强度。

当然，峰越高表示形成的离子越多，也就是说，谱线的强度是与离子的多少成正比的。

由质谱图很直观地观察到整个分子的质谱信息。

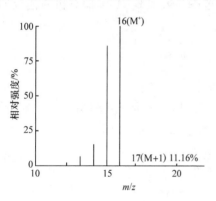

图 16.12　甲烷的质谱图

二、质谱中主要离子峰

当气体或蒸气分子(原子)进入离子源时，受到电子轰击而形成各种类型的离子，因而在所得的质谱图中可出现下列一些质谱峰。

1. 分子离子峰

分子受电子束轰击后失去一个电子而生成的离子 M^+ 称为分子离子。例如

$$M + e^- \longrightarrow M^+ + 2e^-$$

在质谱图中由 M^+ 所形成的峰称为分子离子峰。因此，分子离子峰的 m/z 值就是中性分子的相对分子质量 M_r。

分子离子峰的强弱，随化合物结构不同而异，其强弱顺序一般为：芳环＞共轭烯＞烯＞酮＞直链烷烃＞醚＞酯＞胺＞酸＞醇＞高分子烃。

分子离子峰的强弱也与实验条件有关，如离子源的类型、电离室温度、轰击电子的能量等。

分子离子峰的强度可以为推测化合物的类型提供参考信息。

2. 碎片离子峰

当电子轰击的能量超过分子离子电离所需要的能量(7~15eV)时,可能使分子离子的化学键进一步断裂,产生质量数较小的碎片,称为碎片离子。在质谱图上出现相应的峰,称为碎片离子峰。例如,在图 16.12 中,m/z 15 是甲烷的分子离子 CH_4^+ 失去一个 H· 后,生成 CH_3^+ 碎片所对应的碎片离子峰。

分子的碎裂过程与其结构有密切的关系。研究最大丰度的离子断裂过程,能提供被分析化合物的结构信息。

3. 同位素离子峰

在组成有机化合物的常见十几种元素中,有几种元素具有天然同位素,如 C、H、N、O、S、Cl、Br 等。所以,在质谱图中除了最轻同位素组成的分子离子所形成的 M^+ 峰外,还会出现一个或多个重同位素组成的分子离子所形成的离子峰,如$(M+1)^+$、$(M+2)^+$、$(M+3)^+$ 等,这种离子峰称为同位素离子峰。对应的 m/z 为 M+1,M+2 和 M+3。其同位素峰类型用 M、M+1 和 M+2 表示。人们通常把某元素的同位素占该元素的相对原子质量分数称为同位素丰度。同位素峰的强度与同位素的丰度是相对应的。

表 16.2 列出了有机化合物中元素的同位素丰度及峰类型。可见,S、Cl、Br 等元素的同位素丰度高,因此,含 S、Cl、Br 的化合物其 M+2 峰强度较大,一般根据 M 和 M+2 两个峰的强度来判断化合物中是否含有这些元素。

表 16.2　有机化合物中几种常见元素的天然同位素丰度和峰类型

同位素	天然丰度/%	峰类型	同位素	天然丰度/%	峰类型
^{1}H	99.985	M	^{18}O	0.204	M+2
^{2}H	0.015	M+1	^{32}S	95.00	M
^{12}C	98.893	M	^{33}S	0.76	M+1
^{13}C	1.107	M+1	^{34}S	4.22	M+2
^{14}N	99.634	M	^{35}Cl	75.77	M
^{15}N	0.366	M+1	^{37}Cl	24.23	M+2
^{16}O	99.759	M	^{79}Br	50.537	M
^{17}O	0.037	M+1	^{81}Br	49.463	M+2

4. 重排离子峰

分子离子裂解为碎片离子时,有些碎片离子不是仅仅通过简单的键的断裂,而是还通过分子内原子或基团的重排后裂分而形成的,这种特殊的碎片离子称为重排离子。重排远比简单断裂复杂,其中麦氏(Mc Lafferly)重排是重排反应的一种常见而重要的方式。可以发生麦氏重排的化合物有酮、醛、酸、酯等。这些化合物含有 C=X(X 为 O、S、N、C)基团,当与此基团相连的键上具有 γ 氢原子时,氢原子可以转移到 X 原子上,同时 β 键断裂。例如,正丁醛的质谱图中出现很强的$m/z=44$峰,就是麦氏重排所形成的。

5. 两价离子峰

分子受到电子轰击,可能失去两个电子而形成二价离子 M^{2+}。在有机化合物的质谱中,

M^{2+} 是杂环、芳环和高度不饱和化合物的特征,可供结构分析参考。

多电荷离子峰的出现,表明被分析的试样非常的稳定,如芳香族化合物和含有共轭体系的分子,容易出现双电荷离子峰。

6. 亚稳离子峰

离子在离开电离室到达收集器之前的飞行过程中,发生分解而形成低质量的离子所产生的峰,称为亚稳离子峰或亚稳峰。

质量为 m_1 的母离子,不仅可以在电离室中进一步裂解生成质量为 m_2 的子离子和中性碎片,而且也可以在离开电离室后的自由场区裂解为质量等于 m_2 的子离子。由于此时该离子具有 m_2 的质量,具有 m_1 的速度 v_1,故它的动能为 $\frac{1}{2}m_2v_1^2$,所以这种离子在质谱图上将不出现在 m_2 处,而是出现在比 m_2 低的 m^* 处,这种峰称为亚稳离子峰。它的表现质量 m^* 与 m_1、m_2 关系如下:

$$m^* = \frac{(m_2)^2}{m_1} \tag{16.8}$$

由于在自由场区分解的离子不能聚焦于一点,故在质谱图上,亚稳离子峰比较容易识别。它的峰形宽而矮小,且通常 m/z 为非整数。亚稳峰的出现,可以确定 $m_1^+ \rightarrow m_2^+$ 开裂过程的存在。

例如,在十六烷的质谱图中,有若干个亚稳离子峰,其 m/z 分别位于 32.9,29.5,28.8,25.7,21.7 处。$m/z = 29.5$ 的 m^*,因 $41^2/57 \approx 29.5$,所以 m^* 29.5 表示存在如下裂解机理:

$$C_4H_9^+ \longrightarrow C_3H_5^+ + CH_4$$
$$m/z\ 57 \qquad m/z\ 41$$

由此可见,根据 m_1 和 m_2 就可计算 m^*,并证实有 $m_1^+ \rightarrow m_2^+$ 的裂解过程,这对解析一个复杂谱图很有参考价值。

第四节 图 谱 分 析

一、定性分析

质谱图可提供有关分子结构的许多信息,因而定性能力强是质谱分析的重要特点。

1. 相对分子质量的测定

从分子离子峰可以准确地测定该物质的相对分子质量,这是质谱分析的独特优点,它比经典的相对分子质量测定方法(如冰点下降法、沸点上升法、渗透压力测定等)快而准确,且所需试样量少(一般 0.1mg)。关键是分子离子峰的判断,因为在质谱中最高质荷比的离子峰不一定是分子离子峰,这是由于存在同位素的原因,可能出现 M+1,M+2 峰;另一方面,若分子离子不稳定,有时甚至不出现分子离子峰。因此,在判断分子离子峰时应注意以下一些问题:

(1) 分子离子峰的质量数应该符合氮律。即在含有 C、H、O、N 等的有机化合物中,若有偶数(包括零)个氮原子存在时,其分子离子峰的 m/z 值一定是偶数;若有奇数个氮原子时,其分子离子峰的 m/z 值一定是奇数。这是因为组成有机化合物的主要元素 C、H、O、N、S、卤素中,只有氮的化合价是奇数(一般为 3)而质量数是偶数,因此出现氮律。

（2）当化合物中含有 Cl 或 Br 时，可以利用 M 与 M+2 峰的比例来确认分子离子峰。通常，若分子中含有一个 Cl 原子时，则 M 和 M+2 峰强度比为 3：1，若分子中含有一个 Br 原子时，则 M 和 M+2 峰强度比为 1：1。这是因为 M 峰与 M+2 同位素峰强度比与分子中同位素种类、丰度有关。总之，同位素离子峰的信息有助于分子离子峰的正确判断。

（3）设法提高分子离子峰的强度。通常降低电子轰击源的能量，碎片峰逐渐减小甚至消失，而分子离子（和同位素）峰的强度增加。

（4）对那些非挥发或热不稳定的化合物应采用软电离源离解方法，以加大分子离子峰的强度。

2. 化学式的确定

在确认了分子离子峰并知道了化合物的相对分子质量后，就可确定化合物的部分或整个化学式。一般有两种方法，即用高分辨率质谱仪确定分子式和由同位素比求分子式。

1）用高分辨率质谱仪确定分子式

使用高分辨质谱仪测定时，能给出精确到小数点后几位的相对分子质量值，而低分辨质谱仪则不可能。拜诺（Beynon）等将 C、H、O、N 元素组合而成的分子的精密相对分子质量列成表，当测得了某种物质的精密质量后，查表核对就可以推测出物质的分子式，若再配合其他信息，即可以从少数可能的分子式中得到最合理的分子式。

2）由同位素比求分子式

各元素具有一定天然丰度的同位素，从质谱图上测得分子离子峰 M、同位素峰 M+1 和 M+2 的强度，并计算其 (M+1)/M，(M+2)/M 强度百分比，根据拜诺质谱数据表查出可能的化学式，再结合其他规律，确定化合物的化学式。

3. 结构式的确定

在确定了未知化合物的相对分子质量和化学式以后，首先根据化学式计算该化合物的不饱和度，确定化合物化学式中双键和环的数目。然后，应该着重分析碎片离子峰、重排离子峰和亚稳离子峰，根据碎片峰的特点，确定分子断裂方式，提出未知化合物结构单元和可能的结构。最后再用全部质谱数据复核结果。必要时应该考虑试样来源、物理化学性质及红外、紫外、核磁共振等分析方法的波谱信息，确定未知化合物的结构式。

在解析有机化合物结构时，常常将质谱图或数据与质谱标准图谱进行对照，以核对化合物的结构。

【例 16-1】　某化合物的质谱图如图 16.13 所示，分子离子峰 m/z 100，分子式为 $C_6H_{12}O$，求该化合物的分子结构。

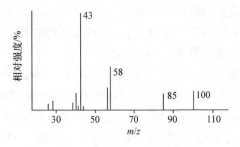

图 16.13　$C_6H_{12}O$ 的质谱图

解 分子的不饱和度 $f=1+6+\frac{1}{2}(0-12)=1$，即分子式中有一个双键。$m/z\ 85$ 峰是分子失去甲基的碎片离子峰，化合物可能为醛或酮类。但是醛经常失去一个 H，出现 $m/z\ 99$ 峰，而该质谱中并无此峰，说明此化合物是酮类，结合 $m/z\ 43$ 可进一步判断该化合物为一酮。$m/z\ 58$ 为酮类化合物经麦氏重排后产生的重排离子峰。

故该化合物可能结构有如下两种：

$$
\begin{array}{cc}
\underset{\quad}{\overset{O}{\underset{\parallel}{}}}\quad\quad CH_3 & \overset{O}{\underset{\parallel}{}} \\
CH_3-C-CH_2-CH & CH_3-C-CH_2-CH_2-CH_2-CH_3 \\
\quad\quad\quad\quad CH_3 & \\
\quad\quad I & II
\end{array}
$$

从质谱图上出现 $m/z\ 85$ 的离子峰（M—15），该酮含支链甲基的可能性较大，故结构式 I 更为合理。

4. 谱图检索

以质谱鉴定化合物及确定结构更为快捷、直观的方法是计算机谱图检索，质谱仪的计算机数据系统存储大量已知有机化合物的标准谱图构成谱库。这些标准谱图绝大多数是用电子轰击离子源在 70eV 电子束轰击，于双聚焦质谱仪上做出的。被测有机化合物的质谱图是在同样条件下得到，然后用计算机按一定的程序与谱库中标准谱图对比，计算出他们的相似性指数，给出几种较相似的有机化合物名称、相对分子质量、分子式或结构式等，并提供试样谱和标准谱的比较谱图。

二、定量分析

质谱法可以定量测定有机分子、生物分子及无机试样中元素的含量。

质谱定量分析最早用于同位素丰度的研究。稳定的同位素可以用来"标记"各种化合物，如确定氘苯 C_6D_6 的纯度，通常可用 $C_6D_6^+$、$C_6D_5H^+$ 及 $C_6D_4H_2^+$ 等分子离子峰的相对强度进行定量分析。在考古学和矿物学研究中，应用同位素比测量法来确定岩石、化石和矿物年代。

质谱法也早已用于定量测定一种或多种混合物组分的含量，主要应用于石油工业中，如烷烃、芳烃族组分分析。但这些方法费时费力。现在一般则采用色谱法分离后，直接进行定量分析，对某些试样也采用色谱和质谱联用技术，如气相色谱-质谱联用（GC-MS），将质谱仪设在合适的 m/z 处，即"选择性离子监测"，记录离子流强度对时间的函数关系。在这种联用技术中，质谱只是简单地作为色谱分析的选择性、改进型检测器。

当采用质谱法直接测定待测物的浓度时，一般用质谱峰的峰高作为定量参数。对于混合物中各组分能够产生对应质谱峰的试样来说，可通过绘制峰高相对于浓度的校正曲线，即外标法进行测定。为了获得较准确的结果，也可选用内标法。

在使用低分辨率的质谱仪分析混合物时，常常不能产生单组分的质谱峰，可采用与紫外-可见吸收光谱法分析相互干扰混合物试样时用解联立方程组的相同方法进行测定。通过计算机求解数个联立方程，得到各组分的含量。该方法一次进样可实现全分析、快速、灵敏。

一般来说，质谱法进行定量分析时，其相对标准偏差为 $2\%\sim10\%$。分析的准确度主要取决于被分析混合的复杂程度及性质。

第五节 质谱法的应用

质谱法在许多科学领域中的应用取得了巨大成就,如石油化工、环境分析、药物分析、生物及食品分析等。最初特别是第二次世界大战前后,在石油化学中的应用极大地推动了它的发展,并且使质谱法和 GC-MS 联用作为一种分析手段得到了认可。后来质谱法日益广泛的应用已被公认,重大的突破是在 20 世纪 70 年代末的环境分析和后来在药物和生物化学领域的应用,尤其是实现了液相色谱-质谱(LC-MS)联用。

一、合成产物的确认

质谱法的最重要的应用就是鉴定和确认合成产物或从天然产物或样品中分离出的组分。质谱法在有机合成实验室中对结构的确认和阐明起到关键的作用。和 NMR 相比,MS 最明显的优点是试样的量极小,纳克级即可,而 NMR 则需毫克级。但 MS 的不足之处是它是一种有损分析,不像 IR 法,用过的样品不能回收再做进一步分析或化学处理。

在天然有机化合物的研究中,提取、分离、鉴定和结构测定,是几项主要工作,而质谱是对化合物鉴定和结构测定的重要手段之一。

对化合物的鉴定或确认可以通过信息库检索和对质谱图的解析来完成。使用质谱信息库是用 EI 质谱图阐明结构的有效手段,其中大部分质谱图都可通过计算机联网检索。

MS 的重要性还在于借助高分辨的双聚焦扇形质谱仪测定精确质量来测定有机合成产物的化学组成,通常 EI 是首选的离子化方法。

二、同位素结合

质谱法在测定同位素结合的领域中起着重要的作用,研究稳定同位素标记的部位,如应用 ^2H、^{13}C、^{15}N 和 ^{18}O 等同位素,测定化合物在体内的历程或阐明其在动植物体内的生物合成路径。质谱法是这类测量的标准方法,主要在于能够测定同位素结合的程度和位置。一般测定同位素结合的方法包括在低分辨的仪器上以多重慢扫描测得标记的和未标记的化合物的两种质谱图。从未标记的化合物质谱上查出天然同位素的丰度,和从标记的化合物质谱图上查到的同位素丰度做比较,计算出结合的程度。当除去 $(M+1)^+$ 和 $(M-1)^+$ 离子后,同位素结合的准确度一般可达到 1%。

三、生物大分子的表征

近年来,质谱用来分析生物大分子发展相当迅速。早期使用的电子轰击源用来分析非挥发性的质量高达 1000 原子质量单位的生物分子已显得无能为力,现在使用的软电离技术已可用来分析蛋白质、核酸及相对分子质量超过 $1×10^5$ 原子质量单位的其他生物物质,如电喷雾离子化法、离子喷雾法、基质辅助激光解析离子化法、快原子轰击等新离子化技术应用于质谱已经证明是强有力的分析蛋白质相对分子质量、酶-基质复合体、抗体-抗原结合、药物-受体互相作用和 DNA 低核苷酸顺序的测定工具。目前使用上述新离子化技术的一些质谱仪有:四极滤质器、离子阱质谱仪、飞行时间质谱仪、傅里叶变换离子回旋加速器共振质谱仪。

例如,MALDI 法和 ESI 法都能很容易地和蛋白质的酶消化相结合。当蛋白质消化后,全部混合物沉积在 MALDI 的靶子上并被分析,在合适的情况下,90% 以上肽碎片的质量都能测定,这种手段能用来阐明蛋白质中的变化,如复合蛋白质的表征,或者是鉴别蛋白质中的共价键合变型。

有机质谱已逐步跨出近代结构化学和分析化学的领域而进入了生物质谱的范畴,也就是进入了生命科学的范畴,可以预期这种应用在未来的质谱法中的重要性将日益提高并起着巨大的作用。

四、联用技术分析混合物

1. 气相色谱-质谱联用

质谱法具有灵敏度高、定性能力强等特点,但样品要纯,才能发挥其特长。另外,进行定量分析又较复杂;气相色谱法则具有分离效率高、定量分析简便的特点,但定性能力却较差,因此气相色谱与质谱联用是分析复杂有机化合物和生物化学混合物的最有力的工具之一,目前它已广泛应用于环境、农业、食品、生物、医药、石油和工业等诸多科学领域。环保领域在检测许多有机污染物,特别是一些浓度较低的有机化合物,如二噁英等的标准方法中就规定用GC-MS。

GC-MS 联用技术具有以下优点:

(1) 气相色谱仪是质谱法理想的"进样器",试样经色谱分离后以纯物质形式进入质谱仪。

(2) 质谱仪是气相色谱法理想的"检测器",适用面广、灵敏度高、鉴定能力强。

所以,GC-MS 联用技术既发挥了色谱法的高分离能力,又发挥了质谱法的高鉴别能力。这种技术适用于做多组分混合物中未知组分的定性鉴定,可以判断化合物的分子结构,也可以准确地测定未知组分的相对分子质量,可以鉴定出部分分离甚至未分离开的色谱峰等。一般来说,凡能用气相色谱法进行分析的试样,大部分都能用 GC-MS 进行定性鉴定和定量测定。

图 16.14 和图 16.15 为 GC-MS 系统的基本组成示意图和三维数据结构图。实现 GC-MS 联用的关键是接口装置,色谱仪和质谱仪就是通过它连接起来的。

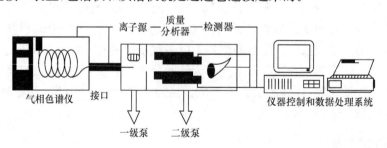

图 16.14　GC-MS 系统的基本组成示意图

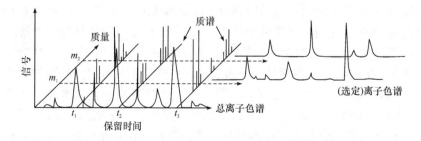

图 16.15　利用 GC-MS 全扫描模式操作获得的三维数据结构图

2. 液相色谱-质谱联用

对于高极性、热不稳定、难挥发的大分子有机化合物,使用 GC-MS 有困难。液相色谱的应用不受沸点的限制,能对热稳定性差的试样进行分离、分析。然而液相色谱的定性能力更弱,因此液相色谱与有机质谱联用(LC-MS)的意义是显而易见的。

LC-MS 联用技术的研究开始于 20 世纪 70 年代。与 GC-MS 不同的是 LC-MS 似乎经历了一个更长的实践研究过程,直到 20 世纪 90 年代才出现了被广泛接受的商品接口及成套仪器。

由于液相色谱的一些特点,在实现联用时它需要解决的问题主要有两方面:①液相色谱流动相对质谱工作条件的影响;②质谱离子源的温度对液相色谱分析试样的影响。

现在 LC-MS 已成为生命科学、医药和临床医学、化学和化工领域中最重要的工具之一。它的应用正迅速向环境科学、农业科学等众多方面发展。值得注意的是,目前各种接口技术都有不同程度的局限性。

3. 质谱-质谱(MS-MS)联用

将质谱与质谱联用是 20 世纪 70 年代后期出现的一种联用技术,常称多级质谱。它的基本原理是将两个质谱仪串联,第一台质谱仪作为混合物试样的分离器,然后用第二台质谱仪作为组分的鉴定器,如图 16.16 所示。

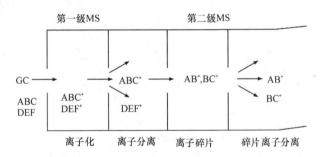

图 16.16 质谱-质谱联用原理图

由 ABC、DEF 等组分组成的混合物,经进样系统导入第一级质谱离子源离子化后,生成 ABC^+、DEF^+ 等分子离子。如果将第一级质谱设置在相应于 ABC^+ 的 m/z 位置上,则仅有 ABC^+ 可以进入第二级质谱的离子源。ABC^+ 进一步碎裂,生成 AB^+、BC^+ 等碎片离子,再用第二级质谱测定记录,进行鉴定。

与色谱-质谱联用技术比较,MS-MS 联用具有如下优点:①分析速度快;②能分析相对分子质量大、极性强的物质;③灵敏度高。

串联质谱可应用于混合物气体中的痕量成分分析,研究亚稳态离子变迁,工业和天然物质中各种复杂化合物的定性和定量分析,如药物代谢研究、天然产物鉴定、环保分析及法医鉴定等方面的分析工作。

 扫一扫 发明质谱仪 证明同位素

思考题与习题

1. 以单聚焦质谱仪为例,说明组成仪器各个主要部分的作用及原理。

2. 试述飞行时间质谱计的工作原理,它具有什么特点?

3. 双聚焦质谱仪为什么能提高仪器的分辨率?

4. 试述电子轰击离子源和化学电离源的工作原理和特点。

5. 如何利用质谱信息来判断化合物的相对分子质量和判断分子式?

6. 试述质谱法对新化合物结构鉴定的基本步骤和方法。

7. 色谱与质谱联用后有什么突出优点?

8. 试说明 GC-MS 联用接口的作用及评价质谱技术的主要性能指标。

9. 试计算可分辨质量数为 500 和 500.01,仪器分辨率为多少? 其分辨质量精度为多少原子质量单位? 在同样分辨率下,分别分离 200 及 1000 附近两对峰,其分辨精确度分别为多少原子质量单位?

第十七章　材料表征常用分析方法简介

随着现代科学技术的迅猛发展,各种新型功能材料不断涌现。由于这些功能材料具有优良的光学、电学、磁学、力学和化学性质,近年来在化学和生物医学等领域得到了广泛的应用。一般来说,材料的应用性能主要取决于其成分和结构,描述或鉴定材料的化学成分、外观形貌、尺寸大小以及内部构造对于材料性能的研究具有重要的意义,因此必须掌握一些常见的材料表征手段。

第一节　物相结构——X射线衍射分析

X射线衍射(X-ray diffraction,XRD)是通过对材料进行X射线照射,分析其衍射图谱,获得材料的组成成分及晶体结构的分析方法。

一、X射线衍射基本原理——布拉格方程

经典电动力学理论指出,X射线是一种电磁波,当它通过晶体物质时,在入射线的交变电场作用下(交变磁场的影响很小,忽略不计),物质原子中的电子将被迫围绕其平衡位置发生振动,同时向四周辐射出与入射X射线波长相同的散射X射线,称之为相干散射或经典散射,从而使每个电子都变为发射球面电磁波的次生波源。由于原子在晶体中是周期性规则排列,这些规则排列的原子间距离与入射X射线波长有相同的数量级,故由不同原子散射的X射线相互干涉,在某些特殊方向上产生强的X射线衍射,衍射线在空间分布的方位和强度,与晶体的结构密切相关,这就是X射线衍射的基本原理。衍射线空间方位与晶体结构的关系可用布拉格(Bragg)方程表示。布拉格方程是应用较为方便的一种衍射几何规律的表达方式。用布拉格方程描述X射线在晶体中的衍射几何时,是把晶体看作由许多平行的原子面堆积而成,把衍射线看作是原子面对入射线的反射造成的。

1. 单一原子面的情况

当一束平行的X射线以 θ 角投射到某一单一原子面上时,如图17.1所示,其中任意两个原子A和B的散射波在原子面反射方向上的光程差为

$$\delta = CB - AD = AB\cos\theta - AB\cos\theta = 0 \quad (17.1)$$

A、B两原子的散射波在原子面反射方向上的光程差为零,说明它们的相位相同,是干涉加强的方向。由此看来,一个原子面对X射线的衍射可以在形式上看成原子面对入射线的反射。

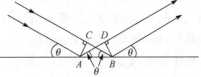

图 17.1　单一原子面对X射线
的衍射示意图

2. 多层原子面的反射

由于X射线的波长短,穿透能力强,它不仅能使晶体表面的原子成为散射波源,而且还能

使晶体内部的原子成为散射波源。在这种情况下,应该把衍射线看成是由许多平行原子面的反射波振幅叠加的结果。干涉加强的条件是晶体中任意相邻两个原子面上的原子散射波在原子的反射方向上的相位差为 2π 的整数倍,或者光程差等于波长的整数倍。

一束波长为 λ 的 X 射线以 θ 角投射到面间距为 d 的一组平行原子面上。从中任选两个相邻的原子面 P_1、P_2 作原子面的法线与两个原子面相交于 A、B。过 A、B 绘出代表 P_1、P_2 原子面的入射线和反射线。由图 17.2 可以看出,经 P_1、P_2 两个原子面反射的反射波光程差为

$$\delta = EB + BF = 2d\sin\theta \qquad (17.2)$$

干涉加强的条件为

$$2d\sin\theta = n\lambda \qquad (17.3)$$

式 (17.3) 中,θ 为入射线(或反射线)与晶面的夹角,称为掠射角或布拉格角;入射线与反射线之间的夹角为 2θ,称为衍射角;n 为整数,称为反射级数。式(17.3)是 X 射线在晶体中产生衍射必须满足的基本条件,它反映了衍射线方向与晶体结构之间的关系。这个关系式首先由英国物理学家布拉格父子于 1912 年导出,故称为布拉格方程。

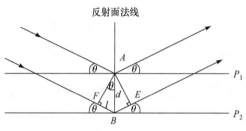

图 17.2　多层原子面对 X 射线的衍射示意图

XRD 所要解决的问题是在衍射现象与晶体结构之间建立起定性和定量关系。采用已知波长为 λ 的 X 射线测定衍射角,求得面间隔,即晶体内部原子或离子的规则排列状态。将求出的衍射 X 射线强度和面间隔与已知的标准图谱进行对比,即可确定待测样品的物质结构,此即定性分析。对 X 射线衍射强度进行进一步分析,可获得晶胞中的原子位置和种类,从而进行定量分析。

二、XRD 的仪器结构

粉末法是 X 射线衍射分析中最常用的方法,粉末 X 射线衍射仪器主要由 X 射线发生系统、测角仪及探测控制系统三大部分组成。

1. X 射线发生器

产生 X 射线最简单的方法是使用 X 射线管。X 射线管是具有阳极和阴极的真空管,阴极由钨丝制成,阳极为铜块端面镶嵌的金属靶,其结构如图 17.3 所示。当钨丝通过足够的电流使其辐射出电子,在很高的电压(千伏等级)作用下,电子以高能高速的状态撞击铜靶。高速电子到达靶面,运动突然受阻,其动能的一小部分便转化为辐射能,由此产生 X 射线。X 射线穿过对 X 射线吸收系数很小的铍窗射出。

2. 测角仪

当样品平面平行于入射 X 射线时,探测器与接收狭缝位于 0°衍射角处($2\theta = 0°$)。然后样品以 S 速度绕衍射仪轴转动,同时探测器与接收狭缝以 $2S$ 速度绕衍射仪轴转动,依次记录各晶面的衍射强度。图 17.4 为测角仪的结构示意图。

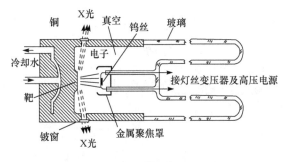

图 17.3　X 射线管的结构示意图

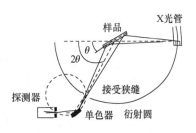

图 17.4　测角仪的示意图

3. 探测器

探测器主要是接收待测样品的衍射 X 射线光子,通过光学作用,使光信号放大,并转换为电信号,输送给信号处理系统,最终输出数据。衍射仪的 X 射线探测元件为计数管,计数管与其附属电路构成计数器。目前使用最为广泛的计数器为正比计数器及闪烁计数器。前者利用 X 射线使气体电离,从而使气体导电,电离电流与 X 射线强度成正比,由此探测 X 射线信号。后者由 1‰铊活化的碘化钠组成的荧光晶体和光电倍增管构成,X 射线打击晶体后产生一定量的荧光,由光电倍增管进行光电转换而记录信号。

三、XRD 的特点及应用

XRD 技术具有以下特点:灵敏度较高,一般检出限为 $10^{-5}\sim10^{-6}$ g;X 射线来自原子内层电子的跃迁,谱线简单,干扰少;分析元素范围广,浓度范围大,从常量组分到痕量杂质都可进行分析;测量结果的再现性好,分析快速准确;样品不受破坏,便于进行无损分析。

晶体的 XRD 图像实质上是晶体微观结构的一种精细复杂的变换,每种晶体的结构与其 XRD 谱图之间都有着一一对应的关系,多相试样的衍射花样是由它和所含物质的衍射花样机械叠加而成,这就是 XRD 物相分析的依据。

物相定性分析把对材料测得的点阵平面间距 d 及衍射强度 I 与已知结构物质的标准 d-I 数据进行对比,确定材料中存在的物相。目前常用衍射仪得到衍射图谱,用粉末衍射标准联合会(JCPDS)负责编辑出版的《粉末衍射卡片(PDF 卡片)》进行物相分析。

物相定量分析则根据衍射花样的强度,确定材料中各相的含量,其理论基础是物质参与衍射的体积或质量与其产生的衍射强度成正比。因而可通过衍射强度的大小求出混合物中某相参与衍射的体积分数或质量分数,从而确定混合物中某相的含量。此外,XRD 还可用于晶粒大小的测定。

图 17.5 为锐钛矿型 TiO_2 纳米带和纳米球的 XRD 图谱,横坐标为布拉格衍射角度,纵坐标为衍射峰的强度。根据衍射峰的位置可进行定性分析(宽隆峰表明该相为无定型相,尖锐峰表明该相呈结晶或近晶形态),而根据衍射峰的强度可进行定量分析。

随着现代测试技术的发展,可实时监测材料演变过程的原位 XRD 技术因越来越引起人们的关注而被广泛应用。原位 XRD 技术可在材料结构演变过程中对同一个材料的同一片区域位置进行连续的扫描分析,得到晶胞参数、峰强度等结构信息,从而深入认识材料的结构演变规律。在电极材料研究领域,原位 XRD 技术可实时测试电极材料在充放电反应过程中的

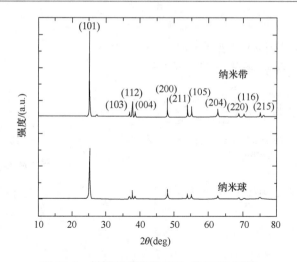

图 17.5　锐钛矿型纳米 TiO₂ 的 XRD 图谱

Wu N,Wang J,Tafen D N,et al. Manivannan,Shape-enhanced photocatalytic activity of single-crystallineAnatase TiO₂(101)nanobelts. J Am Chem Soc,2010,132:6679-6685

结构演变,从而揭示其电化学反应机理。由于传统扣式电池可阻挡 XRD 射线到达电极材料表面,因此在进行原位 XRD 测试时需要使用特殊模具单元制作的原位电池。原位电池主要由正极集流体(含 X 射线窗)、工作电极、隔膜、对电极等部件组成[图 17.6(a)],其中 X 射线窗分为铍窗、Mylar 聚酯薄膜及孔洞(铝箔直接暴露)三种类型。在测试过程中,该器件放置于 X 射线衍射仪上进行 X 射线衍射信号的采集,同时连接到电池测试系统上实现恒流充放电测试,每隔一段时间对正在进行电化学反应过程的电极片进行 XRD 测试,并采集数据[图 17.6(b)]。原位 XRD 技术还可应用于动态连续的水泥水化过程的研究,从而免除水化样品在测试前的终止水化、干燥、研磨等烦琐的预处理过程,减少外界因素的干扰。根据原位实时获取的衍射花样强度,对水化样品的物相进行定量分析,获得水泥水化过程中组分的动态变化情况。此外,原位 XRD 反应装置还可与在线色谱技术结合,同时对催化剂和催化产物进行实时监测。

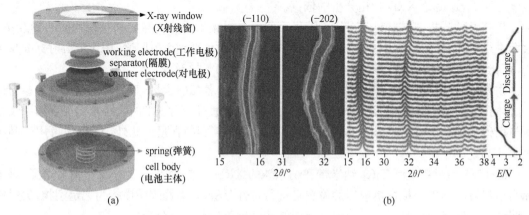

图 17.6　(a) 可用于原位 XRD 测试的电池结构图;(b)某电极材料在充、放电过程中的原位 XRD 图谱

(a) Xia M T,Liu T T,Peng N,et al. Lab-scale in situ X-ray diffraction technique for different battery systems:designs, applications, and perspectives. Small Methods,2019,3:1900119

(b) Jiang K Z,Xu S,Guo S H,et al. A phase-transition-free cathode for sodium-ion batteries with ultralong cycle life. Nano Energy,2018,52:88

第二节　形 貌 表 征

材料的形貌表征是材料分析的重要组成部分,这是因为材料的物理化学性质与其形貌特征密切相关。形貌表征的主要内容是分析材料的几何形貌、粒度分布以及形貌微区的成分等方面。常用的形貌表征手段包括透射电子显微镜、扫描电子显微镜、扫描隧道显微镜及原子力显微镜。本节将对这四种分析方法的基本原理、仪器构造、特点及应用等方面作简要介绍。

一、透射电子显微镜

透射电子显微镜(transmission electron microscope,TEM)采用聚焦电子束作照明源,使用对电子束透明的薄膜试样,以透过试样的透射电子束或衍射电子束所形成的图像来分析试样内部的显微组织结构。

1. TEM 的工作原理

图 17.7 为 TEM 的仪器结构示意图。电子枪产生的电子束经过 1～2 级聚光镜会聚后均匀照射到试样上某一待观察的微小区域上。入射电子与试样物质相互作用,由于试样很薄,绝大部分电子穿透试样。当电子射线在样品的另一方重新出现时,已带有样品内的相关信息,然后进行放大处理成像。在观察图形的荧光屏上,透射出试样的放大投影像,荧光屏把电子强度分布转变成人眼可见的光强分析,于是在荧光屏上显示出与试样形貌、组织、结构相对应的图像。由于不同结构的

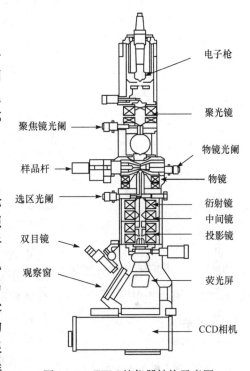

图 17.7　TEM 的仪器结构示意图

待测样与入射电子的相互作用不同,这样就可以根据透射电子图像所获得的信息来了解试样内部的显微结构。

2. TEM 的仪器构造

TEM 由电子光学系统、真空系统和电气系统三大部分组成。其中,真空系统是为了保证电子在整个通道中只与样品发生相互作用,而不与空气分子碰撞;电气系统则是提供稳定的加速电压,以及为电磁透镜供给低压稳流。这两个系统都是电子显微镜的辅助系统。电子光学系统主要由透射电镜镜筒构成,包括照明系统、样品室、成像系统、图像观察和记录系统,在这一节我们重点介绍照明系统和成像系统。

1) 照明系统

照明系统由电子枪、聚光镜和相应的平移对中及倾斜调节装置组成,其作用是为成像系统提供一束亮度高、相干性好的照明光源。

(1)电子枪。电子枪是 TEM 的光源,要求发射的电子束亮度高、束斑尺寸小、稳定性高。电子枪的类型分为热发射和场发射两种(图 17.8)。前者常用的是发射式热阴极三极电子枪,

该电子枪由阴极、阳极和栅极组成,阴极为钨丝或六硼化镧材料。当加热时,阴极金属丝可升温至 2000℃以上,产生电子热发射现象。阴极和阳极之间有高电压,电子在高电压的作用下加速从电子枪中射出,形成电子束。后者是利用阴极中的电子在强电场作用下可直接克服势垒而离开阴极的现象(称为隧道效应),由此产生的电子的能量均一度高。高亮度的六硼化镧和场发射电子枪适用于高分辨成像和微区成分分析,但由于它们的价格非常昂贵,目前常应用于高档的高分辨电镜中。

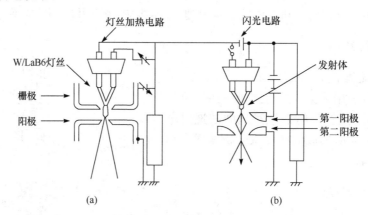

图 17.8　热发射(a)和场发射(b)电子枪的工作原理

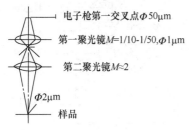

图 17.9　聚光镜示意图

(2) 聚光镜。聚光镜的作用是会聚电子枪发射出的电子束,调节照明强度、孔径角和束斑大小。在 TEM 中,一般采用双聚光镜系统(图 17.9)。其中,第一聚光镜为短焦距的强激磁透镜,其束斑缩小率为 10~50 倍,可将电子枪发射的电子束缩小至 1~5μm,并成像于第二个聚光镜的物平面上。第二聚光镜是一个长焦距的弱磁透镜,它将第一个聚光镜会聚的电子束放大 1~2 倍,获得 5~10μm 的电子束斑。使用双聚光镜既能保证在聚光镜和物镜之间有足够的空间来安放样品和其他装置,又可以调整束斑尺寸,满足满屏要求和获得足够的亮度。

2) 样品室

样品室中有样品杆、样品环及样品台等装置,其位于照明系统和成像系统之间。其中样品台的作用是承载样品,并使样品能在物镜极靴孔内平移、倾斜、旋转,以可对感兴趣的样品区域位向观察分析。

3) 成像系统

现代 TEM 的成像系统基本上由三组电磁透镜(物镜、中间镜和投影镜)和两个金属光阑(物镜光阑和选区光阑)组成。电磁透镜用于成像和放大,其数目取决于所需的最大放大倍数。物镜光阑和选区光阑可以限制电子束,从而调制图像的衬度和选择产生衍射图案的图像范围。

(1) 物镜。物镜是短焦距的强激磁透镜($f=1\sim3\mathrm{mm}$),对样品进行成像和放大,其放大倍数可达 100~300 倍。物镜决定了电镜的分辨本领,是决定电镜成像质量的关键因素。

(2) 中间镜。中间镜是一个长焦距的弱磁透镜,可在 0~20 倍范围进行调节。如果把中间镜的物平面和物镜的像平面重合,则在荧光屏上得到一幅放大的显微图像,这就是电子显微镜中的成像操作；如果把中间镜的物平面和物镜的背焦面重合，则在荧光屏上得到一幅电子的衍射花样，这就是透射电子显微镜中的电子衍射操作。透镜成像系统光路图和透镜成像示意图如图 17.10 和图 17.11 所示。

（3）投影镜。投影镜的作用是把经中间镜放大的图像或电子衍射花样进一步放大，并投影到荧光屏上。

（4）选区光阑-选区电子衍射。当透射电镜照明系统提供的电子衍射所需要的平行电子束照射到晶体样品时，晶体内满足布拉格条件的晶面组将在与入射束成 2θ 角的方向上产生衍射束。根据透镜的基本性质，平行光束将被物镜会聚于其焦面上的一点。因此，试样上不同部位同一方向散射的同位相电子波将在物镜背焦面上被会聚成相应的衍

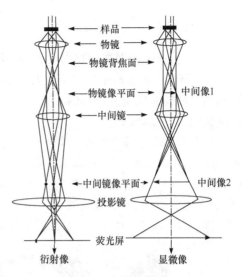

图 17.10　TEM 的成像系统光路图

射斑点，而散射角为零的透射波则被会聚于物镜的焦点处，得到衍射谱的中心斑点，这样即在物镜的背焦面上形成了试样晶体的电子衍射图谱。如果调节中间镜激磁电流使其物平面与物镜背焦面重合，则所产生的电子衍射图谱可经中间镜和投影镜进一步放大，投影在荧光屏上。若在物镜像平面上插入一个光阑即选区光阑，限定产生衍射花样的样品区域，从而可分析该微区范围内样品的晶体结构特征。单晶试样得到的电子衍射图谱为对称于中心斑点的规则排列的斑点；多晶样品得到的电子衍射花样则为以中心斑点为中心的衍射环。

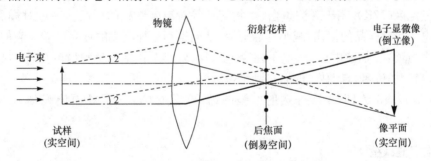

图 17.11　TEM 的成像示意图

（5）物镜光阑-明场与暗场成像。在使用透射电镜进行成像时，可分别利用未散射的透射电子束、所有的电子衍射束或某些电子衍射束产生图像。选择不同电子束进行成像的方法是在物镜背焦面处插入一个物镜光阑，只有通过该物镜光阑的电子束才可以参与成像。若只有未散射的透射电子束通过物镜光阑，衍射的电子束被光阑挡掉，由此所得到的图像称为明场像；若只有衍射电子束通过物镜光阑，透射电子束被光阑挡掉，由此所得到的图像为暗场像。

4）图像观察和记录系统

该系统的主要作用是提供和获取信息，其组成包括荧光屏、数字化成像系统（电耦合设备、电子直接探测设备等）和数据显示等装置。

3. TEM 的特点及应用

TEM 具有分辨率高和放大倍数高的特点,其点分辨率可达 0.1nm,有效放大倍数可达 50万～120 万倍。由于电子易发生散射或被物体吸收,故穿透力较低,样品的密度、厚度等都会影响到最后的成像质量,所以采用 TEM 观察时,样品制备较为严格,通常使制备得到的样品厚度达到 50～200nm。

目前 TEM 可用于超微结构分析,可提供材料的几何形貌、粉体的分散状态、纳米颗粒的大小(0.2～1000nm)以及粒度分布等信息,得到的是材料表面和内部的二维图像。此外,还可以利用选区电子衍射表征材料的晶体结构。通过添加其他配件,TEM 还可获得成分分析图谱,如 X 射线能谱、X 射线波谱、电子能量损失谱等。

例如,图 17.12 中的(b)和(c)图为蝴蝶翅膀的 TEM 图谱。

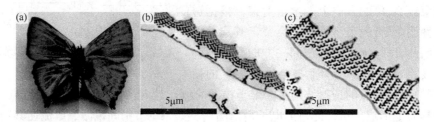

图 17.12　蝴蝶翅膀(a)的光学照片和 TEM 图谱[(b)和(c)]

Biró L P,Kertész K,Vértesy Z,et al. Living photonic crystals:Butterfly scales-Nanostructure and optical properties. Mater Sci Eng C,2007,27:941-946

冷冻透射电子显微镜(Cryo-TEM)通常是在普通透射电镜上加装样品冷冻设备,将样品冷却到液氮温度(77K),用于观测蛋白、生物切片等对温度敏感的样品。通过对样品的冷冻,可以降低电子束对样品的损伤,减小样品形变,从而得到更加真实的样品形貌。它的优点主要体现在几个方面:①加速电压高,电子能穿透厚样品;②透镜多,光学性能好;③样品台稳定;④全自动,自动换液氮,自动换样品,自动维持清洁。

例如,图 17.13 是 DNA 冷冻透射电镜图谱,可通过 Cryo-TEM 原位观测 DNA 的缩合过程。

二、扫描电子显微镜

扫描电子显微镜(scanning electron microscope,SEM)是一种应用非常广泛的表面形貌分析仪器,它利用聚焦电子束在样品上扫描时激发的某些物理信号来调制一个同步扫描的显像管在相应位置的亮度而成像,进而分析固体表面的形貌、结构或成分。

1. SEM 的工作原理

图 17.14 为 SEM 的仪器结构示意图。SEM 电子枪发射出的电子束经过加速和聚焦后,会聚成几个纳米大小束斑的电子束聚焦到样品表面,在样品表面按顺序逐行进行扫描,激发样品表面产生各种物理信号,如二次电子、吸收电子、X 射线、俄歇电子等。这些物理信号的强度与样品的表面特征(形貌、成分、结构等)密切相关,可以用不同的探测器分别对其进行检测、放大,传递至显示器上,用来同步调制显示器的亮度,进而成像。由于扫描线圈的电流和显示器偏转线圈的电流同步,即同一电信号同时控制两束电子束作同步扫描,因此试样表面上电子束

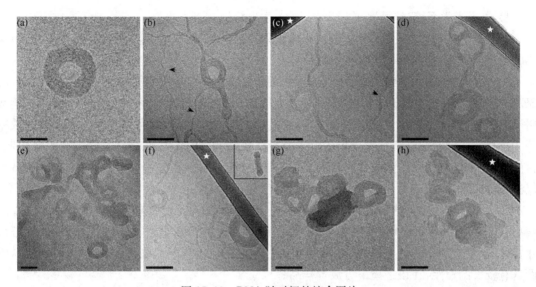

图 17.13　DNA 随时间的缩合图片

(a～d) 1min,(e,f) 15min,(g,h) 35min,黑色箭头代表超螺旋

Carnerup A M，Ainalem M，Alfredsson V，et al. Watching DNA Condensation Induced by Poly(amido amine)

Dendrimers with Time-Resolved Cryo-TEM. Langmuir,2009，25(21):2466-12470

的位置与显像管荧光屏上电子束的位置一一对应,这样显像管荧光屏上就形成了一幅与样品表面特征相对应的图像。现代的 SEM 利用数字化显示系统替代荧光屏,将数字成像模式转变为显像管成像,但基本原理依然是逐行扫描、同步显示。

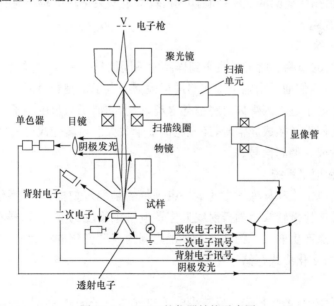

图 17.14　SEM 的仪器结构示意图

2. SEM 的仪器构造

SEM 由电子光学系统、扫描系统、信号收集系统、图像显示和记录系统、真空系统及电源系统组成。

1) 电子光学系统（镜筒）

电子光学系统由电子枪、电磁透镜和样品室等部件组成,其作用是用来获得亮度高、束斑小的扫描电子束,使样品产生各种物理信号。

（1）电子枪。电子枪的作用是产生连续的稳定电子束,它决定了图像的亮度和稳定度。SEM 电子枪与 TEM 电子枪相似,只是加速电压比 TEM 的要低。一般低分辨 SEM 采用钨热阴极电子枪,其优点是灯丝价格较为便宜,对真空度的要求不高,缺点是钨丝热电子发射效率低,发射源直径较大,在样品表面上的电子束斑直径在 $5\sim7nm$,因此分辨率受到很大的限制。目前,高等扫描电镜采用六硼化镧或场发射电子枪,前者的仪器分辨率可以达到 2nm,后者的仪器分辨率可达 0.5nm,但这种电子枪对真空度的要求很高。

（2）电磁透镜。电磁透镜的作用是缩小电子枪的束斑,可使原来直径约为 $50\mu m$ 的束斑缩小至 $5\sim200nm$。SEM 一般有三个聚光镜,前两个透镜是强透镜,用来缩小电子束光斑尺寸;第三个聚光镜也称为物镜,除了会聚功能外,它还起到使电子束聚焦到样品表面的作用,因而具有较长的焦距,在该透镜下方放置样品。

（3）样品室。SEM 样品室空间较大,主要部件是样品台,一般可放置 $\phi20mm\times10mm$ 的块状样品。样品台能进行三维空间的移动、倾斜和转动。样品室设有多个窗口,可安置各种型号的检测器。

2) 扫描系统

扫描系统使入射电子束在样品表面上进行扫描,并使阴极射线显像管内电子束在荧光屏上作同步扫描。改变入射电子束在样品表面的扫描振幅,以获得所需放大倍数的扫描像。SEM 的放大倍数由扫描线圈的电流控制,电流越小,电子束偏转就越小,在样品上移动的距离也就越小,放大倍数越大。

3) 信号收集系统

SEM 配以不同的检测器就可以收集到样品的不同信息。SEM 最常用的物理信号是二次电子和背散射电子,它们通常由电子检测器进行检测。电子检测器由闪烁体、光电管和光电倍增管组成。当信号电子进入闪烁体时将引起电离,产生的离子与自由电子复合时产生可见光,此时电子信号成比例地转换成光信号,经光电倍增管放大后再转变成电信号输出,电信号经视频放大器放大后就成为调制信号。

4) 图像显示和记录系统

由于镜筒中的电子束和显像管中的电子束进行的是同步扫描,这一系统的作用是将信号收集器输出的信号成比例转换为阴极射线显像管电子束强度的变化,这样在荧光屏上就能得到一幅与样品扫描点产生的某一物理信号成正比例的亮度变化的放大扫描像,同时用照相方式记录下来,或用数字化形式存储于计算机中。

5) 真空系统

在任何电镜系统中,都必须避免或减少电子与气体分子的碰撞,防止样品受到污染,保持灯丝寿命,防止极间放电,因此必须提供高的真空度。一般情况下,电镜真空系统的真空度需要保持在 $10^{-4}\sim10^{-5}mmHg$。

6) 电源系统

电源系统由稳压,稳流及相应的安全保护电路所组成,其作用是提供扫描电镜各部分所需的电源,包括启动的各种电源(高压、透镜系统、扫描线圈),扫描和显示系统的电源。

3. SEM 的特点及应用

SEM 的放大倍数范围宽广,0~20 万倍连续可调,因此可实现对样品从宏观到微观层面的连续观察和分析。SEM 成像富有立体感,可获得材料表面的三维立体图像信息,可直接观察各种试样表面凹凸不平的细微结构。SEM 可用于直接分析块状或粉末状、导电或不导电的试样,,而且制样简单,只需将样品稍加处理(如清洗)即可进行分析。通过添加其他配件,还可对 SEM 的功能进行升级,如配上能谱或波谱仪可做表面成分分析,配上背散射电子衍射仪还可进行表层晶体学位向分析。

图 17.15 为蝴蝶翅膀的 SEM 图谱,可以看出,SEM 图谱为三维立体图谱,形貌更为生动清晰。

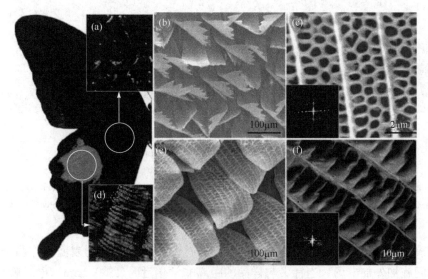

图 17.15　蝴蝶翅膀的 SEM 图谱

(b)和(c)对应于左图中蝴蝶翅膀的(a)区域,(e)和(f)对应于(d)区域,其中(c)和(f)分别为(b)和(e)中单个片状结构的放大图

Zhang W,Zhang D,Fan T,et al. Novel photoanode structure templated
from butterfly wing scales. Chem Mater,2009,21:33-40

SEM 技术应用于生命科学领域时常面临着一个不能回避的事实,就是样品往往含有大量液体成分,如许多动植物组织的含水量达到 98%。冷冻扫描电镜(Cryo-SEM)技术则提供了一个克服样品含水问题的快速、可靠的方法,能有效防止样品丢失水分。例如,图 17.16 为单星藻的冷冻扫描电镜和常规扫描电镜图像。与常规扫描电镜相比,冷冻扫描电镜得到的细胞形态更为饱满,且无塌陷皱缩,细胞表面原本的微观结构也能更清晰地呈现出来。Cryo-SEM 还有一些其他优点,如具有冷冻断裂的能力以及可以通过控制样品升华刻蚀来选择性地去除表面水分(冰)等。此外,这种技术还被广泛地用于观察一些"困难"样品,如对电子束敏感的具有不稳定性的样品形貌分析。

三、扫描隧道显微镜

1. 扫描隧道显微镜的工作原理

扫描隧道显微镜(scanning tunneling microscope,STM)主要是利用量子力学中的隧道效

图 17.16　单星藻的冷冻扫描电镜和常规扫描电镜图像

(a),(b)为冷冻扫描电镜图像;(c),(d)为常规扫描电镜图像

a, c:Bar=30μm;b, d:Bar=5μm

Xiao Y, Xing Z F,Zhou F,et al. Comparison of the imaging effects of Cryo-scanning electron microscopy and conventional scanning electron microscopy on aquatic plants. Journal of Chinese Electron Microscopy Society, 2017, 36:173-176

应探测物质表面结构的仪器。将原子线度的极细探针和被分析物质的表面视作两个电极,在这两个电极间施加外加电场。当针尖与样品的距离非常接近时(约 0.1nm),电子就会从一个电极流向另一个电极,从而形成隧道电流。隧道电流与针尖样品间隙的大小呈指数关系,随着间距的减小,隧道电流急剧增加。因此根据隧道电流的变化,可以得到样品表面微小的高低起伏变化的信息。如果同时对 x 和 y 方向进行扫描,就可以直接得到三维的样品表面形貌图。STM 的基本原理图如图 17.17 所示。

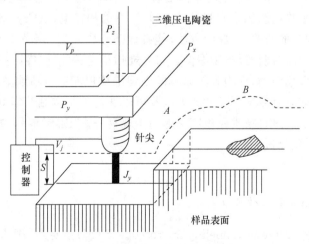

图 17.17　STM 的基本原理图

2. STM 的仪器构造

STM 表征的两个核心问题是获得单原子直径的针尖和维持隧道间隙的稳定性,与之对应的两个核心部件为针尖和压电扫描器。

1) 针尖

针尖是 STM 的关键部分,其大小、形状及化学同一性不仅影响着 STM 图像的分辨率的高低,而且也影响着测定的电子态。只有当针尖尺寸为单原子级别时,对样品进行扫描才能得到原子级分辨率的图像。STM 针尖的材料主要有金属钨丝和铂-铱合金丝,一般通过电解腐蚀法或简单的剪切法得到尖锐的针尖。

2) 压电扫描器

普通的机械装置很难精确控制针尖在样品表面进行高精度的扫描,压电陶瓷材料则可解决这一问题。压电扫描器利用了压电现象,即在陶瓷材料晶体的两端施加电场,可使材料发生形变。通过改变压电陶瓷的电压从而控制其微小收缩,可将 $1mV \sim 1000V$ 的电压信号转换成十几分之一纳米到几微米的位移。在实际的应用中是将三个代表 X、Y 和 Z 方向的压电陶瓷组成正交排列的三脚架,通过控制 X 和 Y 方向的伸缩进行样品表面的扫描,而通过控制 Z 方向的伸缩来调整针尖与样品间的距离。

3. STM 的特点及应用

STM 具有的独特优点可归纳为以下五条:①原子级高分辨率,其在平行和垂直于样品表面方向的分辨率分别可达 0.1nm 和 0.01nm,即可分辨出单个原子;②可实时地得到真实空间中表面的三维图像;③可以观察单个原子层的局部表面结构;④可在真空、大气、常温等不同环境下工作,甚至可以将样品浸在水和其他溶液中;⑤不需要特别的制样技术,并且探测过程对样品无损伤。

在材料领域,STM 主要用于金属、半导体和超导体等材料的表面形貌分析、表面结构及动态过程分析。在化学领域,可利用 STM 进行表面吸附、表面催化、表面钝化和电化学动态过程分析。例如,图 17.18 为溶液环境下 EGFR 蛋白激酶区单分子 STM 成像。通过优化针尖的包封方法利用扫描隧道显微镜测试蛋白质表面的电子云分布,可以获得蛋白质表面的结构信息,并获得较高的分辨率。

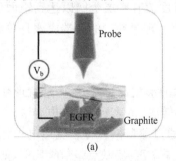
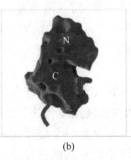
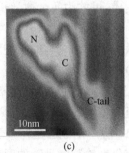

(a)　　　　　　　　　(b)　　　　　　　　　(c)

图 17.18　溶液环境下 EGFR 蛋白激酶区单分子 STM 成像

(a)成像方法示意简图;(b)基于蛋白数据库的 EGRF 激酶区的晶体结构;(c)EGFR 蛋白激酶区单分子 STM 成像

Wang J, Zhang L, Hu C, et al. Sub-molecular features of single proteins in solution resolved with scanning tunneling microscopy. Nano Research,2016,9(9):2551-2560

四、原子力显微镜

1. 原子力显微镜的原理

原子力显微镜(atomic force microscope,AFM)是在 STM 的基础上发展起来的,不同的是,它是利用原子之间的范德华力作用来呈现样品的表面特性,而不是利用电子隧道效应。在待测样品表面上使连在微悬臂上的针尖作光栅扫描或固定针尖使样品表面移动,悬臂与试样表面的作用力使得微悬臂产生微小的偏转形变,以光学方法或隧道电流法检测此变化,可测得微悬臂随样品表面形貌而弯曲起伏,就可以获得样品表面的形貌图像。与 STM 相似,针尖或样品的移动借助压电陶瓷管来进行控制。AFM 的基本原理图如图 17.19 所示。

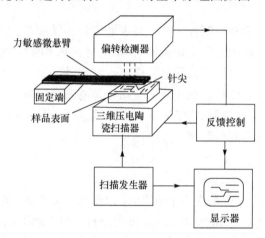

图 17.19　AFM 的基本原理图

2. AFM 的仪器构造

AFM 仪器构造中最独特的两部分是对微弱力敏感的探针组件和力检测器,它们是影响原子力检测精度和获得原子分辨率的关键。

1) 探针组件

探针组件由微悬臂和微悬臂末端的针尖组成。微悬臂通常由硅片或氮化硅片经光刻技术加工制成,尺寸为几十微米长,几微米宽,约一微米厚,其背面镀有一层金属以达到镜面反射。针尖为几微米高和宽,其尖锐程度决定 AFM 的横向分辨率。理想针尖的尖端应该是单原子,可灵敏地感应出它与样品表面之间的相互作用力。

2) 力检测器

AFM 是通过检测微悬臂形变的大小来获得样品表面的形貌信息,因此微悬臂形变检测技术至关重要,最常用的检测技术包括隧道电流法、光束偏转法、光学干涉法和电容法。

(1) 隧道电流法是在微悬臂上方设有一个隧道电极,通过测量微悬臂和隧道电极之间的电流变化来检测微悬臂的形变。隧道电流法的优点是检测灵敏度高,缺点是信噪比低,如果微悬臂上存在污染物,会造成隧道电流检测误差增大。因此,这种方法适合于高真空环境中工作的原子力显微镜。

(2) 光束偏转法是在微悬臂顶部设置一面微小的镜子,通过检测小镜子上反射光束的偏转得到微悬臂的偏转信息,其优点包括方法简单、稳定、可靠和精度高,是 AFM 中应用最普遍的方法。

（3）光学干涉法利用光学干涉的方法来探测微悬臂共振频率的位移及微悬臂变形偏转的幅度。在各种检测方法中,光学干涉法的测量精度最高。

（4）电容法由一小块金属片与微悬臂作为两极板构成平行电容器,通过测量该电容器电容值的变化来反映微悬臂偏移变形的大小。在上述四种检测方法中,电容法是精度较差的一种。

3. AFM 的特点及应用

相对于电子显微镜,AFM 具有许多优点。例如,电子显微镜只能提供二维图像,AFM 则可提供真正的三维表面图。其次,AFM 不需要对样品进行任何特殊处理,如镀铜或碳,不会对样品会造成不可逆转的伤害。此外,电子显微镜需要在高真空条件下运行,AFM 则在常压下甚至在液体环境下都可以良好地工作,可以用来研究生物宏观分子,甚至活的生物组织。最后,AFM 能观测非导电样品,因此具有更为广泛的适用性。利用 AFM 可观测 0.05 到几百纳米范围内材料的三维表面形貌,可达原子级别分辨率。但是 AFM 成像技术不成熟,获得较好的图像较为困难。

本节主要介绍了 TEM、SEM、STM 和 AFM 这四种形貌表征方法,各有特点,表 17.1 给出了这四种仪器方法的特性比较。

表 17.1　TEM、SEM、STM 和 AFM 的特性比较

分析技术	分辨率	工作环境	工作温度	样品对象	样品破坏	检测深度
TEM	横向点分辨率:0.3～0.5nm 横向晶格分辨率:0.1～0.2nm 纵向分辨率:无	高真空	低温/室温/高温	粉体/块体/固定的生物样品	中	<100nm
SEM	横向点分辨率:0.3～0.5nm 纵向分辨率:低	高真空	低温/室温/高温	粉体/块体/固定的生物样品	小	1μm
STM	横向点分辨率:0.1nm 纵向分辨率:0.01nm	大气/溶液/真空均可	低温/室温/高温	导电固体	无	1～2 各原子层
AFM	横向点分辨率:2nm 纵向分辨率:0.1nm	大气/溶液/真空均可	低温/室温/高温	块体/薄膜/活的生物样品	无	1～2 各原子层

第三节　表面化学成分分析

材料的表面化学成分与其物理和化学性能密切相关,因此确定材料表面的元素组成、化学形态和含量是材料表征的重要内容之一。常用的表面化学成分分析方法主要有 X 射线能量色散谱分析和 X 射线光电子能谱分析。本节将对这两种分析方法的基本原理、仪器构造和分析应用等方面作简要介绍。

一、X射线能量色散谱分析

1. X射线能量色散谱原理

X射线能量色散谱分析(energy dispersive spectrometer,EDS)依据不同元素的特征X射线的能量不同这一特点,利用X射线探测器检测不同能量的X射线来进行成分分析。EDS一般作为附件安装在SEM或TEM上,与电镜组成一个多功能仪器以满足微区形貌、晶体结构及化学组成分析的需要,其中SEM-EDS组合是应用最广泛的显微分析仪器,是微区成分分析的主要手段之一。

2. EDS仪器构造

EDS一般作为SEM或TEM的附件使用,除与主机共用部分(电子光学系统、真空系统、电源系统)之外,X射线探测器、多道脉冲高度分析器是它的主要部件。

1) X射线探测器

图17.20为EDS X射线探测器的工作原理框图。来自样品的X射线信号穿过薄窗(Be窗或超薄窗)进入Si(Li)探头,硅原子吸收一个X射线光子产生一定量的电子-空穴对,电子向Si(Li)晶体表面正极集中,空穴向负极集中,形成一个与入射X射线能量成正比的电荷脉冲,电荷脉冲经前置放大器放大并在晶体两端外加偏压的作用下移动,形成电压脉冲,而后再输入主放大器中进一步放大、整形。

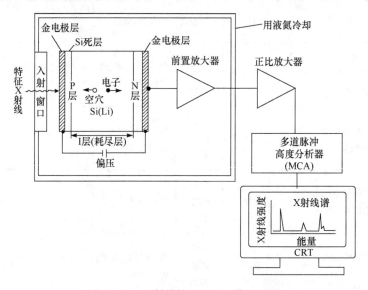

图17.20　X射线探测器的工作原理图

2) 多道脉冲高度分析器(MCA)

多道脉冲高度分析器实际上是一个存储器。探头接收到的每个X射线光子经信号的转换、放大后输出一个脉冲电压,这个电压的幅值是模拟量,经模拟数转换器转换成数字量,然后对其进行分类和计数。不同元素的特征X射线的能量不同,得到的脉冲电压的大小及转换后的数字量也各不相同,因此,依据数字量的大小可对脉冲电压进行分类,即对X射线按其能量进行分类,并在存储器中记录对应于每种能量值的X光子数目。存储器中每一通道所对应的能量不同,可同时接受不同能量的X射线光子,进而绘制出一幅能谱图,横坐标为入射X射线的能量,纵坐标为这个能量 X 射线光子的数目。一般 0～20.48eV 的能量范围已足以检测周期表上所有元素的特征 X 射线。

3. EDS 的特点及应用

EDS 可同时对各种试样微区内 Be～U 的所有元素进行定性、定量分析:依据不同元素发出的特征 X 射线的能量不同进行定性分析;依据某一元素的 X 射线强度进行定量分析。EDS 所需探针电流下,对试样的损伤小。EDS 检测限一般可达 0.1%～0.5%,具有较高的灵敏度。

图 17.21 为 C_{60}-$PbMoO_4$ 复合材料不同微区的 EDS 谱图,从谱图中可以看出:C_{60}-$PbMoO_4$ 复合材料表面的主要组成元素均为 C、O、Pb 和 Mo,其中 Cu 元素来自透射电子显微镜制样用铜网。对比不同区域 EDS 谱图发现 C_{60} 附着在 $PbMoO_4$ 边缘,因此该区域 C 元素含量较大;而复合材料中心区域为 $PbMoO_4$,因此 Pb,Mo 元素含量较大。

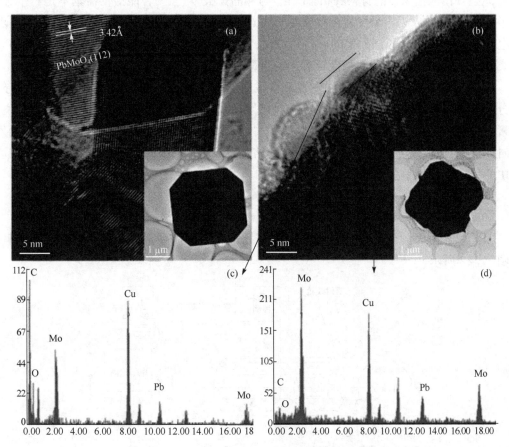

图 17.21　C_{60}-$PbMoO_4$ 复合材料不同微区的 EDS 谱图

(a)和(b)分别为 $PbMoO_4$ 和 C_{60}-$PbMoO_4$ 的高分辨透射电镜图;(c)和(d)为 C_{60}-$PbMoO_4$ 在边缘及体相微区的 EDS 图谱

Dai K,Yao Y,Liu H,et al. Enhancing the photocatalytic activity of lead molybdate by modifying with fullerene. J Mole Cata A:Chem,2013,374:111-117

二、X 射线光电子能谱分析

1. X 射线光电子能谱分析的工作原理

X 射线光电子能谱分析(X-ray photoelectron spectroscopy, XPS)主要是利用光电效应,当 X 射线轰击样品时,原子的内层电子就被逐出,变成自由的光电子,而原子本身则变成一个处于激发态的离子。在光电离过程中,固体物质的结合能可用下面的方程表示:

$$E_k = h\nu - E_b - \phi_s \tag{17.4}$$

式中: E_k 为出射的光电子动能; $h\nu$ 为 X 射线源光子的能量; E_b 为特定原子轨道上的结合能; ϕ_s 为能谱仪器的功函。

ϕ_s 主要由能谱仪器的材料和状态决定,与样品无关,对同一台能谱仪器基本是一个常数,其平均值为 3～4eV。当激发能量和仪器的功函值已知时,通过能量分析器测出 E_k,便可求出该电子的结合能 E_b。不同元素的 E_b 值都是一定的,具有标识性,据此可定性分析物质的元素种类,而根据每种元素的谱线强度还可进行定量分析。

光电子的结合能主要由元素的种类和激发轨道所决定,除此之外还受核内电荷和核外电荷分布的影响。原子处在不同的化学环境中引起的结合能位移称为化学位移。一般来说,当元素失去电子时,电子的屏蔽效应减弱,电子与原子核的结合能增加;反之,当元素获得额外电子时,电子的屏蔽效应加强,电子与原子核的结合能减弱。利用化学位移可以分析元素在该物种中的化学价态和存在形式。

2. XPS 的仪器构造

XPS 仪器由 X 射线光源、样品室、电子能量分析器、探测和记录系统及超真空系统组成,如图 17.22 所示。

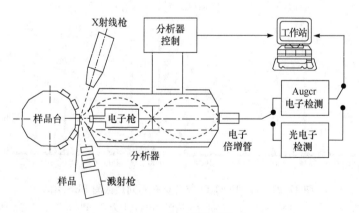

图 17.22　XPS 的仪器构造

1) X 射线激发源

XPS 一般采用 X 光管作为激发源,其能量范围一般为 0.1～10keV。X 光管主要由灯丝、栅极和阳极靶构成,将一束几千电子伏的能量轰击到阴极上,产生固定光子能量的特征辐射。XPS 中最重要的两个 X 射线源是 Mg 和 Al 的特征 K_α 线,光子能量分别为 1253.6eV

和 1486.6eV。

2）电子能量分析器

电子能量分析器用于探测样品发射出来的不同能量电子的相对强度。XPS 常用半球形静电式偏转型能量分析器,如图 17.23 所示。半球形静电式偏转型能量分析器由两个同心半球面构成,进入分析器各入口的电子束在电场作用下发生偏转,沿圆形轨道运动。当控制电压一定时,电子运动轨道的半径取决于电子的能量,某一电压下只有一种能量的电子能聚焦在探测器上。如此连续改变扫描电压,则可使不同能量的电子依次在探测器上聚焦,从而得到每一种能量电子的数量,获得能谱图。

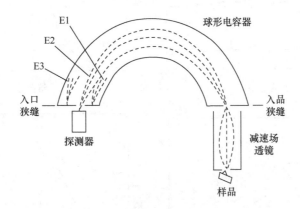

图 17.23　半球形静电式偏转型能量分析器的示意图

3）检测器

从能量分析器出来的光电子流非常微弱,因此检测器必须将此电流进行放大,一般采用电子倍增器,利用二次电子倍增原理,将一定能量的电子入射到阴极上击出倍增的二次电子,进行电流放大,达到检测的目的。

4）超真空系统

在 XPS 中必须采用超高真空系统。主要是出于以下两方面的原因:一是防止在很短的时间内试样的清洁表面被真空中的残余气体分子所覆盖;二是减少光电子与真空中的残余气体分子发生碰撞而损失能量,并且防止杂质峰干扰。

3. XPS 的特点及应用

XPS 可为化学研究提供各种化合物的元素组成(除 H 和 He 以外,因为它们没有内层电子)和含量、化学状态、分子结构及化学键等方面的信息,对所有元素的灵敏度具有相同的数量级(绝对灵敏度可达 10^{-18} g),是一种灵敏度很高的超微量表面分析技术;XPS 的样品分析深度约为 2nm,信号来自表面几个原子层。XPS 的样品用量非常少,可低至 10^{-8} g。此外,XPS 分析不会对样品造成任何损伤,是一种非破坏性的表面分析手段。

以实测 XPS 电子谱图与标准谱图对照,根据各元素的特征电子结合能,可进行定性分析。常用的标准谱图为 Perkin-Elmer 公司的 XPS 手册,其拥有除 H 和 He 以外各种元素的标准谱图。图 17.24 为 $C_{60}-PbMoO_4$、$C_{60}+PbMoO_4$(机械混合)和 $PbMoO_4$ 的 XPS 谱图,从图 17.24(a)中可以看出这三组物质的 XPS 谱图类似,归属于 C、Mo、O、Pb 的峰清晰可辨。进一步,从图(b)、(c)、(d)中可以看到三种材料中 Mo 的 3d 轨道、O 的 1s 轨道、Pb 的 4f 轨道上电子结合能的变化,这种变化对应着材料表层元素间化学键能强弱的改变。图 17.24 很好地说明了简单机械混合并不能在复合材料两个基元间形成较强的化学键。

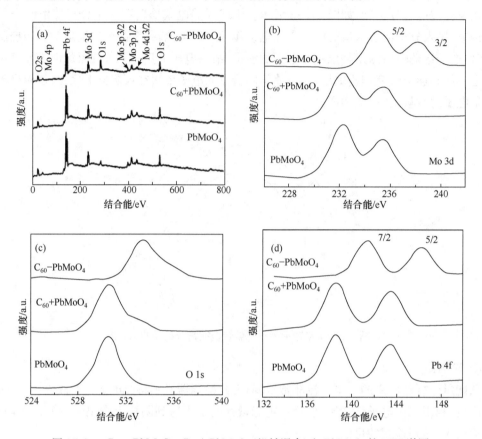

图 17.24　C_{60}-$PbMoO_4$、C_{60}+$PbMoO_4$(机械混合)和 $PbMoO_4$ 的 XPS 谱图
(a)为 $PbMoO_4$,C_{60}-$PbMoO_4$ 和 C_{60}+$PbMoO_4$ 的 XPS 总图;
(b)、(c)和(d)分别为上述三种材料的 Mo 3d 轨道,O1s 轨道和 Pb 4f 轨道的 XPS 精扫图
Dai K,Yao Y,Liu H,et al.,Enhancing the photocatalytic activity of lead molybdate
by modifying with fullerene. J Mole Cata A:Chem,2013,374:111-117

　　XPS 实质上是材料表面分析方法,但通过深度剖析方法,也可以提供材料随深度变化的组分信息。如图 17.25 中,通过氩气等离子体溅射刻蚀,可观察到碳掺杂的 Bi_2MoO_6 材料表面碳元素和体相碳元素具有不同的结合能,材料中碳元素的存在形式随深度发生变化。材料的深度剖析方法包含对材料表面非破坏性和破坏性的两类。非破坏性的深度剖析可通过角分辨XPS(angle resolved XPS, ARXPS)实现,分析深度依赖于电子发射角的大小,可检测物体表面 10nm 以内深度的组分信息。破坏性的深度剖析可通过稀有气体离子溅射实现物体表面的剥离,能获得比 10nm 更深处的材料组分信息,也是最为常用的组分深度剖析方法,但要注意溅射过程可能导致材料化学组成的变化,同时受限于剥离速率其剥离深度最大为几个微米。当剥离厚度较大或耗时过长时可尝试机械剥离如球磨等方法处理材料的表面。

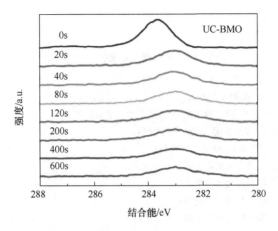

图 17.25　以氩气等离子体溅射刻蚀碳掺杂的 Bi_2MoO_6 材料中碳元素 1s
轨道 XPS 能谱随溅射时间的变化

Wang S, Ding X, Zhang X, et al. In situ carbon homogeneous doping on ultrathin bismuth molybdate: a dual-purpose
strategy for efficient molecular oxygen activation. Advanced Functional Materials, 2017, 27(47): 1703923

 扫一扫　　发现晶体 X 射线衍射现象　在原子尺度探究物质结构

思考题与习题

1. 什么是物相分析？物相定性分析和定量分析的依据是什么？
2. TEM 成像原理和 SEM 成像原理有何不同？
3. 能谱如何与 SEM 配合进行微区化学成分分析？
4. 利用 TEM、SEM、STM 及 AFM 进行形貌分析的特点有何异同？
5. XPS 的主要用途是什么？与 EDS 成分分析相比，有何不同？

参考文献

常建华. 2001. 波谱原理及解析. 北京:科学出版社

常铁军,祁欣. 1999. 材料近代分析测试方法. 哈尔滨:哈尔滨工业大学出版社

陈耀祖,涂亚平. 2001. 有机质谱原理及应用. 北京:科学出版社

陈义. 2001. 毛细管电泳技术及应用. 北京:化学工业出版社

陈允魁. 1999. 仪器分析. 上海:上海交通大学出版社

达世禄. 1988. 色谱学导论. 武汉:武汉大学出版社

戴军. 2006. 食品仪器分析技术. 北京:化学工业出版社

邓勃,宁永成,刘密新. 1991. 仪器分析. 北京:清华大学出版社

邓延倬,何金兰. 1998. 高效毛细管电泳. 北京:科学出版社

杜廷发. 1994. 现代仪器分析. 长沙:国防科技大学出版社

方慧群,于俊生,史坚. 2002. 仪器分析. 北京:科学出版社

何金兰,杨克让,李小戈. 2002. 仪器分析原理. 北京:科学出版社

傅若农. 2002. 色谱分析概论. 北京:化学工业出版社

华中师范大学,等. 2001. 分析化学(下册). 3版. 北京:高等教育出版社

华中师范大学,陕西师范大学,东北师范大学. 2001. 分析化学. 北京:高等教育出版社

江祖成,等. 1999. 现代原子发射光谱分析. 北京:科学出版社

焦家俊. 2000. 有机化学实验. 上海:上海交通大学出版社

李安模,魏继中. 2000. 原子吸收及原子荧光光谱分析. 北京:科学出版社

李超隆. 1988. 原子吸收分析理论基础(上册). 北京:高等教育出版社

林树昌,曾泳淮. 2001. 分析化学. 北京:高等教育出版社

刘约权. 2006. 现代仪器分析. 2版. 北京:高等教育出版社

孟令芝,龚淑玲,何永炳. 2001. 有机波谱分析. 武汉:武汉大学出版社

清华大学分析化学教研室. 1983. 现代仪器分析. 北京:清华大学出版社

邱德仁. 2002. 原子光谱分析. 上海:复旦大学出版社

思德普尔 R S,马延林,杨文澜. 1988. 现代分析仪器手册. 夏金华译. 北京:机械工业出版社

斯科格 D A,韦斯特 D M. 1988. 仪器分析原理. 2版. 金钦汉译. 上海:上海科学技术出版社

四川大学工科基础化学教学中心,分析测试中心. 2001. 分析化学. 北京:科学出版社

苏克曼,潘铁英,张玉兰. 2002. 波谱解析法. 上海:华东理工大学出版社

孙毓庆. 2005. 现代色谱法及其在药物分析中的应用. 北京:科学出版社

汪尔康. 2006. 生命分析化学. 北京:科学出版社

汪正范,杨树民,吴侔天,等. 2001. 色谱联用技术. 北京:化学工业出版社

王富耻. 2006. 材料现代分析测试方法. 北京:北京理工大学出版社

王金山. 1982. 核磁共振波谱仪与实验技术. 北京:机械工业出版社

王世平,王静,仇厚援. 1999. 现代仪器分析原理与技术. 哈尔滨:哈尔滨工程大学出版社

王绪卿,吴永宁,等. 2005. 色谱在食品安全分析中的应用. 北京:化学工业出版社

吴刚. 2002. 材料结构表征及应用. 北京:化学工业出版社

武汉大学. 2007. 分析化学(下册). 5版. 北京:高等教育出版社

武汉大学化学系. 2001. 仪器分析. 北京:高等教育出版社

徐葆筠,杨根元. 1993. 实用仪器分析. 北京:北京大学出版社

徐秋心,李国华,肖心甲,等. 1993. 实用发射光谱分析. 成都:四川科学技术出版社

许金钩,王尊本. 2006. 荧光分析法. 北京:科学出版社

严国光,严衍禄. 1982. 仪器分析原理及其在农业中的应用. 北京:科学出版社

严衍禄. 1995. 现代仪器分析. 北京:中国农业大学出版社

叶宪曾,张新祥,等. 2007. 仪器分析教程. 2 版. 北京:北京大学出版社

于世林. 2005. 高效液相色谱方法及应用. 北京:化学工业出版社

曾泳淮. 2010. 分析化学. 北京:高等教育出版社

张正奇. 2001. 分析化学. 北京:科学出版社

朱良漪,孙亦梁,陈耕燕. 1997. 分析仪器手册. 北京:化学工业出版社

朱明华,胡坪. 2008. 仪器分析. 4 版. 北京:高等教育出版社

朱永法. 2006. 纳米材料的表征与测试技术. 北京:化学工业出版社

庄乾坤,刘虎威,陈洪渊. 2012. 分析化学学科前沿与展望. 北京:科学出版社

邹汉法,刘震,叶明亮,等. 2001. 毛细管电色谱及其应用. 北京:科学出版社

左演声,陈文哲,梁伟. 2000. 现代分析方法. 北京:北京工业大学出版社

Kellner R,Mermet J M,Otto M,et al. 1998. Analytical Chemistry. Weinheim:Wiley-VCH

Lakowicz J R. 2013. Principles of Fluorescence Spectroscopy. 3rd ed. New York:Springer Science & Business Media